爱与美的交响

潘知常生命美学研究

爱与美的交响

范 藻 著

潘知常生命美学研究

百花洲文艺出版社
BAIHUAZHOU LITERATURE AND ART PRESS

图书在版编目（CIP）数据

爱与美的交响：潘知常生命美学研究 / 范藻著. ——南昌：百花洲文艺出版社，2022.10

ISBN 978-7-5500-4770-9

Ⅰ.①爱… Ⅱ.①范… Ⅲ.①生命－美学－研究－中国 Ⅳ.①B83-092

中国版本图书馆CIP数据核字（2022）第156059号

爱与美的交响：潘知常生命美学研究

范藻　著

出 版 人	章华荣	
责任编辑	周振明	
书籍设计	张诗思	
制　作	何　丹	
出版发行	百花洲文艺出版社	
社　址	南昌市红谷滩区世贸路898号博能中心一期A座20楼	
邮　编	330038	
经　销	全国新华书店	
印　刷	湖北金港彩印有限公司	
开　本	787mm×1092mm 1/16	印张 29.5
版　次	2022年10月第1版	
印　次	2022年10月第1次印刷	
字　数	460千字	
书　号	ISBN 978-7-5500-4770-9	
定　价	78.00元	

赣版权登字：05-2022-151

邮购联系　0791-86895108
网　址　http://www.bhzwy.com
图书若有印装错误，影响阅读，可向承印厂联系调换。

目 录

绪论：走自己的路

"路漫漫其修远兮，吾将上下而求索"，这是诗人屈原面对死亡，在初夏的晨光中徘徊于汨罗江畔发出的生命宣言。

"地上本没有路，走的人多了，也便成了路"，这是思想家鲁迅置身于困惑，在萧瑟寒风的离乡途中道出的人生感言。

除了屈原"既定的路"和鲁迅"熟悉的路"，还有没有别的路呢？当然是有的，就是文艺复兴时期意大利伟大的诗神但丁指出的——走自己的路。

如果说沿着"既定的路"走，铸就了无数"照着讲"的学术家，顺着"熟悉的路"走，成就了多数"接着讲"的学问家，那么循着"自己的路"走，造就了少数"自己讲"的思想家。走"自己的路"的人有吗？当然是有的，但在20世纪以来中国美学的历史上，肯定是凤毛麟角。在这段历史中有两个人物是令人非常景仰的，一个是20世纪初年的"昨夜西风凋碧树，独上高楼，望尽天涯路"的王国维，还有一个是20世纪中后期的"衣带渐宽终不悔，为伊消得人憔悴"的李泽厚。

还会有人悄然而至吗？当然有的，例如被学界和媒体誉为"生命美学的创始人"和"爱的布道者"的南京大学的潘知常。因为，作为一个勇于探索生命意义和善于发掘人生价值的学者，"路漫漫其修远兮，吾将上下而求索"，是他矢志不渝的生命追求，"地上本没有路，走的人多了，也便成了路"，是他义无反顾的学术奉献，其实，他更欣赏诗神但丁的"走自己的路"的生命之勇毅，并身体力行。这，才是他为之奋斗的生命之路，更是如鲁迅所言"纠缠如毒蛇，执着如怨鬼"的生命之恋，还是如汤显祖所叹"生者可以死，死者可以生"的生命之爱。

那就让我们再次踏上这条洒满阳光又布满荆棘的"生命之路"，看看潘知常及其生命美学是如何在"敢问路在何方"的探索中"踏平坎坷成大道"。

一、人生轨迹的三个阶段

每一个人的一生，都有一只看不见的巨手在默默牵引着你前行。

每一个时代的变数，都是一次盲人摸大象各行其是的孜孜以求。

个人与时代的契合就是命运吧，那前行的力量一定是对人类最高价值——真善美的追求。

正如苏轼在《和子由渑池怀旧》里所咏叹的："人生到处知何似？应似飞鸿踏雪泥。泥上偶然留指爪，鸿飞那复计东西。"是的，飞鸿本无知，人生却有意；践履者率性而作，研究者刻意而为。潘知常于1984年岁末，即他28岁生日那天写下《美学何处去》，第一次触及了当代中国美学研究的"命脉"，开启了生命美学研究的先河。从1984年到2022年，38年弹指一挥，潘知常从当年的振臂一呼到而今的应者如云，生命美学从呱呱坠地到方兴未艾，此情此景，更令人对这位堪称当代中国"生命美学之父"的潘知常的学术探索充满着兴趣，找寻他人生轨迹的留痕，思索他在1984年提笔写下《美学何处去》和2001年顿悟美的神圣性这两个"偶然"举动背后的"必然"规律，正如别尔嘉耶夫在《自我认知——哲学自传的体验》说的——"只是偶尔才出现向真正的自我认知的突进"，他是如何从一个文学少年到美学青年再到哲学中年的？

借用潘知常在《王国维 独上高楼》里对王国维美学思想研究的提问："历史为什么在众多的美学家中间选择了王国维，为什么偏偏是王国维而不是其他任何一位美学家得以独领风骚？"[1]那么，我们也可以试问：20世纪中国美学的历史为什么在众多的美学家中选择了潘知常，或潘知常为何能对生命美学一见钟情？

1. 诗意奋发的文学少年

2008年10月，已经是著名美学家的潘知常回到高中母校——河南平顶山矿务局第一中学，现在的平顶山实验高级中学，并作为校友代表作了《饮其流者怀其源，学其成时念吾师》的发言，与现场的老师和校友共同追怀那一段诗情荡漾的人生芳华。30多年前，他在这里有幸遇上了他的语文老师——河南省知名诗人席根和他的妻子散文作家刘芳，从课上到课下，从教室到办公室再到老师简陋的宿舍，老师的耳提面命、文学的传授和诗歌的创作，让少年的思绪畅游在中外文学的海洋，让少年的想象翱翔在经典诗歌的蓝天。语言艺术最高审美形态的文学，成为这个少年精神的慰藉和心灵的绿洲；其实，那时他还不知道这背后有一双无形的手在牵引着他，令他踏上了艰难而浪漫的"美的历程"。

这里转用他1990年代中期写过的一篇随笔《我的文学梦》，此文又收入在2022年江苏凤凰文艺出版社推出的《潘知常美学随笔》中，看看这位少年郎是如何痴情于文学，而文学又给他带来了什么。

> 少年时代，是一个多梦的季节。古往今来，形形色色、瑰丽无比的梦想展开了多少少男、少女的人生道路？又为多少人的人生留下了美好的回忆？
>
> 在少年时代，我也有一个美好的梦想——一个文学梦。
>
> 我生长在一个知识分子家庭。小学、中学的大部分时间，都是在"文化大革命"中度过的。那是一个无书可读，也不读书的时代。我至今还记得，我在上小学的时候，几乎有一年的时间，每天都是翻来覆去地朗读、背诵、默写"老三篇"，即毛主席的《为人民服务》《纪念白求恩》《愚公移山》。这一切，对于一个迫切地渴望着知识的甘露滋润心田的少年，显然是远远不够的。于是，我就开始如饥似渴地到处去找书看。凑巧的是，我的哥哥当时是国际关系学院英文系的大学生。于是，一年春节，他就把自己所珍爱的文学藏书都带了回来。他走了以后，一个偶然的机会，我发现了这些文学书籍。最初，我看

到的是《古诗十九首》，作为一个十一二岁的少年，当时我还看不太懂这些诗句，然而，我却一下子就被其中那种忧郁的情调打动了。"生年不满百，长怀千岁忧。昼短苦夜长，何不秉烛游！"……当时，我甚至不知道这就是诗歌、就是文学，但是我却强烈地喜欢上了它。于是，我把自己关在家里，《诗经》《楚辞》《唐诗三百首》《宋词选》《神曲》《罗米欧与朱丽叶》……一本本地看了起来。也许，是我的天性比较偏重于情感、想象，也许，是这些书籍所起到的潜移默化的作用，总之，我从此就狂热地爱上了文学。

现在回想起来，为了满足自己的对文学的爱好，在小学和中学期间，我做得最多的两件事，大概就是抄书借书和到处求教了。那个时代，我所喜爱的那些文学作品根本就没有地方可买，唯一的办法，就是自己动手抄。我花了很多时间，把我哥哥留在家里的文学书籍都抄了下来，《诗经》、《楚辞》、《古诗十九首》、《唐诗三百首》、《宋词选》、郭小川的诗、拜伦的诗、雪莱的诗……这些"手抄本"就是我自己的文学藏书，我随身带了很多年，直到考上大学才恋恋不舍地与之分手。不过，我哥哥的文学书籍毕竟有限，为了能够满足自己越来越强烈、越来越广泛的求知欲，我又想方设法到处去借书。跟父母的同事借，跟哥哥的同学借，跟自己的老师、同学借。我有一个同学，他的哥哥也喜欢文学，而且有办法借到文学书籍，于是，我每个星期都要骑着自行车跑十几里路，到他家去借书。至于我那几位语文老师的家，就更是我经常出入之地了。他们珍藏的每一本文学书籍，我都会借回来如饥似渴地阅读。当然，由于自己的年龄较小，加上当时的学习环境十分恶劣，因此我也遇到了许多困难。好在我的老师们对我都十分关心。上中学的时候，我的班主任夫妇都是语文老师。他们就经常悄悄让我去他们家，为我做辅导、开小灶。我自己也经常主动向学校里的其他老师请教。就在前两年，我的一位已经二十年没有联系的当时在教高中的语文老师，看到报刊上介绍我的美学方面的成绩，联想到二十多年前的一个也叫潘知常的初中一年级的少年，曾经悄悄向他请教过《楚辞》中的几个问题。他说：在那样一个大肆践踏传统文化的时代，竟然还会有一个少年向他请教传统文化方面的知识，这给他留下了极为深刻的印象。因此，二十余年来，他一直希望得知这个名叫潘知常的少年的近况。于是，他试探着给我来了一封信。"你是否就是那个潘知常？"他在信中这样问道。当然，我就是那个有着强烈的求知欲望的少年，就是那个曾经悄悄向他请教传统文化知识的潘知常！

大量的阅读，不但提高了我的文学水平，而且激发了我的创作冲动，当时，我也尝试着写了许多诗歌、散文、小说。而今回首往事，在多梦的季节，作为一个少年，我做得最多的，就是文学梦。我渴望做一个诗人，渴望像杜甫、李白那样，写出一首首美丽动人的不朽诗篇。我经常梦想自己真的成为一个诗人：我向人们朗诵我的诗篇，在我的周围听者如云，而在我离开人世的时候，人们的眼泪犹如六月飞雪……逐渐地，我的一些文学作品真的公开发表了。记得处女作是十六岁时发表的一首诗歌。当时，还没有稿费制度，报社给我寄来了一本介绍"义和团"运动的小册子，还有一本稿纸。收到以后，我的心情真是非常激动、兴奋。从中受到的鼓舞，实在是至今也难以言表。

现在，二十多年过去了。最终，我并没有成为一个诗人，而是成为一个教授美学的文学教授。然而，我却永远要感谢二十多年前开始的那个文学梦。没有那个文学梦，就没有我今天的进步。因为那个文学梦虽然没有实现，但是却为我今天的文学研究打下了坚实的基础。

与贮满生命情怀的文学的邂逅，与包含美学精髓的文学的结缘，于他而言几乎可以说是一种"宿命"。他出生在一个高级知识分子家庭，儿时生活在北京，父亲时任国家煤炭研究设计院的副院长，"文革"期间成了"走资派"，又被打成"历史反革命"，家境恰如鲁迅所说的"从小康人家而坠入困顿"。他饱尝世态炎凉和人情冷暖，这些形形色色的丑恶与肮脏反而促使他更渴望美好与纯洁。于是，跟着戴"罪"的父亲和受难的母亲，离开北京而穿行在燕赵大地的河北和中原腹地的河南，在颠沛流离的生活中，读书和写诗，成了他生命的全部寄托。

少年潘知常没能成为诗人，但追求美丽而灵动诗意的种子已植根于心，渴望燃烧的诗情火炬已点燃，启迪智慧的诗性精神已悄然开启，更为他日后成为美学家奠定了"第一块基石"和挖出了"第一桶金矿"。哪怕是1975年下放到地处伏牛山东麓的方城县当知青，他简单的行囊里也多出了几本书，如《红楼梦》《唐诗三百首》《宋词选》和贺敬之、郭小川的诗集。在"广阔天地大有作为"的岁月里，潘知常虽然没有在"广阔天地"里"滚一身泥巴，练一颗红心"，但是，文学确实让他颇有作为，时常借调到县里创作朗诵诗、演唱词，还撰写各种先进事迹的材料。

1977年10月的一天傍晚，正在县委招待所伏案写作的他，隐约听到窗外广播传来恢复高考的消息。"我要上大学！我要学文学！"生命的冲动和憧憬的渴望，一如天边燃烧的晚霞一样火热。可怜的是，他那时居然不知道北京大学中文系是国内文学教习的最高殿堂；他唯有一个心愿，就是要上河南最好的大学，只选一个专业：汉语言文学！这成为他当时内心激动不已的梦想。

1978年的初春，潘知常怀揣着神圣的文学梦想如愿以偿地跨进了郑州大学的大门，走进了中文系的教室，感受着而今已故哲学家、学部委员嵇文甫校长的思想影响，陶醉于著名红学家蓝翎先生的学术风采，亲炙着著名美学家李戏鱼教授与文学理论家赵以文、鲁枢元教授的启蒙教诲。

在大家们的引领下，文学，在这里不仅荡漾着诗歌的美丽，更充满着诗哲的魅力，尤其闪烁着美学的光芒。

2. 才情洋溢的美学青年

4年后他成了中华人民共和国成立后创建的第一所综合性大学——郑州大学里的年青老师。曾经的文学爱好者，成了文学的讲授人，更是文学的思索者，那韵律与意象交织的诗意，那浪漫与美丽轻扬的诗情，那思想与智慧碰撞的诗性，那些曾让少年心神不安、思绪飞扬的语言文字，终于变成了可以静静思考和娓娓道来的现实。

课堂上指点江山，与意气风发的学子们徜徉在文学原理的殿堂；

斗室中手不释卷，与满腹锦纶的先哲们邂逅于美学理论的经院。

在郑州大学，有两位老先生不能不提及，其中一位在潘知常不论是当学生还是做老师时，都给予了潘知常终生难忘的教诲和影响，那就是著名美学家李戏鱼教授。这位老先生1930年代曾做过著名哲学家冯友兰的助教，1957年回到家乡河南郑州大学，冯友兰先生为他的著作写序，称他"好学深思，心知其意，特立独行，神游乎中"。潘知常美学研究的哲学思维无疑与此有关。还有一位是曾经受到毛主席高度肯定的蓝翎教授，当年这位年轻的学者敢于挑战"红学"权威俞平伯，不但影响了潘知常对《红楼梦》的研究（潘知常出版了四部有关《红楼梦》的研究著作），而且激励了潘知常敢于挑战权威的反叛精神，他一登上美学的舞台，就直接拿实践美学"开刀"，这应该是蓝翎教授给予他的精神影响。

1983年至1984年，潘知常又到北京大学哲学系进修一年半。未名湖畔留下了他思考的身影，在燕园课堂享受着美学的春风雨露，他在这里不仅得到了叶朗、杨辛、于民、阎国忠等一批美学大家的耳提面命，而且还能不时造访朱光潜和宗白华两位美学大师，聆听他们的教诲，感受他们的风范。值得一提的是，北京大学的美学家甘霖老师，就是潘知常的老师蓝翎教授亲自推荐给他，并且让他经常去登门求教的。在没有课的时候，他又成了国家图书馆的忠实读者，偌大的馆舍里经常可以看到他伏案的背影和奋笔的身姿。从老子、孔子、庄子、慧能、李煜、王国维、鲁迅等到毕达哥拉斯、苏格拉底、柏拉图、亚里士多德、莎士比亚、歌德、康德、尼采、海德格尔……他在古今哲学家和文学家的世界里流连忘返，他在中外思想家和美学家的天地里乐不思蜀。

就在这阅读与写作、思考与体验中，总有一个问题如梦魇般地萦绕于心，挥之不去，使潘知常寝食难安，那就是"爱美之心人皆有之"而爱美学之心却难觅踪影。"美"是如此鲜活生动而五彩缤纷，而滥觞于西方哲学名下的"美学"为什么却是那样冷酷呆板而枯燥乏味？面对这毫无生机的"冷美学"，他真切地发现：

> 难怪西方美学与西方文化一起潮水般涌入中国后，竟然给一向服膺中国古典美学的中国人带来如许的迷惑和烦恼；难怪熊十力失望地声称：西方哲学能使人思，却不能使人爱；难怪王国维在深入研究了西方美学后，竟然哀叹其"可信而不可爱，可爱者不可信"……

这一切都呼唤着既能使人思、使人可信而又能使人爱的美学，呼唤着真正意义上的、面向整个人生的、同人的自由、生命密切联系的美学。

美学，你的庐山真容在哪里？炽热的爱美为何成了冰冷的美学？美学如何来一场彻底的"人本学还原"——向人的生命活动还原，向感性还原，"从而赋予美学以人类学的意义"。[2]

显然，正是带着这样的追问，潘知常固执地从自己内心的困惑开始，才有今天生命美学研究的蔚为大观。其实他本来可以像很多的年轻美学学者一样，直接从当年风行一时的实践美学开始自己的美学研究。但是，希望"做一个美学学者"而不是"仅仅只想看上去是一个美学学者"的内在追求，使得潘知常从一开始就走上了生命美学的研究道路。

在追求真理的过程中，他首先要追求的是"真相"，因为当年活跃在美学舞台上的美学家们，有一个共同的特点，就是戴着"唯心"或"唯物"的镣铐跳舞，然后在其中推演出自己的美学理论。潘知常发自生命热情地喜欢美学，与某种意识形态的"效忠"与"告白"无关，而只有一个理由：生命的困惑。王国维先生曾说自己"体素羸弱，性复忧郁，人生之问题日往复于吾前，自是始决从事于哲学"。30多年前，潘知常"自是始决从事于"美学，也同样如此。他的美学研究，开始于生命的困惑。

首先，是他的"审美困惑"。他从少年开始就喜欢写诗歌，上了大学以后，才转而研习美学，但是，却发现当时风行的实践美学根本无法解释自己的创作实践。例如，人为什么要写诗？当时就觉得实践美学的解释和他自己的感受完全不同。其次，是他的生命困惑。大学毕业后，他留校教文艺理论和美学，在纷繁的审美现象里，有两个现象是最令他困惑不解的：一个是爱美之心为什么人才有之，而动物却没有。一个是为什么爱美之心人皆有之。他从当时流行的实践美学中去寻找答案，却大失所望。再次，是他进行美学研究时遇到的理论困惑。因为他始终认为，一个成熟的、成功的理论，必须满足理论、历史、现状三个方面的追问。令人遗憾的是，当时流行的实践美学既没有办法在理论上令人信服地阐释审美活动的奥秘，也没有办法在历史上与中西美学家的思考对接，更没有办法解释当代纷纭复杂的审美现象。

他惊讶地发现，原来很多学者都是在"跪着"研究美学，当人们站起来会清晰地发现：当美学紧贴人类的生命活动，自然会感觉到审美活动其实就是人类生命活动的根本需要和根本满足，它是一种以审美愉悦——主观的普遍必然性——为特征的特殊价值活动、意义活动，因此，美学应当是研究进入审美关系的人类生命活动的意义与价值之学，是研究人类审美活动的意义与价值之学。进入审美关系的人类生命活动的意义与价值、人类审美活动的意义与价值，就是美学研究中的一条闪闪发光的不朽命脉。因此，所谓的美学，不应该是所谓的实践美学，而应该是——生命美学。

于是乎，1984年岁末一个寒风凛冽的晚上，郑州大学校内西二楼底楼一间简陋的房间内，在昏黄的灯光下，潘知常铺开稿纸，奋笔疾书，在洁白的纸页上落下了五个醒目的字：美学何处去。他按捺不住内心的激动与憧憬、不满与怀疑，在无声地疾呼：

真正的美学应该是光明正大的人的美学、生命的美学。

他还特地在文章的最后标注："写于1984年12月12日28岁生日之夜"。生日，结束人生过去的节点，开启生命未来的起点，真如李白所感叹的那样"弃我去者，昨日之日不可留；乱我心者，今日之日多烦忧"吗？潘知常没有"长风万里送秋雁，对此可以酣高楼"的浪漫雅兴，而充满着"俱怀逸兴壮思飞，欲上青天揽明月"的万丈豪情。

未及而立之年的潘知常，初生牛犊不怕虎，向着当代中国美学发起了一次猛烈的冲击，更是充满希望的挑战！《美学何处去》，终于伴着"风雨送春归，飞雪迎春到"的考验和憧憬，刊发在1985年第1期的《美与当代人》（后改名为《美与时代》）上。

因生命而审美，也因审美而生命，审美既是享受生命，也是创造生命，一言以蔽之：审美是生命的自由表现。他和我们一道恍然大悟：美学向何处去？应该向着生命近处的桃花林和远处的地平线出发！与其说这为解决美学的困惑打开了一扇窗户，不如说是为生命的迷茫指引出一个方向，更是为生命美学的崛起奠定了一块基石。

遗憾的是，他的振臂一呼并没有应者如云，犹如石沉大海。

不过，置身于实践美学一统天下的沸沸扬扬，耳听"人的本质力量对象化"的闹闹嚷嚷，他没有挺身而出与之正面交锋，而是把自己隐入了沉重的历史大幕的后面。因为鲁迅在《且介亭杂文·随便翻翻》里说过："无论是学文学的，学科学的，他应该先看一部关于历史的简明而可靠的书。"那就暂且回到历史吧，从先辈的思想中吸取养料。因为他深知欲治学必先治史。刚过而立之年的他，仅在1989年就完成了两本重要的美学著作，一本是上海学林出版社推出的《美的冲突》，一本是黄河文艺出版社推出的《众妙之门——中国美感心态的深层结构》。前者揭示了从明中叶到近代300年以来的美学是启蒙美学，实现了由传统的"王者之尊"到明清之际的"个体本位"的生命觉醒；后者第一次提出了美"是自由的境界"，倡导"现代意义上的美学应该是以研究审美活动与人类生存状态之间关系为核心的美学"。[3]接着，他在《百科知识》1990年第8期发表了《生命活动：美学的现代视界》一文。

1991年，河南人民出版社出版了堪称当代中国生命美学学派开山立派和奠基之作的《生命美学》，他从此一发而不可收，在此后20年的时间里，生命美学著作连篇涌现，总共发表了200余篇研究论文，出版了11部这方面的专著。

就目前的情况来看，潘知常美学研究的最大贡献就是将迄今为止地球上最高境界和最大意义的人类"生命"，借助中国改革开放的浪潮，第一次光明正大地引入了当代美学的园苑，他一直反复强调的是：美学，是一门关于人类审美活动的意义与价值的人文科学；美学，是一门关于进入审美关系的人类生命活动的意义与价值的人文科学；审美活动是一种自由地表现自由的生命活动，它是人类生命活动的根本需要，也是对人类生命活动的根本需要的满足。

这位才情横溢的美学青年，凭借着生活的阅历，结合读书的经历，经过思考的努力，终于发现了一个被遮蔽得太久的常识：美学的秘密在生命，生命的意义在美学，生命美学的生命是"原生命"与"超生命"的二象统一，犹如著名的光具有波和粒子两方面特性的"波粒二象性"，这是以原生命为依托、以超生命为主导的美学。美学与生命之间存在着深刻的内在循环：从美学的生命与生命的美学的角度看，美学源于生命；从美学的存在与生命的存在的角度看，美学同于生命；从美学的自觉与生命的自觉的角度看，美学为了生命。

3. 睿思深广的哲学中年

1990年，潘知常完成了人生中意义重大的空间转移。

从中原腹地的郑州到扬子江畔的南京，脚下是滔滔不尽的江水，"逝者如斯夫，不舍昼夜"。

从少年梦想的文学到青年执着的美学，胸中有绵绵不断的思绪，"剪不断，理还乱，是离愁"。

潘知常面对这滚滚东逝的长江，他知道文学魅力的背后是美学，那么美学背后的魔力又是什么呢？他思考着这犹如江流的生命，为什么在奔向浩瀚大海后，再也找不到青藏高原格拉丹冬雪峰下那一泓清亮的源泉了？唯有"孤帆远影碧空尽，唯见长江天际流"。这就相当于是一次个体生命的旅程，从涓涓溪流到滔滔江水，再到浩浩大洋，融入了历史和宇宙，它已经超越了时间和空间而成为永恒。作为以追求人的生命意义为最崇高目的和最伟大使命的生命美学研究者的他，总是在思考什么才能让一个普通的生命实现由结果期待到过程体验、由现实磨难到理想境界、由有限人生到无限生命、由人性此岸到神性彼岸的"华丽转身"？

"我们厌恶我们的黑暗而转向你，便有了光。为此我们'过去一度黑暗，而现在已是在主里面的光明'。"[4]奥古斯丁如是说。

"我们欣然接见／这个蛹一样的人；／我们就此实现／成为天使的保证。／一层茧壳裹着他，／快快把它剥下！／他将过着神圣生涯／变得美丽而又伟大。"[5]歌德如是说。

"确切地讲，真正的出路只有一个，那就是世人眼光看不到的出路。若非如此，我们何以还需要上帝呢？只有在要求得到不可能得到的东西的时候，人们才转向上帝。至于可能得到的东西，人们对之业已满足。"[6]舍斯托夫如是说。

不论当时潘知常是否已经读到这些，但是其中那诗性的感染、灵性的触动和神性的启迪，一定会产生醍醐灌顶的效果，令人进入大彻大悟的境界。因为，没有哲学思考的美学是有"美"而无"学"的，没有美学支撑的哲学是有"学"而难"美"的，这就是哲学与美学为什么如此水乳交融的最简单的原因。而如果生命美学仅有生命的"美感"而没有生命的"哲思"，仅有知识论的"审美"而没有存在论的"美学"，那么就会是停留于现象而浮光掠影的美学，止步于表层而浅尝辄止的美学。因此，为了了解洞穿"生命为何需要审美""审美如何满足生命"之美学的奥秘，潘知常开启了哲理的思维大门。

其实早在1989年撰写《众妙之门——中国美感心态的深层结构》一书时，他就开始思考这个问题了，他通过考察作为人类"第二次诞生"的原始饮食心态、性心态和宗教心态，认为美感心态受制于文化心态，指出："中国文化心态的深层结构中集体感知、集体表象、情感方式、思维机制、价值态度诸心理因素，无疑会深刻影响中国美感心态的深层结构中集体感知、集体表象、思维机制、价值态度、情感方式诸心理因素的指向、视界和维度。"[7]进而，他从循环的基本节奏、集体救赎的基本方式、"喜剧"和"春天"的基本气质等几个方面去探询了"生命意识"的内涵。尽管他匆匆止步于文化人类学的门前，但是毕竟触摸到了具有哲学意味的审美文化学的大门，也从人类美感的角度和历史文化的深度为生命美学的出场，进行了一次卓有成效的探索。

在由文学到美学，再由美学到生命美学的路途中，潘知常借助心理学和思维学的原理，开启了审美哲学的思考，他在发表于《云南社会科学》1990年第3期的《审美探索》中阐述道："审美活动不可能被划分为审美主体与审美客体，它从主体与客体的对立中超越而出。审美活动中不存在独立的主体和客体，只存在互相决定、互相倚重、互为表里的审美自我与审美对象。审美活动不但是人的存在方式，而且同时是作为自由境界的美的存在方式。作为使生命意义呈现出来的中介的审美，有三方面的要义：个体性，体验性，内在性。"[8]审美，一头连接着大千世界，一头连接着人类生命，其中的"个体性，体验性，内在性"，构成了生命美学到生命哲学的三大支柱，当然也是具有哲学意义的生命美学得以成立的三大要素。

从才情横溢的美学青年到睿思深广的哲学中年，潘知常凭借勤奋和才华，一路高歌猛进。1988年，他在郑州大学被评为副教授；1989年，被评为河南省的"青年精英"与郑州市的"青年精英"，并被授予荣誉称号；1990年9月，由郑州大学中文系调入南京大学中文系；1992年，被批准为享受国务院"政府特殊津贴"的专家；1993年6月，被南京大学聘为教授。从1991年河南人民出版社出版的《生命美学》算起，到2000年百花洲文艺出版社出版的《中西比较美学论稿》为止，10年间他共出版了8部美学著作，他还将继续思考下去。可是，随着治学的深入，眼界的拓展，以及阅历的丰富，人生的感悟逐渐让一个问题浮出水面，那就是生命的终极关怀是什么？能安放一颗躁动灵魂的生命故乡又在哪里？

白居易感叹道："我生本无乡，心安是归处。""心泰身宁是归处，故乡何独在长安？"

谁能安放我们的灵魂呢？不是行走在黄河之滨的哲人老庄孔孟，也不是徜徉在长江之畔的诗人李杜苏黄，而是一位在珠江流域超度的僧人——出生于唐朝初年，被称为中国佛教禅宗六祖的慧能。潘知常在1993年推出的《中国美学精神》中对慧能大书特书，还在同一年推出的《生命的诗境》中予以专题阐述。

他思索的目光由此岸的人间开始向彼岸的信仰眺望了。

2001年他在大洋彼岸美国的纽约州立大学布法罗分校做访问学者，在那里度过了一个难忘的春天。那是一个初春的周末，彤云密布，微冷的寒风中有着一丝暖意，他在纽约的圣巴特里克大教堂静静地从午后待到傍晚，眼前是表情痛苦的耶稣圣像，身旁是虔诚祷告的善男信女，耳畔回旋的是庄严而温暖的圣乐，正如他后来的回忆说的：

> 终于第一次清晰地理清了十五年来的纷纭思绪：个体的诞生必然以信仰与爱作为必要的对应，因此，必须为美学补上信仰的维度、爱的维度。在我看来，这就是美学所必须面对的问题。我们可以不去面对宗教，但是必须面对宗教精神；我们可以不是信教者，但是却必须是信仰者，我们可以拒绝崇尚神，

但是却不能拒绝崇尚神性。而神性缺席所导致的心灵困厄，正是美学之为美学的不治之症。因此，个体的发现必然导致的只能是也必须是爱之维度、信仰之维度。这就是说，人类的审美活动与人类个体生命之间的对应也必然导致与人类的信仰维度、爱的维度的对应。美学之为美学，不但应该是对于人类的审美活动与人类个体生命之间的对应的阐释，而且还应该是对于人类的审美活动与人类的信仰维度、爱的维度的对应的阐释。这样，不难看到，我近二十年的所有美学著述，无非就是对于这样两个由浅入深的美学问题的考察。换言之，在上个世纪是对于人类的审美活动与人类个体生命之间的对应的阐释，新世纪伊始，则开始转向对于人类的审美活动与人类的信仰维度、爱的维度的对应的阐释。[9]

无神论的"宗教精神"，与其说是潘知常为生命美学贡献的最新思路，不如说是他为生命美学带来的最新视角，从此，爱、信仰光明正大地跻身于生命美学研究的崭新平台。他又通过对王国维和鲁迅的研究，剀切地指出"新世纪美学的一个思路"，就是唯有从王国维、鲁迅所开创的生命美学思潮"接着讲"，这是我们亟待面对的课题。而信仰之维、爱之维，则是我们能够超越王国维、鲁迅并且比他们走得更远的方向所在。

2015年5月，他又专程到了位于广东韶关的南华寺，并为百集大型纪录片《中华百寺》之《南华寺》撰写脚本和解说词。

2019年12月，人民出版社推出了他的55万字的《信仰建构中的审美救赎》，该书旋即于2020年11月获得江苏省第十六届哲学社会科学优秀成果奖的一等奖。

至此，生命美学的三个核心问题完整地呈现了：我审美故我在——审美是生命的最高境界，因生命而审美——生命需要审美活动，因审美而生命——审美能够满足生命活动。一言以蔽之：审美是生命的自由表现。

潘知常在个人美学研习成长历史上的哲学中年就此定格。

他不但是生命美学的研究者，还是美学生命的践行者。鉴于古今中外美学历史上有太多的坐而论道的美学家，潘知常从20世纪80年代中期以来，一直以火热的生命激情、浓郁的生命情怀和饱满的生命活力，身体力行地践行着生命美学的理念和追求。他或丰富美学研究的内容，或拓展学术研究的领域，或传道授业而开坛设讲，或进行文化传播、从事文化建设，总之凡是有美的地方，有生活的场所，有艺术呈现的地方，有意义的人生领域，就有他贮满生命热力的照射、生命激情的喷发、生命智慧的闪耀和生命美学的审视。他曾被媒体称为"政府高参、企业顾问、媒体军师"，"生命美学创始人、爱的布道者、在全国和电视上普及美学知识的美学教父"，"影响中国的百名公共知识分子"。他纵横驰骋在这些领域，以践行和彰显他的生命美学的理念。

知行合一，是他作为当代中国美学家的最大特点。

他的实践主要有以下几个方面。

一是学术研究。美学历史研究，从1985年以来，潘知常在美学基本理论研究之外，出版了研究中国美学史的《美的冲突》《众妙之门——中国美感心态的深层结构》《王国维 独上高楼》《中国美学精神》和《中西比较美学论稿》；文学经典阐释方面，有《谁劫持了我们的美感——潘知常揭秘四大奇书》《〈红楼梦〉为什么这样红——潘知常导读〈红楼梦〉》《说〈红楼〉人物》《说〈水浒〉人物》《说〈聊斋〉》《职场红楼》；新闻传媒探索方面，有主编的或合著的《新意识形态与中国传媒》《传媒批判理论》《讲"好故事"与"讲好"故事：从电视叙事看电视节目的策划》《怎样与媒体打交道：媒体危机的应对策略》《公务员同媒体打交道》《你也是"新闻发言人"》等。尤其是他在2007年提出的"塔西佗陷阱"，习近平总书记2014年在重要讲话中向全党正式提出，目前在搜索引擎"百度"上关于该词条的结果有164万条，有媒体把"塔西佗陷阱"称为"一个中国美学教授命名的西方政治学定律"。

二是讲授课程。20世纪90年代以来，潘知常先后在上海电视台《文化中国》、江苏电视台《万家灯火》、安徽电视台《新安江大讲堂》等栏目讲授《红楼梦》《水浒传》《聊斋》等，共有近百集。在全国的高等院校、政府机构、各类企业、中小学校和公益讲座论坛演讲数百场，受到了听众的热烈欢迎。国内最大的音频网站"喜马拉雅FM"上还播放他的讲座精选，粉丝众多，讲座内容涉及了美学、

《红楼梦》、《水浒》、李煜和鲁迅等，其中《潘知常说红楼》，每周5期，共100期，具有广泛的传播影响力。2022年5月1日，南京电视台和江苏有线电视台线上直播他的《〈红楼梦〉，为什么这样红》，达到了104万人的收视流量。

三是文化策划。他曾主持横向项目《南京城市形象研究》《南京市鼓楼区旅游发展行动纲要（2011—2020）》《南京河西新城区文化特色研究》《南京市仙林大学城文化特色研究》等十余项政府与地区形象设计与策划项目，并参与《南京2014年夏季青年奥运会申办报告》的写作。潘知常作为澳门特别行政区政府文化产业委员会委员，2014年人民出版社推出了他和刘燕、汪菲联合撰写的《澳门文化产业发展战略研究》。2002年南京"开明开放，诚朴诚信，博爱博雅，创业创新"的市民精神标语，2003年"非典"时期南京市民抗击"非典"时非常熟悉的著名口号"非典终将倒下，城市精神永存"，以及2003年的"万朵鲜花送雷锋"活动等，都出自他手。而且，他还从事媒介策划，蜚声全国的民生新闻节目——《南京零距离》《直播南京》《1860新闻眼》都是他直接参与策划的品牌栏目。他还担任了海南广播电视总台业务顾问、海口广播电视总台业务顾问、江苏省广播电视总台新闻中心业务顾问等。

四是教育履职。他先后担任郑州大学、澳门大学和南京大学的教授，南京大学和澳门大学的博士生导师，南京大学企业形象研究中心主任，南京大学传媒发展研究中心主任，南京大学国际传媒研究所所长，目前担任南京大学美学与文化传播研究中心主任。2013年起他又担任澳门电影电视传媒大学筹备委员会执行主任，曾任澳门科技大学人文艺术学院副院长（主持工作）、澳门国际休闲学院校监；担任国内的中山大学、南京审计学院、江苏社会主义学院、贵州铜仁学院等的兼职教授，还是南京艺术学院、四川文理学院、四川传媒学院等大学的客座教授。2019年他任美国CBC大学博士课程特聘授课教授，2020年任欧洲诺欧商学院、法国蒙彼利埃第三大学博士课程特聘授课教授。

二、美学生命的三种推力

这里，我们再一次返回到2001年的那个春天，他从纽约来到了旧金山，在一个洒满阳光的清晨，漫步在鲜花盛开的金门公园，迎面遇到的所有出来跑步的美国人都向他点头微笑。那一刹那间，仿佛空气中弥漫着温馨的馥郁，让他更加深切地理解到了什么是生命中最为宝贵的东西，也让他更加坚定了在国内大力提倡生命美学、大力提倡爱的决心，尽管那时国人对美学已经有冷漠的表情了，有学者对生命美学开始说长道短了。多少年后，潘知常与我谈起那一幕的时候，依然按捺不住内心的激动："你们看，就是旧金山所遇到的那些美国人所给我的一个善意微笑，就改变了我的人生。从地理位置上说，旧金山距离南京很远，但是，微笑却拉近了我们彼此之间的距离。"是的，微笑是友善关系的表情，是内心世界的外露，更是爱的温馨名片。

微笑是包括潘知常在内的所有中国人最熟悉的一个意味深长的表情符号。走过1980年代，进入1990年代，迈入21世纪，我们都在匆匆前行，我们也许忽略了路旁的风景，也不会在意人们的表情。这恰恰就是我们生活的环境，当然也是生命美学成长的环境。他得益于这个伟大时代的昌明与开放，也有赖于这片学术土壤的坚实与肥沃，当然还有"不幸于"这些复杂眼神背后的质疑与猜疑。

"千淘万漉虽辛苦，吹尽狂沙始到金。"今天看来它们都成了潘知常美学生命的无形推力。

1. 市场经济的时代引力

高歌猛进的新时期，生命美学背负着历史的期望破浪前行。

凯歌嘹亮的新时代，生命美学承载着民族的梦想茁壮成长。

从20世纪的80年代到21世纪，在不到40年的时间里，生命美学的成长不但得益于思想解放时代各种思想洪流的推动，而且受惠于市场经济全面确立而带来的人的解放，我们的国家在完成了由计划经济到市场经济转型发展的同时，生长于计划经济时代的实践美学，也不得不让出历史舞台，让生命美学承受时代的恩惠和滋润，在新的历史舞台上重启大幕。对于潘知常的美学探索而言，1985年《美与当代人》

刊发的《美学何处去》是生命美学开始孕育的讯号，1991年河南人民出版社出版的《生命美学》则是生命美学诞生的标志，再到2002年郑州大学出版社推出的《生命美学论稿：在阐释中理解当代生命美学》，生命美学已经蔚然成风。

作为一种经济体制的市场经济与作为一种哲学形态的生命美学，似乎截然不同，风马牛不相及，二者到底是一种什么样的关系呢？或者说市场经济究竟给生命美学注入了哪些"生长素"？

迄今为止，潘知常的生命美学初步建立起了"一个中心和两个基本点"的理论构架，所谓"一个中心"就是对爱坚定不移的"信仰"，"两个基本点"就是"爱的觉醒"与"个体的觉醒"。而这也正是市场经济暗含的目标和催生的机制。

如果说曾经的计划经济时代，人们的爱要么集中于精神意义的领袖与政党、集体与制度方面，要么体现在物质层面的食物与衣服、居室与环境，前者是马克思所谓的"虚幻的共同体"，后者也是马克思批评的"商品的拜物教"。这个时期的爱里唯独没有对人对自己从身体到心灵的爱，而身体之爱则视为骄奢淫逸的享乐主义，心灵之爱又被当成了矫揉造作的小资情调；尤其缺乏对人本身的爱，在物质紧缺和精神匮乏的时代，在身体方面，把异性的美当成妖精狐狸，唯有"欲望"得以保留，对同性的美则视若无睹，把它当成离经叛道而不可思议，而在超越身体的符号和意义方面只有党同伐异的"同志情"和"阶级爱"。其根本原因是计划经济在本质上是"物质"需求的经济，是消除人的精神存在、蔑视人的情感价值和漠视人的个性意义的经济，是"见物不见人"的经济，更是"清教徒式"的经济。

由于没有"个体意识"和"主体意志"的觉醒，因此计划经济下的时代环境很难为美学保留一片神圣而欢乐的土地。那么，市场经济又如何呢？它的基本特征之一就是所有参与者的命运都不是由哪个组织或单位、领导或上级能决定的，自己就是拯救自己和解放自己的不二人选，在选择项目或进行交易的活动中，在商海茫无际涯、商战波诡云谲、商机稍纵即逝中，理性判断力和决策力的重要性毋庸讳言，但意志力和忍耐力尤为重要，屡败屡战才是一个成功者必备的心理素质和意志品质。在这个过程中如果没有对于金钱和财富的极大热情，没有对于自由与自主的强烈愿望，没有对于自我实现的执着追求，总之，没有全身心投入的"生命之爱"和无条件的"人生信仰"，是很难抵达成功的彼岸的。

如此，"个体意识"的觉醒和对其的褒奖就成为市场经济得以发展和繁荣的先在条件，而这种意识也正是生命美学题中应有之义，这也是潘知常所谓的"个体的觉醒"。因为，"觉醒"的前提是独立——个体的独立，它是指个体的人在现实选择、主体人格和生存能力上的独立，自己的事情自己做主，自主决策，自己独享成果的同时也独力承担后果，让个体真正成为拥有平等之人格和自由之行为的个体。这样的"觉醒"和"意识"不但构成了生命美学存在的逻辑前提，而且是生命美学进步的内在力量。

每个普通的生命拥有了主体意义的"爱"和"信仰"的启迪和引领，相较于具有强烈等级性和鲜明约束性的计划经济而言，必然在人格"平等"与行为"自由"的意识上，为市场经济中的每个主体带来法律意义上的"平等"和伦理意义上的"自由"。因此，强烈的"个体意识"促使了个体对人格"平等"与行为"自由"的关注。

首先是人格之平等。成熟或规范的市场经济由于大家都处于"机会均等"的状态，必然促成"利益共沾"的局面，正如马克思指出的那样："在商品市场上，只是商品所有者与商品所有者相对立，他们彼此行使的权力只是他们商品的权力。商品的物质区别是交换的物质动机，它使商品所有者互相依赖，因为他们双方都没有他们自己需要的物品，而有别人需要的物品。"[10]由于市场上的参与者都没有自己直接需求的物品，他们要么从事生产，要么从事销售，或者其他中间环节，因而在整个过程中每个人都处于一样的法律地位，只为自己的行为负责。这与资源短缺和供应匮乏的计划经济时代是不可同日而语的，计划经济时代是谁拥有权力谁就可以囤积居奇，"有钱也难买鬼推磨"，每个人在经济生活中是被划分为三六九等的，人格平等只是一个遥远而美好的梦想。

其次是言行之自由。这就是"我的地盘我做主"。社会生产力的提高使得商品更加琳琅满目，这必然促使需求的增加，进而推动购买力的增加。生产与消费的互相促进，首先表现在投资行为追求的"利润最大化"，其次表现在生产过程企及的"成本最小化"，最后表现在社会消费领域的"需求最优化"。随着生活水平的提高，人们的消费欲望愈发旺盛，人们的消费能力日益增强，注重消费的多元化和精神性已经成为"美好生活"的重要内容，整个社会经济运行进入了由消费引导投资和生产的模式。为此，马克思说道："从交换行为本身出发，个人，每一个人，都自身反映为排他的并占支配地位的（具有决定作用的）交换主体。因而这就确立了个人的完全自由。"[11]市场经济其实就是消费引导的经济，如果说在投资和生产环节是谈不上充分自由的话，那么在消费环节上的高度自由是毋庸置疑的。

生命美学诞生之初的1980年代，是中国人民思想大解放和中华民族精神大振奋的时代，从联产承包责任制到生产任务定额制，从《陈奂生上城》到《乔厂长上任记》，整个社会充满着空前的活力，特别1992年邓小平南方谈话后，市场经济体制的确立，极大地激发了每个人的创造力量和致富欲望，旧有的"经验变先验""心理成本体""历史建理性"的实践美学理论，已经不能解释或证明，更不能适应飞速发展的中国现实了，于是急需一种全新的美学"话语"来为中国社会张目、为中国人民撑腰，为中国现实寻求理论支撑，当然这更是包括人文社会科学在内的美学自身发展的迫切需要。因为"市场经济最伟大而奇妙的地方就在于：通过交换与分工提供足够的激励，使利己和利他相容，使目标和手段真正做到有机统一。人，当然是自己的目的，但完全可以通过成为他人的手段而实现自己的目的。这就是专业化分工的奇妙之处：在'成人之美'的同时也'成己之美'，这就是'互利共赢'。市场经济原本就不是'零和博弈'，因为交换创造价值，分工提高效率。随着市场理念的逐步深入人心，生命美学也必将得到更大的发展"[12]。

潘知常对此洞若观火："社会一旦从计划经济向市场经济转型，在市场经济的公平、平等背景下，个体的、人的价值必将脱颖而出。"[13]生命美学就在这块"希望的田野"上破土而出。

2. 面对质疑的生长压力

从人类美学的历史看，中国人浇灌的生命美学应该是"百花齐放"园苑中充满生命活力的那一朵。

从中国美学的现实看，生命美学首倡者潘知常或许是"百家争鸣"论坛上接受学术质疑的那一位。

生命美学的成长和潘知常的学术经历一样，用一句流行的话说是"不经风雨不见彩虹"，用一句经典的话说是"艰难困苦玉汝于成"，其中有美学名家的轻率批评，有学界重臣的无端指责，更有无聊人士的捕风捉影。

李泽厚先生毫无疑问是中国当代美学的一面旗帜，在1991年潘知常把新出版的《生命美学》寄给李泽厚先生指正的时候，李泽厚先生立即回信，予以鼓励，而且，还提出可以开一个学术讨论会，他愿意亲自到会，一起讨论，这着实令著者感到了前辈的关怀和学术的温暖。不论是出于奖掖后学的目的，还是眼前一亮的惊喜，实践证明李泽厚的眼光没有错，因为这是一个人性解放的时代，更是一个爱美天性尽情释放的时代，人道与人本、人情与人伦是这个时代最为响亮的声音。后来，李泽厚本人也开始了美学的"生命"的转向，2005年他在《实用理性与乐感文化》一书中创立了超越历史"积淀说"的生命"情本体"，2012年上海译文出版社推出了他的《中国哲学如何登场？——李泽厚2011年谈话录》，他继续强调"回归到认为比语言更根本的'生'——生命、生活、生存的中国传统"[14]。然而，没有想到的是，他在2002年中国盲文出版社出版的文集《走我自己的路——对谈集》里多次质疑生命美学"是某种倒退"，对生命美学"持怀疑态度"，说生命美学"看不出什么道理来"；尤其是2019年山东文艺出版社出版的《从美感两重性到情本体——李泽厚美学文录》，他在"或将以此书告别兹世矣"的"封笔"之作里，在"作为补充的杂谈"这一节中对包括生态美学、超越美学在内的生命美学提出了两大置疑：第一，"大多乃国外流行国内模仿，缺少原创性格"；第二，都是"无人美学"。[15]10来年里，5次批评生命美学。

出于对学术的尊重和对先生的礼貌，潘知常用请教的口吻和讨论的方式予以回应，先后在《文艺争鸣》2019年第3期发表了《实践美学的美学困局——就教于李泽厚先生》，在《东南学术》2020年第1期发表了《生命美学是"无人美学"吗？——回应李泽厚先生的质疑》，在《文艺争鸣》2020年第2期发表了《生命美学的原创性格——再回应李泽厚先生的质疑》，在《当代文坛》2020年第4期发表了《因生命，而审美——再就教于李泽厚先生》。的确，李泽厚批评生命美学，在某种意义上，也可以视为生命美学自身之荣幸，因为以先生地位之尊崇，生命美学能够被他关注，无疑也是对于生命美学的重大影响的一种肯定，那么潘知常的回答也应是："子曰：何伤乎？亦各言其志也！"

如果说李泽厚的批评一定意义还可当成是对后学的鼓励和提醒，那么，和李泽厚同样是中国社会科学院哲学研究所成员的谷方先生在《文艺理论与批评》1996年第6期发表的《我们应当怎样看待美学——与潘知常先生商榷》则不然。他在文中对潘知常在《哲学动态》1995年第12期上发表的《反美学的美学意义——在阐释中理解当代审美文化》提出意见，称"涉及到美学上一系列重要的问题。其中一些看法，我不敢苟同，现在提出若干浅见"。其中属于学术上的仁智之见，应为正常吧；而可怕的是谷方先生举起马克思主义大旗，把学术问题上纲到了政治的高度，在评价潘知常"全新美学"的命题时说道："第一，论者认为马克思主义美学根本不算美学，从而把马克思主义美学排出美学之外；第二，论者把马克思主义美学统属于'传统审美文化'即'传统美学'。如果属于前一种情况，那么论者从根本上否定了马克思主义美学；如果属于后一种情况，那么他从根本上否定了马克思主义美学的科学本质。"[16]

针对谷方先生指控潘知常以审美文化代替和不要马克思主义美学的"骇人听闻"，潘知常在商榷文章里特地引用了马克思1856年在《人民报》创刊纪念会上演讲的论述："在我们这个时代，每一种事物好像都包含有自己的反面。……技术的胜利，似乎是以道德的败坏为代价换来的。随着人类愈益控制自然……我们的一切发现和进步，似乎结果是使物质力量成为有智慧的生命，而人的生命则化为愚钝的物质力量。"[17]他把马克思主义作为分析当代审美文化的指导思想，还指出："我在称当代审美文化是'全新美学'时，只是对当代审美文化中所蕴含的新审美观念的一种现象描述，而并非价值判断。"。潘知常平心静气地告诉谷方先生："学术商榷，是学术研究中的重要环节，也是学术进步的必须。然而，学术商榷又是一项非常严肃、认真的工作。"[18]

学界重臣的学术指责倒还可以辩驳，而面对网络的炒作和围观，就真的超出学术争鸣了，这就是2006年初网上沸沸扬扬的所谓"潘知常风波"。本来这个网络

"舆情"应该不属于学术关注的对象，也是一个不太值得关注的话题，但是这里既然是在进行潘知常研究，尤其是潘知常生命美学研究，那么不论是基于学者个人的人格尊严，还是基于学术本身的探究使命，它都是一个不能回避的问题，诚如孟子所言："予岂好辩哉，予不得已也。"

事情是这样的："新语丝"网站"打假"爆料，又有校内外人士引出《光明日报》2000年9月5日理论版上曾刊登一篇题为《生命美学：世纪之交的美学新收获》的"学术大师风波"，他主编的《传媒批判理论》（新华出版社2002年版）"涉嫌抄袭"等，其间还有《南京大学6位博士生关于请求查处潘知常事件给校领导的公开信》。且不说这些内容"言之凿凿"实为捕风捉影，行文"群情激昂"实为口诛笔伐，仅就不敢署真名的"匿名"举动就可将这场风波视为一部并不精彩的"人间喜剧"。

首先，这不但是一个"真实"的事件，而且是要看大家如何面对这个"真实"的事件。不仅是网络炒作现象的真实，关键还是作为当事人的潘知常是一个真实的人。他没有回避，而是勇于面对"新语丝"的质疑。同时，他的学生也站了出来，道出了一个真实的潘知常：校内讲课，校外讲演，一手搞科研，一手做策划，还频频亮相于报纸电视，不但是教授中的"大明星"，而且是生活里的"大忙人"。对于其中主编履职的疏忽、参考资料放到内部教学平台的不严谨，当事人确实是应该好好地自我反思，不过事件涉及的只是尚未发表的文章，只是放在学院内部的教学群里，当时也注明了只是给学生提供参考，文章尚未发表，也注明了其中的脚注由于教学平台的局限而无法同时附上。显然，在全部的事件中，潘知常本人的任何一篇公开发表的学术论文、任何一部公开出版的学术著作都是经受住了严格审核的。而网络主事的借名人"生事"，还有各路看客的"火上浇油"，让我们面对的又是一个什么样的"真实"呢？

其次，这不但是一次"善意"的卫道，而且是要看大家如何运用"善意"的公器。毋庸置疑，不论是社会上的坑蒙拐骗，还是学术界的假冒伪劣，都属于"过街老鼠人人喊打"而不能容忍的恶劣行径，尤其是对于以追求真理为宗旨的学者而言，言之有据和言之成理是其基本要求，符合逻辑和尊重事实是其共同规范，所谓

"文章千古事，得失寸心知"。就追求学术的公道而言，所有的参与者都是在捍卫神圣的"学道"。但是，问题的关键不是"善意"是否到位，而是"善意"是否走歪，即大家都在"求真"的同时，如何运用"善意"而不至于遭到从众心理的"绑架"。如果潘知常在社会上没有知名度，如果潘知常在校园里没有影响力，那他所遭遇的这次事件还有价值吗？目的的合法，还应该有手段的合理，手段的合理，还应该有目的的善意。

最后，这不但是一件"美学"的花絮，而且是要看人们如何反思"美学"的价值。变革时代的风云际会，早已是"滚滚长江东逝水，浪花淘尽英雄"，网络时代的各色人等，或许是"白发渔樵江渚上，惯看秋月春风"；但是，生命美学经历坎坷而"是非成败转头空，青山依旧在，几度夕阳红"，"潘知常风波"亦"一壶浊酒喜相逢，古今多少事，都付笑谈中"。那我们就权当成是经历了一次"狂欢节"的喜剧吧，参与者和当事人都在这个舞台上真实地表演了一回。从美学的角度看，正如马克思说的："世界历史形态的最后一个阶段是它的喜剧。……历史竟有这样的进程！这是为了人类能够愉快地同自己的过去诀别。"[19]或许大家的目的都是真诚的，动机也是善良的，但能否做到"度尽劫波兄弟在，相逢一笑泯恩仇"，检验的不仅是争讼后的宽容，而且是当事人的胸襟；这就是所谓的"坏事变好事""反者道之动"。因为，一个生命美学的研究者如果有了美丑是非的人生经历，有了沉浮毁誉的人生遭遇，于其生命的美学思考或美学的生命探索，都应该是一件值得庆幸的事情。

的确，潘知常的生命美学是伴随着质疑与拥戴一路成长起来的，正如翟崇光和姚新勇在《学术月刊》2021年第2期上发表的《潘知常生命美学"信仰转向"现象批判》一文开头的话："当然潘知常的成名之路并非一帆风顺，相反却争议颇多。然而负面风波，并没有给潘知常带来实质性的杀伤，反而他的学术名声及其生命美学的知名度却日益高涨。"生命美学历来热忱欢迎并虚心接受一切善意的和有学术水准的批评。遗憾的是，该文以"批判"博人眼球，因为要"批判"而刻意为之，因为要加大"批判"的力度而随意为之。比如错误地将潘知常提倡的"信仰转向"与刘小枫的"基督教神学转向"混为一谈，还将这种转向曲解为源自基督教，根本没有理解生命美学提倡的信仰是个体觉醒的产物，是针对中国没有宗教传统而要在审美活动建立信仰的现实，为此，潘知常在《我爱故我在——生命美学的视界》开篇就指出："我终于意识到，以个体去面对这个世界，它的意义就在于为我们'逼'出了信仰的维度。也就是'逼'出了作为终极关怀的爱。"[20]更令人不能容忍的是翟姚二人的论文直接搬出"人民有信仰"的核心价值观。该文还对潘知常多部中国古代美学专著和大量的中国古典文学、古代文化的论文视而不见，武断地得出潘知常"对中国文学和文化价值的批判与否定"的结论，等等。总之，通篇文章不是"有话好好说"，而是先定下"批判"的调子，然后再去找论点、找破绽。"批判"取代了"研究"。一定意义上，可以说这是一种学术界的"精致的利己主义者"的美学书写的典型代表。

3. 学术共鸣的发展合力

"生命美学绝不是一个人在战斗"，这是潘知常经常挂在嘴边的一句话。

"生命美学一定是一群人在奋斗"，这是笔者回应潘知常所说的一句话。

提一个口号就拉一支队伍，来投奔的多半是亲兄弟和学生；立一个门户就聚一帮拥趸，来捧场的经常是七大姑和八大姨。

潘知常不屑于这些做法，更是没必要玩这样的套路，不论是他领衔主持的学术专栏，还是主编的学术文集，没有一个他的研究生弟子在上面发表文章，如2018年他主持了《美与时代》"生命美学专题"栏目，在19位作者中，就没有一个是他的研究生弟子；又如2019年12月由他和《美与时代》杂志社社长赵影主编的《生命美学：崛起的美学新学派》，共收录了29位作者的文章，其中也没有一位是他的研究生弟子。正是因为潘知常的研究实力和人格魅力，30余年来，生命美学的研究队伍不断壮大，生命美学研究蔚然成风，形成了老一辈大师鼓励、同辈学者支持和新一代后学呼应的局面，充分彰显了美学界应该具有的"不唯上""不唯书"和"只唯实"的求实作风、纯洁风气和清新样态。

首先是老一辈大师的鼓励。

进入1990年代后，生命美学引起了国内许多美学大师的关注，美学大师们也予以及时的评述。美学家劳承万在《社会科学家》1994年第5期上撰文指出生命美学是"中国当代美学启航的讯号"。

著名美学家北京大学阎国忠在他1996年由安徽教育出版社出版的《走出古典——中国当代美学论争述评》一书中对生命美学的出现以及基本内容也予以详尽的介绍，并指出："'生命美学'这一概念，也许最早不是由以此为名的一本著作的发表，才为人所知的。但这部著作却是最完整和系统地阐发了它的涵义。作者潘知常在此书的开头，就'生命美学'的宗旨及它与其他美学的不同作了明确的说明。""潘知常的生命美学坚实地奠立在生命本体论的基础上，全部立论都是围绕审美是一种最高的生命活动这一命题展开的，因此保持理论自身的一贯性与严整性。比较实践美学，它更有资格被称之为一个逻辑体系。"[21]

陈望衡在2001年湖南教育出版社出版的《20世纪中国美学本体论问题》中也有专门的篇幅论述生命美学以及生命美学学派的意义。

周来祥发表于《文史哲》2000年第4期的《新中国美学50年》一文指出："随着朱光潜、蔡仪、吕荧等老一辈的相继去世，随着美学探讨的发展，美坛上也由老四派发展为自由说、和谐说、生命说等新三派。"

四川大学的王世德教授还曾经力排众议，全力支持他的硕士研究生封孝伦完成硕士学位论文《艺术是人类生命意识的表达》，还热情地为笔者的新著《叩问意义之门——生命美学论纲》写了序，而且明确表态："我赞同和欣赏新提出的生命美学观这一美学思潮。""我赞同和欣赏生命美学这样的美学观和审美思潮。"到2015年，他在《贵州大学学报》的第1期上发表了《喜读封孝伦新著〈生命之思〉》，这一次，他仍旧明确表态：我"很赞同生命美学论"。

特别是，中国社会科学院文学研究所前所长刘再复联袂中山大学的林岗教授在发表于《学术月刊》2004年第8期的题为《中国文学的根本性缺陷与文学的灵魂维度》的文章里指出，潘知常"从美学领域提出应该接续上世纪初由王国维、鲁迅开创的生命美学的'一线血脉'，并且反思这'一线血脉'被中断之后给美学进一步发展造成的困境；为开解这个困境，只有引入西方信仰之维、爱之维，才能完成美学新的'凤凰涅槃'。他的看法非常有见地，切中问题的要害"。

其次是同辈人学者的支持。

在1980年代中后期到1990年代初期，潘知常已经在除《美与时代》外的《文艺研究》《光明日报》《文艺理论研究》《学术月刊》等学术刊物上发表了不少生命美学的研究文章，尤其是1991年《生命美学》的出版，引起了学术界的关注。

贵州师范大学的封孝伦教授在1997年由东北师范大学出版社出版的《20世纪中国美学》最后一章"尾声：生命美学叩击世纪之门"之中，介绍了潘知常的《生命美学》，并对生命美学的百年历程、内涵做了详尽的评述。

复旦大学著名哲学家俞吾金教授在发表于《学术月刊》2000年第1期的《美学研究新论》中，明确指出"审美的根本使命之一就是肯定生命、张扬生命"。同年，《学术月刊》第11期，还刊发了封孝伦的《审美的根底在人的生命》、刘成纪的《生命美学的超越之路》和颜翔林的《思维与话语的双重变革》，他们均表示欣赏并赞同潘知常的生命美学理论。

刘士林教授在2000年9月5日版的《光明日报》上发表了《生命美学：世纪之交的美学新收获》，指出："生命美学则独辟蹊径，转而从生存论的框架出发去考察美学问题。……这样，就把人的生命本身空前突出出来，甚至可以形象地说：美在生命！从某种意义上讲，这也正可以看作是生命美学这一称谓的根源。"

戴阿宝2006年首都师范大学出版社出版的《问题与立场》、薛富兴教授2006年首都师范出版社出版的《分化与突围》、章辉副教授2006年北京大学出版社出版的《实践美学：历史谱系与理论终结》、刘三平副教授2007年中国社会科学出版社出版的《美学的惆怅——中国美学原理的回顾与展望》等，均有专门的章节和篇幅论述生命美学以及生命美学派的意义。

南开大学的薛富兴教授在《贵州大学学报》2016年第2期上发表了《生命美学的自我深化之路》，开篇就说道："潘知常先生和封孝伦先生所倡导的'生命美学'，是20世纪后期中国大陆哲学美学所获得的重要理论成果之一。"

就连一些坚持实践美学观点的美学家，也同样对生命美学的出现予以实事求是的认可。例如朱立元教授曾在《学术月刊》1995年第5期刊载的《"实践美学"的历史地位与现实命运——与杨春时同志商榷》中说："除了原有四派外，新时期又涌现了一些有影响的、与四派不同的美学学派或观点……在80年代中后期，一些中青年同志在吸收西方现当代美学新成果的基础上，也提出了与原有几派美学从思路、方法到范畴全然不同的新的美学理论构架，如系统美学、体验美学、生命美学、接受美学、审美活动论美学、心理学美学、语言美学、符号论美学等等。"

最后是新一代后学的呼应。

长江后浪推前浪，青出于蓝而胜于蓝，这是历史前进的规律，也是学术发展的规律。

当年的美学青年潘知常振臂一呼，沿着王国维和鲁迅留下的足迹，举起宗白华、方东美未熄的火炬，附和刘再复和高尔泰的呼声，生命美学破土而出，不断成长，今天已是枝繁叶茂，38年过去，抚今追昔，展望前路，用他的话说，那就是："生命美学：归来仍旧少年！"是的，生命不老，美学长青。

再看年龄，生命美学的倡导者和领军者潘知常出生于1956年，其重要的参与者封孝伦出生于1953年、范藻（笔者）出生于1958年。余下的一直从"60后"后到"90后"，仅从2018年在《美与时代》"生命美学专题"栏目发表文章的作者和2019年郑州大学出版社出版的《生命美学：崛起的美学新学派》里面的作者来看，就可略知一二了。

我们先以2018年《美与时代》"生命美学专题"刊载的文章及其作者为例。属于"60后"的有在第7期发表《审美体验：美的实现——兼论审美体验在生命美学中的意义》的四川省宣汉县公务员向杰，在第9期和第10期连续发表《生命美学视域中的文学研究论纲》的湖南科技大学副教授肖祥彪；属于"70后"的有在第6期发表《论"生命美学"与"生命语文"美育实践》的首届全国中学语文"十佳教改新星"的熊芳芳，在第8期发表《中国古典美学的生命精神》的中国人民大学教授余开亮，在第11期发表《杨万里景物诗中的生命美学意味》的西南医科大学副教授章辉，在第10期发表《生命经验:接着生命美学讲》的贵州大学教授刘剑；属于"80后"的有在第7期发表《哲学的转向与生命美学的内涵》的西南政法大学博士肖朗，在第11期发表《现代新儒家生命美学的文化间性伦理及启示》的湖南科技大学博士邓桂英；属于"90后"的有在第5期发表《从技匠形象看庄子的生命美学意识》的西南大学文学院在读硕士研究生秦霞。

我们再以2019年郑州大学出版社出版的《生命美学：崛起的美学新学派》为例。属于"60后"的作者有《生命美学的超越之路》的北京师范大学教授刘成纪，《生命美学的自我深化之路》的南开大学教授薛富兴，《身体视域与生命美学的理论建构》的深圳大学教授王晓华；属于"70后"的作者有《论实践美学与后实践美学之争》的中国社科院文学研究所的博士后章辉，《生命建基·信仰补缺·境界超越——潘知常生命美学思想述要》的贵州大学教授刘剑，《生命美学观照下的语文教育》的著名中学语文老师熊芳芳，《20世纪80年代以来的生命美学研究》的贵州大学副教授林早；属于"80后"的作者有《浅论潘知常的生命美学及其学术影响》的泉州师范学院副教授宋妍，《潘知常生命美学的世纪反思》的贵州大学博士黄晶，《中国当代生命美学论文论著目次汇编》的武警警官学院讲师范潇兮。

潘知常就这样一路风雨兼程，一路披荆斩棘，生命美学就这样一路高歌猛进，一路茁壮成长。

当1980年代实践美学在中国学术界和知识界大行其道的时候，潘知常一个人微言轻的小人物，敢于"离经叛道"，这不仅需要"虽千万人，吾往矣"的学术勇气，更需要对生命的热爱、对美学的挚爱而产生的学术敏锐和学者眼光，还要有学人情怀。因为不论是人类文明的进步，还是个人的成长，美学之为美学，其深层原因应该为美学是对人类的审美活动与人类个体生命的对应的阐释。

记得卡尔·巴尔特在描写自己写作《罗马书释义》时说过："当我回顾自己走过的历程时，我觉得自己就像一个沿着教堂钟楼黑暗的楼道往上爬的人。他力图稳住身子，伸手摸索楼梯的扶手，可是抓住的却不是扶手而是钟绳。令他害怕的是，随后他便不得不听着那巨大的钟声在他的头上震响，而且不只在他一个人的头上震响。"

由困惑而摸索，由摸索而前行，由前行而震惊，最后在震惊中看到希望，这就是他38年走过的心路历程。

是啊，"人生飘忽百年内，且须酣畅万古情"！

这里要特别提到的是，学术界对生命美学有一次重要的"对话"。1998年10月到11月《光明日报》组织了一次美学讨论，共刊发了5篇文章。著名美学家、武汉大学教授刘纲纪在所撰写的《马克思主义实践观与当代美学问题》一文中，竭力捍卫实践美学，但是也认为："生命与美的关系很重要，十分值得深入研究。"潘知常则在《生命美学与实践美学的论争》中坚信："审美活动虽然与实践活动有着密切的关系，但却毕竟不能被简单还原为实践活动。实践活动是审美活动得以产生的必要条件，但却毕竟并非审美活动本身。"这可视为实践美学与生命美学的第一次正面交锋，说明学术界已经不能漠视生命美学的存在和影响了。

三、学术传播的三条路径

如果说人的生命起源已经得到了最新科学的说明，那么，探究生命意义的生命美学的最初源起又在哪里呢？我们可以从文化人类学的田野调查里来寻找，可以从审美发生学的艺术起源来求证，甚至还可以从精神分析学的意识形成来思考，等等。为此学人们皓首穷经、冥思苦想。而当代中国生命美学的创始人和领军人的潘知常却找到了似乎已经被人们遗忘或放弃了的途径，即以有声语言为载体的传播路径，独出机杼、别出心裁的探寻方式，让我们恍然大悟，由生命之美提炼的生命美学"原来是这样的啊"！为此，他们可以从"发生学"的意义上，实现生命美学的生命还原，即在探究生命美学的过程中发现并享受生命之美，更是让生命本身的美真正成为生命美学的源头活水。

或许是由于他1990年代涉足传播学研究，深知在信息爆炸的时代"好酒也怕巷子深"，或者是因为他一直躬耕教坛，深谙卢梭"教育的艺术是使学生喜欢你所教的东西"的真谛，因此，在出版专著和发表论文这些所有学者的"规定动作"之外，他的"自选动作"就是再一次重返人类文明初期的有声语言场域，借助这种古老而延续至今的传播方式，又充分利用互联网超时空高效率的传播优势，形成了潘知常在纸质传播之外的三条别具一格的传播路径。

1. 神采飞扬的课堂讲授

尽管潘知常有很多头衔，但他一直认为老师才是他的本行，他极其善于在课堂上给本科生、硕士生和博士生"传道授业解惑"。或许可以认为这是一个教授的"基本任务"或"本职工作"，但国内很多大学教授照本宣科地讲授，心不在焉地念讲义和漫不经心地放课件，课堂犹如一潭死水；这位学生心目中的"才子教授"潘知常的课堂呈现的是另外一种情形：一边是老师神采飞扬的讲授，旁征博引的阐述，即兴发挥的幽默，一边是学生全神贯注的倾听，聚精会神的记录，会心一笑的颔首。不但选修了这门课的同学"一个也没有少"，而且很多其他院系，甚至外校的学生也慕名而来；不但偌大的教室座无虚席，就是讲台下和窗台边也是人头攒动；不但是内地高校如此，就连澳门科技大学也因他的美学课掀起了从未有过的美学热潮，不但教室越换越大，而且还吸引了不少年青老师一节不落地听完了他的《西方美学精神》选修课。

2004年从中国女排队长位置退役后的孙玥就读于南京大学新闻系，她在2008年由江苏文艺出版社出版的自传《停不了的爱》里深情回忆了聆听潘知常讲课的经历：

> 比如潘知常老师讲的《美学和中国文学》就很火爆。一进门，就发现偌大的教室里黑压压挤满了人，别说坐了，站都站不进去，我挤了半天，也只站在门口，反正"海拔"高，也能听得清楚。本来我是打算听一会儿就溜的，因为我这样站在门口确实有些突兀。不过，听着听着，我就完全沉浸其中了。老师讲得实在精彩啊，不知不觉，一站就是将近两个钟头……

> 不过后来我的经验值有所增加，第二次站在了过道，第三次站在了靠墙的位置，第四次终于从同学们那学到了秘诀，提前用暖水瓶占个座……

> 这种简单而充实的生活，仿佛让我年轻了十几岁，每天像个孩子一样烦恼着、高兴着。

2. 与时俱进的现代传播

潘知常与媒体有着良好而广泛的合作，他善于利用现代视听媒体，开设文学、美学、教育和文化等专题讲座。他先后在上海电视台、江苏电视台、安徽电视台、南京电视台等平台栏目，讲授中外文学名著。如他从2008年7月23日开始在上海电视台纪实频道的《文化中国》主讲了28集《梁山那些人，水浒那些事》，还讲了《红楼梦》的两个专题约50集，等等，这是国内一个著名的讲坛类节目，人称"北有《百家讲坛》，南有《文化中国》"。2011年2月，他又在安徽电视台《新安大讲堂》讲了8集《潘知常奇说红楼》，还讲过《水浒》《聊斋》约20集；还在江苏电视台、南京电视台等或讲文学鉴赏，或讲美学知识，或讲审美文化等。此外，他还在国内首家网络音频分享平台蜻蜓FM和目前国内最大的网络音频分享平台喜马拉雅上开设专栏，截至2020年5月，他讲的《红楼梦》在喜马拉雅平台上有100多万的播放量，在蜻蜓FM上的讲座精选也有20多万的播放量。

3. 广受欢迎的演讲活动

他是一个知名的演说大师，开设了大量种类多样、内容广泛而深受欢迎的演讲。潘知常近年来在北京大学、清华大学等100多所高校以及图书馆、党政机关、中学、企业等做过学术或文化的讲座，以至于有个颇为幽默的说法：潘知常教授不是在演讲，就是在去演讲的路上。这些演讲经过整理编辑后，收入在《我爱故我在——生命美学的视界》《没有美万万不能：美学导论》《头顶的星空：美学与终极关怀》三本专著中。

对于潘知常这些以有声语言为载体，或现场讲授，或电视播放，或网络直播的学术传播方式，笔者曾以他的《没有美万万不能：美学导论》为例，以《生命美学的生命还原》为题，运用"发生学"原理进行了探讨。

首先，讲述式让美直入个体的感知。

毫无疑问，美学尤其是生命美学是关乎人类生命本身的学问。"美学之父"鲍姆嘉通就认为"美是感性认识的完善"，那生命美学就应该是建基于生命感性存在之上的理性反思，不幸的是，千百年来学者们太注重"笔下"功夫的完善，而忽略甚至抛弃了具有身体力行意义的"嘴上"功夫的完善，使得美学问题成了一个纯粹理性思辨的话题。因此，当我们在阅读书面语言撰写的生命美学的书籍时，总有一种"雾里看花，水中望月"的"隔膜"感。

笔头与口头，或书写或讲述，同为思维加工后的信息传递，但由于传递方式不同，不论是对于传递者还是接受者来说，效果都是迥异的，其最大的差异是口头语言比书面语言更接近事物或对象的本真状态，后者"字斟句酌"，前者"冲口而出"，乃至"信口开河"，就在这即事即景的"即兴"发挥中，一方面，被陈述对象的生命存在离我们更加切近而真实了，另一方面，陈述主体的生命情状得到更加本真而率性的彰显了。诚然，美学包括生命美学探索的道路和方式有很多种，但这种"言为心声"和"口无遮拦"的方式，借用福柯的"知识考古学"的原理，对研究对象的话语进行描述，不是描述书籍与理论，而是回归到"言之及物"的层次，运用"考古"的方式做现场发掘，"试图发现话语记载的直接经验；它关注在固有的或者取得的表述的基础上将产生序列和作品的这种起源"。[22]对此，我国著名的文学人类学家叶舒宪在《"学而时习之"新释——〈论语〉口传语境的知识考古学发掘》一文中，借对"学习"所做的知识考古，揭示了"被遮蔽的是先于书写文明而存在、而且比书写文明要悠久得多也深厚得多的口传文化。今天的现代汉语中依然在频繁使用的一些说法，如'学习'，'学问'，'举一反三'，'温故知新'等等，都必须首先透过书写文明的壁障与误解，重新恢复其深远的口传文化的语境，才可以得到透彻的、发生学或者系谱学意义上的理解"[23]。那么，就此意义而言，现场讲述生命美学，一方面，就讲者来说，更能够在即景即情的演讲现场体验并享受激情与理智碰撞的快感，而且在与听众的共鸣中，发现并感受生活与学问的美感；另一方面，就听众来说，现场布置、现场气氛，尤其是对讲者的近距离欣赏，让发现美好、接受美言和感受美妙，经过视觉和听觉的综合作用后，让讲者和听众共同完成了一次生命之美的创建和体验。

其次，案例式让美呈现生动的形象。

大千世界的美数不胜数，美不胜收，从自然美的春花秋月的景色到艺术美的诗情画意的作品，从人体美的五官曲线的形象到社会美的扶危济困的举动，可以说，凡是称为"美"的对象，首先必须具有具体生动的个别的案例式特点。然而，这些丰富多彩的"美"一旦被美学家"收编"，进入美学殿堂则形容枯槁、面目可憎，令人望而生畏。在有关包括生命美学在内的美学的诞生的研究中，多是从历史与逻辑、人类与个体、感性与理性的诸种结合上予以论证，而鲜有从文本形态上给人以启发的。

由于潘知常运用的是讲述式风格，因此为了体现声音信息的直接性、具体性和形象性的特征，就必须采用案例式，即通过不断"举例说明"的事实论据，来论证观点的合理和正确。从那三部书里很多专题演讲的"小标题"看，他通常依托一个名人或一本名著来展开。那么，一个个小小的案例为什么具有生命美学的"发生学"功效？首先从思维学上看，案例思维是一种典型的形象思维，连类引譬，直观生动，具有现象还原的功能，即通过讲述人对事件的陈述，让听众回到事件的现场，既在想象中真切感受当时情形，又在现场直观感受讲述人举手投足间的风雅，借助事件的经过和人物的经历、文学的形象和艺术的意象，将抽象的原理化为形象的事例。其次从叙事学上看，案例式讲授遵循的是典型化方式和悬疑性手法。所谓典型化就是选取最有代表性的事件及细节和最经典性的作品及片段，以一当十，以少总多，进而发现事物的普遍性规律和本质性特征；所谓悬疑性手法，即在列举案例时，不是照搬整首诗词或复制整个事件，而是要么复述梗概，要么摘取要点，要么精选名句，呈现事实本身和作品原件最精彩精妙、最惊险惊奇、最美丽美好的部分或关键，在"窥一斑而知全豹"的感受中享受聆听带来的愉悦感。最后从社会学上看，由于案例具有对象的直观性、抽象的具体性和形象的生动性，不但能让听众穿越现实、回到历史、走进经典，而且能古为今用，让历史告诉未来，还能够知古鉴今，一切历史都是当代史，让书斋中的经典亲近大众，让象牙塔里的艺术家回归生活，从而产生时代性和现实性的精神文明建设的意义。总之，案例式的讲述，演讲人的情绪感染着听众，他的观点启发着听众，听众通过聆听他的演讲既学习理论意义上的生命美学，又领略生活意义上的生命之美。这种方式或许于其他学科无足轻重，但于生命美学而言，不仅是对现象本身的感性还原，而且是对生命美学的感受性还原。

最后，专题式让美成为有机的构成。

在学问的研究中，研究主体为了使研究对象条修叶贯和研究过程层次分明，往往要分章节或专题来展开。尽管它们都是对研究对象的一种学理归类和逻辑划分，但一般而言，章节多是按照问题的逻辑分类布列，即体现研究内容的轻重缓急和研究过程的先后顺序，而专题尽管也有时和章节相似，但它主要侧重的是问题意识。毫无疑问，讲座性质的学问探究，使用"专题式"比"章节式"更契合生命的感性特征，也更符合口头式表达的思维模式，更能体现在研究过程中向研究对象倾注情与爱的人文关怀。

这让我们真切地感受到一个生命美学研究者的生命之美，更是从他的"演说"中猛然发现生命美学原来是可以这样进行生命还原的！如上所述，书面表达常常采用章节式的构成，它看重的是问题与问题之间的逻辑结构，而口头表达往往采取专题式的构成，它注重的是每个问题本身内在要素结构的自成体系和相对完整，因此适宜于讲述式和案例式的专题式探究。就本书的言说对象生命美学而言，它体现为一种有机性与生态性的生命结构，用专题式的结构来呈现生命美学对象的审美反思。它之所以不同于章节式的审美反思，关键是因为专题式不仅具有问题意识的相对独立性，还具有内部要素的比较完整性，这种犹如有机生命的构成一样的"审美之思远比科学之知更为原初，更为本真。我们只能在前者的基础上去讨论后者，但却不能在后者的基础上讨论前者。审美之思与人类的每一新的生命起点密切相关，也与人类的根本目的密切相关"[24]。按照潘知常的一贯逻辑，"审美之思"就是反思生命意义的生命美学。为此，潘知常一方面在书斋里用"一管翰墨之笔"畅游于生命美学的文山书海，另一方面在讲坛上用"三寸不烂之舌"畅言于生命美学的良田沃土。在生命美学"发生学"的意义上，如果说撰文为"流"，那么讲课则为"源"，这是更符合人类文化起源和发展的历史，口述式总是先于笔录式。由讲述式风格和案例式途径构成的专题式探究的方式、过程和结果，在美的来源上，更像是一次沉醉和张扬生命的审美活动。在潘知常看来，"审美活动不仅是一种认识活动，从更为根本、更为原初的角度讲，它还首先是一种人类自我确证、自我超越、自我发展、自我塑造的自由生命活动"[25]。

饶有比较意义的是，"学术超男"易中天与"才子教授"潘知常都有"讲学"结集出版的著作，不同的是，易中天表演了一场学术知识的文化还原，潘知常是让人耳濡目染、身临其境、感同身受地完成了一次生命美学的生命还原。

注释：

1.潘知常：《王国维　独上高楼》，文津出版社2005年版，第162页。

2.潘知常：《生命美学论稿：在阐释中理解当代生命美学》，郑州大学出版社2002年版，第400页。

3.潘知常：《众妙之门——中国美感心态的深层结构》，黄河文艺出版社1989年版，第3—4页。

4.奥古斯丁：《忏悔录》，周士良译，商务印书馆1996年版，第296—297页。

5.歌德：《浮士德》，绿原译，人民文学出版社1994年版，第397页。

6.转引自加缪：《西西弗的神话》，杜小真译，西苑出版社2003年版，第40页。

7.潘知常：《众妙之门——中国美感心态的深层结构》，黄河文艺出版社1989年版，第74—75页。

8.潘知常：《审美探索》，《云南社会科学》1990年第3期，第85页。

9.潘知常、邓天颖：《叩问美学新千年的现代思路——潘知常教授访谈》，《学术月刊》2005年第3期，第109页。

10.《马克思恩格斯全集》第23卷，人民出版社1972年版，第182页。

11.《马克思恩格斯全集》第46卷上册，人民出版社1979年版，第196页。

12.姚克中：《中国传统文化的美学转型——一个"局外人"读〈生命美学：崛起的美学新学派〉》，《美与时代（下）》2020年第3期，第133页。

13.潘知常：《从"去实践化"、"去本质化"到"去美学化"——关于后实践美学与后实践美学之后的思考》，《山东社会科学》2020年第3期，第83页。

14.李泽厚、刘绪源：《中国哲学如何登场？——李泽厚2011年谈话录》，上海译文出版社2012年版，第4页。

15.李泽厚著，马群林编：《从美感两重性到情本体——李泽厚美学文录》，山东文艺出版社2019年版，第278页。

16.谷方：《我们应当怎样看待美学——与潘知常先生商榷》，《文艺理论与批评》1996年第6期，第139页。

17.《马克思恩格斯选集》第1卷，人民出版社1995年版，第775页。

18.潘知常：《我们应当怎样进行学术商榷》，《文艺理论与批评》1997年第4期，第72页。

19.《马克思恩格斯选集》第1卷，人民出版社1995年版，第5—6页。

20.潘知常：《我爱故我在——生命美学的视界》，江西人民出版社2008年版，前言第2页。

21.阎国忠：《走出古典——中国当代美学论争述评》，安徽教育出版社1996年版，第469、498页。

22.米歇尔·福柯：《知识考古学》，谢强、马月译，生活·读书·新知三联书店2007年版，第151页。

23.叶舒宪：《"学而时习之"新释——〈论语〉口传语境的知识考古学发掘》，《文艺争鸣》2006年第2期，第66—74页。

24.潘知常：《诗与思的对话——审美活动的本体论内涵及其现代阐释》，上海三联书店1997年版，第321页。

25.潘知常：《中国美学精神》，江苏人民出版社1993年版，第565页。

第一章　全新的起点：是生命，还是实践

百年中国现代美学，以王国维的生存本体论和梁启超的社会本体论开始的两大美学思潮，也可视为审美现代性与启蒙现代性的双重变奏，在其中此起彼伏的仍旧是"生命"与"实践"的冲突。可以说，"生命还是实践"，是百年中国现代美学的第一美学问题。

在生命美学的起点问题上，潘知常的生命美学之所以迥别于李泽厚的实践美学，关键是因为潘知常对人类生命有着自己独特的理解，那就是"超生命"与"原生命"的辩证统一。这在他发表于《文艺争鸣》2019年第3期的《实践美学的美学困局——就教于李泽厚先生》里有精彩的阐述，指出生命是自然进化与文化演化的二重性。美学的起点就理所当然是这个感性之躯与理性之魂的"身心一体"之鲜活生命。面对如此之"常识"，置身于如此之"语境"，还会有人罔顾事实地"顾左右而言他吗"？如果有，那还真如黑格尔所叹息的：熟知非真知！

其实，美学研究的起点问题，与其说是一个历史学的考证，不如说是一个思维学的考古；又与其说是一个思维学的考古，还不如说是一个感性学的考据。历史学的考证，詹姆斯·乔治·弗雷泽的文化人类学著作《金枝》可佐证；思维学的考古，米歇尔·福柯的社会语言学著作《知识考古学》可印证，那么，感性学的考据

呢？需要进实验室验证或到大自然考察、用计算机建模吗？当然是不需要的。

潘知常早在1991年出版的《生命美学》中开篇就紧扣"因审美而审美"的题旨，他在"生命之光"的温煦中，深情地道白："自我这只鸽子，一旦飞出混沌的地平线，生命的天空就意味深长地发蓝了。"然而，"在生命的万里云天，偏偏煽动着死亡之神的黑色翅膀"。于是人类踏上了寻找"真实生命"的漫漫路途，没有想到，其结果竟然不是希望与憧憬，也不是美好与幸福，甚至也不是奋斗与抗争，居然是痛苦与痛处、失落与失败、无奈与无助等一系列阴郁和烦恼，最后直逼死亡的大门，潘知常揭示道："人类所无法逃避的死亡这最大的不幸，又不仅表现为肉体上的消解，而且表现为生命的有限。"原来，美学研究的全新起点，固然是生命，但比生命本身更为有价值的是潘知常发现的比肉体死亡更可怕的"生命的有限"。也正是因为生命是有限的，而有限的生命还充斥着无数的悲苦与郁闷，于是，他在生命美学奠基作里一开始就发出了"生命的存在与超越如何可能"之问，这在那个时代是难能可贵的，更是石破天惊的诘问。

实践美学看似"接地气"和"重行动"，但它的本体论是宏观的历史性和社会性，而美学研究更需要的是盖亚的大地与安泰俄斯的双脚，即实在的生命及生命感受。幸运的是，潘知常给我们提供了他一直提倡并思考的生命美学的核心——人类生命的审美活动，在审美中人类实现生命的自我救赎。

一、问题的产生：莫道浮云遮望眼

"遂古之初，谁传道之？上下未形，何由考之？"这是屈原面对时间和空间起点在哪里的困惑。

"满纸荒唐言，一把辛酸泪；都云作者痴，谁解其中味？"这是曹雪芹面对文学和自我的困惑。

这样的困惑不要说屈原和曹雪芹解不开，就是万能的上帝和全能的佛祖也解不开，可以说是人类永恒而伟大的困惑。相比之下，有的困惑尽管似乎是一个看上去无足轻重的学术问题，但它关乎的是人类如何"安身立命"，比如美学研究的起点究竟在哪里？从1950年代中国那场大讨论最后的结论看，实践美学好像是一个不刊之论，那就是体现马克思主义的实践思想的美学观，即李泽厚领军，蒋孔阳、刘纲纪等大家，在广泛地吸取蔡仪的社会学意义的美学、朱光潜的艺术性价值的美学和吕荧的主体论视域的美学等理论资源后，而初步构建起的以马克思"自然的人化"为哲学基础的"客观社会论"实践美学，加之1980年代马克思《1844年经济学—哲学手稿》中有关理论的加盟而使其如虎添翼，李泽厚的实践美学是马克思主义美学的中国化，这使得李泽厚美学俨然获得了当代中国美学的正统化地位。

置身于这样的语境，面对这样的问题，我们一直深陷实践美学倡导的人的本质力量的对象化。可是，年轻的潘知常却敏锐地发现实践美学已是强弩之末，美学需要的不是"本质力量"而是"本体力量"的生命活动，不是"对象化"而是"非对象化"的"审美活动"所体现出来的"生命的自控制、自调整"，因为，改革开放的时代已将每个中国人推到了掌握自己命运的前台，必须用一种全新的美学思想予以解说和阐发。这就是他在《生命美学》第一章第二节里阐述的："对人的未完成性、无限可能性、自我超越性，以及未定型性、开放性和创造性的肯定，意味着对人的一种全新的规定。"并且，他论述了这个观点三个方面的含义："首先，意味着从超验而不是从经验的角度来规定人"；"其次，意味着从未来而不是从过去的角度规定人"；"最后，意味着从自我而不是从对象的角度规定人"。相比较而言，实践美学正是从"经验""过去"和"对象"的角度来规定人，而生命美学正好相反，"超验"就是生命拥有"信仰"的绝对价值，"未来"就是生命秉负"超越"的终极关怀，"自我"就是生命追求"自由"的审美境界。

那么，新时期美学的全新起点，究竟是"实践"，还是"生命"？

1. 潘知常的"生命说"

记得海德格尔在其诗歌《从思的经验而来》里低吟道："运伟大之思者，必行伟大之迷途。"

潘知常在美学的探索过程中，也不是一步到位抵达生命思考的殿堂，也深深地烙上了那个时代的印记，他在发表于《学术月刊》1984年第7期的《关于中国美学史的研究方法问题》中说："从历史唯物主义关于社会存在决定社会意识的一般原理讲，美学和文学理论同其它意识形态一样，是根源于社会实践并受社会实践制约的。"但令人欣慰的是，他还看到了事物的另外一面，"另一方面，美学和文学理论的发展，又受到唯物主义或唯心主义哲学思想的影响，这又构成美学和文学理论发展的特殊根据"。对于包括文学理论在内的美学思想的产生和发展，潘知常虽然没能走出外部"决定论"的阴影，但他已经意识到作为人类意识外化的哲学家的存在意义，开始抛弃"见物不见人"的理论，而认识到不论是哲学家还是美学家或文学家作为现实而鲜活生命存在的重要性，这正是"特殊根据"蕴含的意义，因为从这段时期前后他关注的问题——从"程朱理学"到"陆王心学"（《郑州大学学报》1984年第3期的《陆王心学与明清文艺思潮——明清文艺思潮札记》）、从艺术典型到审美"趣味"（《文艺研究》1985年第1期的《从意境到趣味》）、从创作规律到艺术"灵感"（《中州学刊》1986年第3期的《中国古典美学论灵感的培养》）——中就可见一斑。

尽管有了"转向"的痕迹，但困惑依旧，这主要表现在两个方面。也可以这样说，正是下面要阐述的他的两个"困惑"，促使了他"转向"。

一是，他从生活体验上觉得实践并不能真正说明美学研究的起点。他目睹并经历了不堪回首的动乱岁月后又参与并见证了充满希望的1980年代，深切地感受到同样是"实践"，并且是"无产阶级专政下继续革命"的"伟大实践"，竟然是一场浩劫，原来实践也有着它的"二重性"或"两面性"，即并不是所有的实践都能产生真善美，种下的是金豆，收获的却是苦果，实践向往的是美好理想，实践的结果却是丑恶现实，更不用说现实生活中拉大旗作虎皮、吹喇叭抬轿子等种种假公济私的行为、灭虢取虞的行动和李代桃僵的行径。

如何将理论的美学用于人生的启迪和生活的引导，潘知常和一群年轻的朋友于1988年至1990年，在郑州组织成立了河南省美学会的二级组织——"美的人生联谊会"，每逢周日他们都要组织活动，或举行讲座讨论，或筹办篝火晚会，或朗诵文学作品，或拍卖自制艺术品。30年后，当年的秘书长柳宇先生特地为之赋诗："到处撒播美好的种子，四处洋溢着联欢的笑声，每周都有精神的寄托，每次都有满满的收获。"他们用艺术的形式、公益的方式让美的魅力光芒四射，让美的力量直指人心，让美的种子植入心田。通过这些活动，潘知常发现原来美学不尽然是哲学的抽象，还可以走入鲜活的生命和火热的生活。

还有他以生活为舞台，以生命为对象，以文学为基础，以文化为背景，以美学为视角从事的多个领域、多个学科和多个方面的研究。"纸上得来终觉浅，绝知此事要躬行"，他研究美学就要开展审美教育活动，他研究传媒就要担纲媒体策划项目，他研究政治学的"塔西佗陷阱"就要关注社会上的"热点"和网络上的"舆情"，他从事文化产业研究就要提出地方性文化发展战略，等等。

这些鲜活的事实无可辩驳地说明，能真正产生美学的不是物质意义的实践，而是精神领域的生命——追求美好意义的生命，而实践只是一个中介或手段；也不仅仅是一般意义上的社会实践，而是沉醉而愉悦的生命实践。这是因为实践对于人类社会，尤其是个体生命而言，具有真假同在的"二重性"和善恶并存的"两面性"，而生命一旦诞生犹如射向苍穹的响箭，就只有由近及远、从小到大、由弱到强的唯一正向性。

终于，在1984年的岁末爆发了一场美学的"哥白尼式"的革命，他在那篇划时代的《美学何处去》（见《生命美学论稿》附录）中，不无苦恼地发现：

> 在中国，近百年来美学的坐标一直遥遥指向西方——因而也就不是指向美，而是指向理性的"知"或者道德的"善"。从最初对康德、黑格尔的崇拜，到接受马克思美学之后自觉不自觉地从康德、黑格尔美学出发的自以为是的理解，直到当前对西方当代美学的一知半解的亦步亦趋，都如此。
>
> 由是，美，或者被归之于某种本质、理想的形象显现，或者被推入超现实、超人类的彼岸世界，成了纯净而毫无烟火气的，甚至是神秘而不可捉摸的东西。审美，则始终是一种形象地认识生活的手段，是一个从此岸世界跃入彼岸世界的环节。从审美走向知识、道德，就是它的必然归宿。
>
> 而作为感性存在的人、个体存在的人、一次性存在的人，却完全被不屑一顾地疏略、放过或者遗忘了。

　　二是，从经典阐述看，他认为实践也不能完全说明美学研究的起点。是马克思的经典论述，让他如梦初醒。马克思在《1844年经济学—哲学手稿》说道："劳动为富人生产了珍品，却为劳动者生产了赤贫。劳动创造了宫殿，却为劳动者创造了贫民窟。劳动创造了美，却使劳动者成为畸形。"[1]马克思还在《资本论》里进一步论述了劳动的异化带来的适得其反的效果："一方面，生产过程不断地把物质财富转化为资本，转化为资本家的价值增殖手段和消费品。另一方面，工人不断地像进入生产过程时那样又走出这个过程：他是财富的人身源泉，但被剥夺了为自己实现这种财富的一切手段。"并且"这种劳动不断对象化在为他人所有的产品中"。[2]劳动实践结果的"对象化"中能凝聚工人的本质力量吗？如果说能的话，那也是"负面"或"异化"的本质力量。

　　这些理论或论述都是实践美学随时挂在口头上津津乐道的，潘知常敏锐地发现了其中的"不周延"破绽，即人类的"实践"概念在李泽厚那里具有全称判断的周延性质，而美学中的审美又成了一个特称判断的不周延，这种格格不入的矛盾，的确令人困惑。如何解决呢？只有在生命活动和审美活动之间架起一座桥梁，其中的桥墩就是生命活动的"正能量"和审美活动的"有意义"。由此可见，美学研究的起点不是包打天下的"实践"，实际上古今中外大量正反面案例已经证明"实践"不能成为包治百病的灵丹妙药，美学研究的起点应该是无所不在的生命，尽管"生命"和"实践"一样，也有被异化和荼毒的可能。

　　于是，1991年《学术论坛》编辑组稿的《当代中国美学研究的出路》一组文章里，潘知常在《走上思之路》里直言道："美学要追问人类自身生存的真实性以及生存价值、生存意义，至关重要的不是借助对象性的思维去'证实'或'证明'，而是挺身而出，走上'思'之路。在'思'中，人类自身生存的真实性以及生存价值、生存意义不是被'证实'或'证明'，而是被'显现'。"[3]显然，美学显现的不是实践本身，因为实践也是显现，那么它显现的就是生命本身，因为只有超越生命活动的审美活动才能显现生命的存在意义。

2. 李泽厚的"实践论"

李泽厚作为1980年代的"青年领袖"和1990年代的"学界精神"，其美学思想主要体现在《美的历程》《华夏美学》《美学三书》《实用理性与乐感文化》《中国哲学如何登场？——李泽厚2011年谈话录》等中，其实践美学的见解主要集中体现在2003年天津社会科学院出版社出版的《美学三书》里的《美学四讲》里。该书中作者从马克思"自然的人化"的观念出发，立足于"主体性实践哲学"，从主体的实践和积淀的角度，回答了美学是什么，美是什么，美感是什么，艺术是什么。《美学四讲》是他实践美学思想的集中体现。或许他发现了不论是"自然的人化"，还是"主体的积淀"，实际上说的都是人的生命在千百年的改造外在自然过程中，自身也发生了根本性的变化，从而更加"人化"了，但他没有说清楚导致"人化"的内因与外因的关系，其实外部的社会实践只是条件，而内部的生命构成才是根本；类人猿为何没有进化成原始人，就是这个道理。

在这里李泽厚坚持的理论主张与阐述的思想观点之间呈现出巨大的裂缝，即他骨子里是坚持唯物主义的社会实践论，但一面对美学问题，他又不自觉地放弃"实践说"而回到"生命论"上。尽管他在《美学四讲》里回答"美学是什么"这个问题时，最后指出"美学已成为一张不断增生、相互牵制的游戏之网，它是一个开放的家族。从而，追求或寻觅一个统一的美学定义，就成为徒劳无益或缺乏意义的事情"。[4]李泽厚阐述了哲学性质的哲学美学，社会意义的马克思主义美学，目的是要推出他的"人类学本体论的美学"，它吸取了康德的主体"先验论"哲学，扬弃了席勒的形式"冲动说"，而形成的"马克思主义的美学不把意识或艺术作为出发点，而从社会实践和'自然的人化'这个哲学问题出发"。[5]可以说，马克思主义的社会实践是李泽厚美学的指导思想，它可以解释美的源头之一是什么、美感的源头之一是什么、艺术的源头之一是什么等很多美学的重要问题，但在美学研究的起点问题上，"实践说"的局限依然明显。因为这里的实践不是动物的实践，也不是人类维持生命本能的实践，而是人类追求生命意义的实践，因为先有生命几百万年的存在，才有建立在生命需求意义上的实践；而实践的动机、过程和结果就是生命需要的满足。对此，李泽厚是心知肚明的。

于是，在《美学四讲》的最后，李泽厚还是按捺不住内心的激情和生命的冲动，发出了美学的生命呼唤："回到人本身吧，回到人的个体、感性和偶然吧。从而，也就回到现实的日常生活（every day life）中来吧！""于是积淀常新，艺术常新，经验常新，审美常新；于是，情感本体万岁，新感性万岁，人类万岁。"⁶可谓"老夫聊发少年狂"，情不自禁吐真言，美学的实践论开始向美学的生命说悄然转变。

随着李泽厚对美学思考的逐步深化，更随着潘知常领军的生命美学的逐渐壮大，"心理本体""情感本体"这些概念频频出现在李泽厚的《论语今读》《己卯五说》，尤其是生活·读书·新知三联书店在2008年出版的《实用理性与乐感文化》和2016年青岛出版社推出的皇皇51万字的《人类学历史本体论》中，它们都比较详尽地阐述了这些概念。其中最典型和直接论述美学的"生命"视角的，当数2012年上海译文出版社推出的《中国哲学如何登场？——李泽厚2011年谈话录》，他直接说道："回归到认为比语言更根本的'生'——生命、生活、生存的中国传统。这个传统自上古始，强调的便是'天地之大德曰生'、'生生之谓易'。这个'生'或'生生'究竟是什么呢？我以为这个'生'首先不是现代新儒家如牟宗三等人讲的'道德自觉'、'精神生命'，不是精神、灵魂、思想、意识和语言，而是实实在在的人的动物性的生理肉体和自然界的各种生命。"⁷在这里，他专门强调要排除"精神生命"，看重人的鲜活感性的"动物性"般存在的生命，这表明李泽厚已经做出了靠近生命美学的姿态了。

联系到他总结的"经验变先验""历史建理性"和"心理成本体"的三大演变规律和结果，我们已经看到了从"社会实践本体论""工具本体论"转向"心理本体论""情感本体论"，以及从"自然的人化"所导致的"工具本体"向"人化的自然"所导致的"情感本体"的转移。这些与其说是一种美学思想的"转移"，不如说是一种美学认知的"困惑"。对此，潘知常在《文艺争鸣》2019年第3期刊载的《实践美学的美学困局——就教于李泽厚先生》里无不揶揄道："李先生就开始玩起了美学魔术——'明修栈道，暗度陈仓'的美学魔术。首先，是玩'主体性'的美学魔术；其次，是玩'积淀说'的美学魔术。在魔术的背后，则是悄悄地向生命美学所一直力主的生命活动完全靠拢。"李泽厚的困惑也罢，转向也罢，无不说明真正有意义并能揭示人类生命生成和提升的美学，只能是生命美学。

3. 让困惑迎刃而解

在有关美学研究的起点问题上，不论是潘知常坚持的"生命说"，还是李泽厚力主的"实践论"，与其说是美学的困惑，不如说是学者的困惑。

可以说，李泽厚的困惑体现了学者理智与个人情感的二重性冲突——一方面，他理智上要拼命维护实践美学的无生命状态，然而情感上却真切体验到美学研究有生命存在；另一方面，他既在情感上十分排斥生命美学异军崛起且蔚为大观，又在理智上很难认同生命美学的真知灼见。难怪他5次质疑生命美学都是用很感性，甚至很率性的口吻，如"换了新语汇罢了""持怀疑态度""令人好笑"等。[8]看来，李泽厚依然用的是生命体验的方式质问生命美学，这一"乌龙"现象在暴露他困惑的同时，更彰显了他生命状态的真实与正常。的确，这种"知行不一""表里错位"的学术现象或生命反讽，为生命美学研究提供了一个鲜活的案例，展示出喜剧式的生命之美，反过来也刚好证明生命美学不论是面对生命也好，还是置身于美学也罢，都无须像李泽厚那样表里不一地"矛盾"着。

那么，潘知常的困惑是什么呢？他在封孝伦、方英敏的《回眸与展望：生命美学的跨世纪对话》里坦陈："我喜欢美学，只有一个理由：生命的困惑。"而这困惑表现在那时盛行的实践美学不能解释他少年的文学创作，不能说明为何人类才有爱美之心，不能在理论上阐释审美活动的奥秘，也没有办法在历史维度上与中西美学家的思考对接，又没有办法解释当代的纷纭复杂的审美现象。这些都体现了美学理论与现实生活的二重性冲突。一方面，他深感实践美学所倡导的理论与现实生活呈现的情况格格不入，然而对于刚进入美学领域的一名新兵，他又一时找不到精准的解决方案；另一方面，他依稀感觉到了一种全新理论正在他脑海里涌动，但是他还不能将之清晰地阐释出来。因为马克思主义理论的神圣和权威，使得他不能也不敢越雷池半步。是的，"劳动创造了人"，但是假如人是劳动创造的，那劳动又是谁创造的？不是人吗？因此人先于劳动。"美是人的本质力量的对象化"，可是本质力量对象化的都是美的吗？实践规定了一切？那么，又是什么规定了实践？看来，潘知常的困惑不像李泽厚那样仅仅局限在美学理论的象牙之塔，而是源于整个时代生活的领域和他个体生命的过程，他不是为了理论而理论，为了美学而美学，而是思考如何让美学理论更具有解释生活和引领生命的魅力。

是的，生命美学本身是没有"困惑"的，但是，人类或个体生命在面对所谓"生年不满百，常怀千岁忧"的生与死时，在置身于所谓"近乡情更怯，不敢问来人"的情与理时，在纠缠所谓"莫言名与利，名利是身仇"的名与利时，永远是"忧端齐终南，澒洞不可掇"的杜工部。

那么，生命美学的"过人之处"就是敏锐而准确地发现了生命本身的困惑，这犹如哈姆雷特"是生存还是死亡"的终极困惑，它正考验着我们美学家的学问情怀和学术担当。李泽厚谨遵经典，唯书不唯实，奉"劳动创造人"为圭臬，并将之发挥到了极致，即自然被人化、历史建理性、经验变先验、心理成本体，生龙活虎的"人"成了学术案头的"物"。鲜活的生命本来应该成为美学的起点，但在经历漫长的社会实践"积淀"说后，终于成了凝固的"对象"化的木乃伊了。生命的僵硬就是美学的僵化，生命的物化就是美学的固化，生命的死亡就是美学的消亡，试问，"生命之皮将不在"，那么"美学之毛将焉附"？面对这个问题，潘知常则显现出了"初生牛犊不怕虎"的生命活力，一方面，他直面现实而不拘泥现实，相信直感而不沉迷直感，用一腔火热的情怀去拥抱生活，做到知行合一，深知"纸上得来终觉浅，绝知此事要躬行"，他将他的美学理论深深地植根大地，紧紧地贴近现实；另一方面，他敬重前辈而不盲从前辈，尊重经典而不迷信经典，始终让自己的双脚踏在了现实的土地上，让自己的脑袋长在自己的脖子上，做自己的思考。于是，他的困惑是如此火热的生命和沸腾的生活，怎么碰上了这"冰冷"的美学，如此近乎常识的学问，竟然被折腾得云遮雾绕，原来是我们"走得太远了"，而忘记了起点，因此，美学研究的起点必须是"生命"，从生命出发而抵达生命的圣境。

同样都经历了"困惑"，李泽厚是"不识庐山真面目，只缘身在此山中"，而潘知常则是"问渠那得清如许，为有源头活水来"，一旦把美学与生命结缘，则豁然开朗：

"个体的觉醒"意味着美学研究的逻辑前提的"觉醒"。从生命活动入手来研究美学，涉及到人的活动性质的角度，更涉及到人的活动者的性质的角度，而就人的活动者的性质的角度来看，只有从"我们的觉醒"走向"我的觉醒"，才能够从理性高于情感、知识高于生命、概念高于直觉、本质高于自由，回到情感高于理性、生命高于知识、直觉高于概念、自由高于本质，也才能够从认识回到创造、从反映回到选择，总之，才能够回到审美，所谓"我在，故我审美！"由此，生命美学的全部内容得以合乎逻辑地全部加以展开。[9]

美学因为建基于生命而不再困惑。如果说，对于李泽厚的实践美学而言，我们面对的困惑或问题正如马克思所说的——"哲学家们只是用不同的方式解释世界，而问题在于改变世界"，那么，对于潘知常的生命美学而言呢？就恰如歌德赞叹的："理论是灰色的，而生活之树常青。"

二、比较的启示：不忘初心方得始终

潘知常纠结于现实生活的真实与美学探索的真谛，那是"真"实的困惑。

李泽厚徘徊于经典真理的万能与美学思考的有限，那是"善"意的困惑。

那么，成长的生命美学犹如一个充满活力的追风少女，"妹妹，你大胆地往前走吧"！因为你有"美"的生命。

虽然美学"妹妹"正一路前行，但是美学思考还得从起点说起，即：美学的起点是生命还是实践？

要得到答案，那就让我们回到起点的"起点"吧，即围绕美学的话题，针对生命美学与实践美学中的关键词"生命"与"实践"，探究它们的真正含义，我们应该在比较中鉴别，在鉴别中理解，在理解中信服，为此，我们还得来一番探源寻流，所谓"不忘初心方得始终"。

这与其说是保加利亚著名的文学家和思想家卡拉维洛夫说的那样——"如果你

想获得幸福和安宁，那就要越过层层的障壁，敲起真理的钟前进"，还不如说是印度诗哲泰戈尔说得好——"永恒的献身是生命的真理，它的完美就是我们生命的完美"。是的，为了我们生命的完美，也为了美学的完善，不仅生命美学责无旁贷，而且生命美学的研究势在必行。

想必，潘知常深谙此道，并躬体力行。

1. 先有生命，还是先有实践

对于美学的研究而言，提出"先有生命，还是先有实践"，并不是一个"先有母鸡，还是先有鸡蛋"的生物学探源，而是只有回到原初才能发现原因。那么美学的原初是什么？它一定意义上代表了人类的原始形象，其实人类从诞生那天就开始通过神话传说、舞蹈歌谣、绘画建筑等思考什么样的人生是有价值的人生，什么样的生命是有意义的生命，由此形成了今天所谓的美学是探索人类生命如何更有意义的学问的共识。

潘知常在生命美学的奠基著作——1991年河南人民出版社出版的《生命美学》绪论"生命活动：美学的现代视界"中曾专门解释为什么要叫"生命美学"：

> 本书题名为《生命美学》，这并不表明著者又开创了什么部门美学，"生命美学"就是美学，在美学前面加上"生命"二字，只是对它的现代视界加以强调而已。它意味着：本书将不去追问作为实体或实体的某些属性的美，更不去追问作为美的反映的美感（在本书看来，这一切统统是"假问题"。何况，美学要探讨的并非问题，而是秘密）。本书要追问的是审美活动与人类生存方式的关系即生命的存在与超越如何可能这一根本问题。换言之，所谓"生命美学"，意味着一种以探索生命的存在与超越为旨归的美学。[10]

既然生命美学不是如生活美学、服装美学、建筑美学一类的部门美学，而是一种生命本体论视域中的美学，即人类生命活动中的审美活动，那么，这个"生命"究竟是什么呢？又如何与美学邂逅的呢？

首先，我们先看看生命是什么。

作为一种生物意义上的生命首先是一种自然现象。恩格斯在《自然辩证法》中指出："生命是蛋白体的存在方式，这个存在方式的本质契机在于和它周围的外部自然界的不断的物料交换，而且这种物料交换一停止，生命就随之停止，结果便是蛋白质的分解。"[11]既然是自然现象，那么就有它的自然生命的起点，宇宙的年龄大约是150亿年，地球的年龄大约是46亿年，生物的年龄大约是35亿年，它的起点有种种说法，或源于脂类分子，或源于RNA，或源于原始海洋等；而大约诞生于300万年前的人类的生命，其个体的起点也有种种说法，或是某一次卵子与精子的结合形成受精卵那一时刻，或是胎儿出现脑电波后，或是胎儿出现胎动后，或是胎儿具备生存能力后，或是胎儿分娩成活后。

真正表明"人猿揖别"的是有意义的生命的诞生。《易经·系辞下》说"天地之大德曰生"，苏格拉底说"未经审视的人生不值得度过"。从此，人类开启了生命思考的大门。中国古代的先哲，又接着在《易经·系辞下》称"日新之谓盛德，生生之谓易"。日新，即不断变化，它推动包括生命在内的万物生生不息，苟日新，日日新，又日新，新生命绵延不绝，万代丛生，新事物层出不息，万物森罗，这就显然将人的生命与动物区别开了，它不仅有感性的形而下的生存需求，而且有理性的形而上的人生追求。这就是马克思在《1844年经济学—哲学手稿》中说的："有意识的生命活动把人同动物的生命活动直接区别开来。正是由于这一点，人才是类存在物。"他还在《关于费尔巴哈的提纲》中指出："人的本质并不是单个人所固有的抽象物，在其现实性上，它是一切社会关系的总和。"[12]

其次，我们再想想生命为何需要美。

在这个问题上，美不是天上掉下来的，也不完全是社会实践的产物。对此，李泽厚的"共同人性""心理结构"一类的"积淀说"是难以说明的。他说："我以为，未来脑科学将具体发现人性或文化心理结构所具有的各种神经通道和结构的生理根基和形成机制，从而实证地解说人类通由历史和教育，社会文化向个体心理造成了积淀形式。"[13]李泽厚看到的依然是生命已经进入人类文明航道的"流"，而不是青藏高原雪峰下的一泓清泉之"源"。其实，达尔文在《物种起源》就阐述过："最简单形式的美感，就是说对于某种色彩、声音或形状所得到的独特的快感，最初怎样在人类及低等动物的心理发展的呢？这确实是一个很难解答的问题。……在每个物种的神经系统的构造方面，必定还有某种基本的原因。"[14]尽管这个问题"很难解"，但是，我们都知道任何生物的进化的原则是"优胜劣汰，适者生存"，它遵循的是奥卡姆剃刀原则，即"如无必要，勿增实体"的"简单有效原理"。达尔文所谓"最简单形式的美感"，如红色是太阳和血液的颜色，是生命的能量色彩；曲线是自然界和人体表面最生动的呈现，是生命最舒适的线条；鸟儿的鸣叫让人感受到蓬勃的生机，是传递生命最亲切的声音。

由此可见，生命为何需要美，也即生命为何能产生美感，潘知常一针见血地指出："美感仍旧是在为生命导航，人类在用美感肯定着某些东西，也在用美感否定着某些东西，美感所追求的都是在人类生活里有益于进化的东西。"[15]很显然，潘知常运用的也是简约性原理和简约化原则的奥卡姆剃刀原则。是的，为了促使生命的进化——走出黑暗，摆脱蒙昧，进而成为一个真正的人，在漫长的进化路途中凡是与生命在速度上更快、在力量上更强、在形态上更好生长相悖的，或对其有阻碍的，就必须毫不吝惜地去掉，反之也会毫不犹豫地增加。南方的植物为何多为阔叶林和速生长呢？这是为了更好地享受阳光雨露。那么为什么所有的动物都是毛发茂密，而人逐渐地只留下了很少的毛发呢？这是为了更好地接收紫外线，以促进生长，以至于若干年后，人类觉得光滑的皮肤是美丽的。由此可见，大自然的馈赠不论是时间还是作用，都远远早于和大于社会性的推动。

而实践美学的"美"之于生命的"悦耳悦目""悦心悦意""悦志悦神"，其中的"悦"即美感已经是"自然的人化"了。美对于生命进化的导航作用竟然如此强大，这也是达尔文在《人类的由来》里反复提示的：由于美的"导航"作用，动物才不断沿着最优化的路径进化，人也才最终进化为"人"；因此，"人类的由来"，就"由来"于美！也因此，生命美学才孜孜以求生命与美的关联。难怪潘知常多次说：人类是先有生命，还是先有实践，"首先是一个常识问题"。如果先有实践的话，"那个时候的人还根本就不是人"，没有"人"而有"实践"，岂不是滑天下之大稽！

2. 内因主导，还是外因促成

美学起点的研究，不仅是实证性的历史研究，而且是主体性的逻辑研究。

美学研究的起点，不仅要注重美的本质问题，而且关注美感的历史意义。

美感是生命的愉悦和生命的欢歌，更是生命的肯定和生命的满足，与其说它是生命进化的导航，不如说是生命进化的引擎。

固然美学研究要思考的问题有很多，特别是学者们为"美是什么"绞尽脑汁，却把美感置之于旁，总认为"美"的问题解决了，美感则水到渠成，其实大谬也。如果说"美"关乎的是对象和世界，那么"美感"就是主体和人类的连接，这是作为个体的主体审美感受和作为人类的审美意识，这是地球上绽放的唯一有思维、能创造和会表达的高等动物的"生命"。何以见证它是"高等"生命呢？因为它既不是生命本身的自我见证，也不是生命他者的对象见证，而是生命的自我存在感见证，当然这个"自我存在感"有痛苦和愉悦两种感受，能够引导生命健康成长的肯定是愉悦感。就如康德在《判断力批判》中指出的那样："若果说一个对象是美的，以此来证明我有鉴赏力，关键是系于我自己心里从这个表象看出什么来，而不是系于这事物的存在。"[16]这是康德洞悉人类生命审美活动奥秘揭示的"主观的普遍必然性"；似乎可以这样认为，"事物的存在"就是"美"，"我自己心里"就是"美感"，这个"美"是本质性的、唯一性的和不变性的，而"美感"则是现象性的、多样性的和可变性的。也正是因为生命拥有美感，才证明了生命是有意义的存在感，进而为我们美学研究的起点的确立找到了潜藏在生命深处最根本的主导内因，而不是漂浮在生命表面很一般的促成外因。

美学研究的起点是内因主导的"生命说"，还是外因促成的"实践论"，我们可以从潘知常和李泽厚二人在对"美"和"美感"的重视上，看出差别，说明问题。

执着于"美"的问题，必然要触碰美是什么，即美学的"千古之谜"——美的本质的揭秘；而致力于"美感"的问题，必然要涉及审美是什么，这应该是人学"千古之谜"——美学存在的价值证明。思考美是什么，人的社会实践是通往答案的必由之路，而思考审美是什么，人的生命体验则是通往答案的必由之路。

综观潘知常的美学研究，他不纠缠于美是什么的本质思考，而将研究的重心和重点放在了置身于审美关系之中的审美活动上。他在1991年出版的那本生命美学的奠基之作《生命美学》的绪论里直言不讳道："本书要追问的是审美活动与人类生存方式的关系即生命的存在与超越如何可能这一根本问题。"[17]在生命的存在与超越的过程中，显然没有审美感受的生命是缺乏动力而不能持续的，也正是美感给予了生命最大激励和反馈，促使生命不但更高更快更强，而且更美更炫更优。他还在1997年上海三联书店出版的《诗与思的对话》绪论里强调："当我们在追问'美学之为美学'之时，首先要追问的应该是，也只能是'人类为什么需要美学'即'美学何为'。只有首先理解了美学与人类之间的意义关系，对于'美学是什么'的追问才是可能的。"[18]很显然，美学与人类的关系首先是一个"意义"关系，而意义绝不是空穴来风，首先是要感同身受，其次要情感愉悦，进而心灵共鸣。没有人对美的感受，没有人对美的强烈感受，美学的研究还有意义吗？及至2012年出版的《没有美万万不能：美学导论》的"开篇"再一次阐述了："美学之为美学，无非也就是要赌'美的意义'存在，无非也就是关于人类审美活动的意义与价值之学。"[19]令人玩味的是，潘知常用了一个"赌"字，用他的话说，就是如果赌赢了，生命的意义更上一层楼，万一赌输了呢，生命依然存在，"留得青山在不怕没柴烧"，还可以开始投入下一轮的"赌注"，可谓杜牧《题乌江亭》对悲剧英雄项羽的感慨——"江东子弟多才俊，卷土重来未可知"。

从1985年的1月到2015年的1月，30年前，他在生命美学的开山之作《美学何处去》里就热切地呼唤着美学的还原："应该进行一场彻底的'人本学还原'，应该向人的生命活动还原，向感性还原，从而赋予美学以人类学的意义。"30年后，他仍然在《美与时代》发表了《通向生命的门（上）——生命美学三十年》，其中不无感慨而欣慰地说道："至此，经过三十年的努力，在'个体的觉醒'与'信仰的觉醒'的基础上，我关于生命美学的思考基本趋于定型，也基本趋于成熟。"那就是"一个中心，两个基本点"，"一个中心，涉及的是美学研究的逻辑起点，也就是审美活动"，而"两个基本点"就是"个体的觉醒"与"信仰的觉醒"。潘知常之所以不致力于"美的本质"问题的讨论，或许是因为这与感性的生命存在无关，至少是没有直接的关系。

30年，岁月如歌，生命如虹，潘知常归来仍然是少年！

那么，李泽厚呢？新中国成立以来，从1950年代那第一场美学大讨论的"青葱少年"到50年后美学的第二场美学大讨论的"执着老人"，李泽厚变了吗？没有变，他的实践美学"天不变道亦不变"，尽管在他的研究实践中，已经悄然转向了生命美学。

李泽厚的实践美学源自他的"主体性实践哲学"，其中"主体性"来自康德，"实践"来自马克思，其中马克思《关于费尔巴哈的提纲》中的"凡是把理论导致神秘主义方面去的神秘东西，都能在人的实践中以及对这个实践的理解中得到合理的解决"[20]给予了他深刻的启示，他于1956年发表在《哲学研究》第5期的《论美感、美和艺术（研究提纲）》一文里首次引用了马克思《1844年经济学—哲学手稿》里的"人化的自然"，标志着将"实践"引入美学的研究。写于1964年发表于1976年的《试论人类起源（提纲）》最后总结道："在使用工具制造工具的实践基础上，动作思维、原始语言日益成为巫术礼仪的符号工具，建构起了根本区别于动物的人类的原始社会。"[21]他以工具为依托，以实践为中介连接起了语言符号和巫术礼仪，及至1981年发表《康德哲学与建立主体性论纲》，依然认为"使用工具和制造工具是人的实践活动不同于任何一种动物生活活动的根本分界线所在"。此后在1989年出版的《美学四讲》一书里专门列一节"讲授""美的本质"，他说："在我看来，自然的人化说是马克思主义实践哲学在美学上（实际也不只是在美学上）的一种具体的表达或落实。就是说，美的本质、根源来于实践，因此才使得一些客观事物的性能、形式具有审美性质，而最终成为审美对象。这就是主体论实践哲学（人类学本体论）的美学观。"[22]其实，真正能与人类实践发生关系的不是抽象的"美"，更不是"美是什么"的思辨，而是"美感"，当然是个体生命感受到的愉悦；因此，审美活动意义上的实践更与美感有着直接的关联。

由于人类社会实践的无所不能，加上审美对象形式的无处不在，促使实践主体自由、无所畏惧，因此，李泽厚一定要置美感而不顾，去触动美是什么的本质问题。在1980年美学即将复苏的时候，李泽厚在《美学三议题》里，将多年思考的答案公之于众："自由的形式就是美的形式。就内容而言，美是现实以自由形式对实践的肯定；就形式而言，美是现实肯定实践的自由形式。"[23]后来在《美学四讲》就干脆直接得出结论——"美是自由的形式"，这和他早年的"美是客观性和社会性的统一"、"统一"于"实践"的观点如出一辙。

3. 过程规定，还是结果导向

这是两种不同的思维方式，结果也大相径庭。

个体生命拥有一个无法克服的悲剧：缤纷的美好过程终究要变为黑色的死亡结果。

美学理论具有一个没法解释的现象：抽象的普遍规律依旧罩不住感性的特殊现象。

如何解开这个"死结"？解铃还须系铃人，生命的现象还需生命的美学来解释，不然的话，美学理论如果离开了生命的视域，要么纸上谈兵而不食人间烟火，要么坐而论道而仅作壁上观。这里牵扯出一个至关重要的根本性问题，生命是过程重要，还是结果重要。就某个阶段的具体生命而言，肯定是结果重要，即所谓腰缠万贯的成功、大权在握的霸气、出头露面的风光、万人敬仰的荣耀。可是，李太白感叹："九嶷联绵皆相似，重瞳孤坟竟何是？帝子泣兮绿云间，随风波兮去无还"；王国维感悟："野花开遍真娘墓，绝代红颜委朝露。算是人生赢得处。千秋诗料，一抔黄土，十里寒螀语"。无论怎样的生前风光最终都免不了一座孤坟、一抔黄土的结局，如此还能说结果重要吗？

由生命意义的思考而诞生并壮大的美学学科，在其基本理论上有个节点是绕不过去的，即美学研究的起点，是生命还是实践。如果说是生命的话，那么生命的意义就是过程，如果说是实践的话，那么生命的意义就是结果。

由此潘知常与李泽厚在美学研究上出现了巨大的分野，并分道扬镳，一个"向前看"，生命"不断向意义生成"，一个"向后转"，频频回顾"美的历程"，殊途当然不同归。

坚持生命是美学的起点的潘知常秉承其一贯的"审美活动"的生命理论，早在

1985年完成的《美的冲突》一书的最后就信心百倍地相信："密切关注着人、人的感性塑造的中国美学，或许能够在使人们愉快而和谐地生活在一个既有高度物质文明而又不乏精神上的安身立命之处方面，作出积极的贡献？或许能够在如何使人得到真正健康全面的发展的探索中，给世界以历史的和逻辑的启迪？"[24]中国改革开放的进程和当代生命美学的成就早已回答了潘知常的提问。而在1991年出版的《生命美学》的第一章"美丽的人生地平线"第二节"不断向意义生成"里他"从超验而不是从经验""从未来而不是从过去""从自我而不是从对象"三个角度论述了如何"规定人"的生命，最后指出："综上所述，不难看出，审美活动显然与人的理想本性同在，自由生命的全面实现显然就是审美活动的全面实现。"[25]审美活动绝不仅仅是生命的现实活动，而且更多的是通向生命未来的理想境界，唯有审美活动让理想之光照进现实，现实因此熠熠生辉，平凡的生命因为理想的未来和未来的理想而格外崇高。

潘知常为何特别看重生命与审美同时具有的理想性和未来性呢？他从生命的自然生长性和生命的社会进步性两个方面指出："人不再仅仅是有限的存在，而是一种唯一不甘于有限的存在。'未完成性'、'无限可能性'、'自我超越性'、'不确定性'、'开放性'、'创造性'就因此而成为人之为人的根本属性。"[26]其实这些特性正因为非常吻合人类的生命特性，不但能够满足生命的现实需求，享受生命的美感，更是符合生命的未来特性，憧憬生命的美妙，因而生命成为美学的起点是当之无愧的。当然，这就是潘知常所说的：美学的奥秘在人——人的奥秘在生命——生命的奥秘在"生成为人"——"生成为人"的奥秘在"生成为"审美的人。或者，自然界的奇迹是"生成为人"，人的奇迹是"生成为"生命，生命的奇迹是"生成为"精神生命，精神生命的奇迹是"生成为"审美生命。一言以蔽之："人是人"—"作为人"—"成为人"—"审美人"。

如果说潘知常"向前看"的美学所体现出来的是建构性，那么李泽厚"向后转"的美学所表现出来的则是总结性。他从近代康有为和谭嗣同思想研究开始，一直到远古的"龙飞凤舞"和"青铜饕餮"，频频穿行在中国古代思想、哲学、伦理和艺术的历史故地，创造性地提出了许多极有价值的概念或范畴，如"儒道互补""儒法互用""道始于情""禅意盎然""以美启真""以美储善""实用理性"等，其中吸取了马克思主义哲学的"积淀说"最有影响和价值。"积淀说"分两种，一是他在《人类学历史本体论》里指出的广义的"积淀"——"不同于动物又基于动物生理基础的整个人类心理的产生和发展"，即理性内化为智力结构和理性凝聚为意志结构；二是狭义的"积淀"，指"理性在感性（从五官知觉到各类情欲）中的沉入、渗透与融合"，即理性积淀为审美结构的形成，是人类在漫长的历史进程中，在反复不断的社会实践基础上形成的"文化心理结构"，动物性变成了人性，自然化变成了人化。[26]由于"积淀说"看重的是生命进化和人类实践的目的实现程度和效能，开启的是"真"，储备的是"善"，而"美"仅仅成了手段，表现出买椟还珠的反讽效果，具有过河拆桥、唯利是图的功利主义，是一种典型的结果导向的实用主义哲学，于是，一旦积淀任务完成，真理在握、伦理在胸，生命前行的脚步戛然而止。

潘知常在发表于《文艺争鸣》2019年第3期的《实践美学的美学困局——就教于李泽厚先生》里，称李泽厚在"玩'积淀说'的美学魔术。在魔术的背后，则是悄悄地向生命美学所一直力主的生命活动完全靠拢。具体来看，在李先生那里，'社会实践本体论''工具本体论'实际都已经只是幌子，'心理本体论''情感本体论'才是真的；'自然的人化'所导致的'工具本体'实际也已经是幌子，'人化的自然'所导致的'情感本体'才是真的"。

"积淀"的是经验和资历，这种成熟意味着死亡的开始，结果暗示着终点的到来，这在本质上仍然是动物式的生命法则和生命表现，其根本指向与美学背道而驰，因为表征和昭示生命意义的"美"永远是没有最美，只有更美，思考人类生命意义的美学永远"在路上"，它的路标一直向着未来的时间、未尽的空间和未知的世界不断延伸。

由此可见，我们又回到了一个年轻的"老问题"上，美学的起点是实践，还是生命，或许还将争鸣不已，但是在美学尤其是生命美学的求索路上，我们的感慨是：

清醒地认识到成长的美学是艰难的。

欣慰地看到了纯粹的学者是真诚的。

切实地感受到思考的生命是美好的。

三、起点的意义：潮平两岸阔，风正一帆悬

潘知常的生命美学始终坚持生命的活动不是一般的物质实践，而是伟大的生命实践。没有生命，何来实践！生活的酸甜苦辣、人生的悲欢离合、生命的生老病死，不但构成了我们的命运，而且促使我们反思，如歌德说的那样："没有在长夜痛哭过的人，不足以谈人生。"

美学研究永远没有终点，但一定有起点，就是来自母亲怀里婴儿第一声啼哭的顿悟、月下初恋情人第一次亲吻的感悟，还有夜阑垂暮老人最后一句话语的醒悟，这些是生命现象，不是生命美学，但这些现象构成了我们对生存的醒悟、生活的感悟和生命的顿悟，如《诗经》里的"蜉蝣之羽，衣裳楚楚；心之忧矣，於我归处"。如《春江花月夜》的"江畔何人初见月？江月何年初照人？人生代代无穷已，江月年年望相似"。它们不是美学，是生命的叹息，这应该是美学的原初形态，更应该是生命美学的真实形态。不可思议的是，面对如此"常识"，美学大家们却熟视无睹，只会终日沉迷于"象牙塔"里纸上谈兵式的"实践"，全然不顾包括自己生命在内的鲜活存在，难怪潘知常在《美学何处去》会斥之为"'冷'美学……，它雄踞尘世之上，轻蔑地俯瞰着人生的悲欢离合。'冷'美学是宗教美学，它粗暴地鞭打人们的肉体，却假惺惺许诺要超度他们的灵魂"。

幸运的是，潘知常找到并坚定地站在这个"点"上，"不管风吹浪打，胜似闲庭信步"，当代中国美学犹如冲出三峡进入江汉平原的长江，"潮平两岸阔，风正一帆悬"。

潘知常生命美学对于美学研究的突出贡献是不仅坚定地将美学置于生命的大地上，而且建构起了"情感境界论"的生命美学，它生动地体现在这样三个方面：生命视界，情感为本，境界取向。

生命视界。他最早在1985年《美学何处去》就"呼唤着既能使人思、使人可

信而又能使人爱的美学，呼唤着真正意义上的、面向整个人生的、同人的自由、生命密切联系的美学"，并且指出："真正的美学应该是光明正大的人的美学、生命的美学。"从此中国美学开始了一场彻底的向生命活动和感性意义上的"人本学还原"。

情感为本。他最先在1989年出版的《众妙之门——中国美感心态的深层结构》第二章"天地之心"的第一节里就指出，直面生命，也就必须直面情感。情感"不但提供一种'体验—动机'状态，而且暗示着对事物的'认识—理解'等内隐的行为反应"。这是和实践美学强调的理性截然不同的理解，情感是人之为人的终极性的存在，也是人的最为本真性的显现和最为原始性的存在。

境界取向。他在1988年发表的《游心太玄——关于中国传统美感心态札记》和《众妙之门——中国美感心态的深层结构》等里就提出"美在境界""美是自由的境界"和"境界美学"。美学"以意义为本体而不是以实存为本体"，"旨在感性生命如何进入诗意的栖居"，因为人是以境界的方式生活在世界之中的，是境界性的存在，可见境界是生命的最高意义。

"潮平两岸阔，风正一帆悬"，美学在生命的感悟和激励下，终于找到了"生命"——这扇通向未来的大门！

1. 带来了美学的生机

"问渠那得清如许？为有源头活水来"，生命是汩汩的泉源，实践是潺潺的流水，没有生命的起点，实践将是无源之水。

"芳林新叶催陈叶，流水前波让后波"，生命是默默的奉献，实践是赫赫的成效，没有生命的支撑，实践将是无本之木。

起点不同使得支撑不一样，进而导致结果的大相径庭。

生命美学之所以不赞同实践美学，是因为生命美学认为"自然界生成为人"，实践美学认为"自然的人化"——自然的基点不一样。生命美学认为"我爱故我在"，实践美学认为"我实践故我在"——哲学的起点不一样。从美学的角度说，生命美学认为"因爱而美，因美而爱"，实践美学认为"因实践而美，美是实践的附庸"——美学的源头不一样。潘知常的生命美学是从一般美学到审美哲学的过渡：从"爱"到"审美"——从爱美之心到审美之智，从爱生命到爱美，落实生命美学的核心就是"我审美故我在"：因生命，而审美，因审美，而生命。所以，审美活动是生命活动的必然与必需。

从历史到现实再到未来，由此形成了潘知常生命美学研究的三组"一个中心，两个基本点"。

其一，美学的历史性还原：一个中心是"生命即审美"，两个基本点是"因生命而审美"与"因审美而生命"。

生命即审美，是潘知常创立生命美学必须解决的第一个问题，也是他整个美学体系建构的中心问题。诚然，动物的生命只有吃喝拉撒和繁殖交配的生理本能，以及躲避危害和趋近舒适的心理本能，这符合它在自然意义上的进化规律，这种状态与自然界是高度适应的。随着类人猿的出现，以及早期人类的出现、工具的发明和使用、语言的出现和运用，大自然不仅是人类生存的环境，也是人类生产的对象，更是人类生命成长的刺激物和进步的推进器，于是内在生命的进化和外在生命的完善都将美的需要和美的力量聚集于个体的生命之中。

我们可从两个方面来看待潘知常生命美学的"生命"。

内在生命的进化就是快感产生的意义。美学理论中有一条著名的"快感导致美感"定律，对于正常的生命而言，没有快感绝无产生美感的可能。在味觉的快感上，如人类对饮食为何喜欢甜味而厌恶苦涩，是因为甜食含热量高，对生命来说是"增热"与"赋能"，而苦涩含热量低，于生命而言是"清火"与"消食"。还有"性快感"，对一些动物如雄性螳螂来说高潮即死亡，而对人来说则是生命的享乐和奖赏，从而使得人类生命得以生生不息。

外在生命的完善就是美感产生的意义。内在生命的进化让人类越来越有"人"性了，而外在生命还需要不断地完善才使人愈来愈像"人"样了。我们所处的大自然环境有两个最鲜明的特征投射或体现在了人的身上，一是对称，如人体造型：双手，两脚，双耳，两眼，口鼻居中。二是线条，不论是古代还是现代，为什么虎背熊腰的男性和丰乳肥臀的女性更容易赢得异性的青睐呢？因为男性的生产生命是直线式的刚毅，蕴含着生命进化和成长一往无前的向力，而女性的孕育生命是曲线式的包容，给予了生命不断自我完善和适应外界的容忍和调适的韧劲。所谓"一阴一阳之谓道"。

为此，潘知常总结道：美感"同样也是对生命进化中的创新、进化、牺牲、奉献的一种自我鼓励。在这个意义上，美感与快感其实有着内在的同一性。当然，美感又有其特殊性，严格而言，美感是一种只属于人类的特殊的快感"。[27]就这样，快感和美感内外双向同时发力，共同促成了人类生命从体质到精神的强壮和丰富。

"生命即审美"这个中心问题的解决，使得"因生命而审美"与"因审美而生命"的两个基本问题迎刃而解了。"因生命而审美"侧重的是生命为何需要审美，而此时的生命是一个追求意义的生命，正是在追求意义的过程中，让审美成为生命须臾不可少的"标配"。"因审美而生命"侧重的是审美为何满足生命，正是因为审美的加入，让人类的生命如虎添翼，以至臻于完善和完美而使得生命的意义锦上添花，从而让生命成为审美理直气壮的"标志"。

对此潘知常深有感触地说："审美与生命，是一而二，二而一的一体两面，是因生命而审美，也是因审美而生命。这一切，就正是我与我的同道们不约而同地将自己的美学研究称之为生命美学的根本原因。"[28]由此使得生命美学与实践美学出现重大分野，并使得美学终于找到立足之地。

潘知常不仅一语中的，直探美学的生命要义，将生命与美学进行了一次天衣无缝的对接，为美学更为生命找到了牢固的立足点；而且一言九鼎，直陈美学的生命起点，在生命美学与实践美学之间划出了一条不可逾越的楚河汉界，为美学获得的不只是现实的生长点，更是未来的地平线。

其二，美学的时代性体现：一个中心是"生命意义的审美活动"，两个基本点是"个体的觉醒"与"信仰的觉醒"。

既然生命与审美一体两面，携手并进，那么审美活动就是贯穿其中的一根红线，尤其是在世界进入了尼采揭示的"上帝死了"以后的虚无主义时代，能让人类心安理得地生存和气定神闲地生活的依托是什么呢？"赛先生"只能提供科学的物质保障，"德先生"只能提供民主的制度保证，能安放我们的灵魂和抚慰我们心灵的就唯有"美先生"了，于是"生命意义的审美活动"就必然成了救度人类的"诺亚方舟"。因为唯有这种活动可以超越穿衣吃饭和规章制度，或者说在满足穿衣吃饭和规章制度后进行"意义"的寻求与满足，从而让人的生命更加具有人的"样子"。

如果说康德因终止知识论美学而开启了认识论美学，而将审美判断力即主观的普遍必然性作为美学思维的出发点和目的地；那么可以说，尼采因批判现代文明而高倡意志力美学，而将强力意志和超人哲学奉为圭臬。为此，潘知常在2021年2月10日，第一届全国高校美学教师高级研修班上提出"康德以后"和"尼采以后"两个概念，前者意味着主体论的神圣而毋庸置疑，人本主义时代的光荣降临；后者意味着主体论的坍塌而无可救药，虚无主义的肆意横行。于是，不少人期望重返基督文化，借助上帝的权威重建人间的法则，重塑信仰的神圣和重启神性的价值，然而文艺复兴以来的人类历史早已证明"从来就没有什么救世主，也不靠神仙皇帝"！宗教改革以后的欧陆大地业已说明"要创造人类的幸福，全靠我们自己"！

20世纪以来的中华民族，曾经寄希望于"德先生"和"赛先生"，事实证明，二位"先生"管得了物质和社会，而管不了心灵和审美，而实现人的真正自由和解放，必须借助艺术和审美来实现心灵的自由和精神的解放，唯有单纯的形式愉悦的审美活动才能做到。它之于生命活动来说，是潘知常早在1985年就揭示的对生命本身的"自组织、自调节和自鼓励"，是在宗教和理性之外的"第三条道路"——唯有在审美活动中才能通往灵魂救赎和信仰启蒙的康庄大道。

我们都知道，生命美学在西方是近代"上帝退场"后的产物，而在中国则是从《山海经》到《红楼梦》"无神的信仰"背景下的一以贯之。既然上帝作为救世主不可信，那唯有自我的拯救才是生命存在意义的可信，那么生命自身的"块然自生"所蕴含的超越性，就必然带来美学的出场。因为，借助揭示审美活动的奥秘去揭示生命的奥秘，不论是在西方从康德、尼采起步的生命美学，还是在中国的传统美学，都早已是一个公开的秘密。这个"秘密"就是向美而生，也为美而在，就是不但关涉宇宙大生命在"不自觉"创演中的"生生之美"，而且重点关注其中的人类小生命在"自觉"创生中的"生命之美"，而其中体现的审美活动，则是人类小生命的"自觉"的意象呈现，亦即人类小生命的隐喻与倒影。美是生命的导航，也是生命的动力。因此，潘知常生命美学的核心就是：美是生命的竞争力；美感是生命的创造力；审美力，则是生命的软实力。

可见，生命美学不是人们所习惯的围绕着文学艺术的小美学，而是围绕着人类生命存在的大美学，是审美哲学与艺术哲学的拓展与提升，因此，生命美学也是未来哲学。它要揭示的，是包括宇宙大生命与人类小生命在内的自组织、自鼓励、自协调的生命自控系统的亘古奥秘。这正如1985年潘知常在生命美学的开山之作《美学何处去》中就已经明确指出的：

> 或许由于偏重感性、现实、人生的"过于入世的性格"，歌德对德国古典美学有着一种深刻的不满，他在临终前曾表示过自己的遗憾："在我们德国哲学，要做的大事还有两件。康德已经写了《纯粹理性批判》，这是一项极大的成就，但是还没有把一个圆圈画成，还有缺陷。现在还待写的是一部更有重要意义的感觉和人类知解力的批判。如果这项工作做得好，德国哲学就差不多了。"
>
> …………
>
> 但无论如何，歌德已经有意无意地揭示了美学的历史道路。确实，这条道路经过马克思的彻底的美学改造，在21世纪，将成为人类文明的希望！

写下这些文字的时候，他才28岁。而今，弹指一挥间，整整38年过去，他距离生命美学的真正目标，正在一步步靠近。

那么，生命活动中的审美活动究竟是什么呢？但凡有"活动"就是实践活动吗？并非如此，审美活动是与生俱来的生命活动。阎国忠先生说道："把审美活动归结为一种生命活动，而不仅是一种实践活动，这无疑拓宽了人们的视野。生命活动，可以理解为与人的生命息息相关的活动，植根于人的生命的活动，可以理解为人的生命投入其中并使人享受生命的活动，也可以理解为人的生命为寻求自我保护、自我发展而不断超越自身的活动。生命活动，自然是指支撑着生命的全部生理、心理的共同活动，包括了感觉与超感觉、意识与潜意识、理性与非理性，因为这个原因，也包含着人与自然、主体与客体、有限与无限可能达到统一的前提。"[29]一言以蔽之，因为生命先于实践，因此生命活动由于审美活动的存在和介入，不但大于实践活动和高于实践活动，并且优于实践活动。

为此，潘知常在《诗与思的对话》一书中，从根源层面、性质视界、形态取向、方式维度四个方面阐述了审美活动，第一章开篇就说道："审美活动的根源包括两个方面，即审美活动的历史的发生与逻辑的发生。不过，不论是历史的源头还是逻辑的源头，所涉及的都并不是传统的关于审美活动'是何时发生的'之类的问题，而是审美活动'为什么会发生'这类的问题。"[30]人类为何会发生审美活动，这是一个生物学与生态学、生理学与心理学、历史学与社会学的复杂话题，不过我们可以从生命的进化轨迹、环境的变化规律和心理的需求递进等方面，知晓这一定与生命的内在需要和外在满足密切相关。因此，就这个意义而言，审美活动是创造人生意义和社会价值的人类生命的实践活动，凡是满足人类意义追求的活动或事物都属于这个范畴，如欣赏美的事物、创造美的作品、研究美的理论、展示美的情怀，还有评论文艺现象以及美化自我和环境等，其中文艺创作和文艺欣赏是主要的形式和重要的途径。作为审美活动的文艺创作既为文艺欣赏的审美活动提供具有审美价值的对象，又能培养新的审美主体，提高其审美能力，从而促使人类整个审美活动不断进步和日臻完善。

相应地，"生命意义的审美活动"这个中心问题的解决，使得"个体的觉醒"与"信仰的觉醒"两个基本点的确立顺理成章了。一方面，个体是如何觉醒的。由于审美活动在现实意义上不是一种"类"的和抽象的活动，而要体现出这种活动的效果，也只能是单个生命体具体而生动的活动，所谓"我美故我在"，因此能创造并享受这种活动的生命个体，一定是摆脱了动物的束缚和外界的局限后的觉醒了的生命个体，正如黑格尔在其《美学》第一卷（第147页）中说的——"审美具有令人解放的性质"，当然这种"解放"是从个体的解放开始的，也只能由个体的觉醒表现出来。另一方面，信仰又是如何觉醒的。审美活动不是一般意义上的生命活动，它关乎着人类生命的质量，尤其是个体生命的质量，那么衡量个体生命质量的指标既不是中国古代所谓的"立德立功立言"的"三不朽"，也不是儒家文化的"修身齐家治国平天下"的"四阶段"，当然更不是金钱和地位，甚至与身体的健康都没有太大的关涉，羸弱的康德有一颗伟大的心灵，瘦弱的凡·高有一种高贵的气质，病残的史铁生有一身顽强的意识，身处逆境矢志不渝，面对困厄斗志未减，有"虽九死其犹未悔"的坚强意志和坚定信念，最后直至"不以物喜不以己悲"的境界，"只问耕耘不问收获"的胸襟，那就是为爱而爱的信仰。

其三，美学的现代性追求：一个中心是"生命必然追求自由"，两个基本点是"在灵魂面前人人平等"与"在法律面前人人平等"。

潘知常的生命美学不仅为当代中国美学寻找源头，而且为美学研究在建立起点。他的第一组和第二组"一个中心，两个基本点"，分别是从历史性还原和时代性体现而言的，而第三组则是面向未来的现代性追求，在前面的生命与审美需要、生命与审美活动的基础上，在时间性和逻辑性上完美地引出了第三个美学的最核心问题：生命与自由追求。"自由"是人类最古老的向往，从中国唐代禅僧元览的"大海从鱼跃，长空任鸟飞"的意象到匈牙利伟大的革命诗人裴多菲"若为自由故"生命与爱情"皆可抛"的意志，都可窥见人对自由的向往。可见，生命真正而最高的境界，似乎已经超越审美、爱情，甚至超越了生命本身那些我们梦寐以求的东西，堪称人类生命最崇高的信仰，它既具有时代性的社会价值，也充满现代性的理想情怀。正如潘知常所说的："信仰的核心，是对于生命的无限性的重建。生命的无限性是一个重要问题，也是一个在西方思想中始终都在积极探索的问题。""信仰之为信仰，最为重要的，是可以导致一个充分保证每个人都能够自由自在生活与发展的社会共同体的出现，具体而言，就是导致在这个共同体中的'一点两面'亦即自由与'在灵魂面前人人平等''在法律面前人人平等'的出现。"[31]潘知常对自由的理解，不但超越了我们熟悉的社会层面，我们向往的情感领域，而且提升到了生命终极关怀的信仰高度。

"生命必然追求自由"，道出了生命与生俱来的本能和天赋神权般的使命，相较于实践美学，生命美学在这个问题上的见解，不但为美学找到了全新的起点，而且为美学建立了理想的标杆。因为，实践美学因其"实践"，并在马克思主义所发现的"劳动创造人"的理论背景下和李泽厚总结的"吃饭哲学"生存情形中，在人类不论是个体的成长还是族类的发展问题上，的确说出了一句大实话而不是大真理。之所以如此，是因为"实践"既有着个体现实生活的局限性，又有着价值诉求的功利性，即任何实践都不可能是"无缘无故"的行动，也不可能有"无怨无悔"的情怀，它一定充满"有情有义"的动机和"有利有益"的目的。

而生命美学将这一切的不可能视为可能，是因为它的"自由"不是漫无目的的，也不是随心所欲的，而是在自由的躯体里注入了崇高的信仰，在自由的追求中引入了信仰的导向；如此一来，不但赋予了自由高贵的灵魂，而且予以了自由可靠的保证，从而使得每一个普通的生命都因其拥有了理性的支持和现实的可能，而能够最大程度地做到"在灵魂面前人人平等"和"在法律面前人人平等"。就灵魂而言，这个潜在的生命由于具有无限的自由，而不会受制于现实的羁绊，如法国文学家雨果说的——"世界上最宽阔的是海洋，比海洋更宽阔的是天空，比天空更宽阔的是人的胸怀"。就法律而言，这个现实生命的每一个个体由于具有有限的自由，才能让所有的个体拥有最大的自由，如英国哲学家约翰·洛克在《政府论》说的——"在一切能够接受法律支配的人类的状态中，哪里没有法律，哪里就没有自由"。

潘知常为美学所建构的"自由追求"的生命内容，加上灵魂与法律两个的人生形式"平等"，既显得理论站位的高大上，又具有现实操作的快准灵，更充满生命风采的精气神，所以才是美学的，也是生命的，更是生命美学的。因为生命的介入，美学研究找到了崭新而鲜活的起跑点，因为信仰的引入，美学理论拥有了全新而神圣的制高点。

2. 开阔了研究的视野

视野常常决定了一个人的高度和深度。

"山随平野尽，江入大荒流。"这是李白在长江舟中极目远眺的景色。

"会当凌绝顶，一览众山小。"这是杜甫在泰山顶上放眼望去的情形。

这是站位的起点不同的效果，李白是极目远眺见天地浩大，而杜甫则是登顶四望见众山渺小，所以杜甫的"凌绝顶"，既是新的起点也是新的高度。这就像在中国美学界有的人一辈子要么固定于哲学王国的美学，要么执着于艺术园地的美学，要么拘泥于生活学世界的美学，其实绝大多数人都是终其一生守着自己的"一亩三分地"。

实际上，李泽厚并不是囿于一隅的学者。他既研究中国思想史，有三本中国古代、近代和现代思想史著作，又研究中国美学史，如《美的历程》和《华夏美学》等；既从事哲学理论研究，如《人类学历史本体论》等，又从事美学原理研究，如《美学四讲》等；还致力于康德哲学研究，如《批判哲学的批判——康德述评》，也涉足孔子思想研究，如《论语今读》。但是李泽厚研究的范围主要在哲学的领域，几乎涉及了哲学的所有二级学科，他对中国古代艺术的"青铜饕餮""盛唐之音""宋元山水"等都有十分深刻而独到的研究，但这还不是艺术学的范畴，而是从思想史、美学史和艺术史的视角来思考的。李泽厚之所以走不出"思想家"的领地，是因为他的哲学也罢，美学也罢，艺术也罢，从来都是"思想"在寂静中"实践"的产物。但其实火热生活的实践才是人生最有意义的事情。

潘知常则不一样，孔子所谓的"君子不器"在他身上得到了最生动而完整的体现。

由于他将自己的美学研究牢牢地锁定在"生命"的大地上，以此为起点向四面八方出击，以此为圆心向四周画出了一条条闪光的射线，从而让一个平凡经历的人生活得丰富多彩，让一门哲学属性的学科显得生意盎然。他除了研究生命美学的原理——已经出版了七部专著外，还研究中国美学史，出版了《美的冲突》《众妙之门——中国美感心态的深层结构》《王国维　独上高楼》《中国美学精神》等，还有比较美学和审美文化的研究，如《中西比较美学论稿》和《反美学——在阐释中理解当代审美文化》等。

沿着美学的半径，他又顺理成章地辐射到了文学的研究，如《谁劫持了我们的美感：潘知常揭秘四大奇书》《头顶的星空：美学与终极关怀》和三部《红楼梦》研究、一部《说〈水浒〉人物》、一部《说〈聊斋〉》等。他还跨越美学涉足文化产业的研究，2013年香港银河出版社推出了《不可能的可能：潘知常战略咨询策划文选》，2014年人民出版社推出了他和刘燕、汪菲联合撰写的《澳门文化产业发展战略研究》。同时，他长期从事战略咨询策划和企业、地区、政府与媒介等领域的各类策划、创意工作。他策划了南京的仙林大学城，河西新城的文化建设项目；撰写了世界青年奥林匹克运动会申报书的最后一稿，为成功申请立下汗马功劳；还策划了大量的民生新闻节目，担任了多家电视台的顾问。他还作为专家之一，参与了2003年南京的第一届"世界历史名城博览会"的策划，使得"世界历史名城博览会"成为树立南京形象的一项重大活动；2004年他又提出了要把南京建设为"和平南京"，指出南京要左右开弓，要打两张牌，一张牌是"文化"，一张牌是"和平"。现在，经过他和其他人的共同努力，"文化南京""和平南京"，已经成为全市的共识。

最后，他居然跃出美学的边界，涉足传播学和政治学领域，撰写和主编了《大众传媒与大众文化》《传媒批判理论》《怎样与媒体打交道》等六部著作；还有更令人想不到的是，在《谁劫持了我们的美感：潘知常揭秘四大奇书》一书中，他首次提出了"塔西佗陷阱"。这源于古罗马的执政官塔西佗说过的一句话，他说："当政府不受欢迎时，好的政策和坏的政策同样会得罪人民。"[32]潘知常进一步明确指出："所谓'塔西佗陷阱'，指的是任何政府一旦'从根本上逆历史潮流而动不惜以掠夺作为立身之本的时候，这个政府不论做好事和做坏事，其结果最终也都是一样的'，就会落入'塔西佗陷阱'。"[33]其实，塔西佗陷阱是一个源于塔西佗但并非塔西佗提出的，而是由中国美学家提出的一个政治学概念。2014年3月18日，习近平总书记在河南兰考县委常委扩大会议上的讲话中，曾引用了"塔西佗陷阱"，并明确指出："我们当然没有走到这一步，但存在的问题也不谓不严重，必须下大气力加以解决。如果真的到了那一天，就会危及党执政基础和执政地位。"[34]

潘知常先后出任澳门特别行政区政府文化产业委员会的第一届第二届委员、澳门国际电影节秘书长、澳门国际电视节秘书长、澳门比较文化与美学学会会长、江苏省美学学会副会长、江苏省企业形象研究会副会长等职，还兼任澳门电影电视传媒大学筹备委员会执行主任、澳门科技大学人文艺术学院副院长（主持工作）、澳门国际休闲学院校监、澳门科技大学人文艺术学院教授（博士导师）、《美与时代》编委、《城市研究》编委等职。

一个美学家居然会将研究范围拓展到"不可思议"的领域，这说明了什么呢？

首先，这与其说是学术的魅力，不如说是生命的美丽。君子之所以"不器"是因为不论什么样的或多么大的"器皿"都是有局限的，而一个热爱生活的学者之生活有多宽广和丰富，学问之"学"与"问"就有多广博和厚实，这也是马克思关于人的"自由"而"全面"理想的现实化。在学术之于生命的意义问题上，李泽厚是从人类生命宏观视域起步的，而潘知常却是从个体生命微观视点出发的。

其次，这不但是美学的题中应有之义，而且是生命美学的当仁不让之事。其实李泽厚的"实践美学"和潘知常的"生命美学"没有本质性的不同，他们的关键词都是"自由"，但潘知常的生命美学却多出了"超越""境界"两个关键词。如同样都是理性和情感，李泽厚醉心于从思想史领域来思考人类理性的积淀和情感的张扬，而潘知常却从生命力效能来展示个体理性的意义和情感的价值，前者着眼于抽象的"人类"，而后者立足于具体的"个体"；因此，于潘知常而言，凡是有生活之美的地方，一定有生命之力的足迹。

最后，这不但是学问研究的兴趣，而且是学者生命的意义。每一个学者研究什么或不研究什么，似乎是一件关乎个人学术兴趣的事情，除了有时要完成"指定"的课题、"下派"的任务和"中心"的工作外，旁人是无权干涉他的学术自由的；但是作为旧时天下之"公器"的学术和当今社会之"公知"的学者，知行合一，学道一体，学问不仅是不断地追思疑问，学术也不仅是不断地改变方术，也还是学者在这个过程中体验发现的乐趣、满足探索的好奇，让有限的生命得以无限地延展。

3. 扩大了学术的影响

一花独放不是春，百花盛开春满园。

生命美学自从创立以来，尽管历经坎坷，饱受诟病，但依然在倔强地生长，这如同潘知常经常说的那样：生命美学绝不是一个人在战斗。

在当代中国美学的园苑里，能堪称学派的有1950年代到1960年代的四大派别：以蔡仪为代表的"客观派"，以吕荧和高尔泰为代表的"主观派"，以朱光潜为代表的"客观性与主观性统一派"和以李泽厚为代表的"社会性与客观性统一派"，及至1980年代这四大派或自然消失，或后继乏人。由于李泽厚、蒋孔阳和刘纲纪等对马克思《1844年经济学—哲学手稿》等经典著作里美学思想的极力推崇和大力阐释，于是以李泽厚为代表的"社会实践派"蔚为壮观并独领风骚。到了1990年代，"后实践美学"异军突起，潘知常的生命美学、杨春时的超越美学、张玉能的新实践美学、朱立元的实践存在论美学、曾凡仁的生态美学、张弘的存在论美学等，一时蜂起；但遗憾的是，他们要么是孤军奋战，要么是师徒联盟……而潘知常倡导的生命美学不但获得了众多的学者响应，而且明显越出了门派、师生的界限，在学术界产生了广泛的学术影响。

据笔者2015年的不完全统计，国内在2015年前"属于生命美学研究著作的，有58本；论文达2200篇，其中有少量的研究艺术的'生命意识'的论文；在报纸上发表的文章也有180篇。……属于实践美学研究的著作的，是29本；论文3300篇，如果将其中的后实践美学、新实践美学和'社会实践'意义上研究文学、艺术、教育和文化的论文剔除的话，这个数字将大大降低；在报纸上发表的文章200篇。……属于实践存在论美学研究的，只有8本；有论文200篇；在报纸发表的文章20篇。……属于新实践美学研究的，有8本；论文450篇；在报纸上发表的文章23篇。……属于和谐美学研究的，有12本；论文1900；在报纸上发表的文章62篇"。[35]

又据范潇兮整理，收录在郑州大学出版社2019年出版的《生命美学：崛起的美学新学派》一书的附录里的《中国当代生命美论文论著目次汇编（1985—2018）》所显示，围绕生命美学发表和出版的论文和著作的数量不断攀升，仅2018年公开发表的论文就达到38篇。

再从2018年中华全国美学学会陈政提交的《改革开放四十年美学的热点嬗变研究——基于CitesPace以CNKI数据库为中心的可视化分析》这篇学术论文中，又可见一斑。文章指出从1978年至2018年，美学研究热点一直聚焦于"艺术、美学、审美"三大方向，其中2000年、2010年生命美学和马克思主义美学、美学范畴、美学思想等概念一样属于高频次出现的词语。

"春色满园关不住"，在潘知常和潘知常生命美学的指导和影响下，不少非美学界的人士也纷纷在自己的领域为生命美学增光添彩。"五个一工程"奖获得者、国家一级编剧徐新华，在从演员到编剧的奋斗过程中充分体验到什么是生命的创造美，她倾注生命热情创作的大型淮剧《小镇》，让淮剧走出国门进入欧洲。南京师范大学的齐宏伟博士，也深得生命美学的真谛，一手做研究，2006年北京大学出版社就出版了《心有灵犀：欧美文学与信仰传统》这一学术专著，一手搞创作，在海内外发表诗歌散文多篇，还出版诗集《彼岸的跫音》。毕业于南京大学的青年作家崔曼莉2002年开始创作，在文学刊物发表小说诗歌等，《琉璃时代》于2009年获中国作家出版集团长篇小说奖，《浮沉》销售过百万册，《浮沉》第二部还被国家新闻出版总署推荐为最值得阅读的五十本好书之一。2012年《浮沉》改编成同名电视剧播出，获第二十九届中国电视剧飞天奖。还有熊芳芳，"生命语文"首倡者，湖南师范大学特聘硕士研究生导师，人教社部编教材培训专家，多家核心期刊封面人物及专栏作者，她撰写的《语文审美教育研究与实践》于2019年7月获广东省教育教学成果一等奖，2019年11月，该项目成果入选第五届中国教育创新教育成果公益博览会；潘知常还为熊芳芳的2018年华东师范大学出版社出版的《语文审美教育12讲》，写了一篇序言：《"教我灵魂歌唱"》。

这些专家学者名师在说到自己的人生经历时，无不感慨道：潘知常老师的生命美学不但给予了他们创作的灵感、生活的启迪和事业的引领，而且让他们体验到最美的生命是奋斗。

出乎意料又难能可贵的是，著名经济学家赵晓教授在阅读了潘知常在2015年《上海文化》第8、10、12期连载的《让一部分人在中国先信仰起来——关于中国文化的"信仰困局"》后指出："这篇文章让我感觉到潘教授实乃人中翘楚、不可方物。""或许有一天，潘教授能把神学、美学与哲学完美地结合起来，成为中国的奥古斯丁。""潘教授一系列哲学、美学与信仰的文章，相当了不起、非常有力量。如果潘教授在信仰上有经历和实践，在知识上有神学、哲学和美学的打通，那他很可能会是中国奥古斯丁式的人物。"[36]甚至连在四川偏远一小县城宣汉县政法委当公务员的向杰在病魔缠身的情况下，也深受生命美学的影响，业余时间醉心于美学，先后在《美与时代》《四川文理学院学报》等刊物发表生命美学研究论文多篇，2014年还与谭扬芳合作出版了学术专著《马克思主义视阈下的体验美学》。

再如，厦门大学的郭勇健副教授2014年在清华大学出版社出版了《当代中国美学论衡》一书，该书辟有"潘知常：为爱作证，还是为美作证？"一章，把生命美学以及潘知常列入专章，作为研究内容，并指出："90年代初，较为年轻的潘知常在学界崛起，以初生牛犊不怕虎的劲头，提倡'生命美学'，对抗李泽厚'实践美学'的一统天下。""在当代中国美学的诸多探索中，潘知常的生命美学探索无疑是极具影响力的。"[37]

还有，2015年《贵州大学学报》也专门开设了生命美学的研究专栏；从2016年到2021年，《四川文理学院学报》每年开设一至两期生命美学研究的专栏；2018年，为纪念改革开放40周年，展示美学界改革开放40周年的重要成果，作为生命美学的诞生地，《美与时代》杂志社也开设了生命美学专栏，刊发了26篇学术文章。

注释：

1.马克思：《1844年经济学—哲学手稿》，刘丕坤译，人民出版社1979年版，第46页。

2.马克思：《资本论》第1卷，人民出版社2004年版，第658页。

3.许共城、章斌、张节末、潘知常、阳晓儒：《当代中国美学研究的出路》，《学术论坛》1991年第2期，第66页。

4.李泽厚：《美学三书》，天津社会科学院出版社2003年版，第404页。

5.李泽厚：《批判哲学的批判——康德述评》，人民出版社1984年版，第414页。

6.李泽厚：《美学三书》，天津社会科学院出版社2003年版，第547、548页。

7.李泽厚：《中国哲学如何登场？——李泽厚2011年谈话录》，上海译文出版社2012年版，第4页。

8.潘知常：《因生命，而审美——再就教于李泽厚先生》，《当代文坛》2020年第4期，第17、18页。

9.潘知常：《生命美学的原创性格——再回应李泽厚先生的质疑》，《文艺争鸣》2020年第2期，第92页。

10.潘知常：《生命美学》，河南人民出版社1991年版，第13页。

11.恩格斯：《自然辩证法》，人民出版社1984年版，第284页。

12.《马克思恩格斯文集》第1卷，人民出版社2009年版，第162、501页。

13.李泽厚：《人类学历史本体论》，青岛出版社2016年版，第129页。

14.达尔文：《物种起源》，舒德干等译，北京大学出版社2005年版，第113页。

15.潘知常：《没有美万万不能：美学导论》，人民出版社2012年版，第74页。

16.康德：《判断力批判》（上卷），宗白华译，商务印书馆1964年版，第41页。

17.潘知常：《生命美学》，河南人民出版社1991年版，第13页。

18.潘知常：《诗与思的对话》，上海三联书店1997年版，第2页。

19.潘知常：《没有美万万不能：美学导论》，人民出版社2012年版，第30页。

20.《马克思恩格斯选集》第1卷，人民出版社1972年版，第18页。

21.李泽厚：《李泽厚哲学美学文选》，湖南人民出版社1985年版，第184页。

22.李泽厚：《美学四讲》，生活·读书·新知三联书店1989年版，第63页。

23.李泽厚：《美学论集》，上海文艺出版社1980年版，第164页。

24.潘知常：《美的冲突》，学林出版社1989年版，第387—388页。

25.潘知常：《生命美学》，河南人民出版社1991年版，第39—42页。

26.潘知常：《我爱故我在——生命美学的视界》，江西人民出版社2009年版，第5—6页。

27.潘知常：《没有美万万不能：美学导论》，人民出版社2012年版，第73页。

28.潘知常：《因生命，而审美——再就教于李泽厚先生》，《当代文坛》2020年第4期，第20页。

29.阎国忠：《关于审美活动——评实践美学与生命美学的论争》，《文艺研究》1997年第1期，第21页。

30.潘知常：《诗与思的对话》，上海三联书店1997年版，第53—54页。

31.潘知常：《信仰建构中审美救赎》，人民出版社2019年版，第153页。

32.潘知常：《谁劫持了我们的美感：潘知常揭秘四大奇书》，学林出版社2007年版，第25页。

33.潘知常：《"塔西佗陷阱"四题》，《徐州工程学院学报》2019年第2期，第43页。

34.http://www.xinhuanet.com/politics/2015-09/08/c_128206459.htm

35.潘知常、范藻：《"我们是爱美的人"——关于生命美学的对话》，《四川文理学院学报》2016年第3期，第80—81页。

36.转引自潘知常：《生命美学："我将归来开放"——重返20世纪80年代美学现场》，《美与时代（下）》2018年第1期，第19页。

37.郭勇健：《当代中国美学论衡》，清华大学出版社2014年版，第17、267页。

第二章 走向审美：生命的必然选择

黄河九曲流归大海，这是地势走向的必然。

树高千丈叶落归根，这是自由落体的必然。

那么，美学因其拥有了崭新的生命起点，置身于全新的境地，它必然通往生命的哪一扇庄严之门呢？

新的起点犹如"新刷出的雪白的起跑线"，从生命出发的美学和生命一样行进在希望的田野上，姹紫嫣红，五彩缤纷，世界为之打开新的窗口，生命为之进入新的境界，美学为之有了全新的视界。潘知常1985年在《美学何处去》里就首倡生命美学，将生命纳入美学的视野："真正的美学应该是光明正大的人的美学、生命的美学。"他在2019年出版的《信仰建构中的审美救赎》里再一次说道："审美活动不再被看作人的生命活动中的一种，而是被看作人的活动的根本维度。这就是审美形而上学。人的生命活动，只有在审美的维度上进行的才是真正属人的活动，这也是审美形而上学。"[1]特别是，他在《当代文坛》2020年第4期刊载的《因生命，而审美——再就教于李泽厚先生》里反复强调："审美活动并不是人类其他活动——例如物质实践的派生物，而是人类因为自己的生命需要而导致的意在满足自己的生命需要的特殊活动。它服膺于人类自身的某种必欲表达而后快的生命动机。"

这样，生命美学破天荒地将审美活动置于认识活动、道德活动、语言活动，乃至实践活动之上，"因生命而审美"，生命与审美一旦深情拥抱，那我们的眼前就恰如陶渊明描述的人间仙境——桃花源一样，"豁然开朗，土地平旷，屋舍俨然，有良田美池桑竹之属"。

潘知常将原本属于人类高级形态的审美活动还原到了生命活动本身，并且还先于和优于其他所有的活动，而这不但是一份彻底超越实践美学的告别词，而且是一张真正拥有生命美学的宣言书——从此审美活动再也不是茶余饭后的形而下的"实践"活动，俨然成为安身立命的形而上的"生命"本身，质言之，审美活动与生命活动、审美与生命已经合二为一了。

这扇庄严的生命之门就是新世界的开始，当然也是新美学的起航，更是新生命的诞生；就像海子在德令哈的那个夜晚说的那样——"姐姐，今夜我不关心人类，我只想你"，言说世界的语言已经泛滥成灾，而思考生命的话语永远新鲜如初。在有关生命的"必然性"走向上，我们熟悉了必然走向真理的科学，必然走向道德的伦理，而必然走向审美的生命，似乎还是一个陌生的话题，一片未开垦的处女地。

一、必经之地：因生命而审美

在美学的研究中，理性总是把人类打扮成纯洁高尚的天使，而生命美学却义无反顾地鼓动"还原"的"宫廷政变"，它在把人类还原为充满七情六欲的凡人的过程中，意外地发现了所谓的"生命"，并非实践美学贬斥的那样"卑下"和"低俗"，而是蕴藏着生命进化的密码，更是生命美化的动力。

这显然与潘知常一直对西方现代美学，尤其是生命美学的思考有关。其实，这还源自叔本华的生存意志论、尼采的强力意志论。后来荣格的"集体无意识"、阿德勒的"自卑情结"以及弗洛姆的"爱"，也都走在回归生命的道路上。

潘知常在《因生命，而审美——再就教于李泽厚先生》的文章里，从"生命先于物质实践"的时间角度、"审美活动与生命有直接对应关系"的"超越性"意义的逻辑角度、"人类都在为物质实践所带来的种种灾难而忧心忡忡"的现实角度，不仅指陈了李泽厚"因实践而审美"的"美学错误"，而且论证了"因生命而审美"的生命美学的正确。

潘知常揭示的因生命而审美的生命美学中，其实生命不但表现出异彩纷呈的美，而且蕴藏着造化无尽的美。

相比较而言，植物只有生物生命的本性，动物开始有了生理生命的快感，而人类终于获得了意义生命的美感，这一过程与实践是没有直接关联的，因为生命诞生之前是没有"实践"的，如果真的说要有所谓的实践的话，那也一定是生命本身的"向着意义生成"的审美实践，这就是"生命终将走向审美"的最好诠释。那就让我们看看人类神圣的审美是如何真正成为生命的重要组成和必要条件的，从而在"因审美而生命"全新认识中，让美学升入第一哲学的生命殿堂，让生命成为第一美学的哲学基石。

1. 生命的来源

生命的来源、宇宙的诞生和意识的发生一道被喻为人类的"三大谜团"。学者们为之而绞尽脑汁而莫衷一是，在生命的来源上，大概有这些说法：

上帝创造说。《圣经》创世纪篇："起初，神创造天地。""耶和华神用地上的尘土造人，将生气吹在他鼻孔里，他就成了有灵的活人，名叫亚当。"这就是广为流传的上帝在七天之内创造了世界和生命的传说。

女娲造人说。力大无比的盘古开创天地世界，人面蛇身的女娲"抟黄土造人"，再造各种动物。

宇宙生命论。一切生命来自宇宙，是太空中的"生命胚种"随着陨石降落到了地球的表面而形成生命。

当然影响最大的莫过于英国生物学家、进化论的奠基人查尔斯·罗伯特·达尔文。他曾经乘坐贝格尔号军舰进行了历时5年的环球航行，对动植物和地质结构等进行了大量的观察和采集。此后他出版《物种起源》，提出了生物进化论学说，恩格斯将"进化论"列为19世纪自然科学的"三大发现"之一。

潘知常多次阐述，就生命美学而言，生命实在是天地间的最大奇迹！仅此一次，无法复制，也无法重来，而且，如果不是它已经出现，我们倒是可以轻而易举地讲上一大通它根本不可能出现的理由。因此，生命真是生于幸运，幸于幸运。也因此，人们对于其中的哪怕是卑微的昆虫的生命，也不惜花费巨幅篇章。这就正如法布尔在他的名著《昆虫记》中所声称的：对一切有生命的东西来说，"来世间就是一件异乎寻常的大事"。而在这当中，审美活动的横空出世，更堪称生命的神奇。

毋庸置疑，生命的出现，尤其是人类生命的诞生，是我们这个星球上最伟大而壮丽的盛事。我们先来回顾一下这桩大事的发生过程吧，古生物学家为我们勾勒了一个人类生命起源的时间表：大约300万年至200万年前高级灵长类的早期猿人出现了，200万年至二三十万年前直立人出现了，20万年至4万年前早期智人出现了，4万年前至今出现了晚期智人，即现代人类。在这样一个漫长的生命进化过程中，人类由茹毛饮血到美食佳肴，由穴居野处到高堂华屋，由懵懂无知到伶俐聪明，其间的内在动力和本质规定，一定存在着本能般的诸如视觉的趋光性、听觉的适中性、触觉的柔和性、味觉的甜腻性、嗅觉的芳香性和感觉的温暖性等"前"或"准"审美要素的生命本能，没有这样的"美感"导航，人类依然是浑浑噩噩的生物存在。

对此，潘知常是深谙其中的奥妙和意义的，他的美学研究牢牢地扎根在人类的生命上，通过生命的起源寻找生命的真正含义。他之所以紧紧地扣住生命来展开美学研究，是因为他体验并坚信人是有着充实而充沛生命力、健康而健硕的生命体、聪慧而智慧的生命性。如此，"因生命而审美"的提出与成立才有了现实性生命的基础和可能性进化的必然。

因生命而审美，那么这个生命与纯粹生物意义的生命究竟有哪些本质上的不一样呢？最大的不一样就是孕育人类生命的生命，姑且称为自然生命吧，它除了具有生物意义生命的特征外，还能在外部环境的交往中获得生长的信息和进化的能量，从而使它能够逐渐臻于内在功能的完善和外在形态的完美。潘知常在《诗与思的对话》一书中就引用了普列汉诺夫通过对原始艺术考察得出的见解："人的本性使他能够有审美的趣味和概念。他周围的条件决定着这个可能性怎样转变为现实。"他还说道："人的本性（他的神经系统的生理本性）给了他以觉察节奏的音乐性和欣赏它的能力，而他的生产技术决定了这种能力后来的命运。"[2]内在的分子结构、细胞组织和遗传基因的本性使得人类的生命具有了美的"可能性"，如构成生物基因的双螺旋脱氧核糖核酸（DNA），并在染色体上呈线性排列，加上外在自然条件，如光合作用的发挥，生存环境，如气候变暖的条件，使得这种可能性能够变成现实性。

潘知常对此做了进一步的发挥，他在《诗与思的对话》一书第一章"审美活动的历史发生"里依照进化论的思想，提出了"审美活动在形式上是先天的，在内容上是后天的。人类一生下来就有了潜在的审美可能、潜在的审美天性。这是自然进化与生命遗传的结果，是一个精神基因、审美基因"[3]。这就是马克思所谓的"有形式美的眼睛"和"有音乐感的耳朵"。尽管向美而生的潜质深藏于遥远而漫长的生命进化历程中，但这种进化不仅促使生命内容更加丰富和完善，而且也促使生命的形式愈加丰盈和完美，何况任何对象的内容必须借助形式才得以表现，没有形式的内容是"不着边际"的幻觉，没有内容的形式是"子虚乌有"的幻想。尤其令人惊异的是，生命进化的过程能够把这种色彩和形状、节奏和韵律的形式内化为生命的固定内容和固有要素，从而成为只有人类生命才有的"精神基因"和"审美基因"。

潘知常通过对李泽厚实践美学理论的辨析，在《实践美学的美学困局——就教于李泽厚先生》中认为生命先于实践，没有生命何来实践。因此，在人类生命的来源上他指出："生命还是自然进化与文化进化的相乘！人的生命，并不只是大自然的赋予，而且是人自己的生命活动的作品。人，没有先在的本质。他的生命活动决定了他的本质。人没有前定本性，也没有固定本性；人是生成为人的，也就是说，人不是先天给予的，而是后天生成的。因此，我们常说：人是人的最高本质；也常说：人的根本就是人本身。"

一句话，生命的来源伴随着"美"一路携手同行，"美"的因素促推着生命一直茁壮成长。人尽管来自生命，但又必须超越生命，而且还必须转而主宰自己的生命，这是人之为人的关键。倘若人不曾超越生命，假如人的一切都还是听任生命本能的操控，那人就还不是人，就还不过是一个人形动物。因此，超物之物、超生命的生命、超自然的自然存在，才是人之为人的根本特征。犹如加塞特指出的："人不是一个物，谈论人的本性是不正确的，人并没有本性……人类生活……不是一种物，没有一种本性，因此我们必须决定用与阐明物质现象根本不同的术语、范畴、概念来思考它。"[4]而且，中国著名哲学家高清海在《江海学刊》2001年第1期的《"人"的双重生命观：一种生命与类生命》中认为："生命的产生，是自然进化的一次重大飞跃，人的产生，则是生命进化的重大飞跃。""'生命'是属于人的本体，人与他物的联系和分别首先就应当体现在这里。……人不能没有生命，人又不能不超越生命，这就是难点所在。所以在我们看来，只有从生命这一人的本体变化入手，才能理解'人'的真正本性。"[5]

2. 美之于生命

> 生命之光是怎样的荡人心魄。当你流连在它辽阔的视野里，便开始从蛰伏的岁月中苏醒，并尝试着用另一种和煦的心情去抚平记忆中淡淡的刻痕和造访那温馨的你曾经久久踯躅其间的生命原野。

这是潘知常在《生命美学》第一章第一节开头的一段话。

他为我们描绘的是一处什么样的原野呢？"落英缤纷，芳草鲜美"，它不只是陶渊明散文里的桃花源；"瑶草奇花不谢，青松翠柏长春"，还是吴承恩小说中的花果山；更是我们人类的生命本身。原来生命不尽是华而不实的皮囊和容颜，生命也不仅是理念武装的意志和思想、情感支撑的浪漫和温馨，生命就是从外到内的形神兼备，从无到有的虚实相生，鲜活的生命更是有血有肉的情景交融。

生命美学分明告诉我们，这已经不是未经开化的动物的生命了，更不是所谓"实践活动"产生的美了，而是人类生命与生俱来的美。潘知常在这个问题上，再也没有拘泥于"劳动""工具"和"语言"的产生这些耳熟能详的概念，也没有像"实践美学"那样仅仅从马克思主义美学中去寻找支撑，而是回到康德和黑格尔又超越康德和黑格尔，瞩目于"尼采以后"，广泛地借助西方现代生命科学和生命哲学的观点，予以充分而深刻的说明。

　　根据达尔文的进化论和弗洛伊德的心理学理论，人曾被尊为"宇宙的精华"和"万物的灵长"，从哥白尼的日心说开始，直到康德的认识论，乃至浪漫美学，人逐渐从天庭跌落人间。达尔文的进化论终于让我们大开眼界——原来人不是天外来客，而是从海里艰难地攀爬上浅滩，进入陆地。人的生存，也不是依赖于理性，而是依赖于生存，是"适者生存"，更是"美者优存"。

　　从尼采以后和王国维以后，人类美学研究发生了由历史转向生命的巨变，借用德国生命哲学家费迪南·费尔曼的话，可以说明潘知常对美与生命关系的理解："对我来说，研究生命哲学的过程始终是同对某种东西所抱有的巨大热情分不开的，没有任何东西能取代这种东西，那就是个人生活。想象力和反抗性都属于这种个人生活，正是这两点把优秀的人生同适应潮流的生存根本地区别开来。而恰恰是生命哲学要比其他的哲学流派更能使我清楚地意识到这种区别。所以我认为生命哲学是对主体性或自我经验这个话题所做的重要贡献，在我看来，这个话题在越来越趋于物化和媒体化的世界里显得格外的重要。"[6]柏格森也不例外，宇宙的生命意志，就是他找到的阐释世界奥秘的本体，他也阐述道："对于有意识的生命来说，要存在就是要变化，要变化就是要成熟，而要成熟，就是要连续不断地进行无尽的自我创造。"[7]"我发现有一股连续不断的流，我所见过的任何一种流都不能同它相比。这是一系列的状态，其中每一个状态都预告着随之而来的状态，也都包含着已经过去的状态。"而且，"当我正在感受它们的时刻，它们是由一种共同的生命紧紧地结合着、深深地鼓动着的，我根本无法说这一个到哪里为止，那一个从哪里开头。事实上它们中间的任何一个都是无始无终的，全部是互相渗透、打成一片的"。[8]例如他提出的著名的"绵延"生命理论："宇宙延续着（endures）。我们越是研究时间，就越是会领悟到：绵延意味着创新，意味着新形式的创造，意味着不断精心构成崭新的东西。"[9]理性是几何学的，与生命无关，也回不到活生生的生命。"绵延"意味着人从本质变成了现象，也从固定变成了变化，还意味着生命的复归，意味着生命成为本体，而且与宇宙生命彼此息息相应。

　　这就是潘知常吸取西方现代生命美学总结出来的，"以生命为视界"是生命美学与传统美学的鲜明分界。它是人类的梦醒，就像传统美学是知识的梦醒，生命美学则是生命的梦醒那样，也是回应现代思想困惑的基础。而对任何一个思想家而言，也只有触及生命，他的思想才是现代的。因此，不但狄尔泰、西美尔的生命美学涉及的是"生命"，而且，柏格森的绵延说和创化论，沃林格的抽象艺术意志，克罗齐的直觉即表现、表现即创造，弗洛伊德的本我和潜意识，也都是植根于生命本体，也都立足于"生命视界"。从此，旧的形而上学的实体本体论转向了现代的生命本体论。

3. 审美的潜质

在潘知常的生命美学研究中，回答"生命为何需要美学"，首先要明白生命为何需要美，这种近乎本能式的审"美"，在今天我们的思考中，就成为关于"美"的学问，即美学。作为"物质存在"也罢、"高等动物"也罢、"文化符号"也罢、"上帝弃儿"也罢的人类，也许在生命孕育阶段就有了"美"的萌芽，还在灵长类阶段就蕴含了审美的因素。7000万年前至今的新生代是哺乳动物和人类共同生长的时代，达尔文在《人类的由来》中说："就大多数的例子说，凡进行一种顺乎本能的动作，动物会感觉到满意或愉快，而反之，如果这种动作受到阻碍，它们会感觉到失意或痛苦"，其实和人一样，"动物同样地受到感觉顺逆和趋顺避逆的要求的驱策"。[10]正如人一样，所有拥有感觉和知觉、情绪和情感等高级神经—心理经活动的动物在和外界接触时，都会有正常的也是本能的反应，从它们的声音、表情和动作中就能看出它们的快感或痛感。达尔文在划时代巨著《物种起源》里说："在几千年的发展中，雌鸟会根据自己的审美标准选择声音动听、羽毛美丽的雄鸟作为伴侣，并产生性选择效果。"[11]由动物的快感到人的美感，仅仅一步之遥，何况人的美感也是以快感为前提的。有了爱美的天性或本能，那么随着个体和人类生命的成长和成熟，就必然会超越身体的感觉而进入到情绪、思维和意识的层面，开始情感、逻辑和理性的反思。由此可见，因为生命的存在而进行的审美活动和产生的审美意识，促使生命不断进化、不断完善和不断丰富，一言以蔽之：审美是生命进化的潜质，更是生命进化的路径。因生命而审美，生命中的审美因素是对于生命进化来说具有导航的潜质。这些审美因素主要表现在以下三个方面，或者说通过这样三个方面体现出生命进化的美学意义，当然这也是促使生命进化的审美潜质。

一是，"直立行走"的意义。早期人类由蜗行摸索到站立行走，即由爬行到直立在体能和精力、思维和心智、生理和心理方面所带来的巨变，堪称"哥白尼式"的革命。由爬行到直立，早期人类用了差不多500万年的时间，直立后的人类尽管比爬行时期增加了腰椎的疼痛、血压的增高、分娩的痛苦、牙齿的退化等种种"弊端"，但生命进化而带来的美学意义依然是"利大于弊"。这些"利"表现在：双手获得解放而更加灵活，促使制作工具的能力不断增强，创造的物品更加精致；呼吸器官更加协调而便于发声，促使有声语言的能力提高，发出的声音更有美感；视野得以拓展而看得更远，促使眼睛能够更加自如方便地接受信息，获得更加广阔的视野和丰富的视觉效果；耳朵离开地面更高，便于提高听觉获得清晰和灵敏的效果，获得更多的声音信息。由于直立行走，人类活动范围扩大，对外接触增多，信息容量增大，直接促进了大脑的发育和思维能力的提高。恩格斯在《劳动在从猿到人转变过程中的作用》里高度肯定了直立行走是从猿到人转变过程中"具有决定意义的一步"。

二是，"自然选择"的意义。生命的进化如达尔文所言，是包括"性的选择"在内的"自然选择"，由于生命进化的正向度和正能量，"自然选择"一定意义上也体现为"审美选择"，或者说"自然选择"必定包含"审美选择"。达尔文在《物种起源》里是这样论述"自然选择"的："那具有一定优势的个体将会获得比其他个体更多的生存和繁殖的机会。另外，我相信有害的变异终将会灭亡。我将有利于生物个体生存的变异的保存和有害变异的毁灭叫做'自然选择'或者'适者生存'。"[12]在生命的遗传过程中内在的"好基因"一定程度体现在外在的"棒身体""强能力"和"高智商""高情商"上，相较而言就具有较多的和异性繁殖的机会，这里的"选择"看似是"自然"的，实际也是符合"性的选择"的要求的，因为"性"的本能是生命力量的源泉和动力，它们获得的是"强者更强""弱者更弱"的马太效应，遵从的是生命从小到大、由弱到强的进化规律。这两种选择都是达尔文在《物种起源》和《人类的由来》两部人类学著作所蕴含的"健者必美"和"美者必健"的生命美学思想。

　　三是，"生命曲线"的意义。19世纪英国著名的艺术评论家安德烈·库克在《生命的曲线》里说道："一旦开始在大千世界里寻找各种螺线形，我们一定会惊讶地发现自然界竟然会有这么多的螺线结构。""在动物和人类中，螺线结构始终伴随着生命过程，从精子到心肌，从脐带或耳蜗到肢干骨架，无不具有螺线结构。"这本书的译者之一周秋麟在"译者前言"里说道："无处不在的螺旋是生物机体的基本形式，是生命存在的基本形式。它包含了许多内在的合理性和外在的美，是自然选择的鬼斧神工。它也一定随着'遗传密码'传递给地球上的生物之一——人类，不仅遗传在人体结构上，而且也遗传在人类的思维和美学鉴赏中。"[13]推而广之，正是因为宇宙引力产生的"曲线效应"使得行星运行的轨道呈现为曲线，地球表面呈现为弧面，还有穹隆的天空、蜿蜒的江河等，也使得地球上生命的进化沿着"曲线式"的和"曲线性"的"进化图谱"所规定的耗能最俭省、生长最便捷和外观最光鲜的"曲线美"前进。这已经超出了"生命曲线"的含义而具有了"宇宙曲线"的意义。

　　如此三个审美潜质的发现，使得潘知常的美学研究理应从"生命"出发，以"生命"为视界。这意味着，在生命美学看来，审美活动并不在生命活动之外，更不是物质实践的附属品、奢侈品，而是生命活动的必然。审美的发生与人的生命的发生同源同构。这说明人不仅是使用工具的人、直立的人、理性的人，而且是审美的人。潘知常在《没有美万万不能：美学导论》里询问的为何"爱美之心，人才有之"和"爱美之心，人皆有之"，有了充分的事实依据。"爱美之心，人才有之"的回答从历史根源的纵向角度，把人和动物真正区别开来了；而"爱美之心，人皆有之"的回答，从逻辑根源的横向角度，把人之为人的共性讲清楚了，更是为因生命而审美找到了体质人类学和文化人类学的有力证据。

　　《因生命，而审美——再就教于李泽厚先生一文》指出："人类的生命不再仅仅是一种有限的存在，而且更是唯一一种不甘于有限的存在。未完成性、无限可能性、自我超越性、不确定性、开放性和创造性，因此也就成为人之为人的全新的规定。而未完成性、无限可能性、自我超越性、不确定性、开放性和创造性的出现，也就必然使得人类最终地走向作为动物生命与文化生命的协同进化的集中代表的审美活动。"

而这一切，正是潘知常与他的同道们不约而同地将自己的美学研究称为生命美学的根本原因。

二、必由之路：从快感到美感

由动物的快感到人类的美感，既是生命进化的结果，又是生命获得的奖赏，更是生命本身的魅力。

这是一种与其说是进化不如说是爱美所昭示出来的伟大力量，它促使人类由猿到人，由原始人到智慧人，而智慧人一定是"爱美的人"，并且是出于生命的本能之爱。

这是一条洒满阳光的路径，是一条引导人类在进化的道路上，由野蛮到文明，由快感到美感，披荆斩棘，高歌猛进，进而抵达生命之美的必由之路。

潘知常在1995年出版的《反美学》里就指出过"生命选择了美感"，美感是"对于人类的有助于进化的审美行为的肯定和鼓励"，美感"为人类导航"，审美与生命，是一而二、二而一的一体两面，是因生命而审美，也是因审美而生命。他又在《南京大学学报》1996年第2期上发表了《论美感的超功利性》，将美感紧密地与审美活动相联系，认为美感"是审美活动所造就的主体效应"，是"一种自由的愉悦即超越感"，它不再以外在的功利事物而是以内在的情感的自我实现作为媒介，也不再以外部行为而是以独立的内部调节作为媒介，因此是对超越性的生命活动的鼓励。

实践美学老是强调人如何通过理性的过滤和文化的积淀超越动物，仿佛人一生下来就是上帝，没有七情六欲，远离三灾八难，从"悦耳悦目"的直感到"悦心悦意"的好感，最后是"悦志悦神"的交感，不是太直接具体，就是太玄乎抽象，人的生命感觉究竟是什么，仍然语焉未详。然而，潘知常秉持的生命美学从不放弃生命本身的感觉，也不讳言生理本能的快感，这就从生命最本真的感觉上感受到了生命的存在及其意义。现在的问题是，如何通过从快感到美感的考察，尤其是快感作用的发现，为生命美学成为审美哲学建立感性学的基础。

1. 生命的理解

生命绝不是"象牙塔"里的原理和规律的理论呈现，一定是"自然界"中的生动和形象的现实表现，这对于所有从事理论研究尤其是美学研究的人而言，都是再正常不过的了。可是，常识与真理往往仅有半步之遥，人们总觉得高深莫测一定是理论的本来面孔。这滥觞于古希腊美学柏拉图"美的理念"说，该学说中"洞穴比喻"认为人对外在的认识无从感知，其"神灵凭附"将人对艺术的创造说得神乎其神。由此导致了美学的理性特质和抽象形态，用潘知常的话说，这是在"正确地做事"，而不是"做正确的事"。凭借逻辑学规律和方法论指导，我们可以"正确"地言说美学和分析美感，可以得出一大堆结论，但严格地说，这些与美学本身富有的"感性学"色彩，尤其是探究生命存在和超越意义的生命美学背道而驰。

美学研究"做正确的事"，首先要明确的就是研究对象——生命，应该对它作何理解。

要使生命美学成为第一哲学的美学，对研究对象的理解绝对不能率意而为。在美学研究的问题上，生命起点选择的恰当不仅昭示着生命过程理解的合理，而且意味着实现终点目标的必然性，这就是潘知常经常说的"要做正确的事"，而不是"正确地做事"。表面看来这似乎是一个研究方法论的不同，而究其根本实则是一个世界观的分野，即对世界如何认知，对生命如何理解，是生命的存在决定生命的意识，还是生命的意识决定生命的存在。在生命美学看来毫无疑问的是生命活动的存在决定着生命反思的意识，进而左右着对生命的看法，尤其因为"生命"的缘故，生命的存在绝不是一潭死水或按部就班的存在，而是感性的直观存在、生动的直接呈现、鲜活的灵动表现，并且是充满诱惑和富有魅力的显现。

这就是潘知常在美学思考的过程中所做的最"正确的事"——始终紧扣个体意义上的生命。鉴于生命依旧是一个古今中外哲学家和美学家都习惯使用的笼统概念，笔者认为它有三个不同的含义：生命体、生命性、生命感。

生命体，就是生命的外观形态和外在形体。这大概就是身体的含义，是可以物理测量和记数的物质性的生命存在，它关乎着高矮胖瘦和肤色容貌，以及人种族群和遗传变异。对生命体的研究属于体质人类学的范畴，是研究人类群体体质特征及其形成和发展规律的一门科学，它通过人类群体体质特征和结构的剖析，来探讨人类自身的起源、分布、演化与发展，人种的形成以及类型特点，以及现代人种、种族、民族的分类等问题；这些研究或数据、案例可以为体育运动的发展提供可靠的依据，而体育运动发展又有助于改善人类群体或个体的体质特征。

当然它还具有审美的价值，也是文学艺术表现的对象，如中国的燕瘦环肥、秀骨清像，以及虎背熊腰、牛高马大、蜂腰猿背等，西方具象型艺术如雕塑《维伦多夫的维纳斯》《掷铁饼者》《大卫》等。潘知常在揭秘中国古代"四大奇书"《三国演义》《水浒传》《西游记》和《金瓶梅》时，对《金瓶梅》的揭秘用了一个词语："裸体"，他说："《金瓶梅》实际上是写出了一个问题，就是：身体的发现和身体的觉醒。"他提出"要从身体美学和身体叙事的转型的角度来看《金瓶梅》"，进而指出"唯一真实的，就是自己的裸体"。[14]身体不仅是物质躯壳，而且是心灵的依托和精神的载体。

生命性，就是生命的根本性质和本质特征。生命之"性"，按荀子的说法是"性者，本始材朴也"，人的本性其本质是没有经过雕饰的，是自然的。这是在和非生命相比较时产生的一个概念，如"人非草木孰能无情"，这是生命的根本性规定，它是"活着"但又比"活着"更有意义的一个命题。这在中国古代是儒家的"生生之谓易"和道家的"道生一，一生二，二生三，三生万物"。而亚里士多德的经典定义是："生命性是潜能性地蕴含生命的自然体的第一实现性。但是，这种自然体是由器官构成的东西。"[15]中国人眼中的生命性注重的是生命的活性和变性，亚里士多德的生命性是以生命的自然体为依托而实现的生命力，是看不见的"潜能"和看得见的"器官"构成的生命整体。

回到美学研究上来，李泽厚将生命性名之曰包含伦理道德的"人性能力"，并在此基础上发展成"情本体"。比李泽厚更"进步"和"文明"的是潘知常没有人为地拔高生命的本性，他通过中西比较发现并将生命性总结为"生命意识"与"死亡意识"。这里的"生命意识"其实就是对人类自我生命本性的认识和反思，他说道："中国的'生命意识'与西方殊异。它渊源于中国人个体与社会，人与自然的和谐统一的传统心态。因此，在生命的反思与体验中，它不是向前以死亡作为生命的界定，而是折回头来走向人所自来的母体子宫——生命的本真状态和自然的原始状态，走向圆满自足的自然感性。"[16]这一下就抓住了个体生命的来源和诞生，没有这个源头，不但生命存在是无源之水，而且生命意义更是无本之木，这也再一次说明了潘知常揭示的人类生命的"未完成性"和"不确定性"理论的成立。

生命感，就是生命的感受程度和感觉状态。它由内而外彰显、由隐而显呈现，并能直接而清晰地感受到和感觉到。和前面两个概念比较，这是一个最具有审美意义的概念。就个体生命而言，这既能让他人感受，也能让自我感觉；在他人眼中"一千个读者就有一千个哈姆雷特""情人眼中出西施"，在自我心中要么"感觉良好"而自我陶醉，要么"感受错乱"而自惭形秽，甚至没有感觉。就像米兰·昆德拉《不能承受的生命之轻》开篇主人公内心独白的那样："如果我们生命的每一秒钟得无限重复，我们就会像耶稣被钉死在十字架上一样被钉死在永恒上。这一想法是残酷的。在永恒轮回的世界里，一举一动都承受着不能承受的责任重负，这就是尼采说永恒轮回的想法是最沉重的负担的缘故吧。"现实的种种原因导致两种情形的生命感：身体层面的感受和精神层面的感受。很显然最沉重的当数后者，所谓"心理负担"依然有转为审美的可能，那就是个体意义上凝重的悲剧感和人类意义上沉重的使命感，前者表现为哈姆雷特的"忧郁"，后者体现在"红岩烈士"的"豪迈"。

因为生活磨难的无数次重复，我们要么被压垮了，要么已经没有沉重感了，更多的是放纵身体而"潇洒走一回"。中华民族是一个高度重视生命的民族，它是个历经苦难而又顽强生存下来的民族，它没有被压垮，那它又是以什么样的方式承受生命之重呢？潘知常在《众妙之门——中国美感心态的深层结构》里由于不信彼岸世界而"不语怪力乱神"，因为"未知生，焉知死"，"他们把全部身心都投入了对生命的体验之中。生命的魅力，生命的快乐，生命的起伏，生命的忧伤，生命的节奏，生命的短暂……它们纠缠着、碰撞着，融贯着，呼喊出了中国美感体验中的最强音"。[17]如此洒脱而轻盈的生命感，方才有掉臂独行的"逍遥游"，这与西方基督教文化煎熬而形成的"沉重的肉身"具有本质的不同。

特别要指出的是潘知常对人类生命的独特而深刻的认识，在《实践美学的美学困局——就教于李泽厚先生》中，他指出人类生命的"超生命"与"原生命"的二重性现象，由此衍生出物质生命和精神生命的二重生命、物质需要和精神需要的二重需要、体力和智力的二重能力、物质创造和精神创造的二重创造、物质文明和精神文明的二重文明、物质生活与精神生活的二重生活等。因此"人的生命也是一样，既是物质的，也是精神的"。如果原生命是自然赋予人类生命的第一次诞生，那么超生命就是文化给予人类生命的第二次诞生，"只有人在自然赋予的本能生命基础上所创造的支配本能生命的那个生命，才是属于人所特有的生命。因此，生命是基因+文化的协同进化，生命也是自然与文化的相乘，或者，生命还是自然进化与文化进化的相乘！人的生命，并不只是大自然的赋予，而且是人自己的生命活动的作品"。由此，审美活动成为人类生命的最高存在方式，这也就是因生命而审美。从而，以文化为手段的审美优化方式取代了以本能适应的生物进化方式，人的优化"应对"取代了动物的进化"反应"。于是，审美优化提升着人，也造就着人。

在此基础上，潘知常直接阐明道："所谓生命美学，作为理论形态的人类生命的自我理解、自我反思、自我意识，其中的'生命'，当然就是应该以人的超生命为主导。"生命美学之为生命美学，就应该是以超生命为主导的人的生命的美学。隶属于生命活动的审美活动，正是由于"超生命"的存在而得到了合乎逻辑的深刻阐释。

2. 感觉的意义

如果说植物和微生物仅仅是生物意义上的无为生命，那么动物和人类的生命因具有感觉而成了自然意义上的有为生命。因为，生命存在的事实就是所有学问包括美学在内必须面对无法回避的"头等大事"，而生命存在的感觉又是这件"头等大事"中的"关键大事"，没有感觉和建立在感觉基础上的理解、认识、判断和反思，都是"凌空蹈虚"地不着边际。对于感觉的诠释不必从心理学中去找答案，仅就崔健当年《快让我在雪地上撒点野》就可略知一二：

> 因为我的病就是没有感觉，
>
> 给我点儿肉给我点儿血，
>
> 换掉我的志如钢和毅如铁；
>
> 快让我哭快让我笑哇，
>
> 快让我在这雪地上撒点儿野！

歌词倒还真的道出了什么是感觉，即由体表到内心、痛感和快感的复合型体验。它是人类在千百年征服自然、改造社会的实践过程中所感受到的悲欢离合和酸甜苦辣交织形成的"生理—心理"一体化的心理现象。对此，马克思说道：

> 那些能感受人的快乐和确证自己是属人的本质力量的感觉，才或者发展起来，或者产生出来。因为不仅是五官感觉，而且所谓的精神感觉、实践感觉（意志、爱等等）——总之，人的感觉、感觉的人类性——都只是由于相应的对象的存在，由于存在着人化了的自然界，才产生出来的。五官感觉的形成是以往全部世界史的产物。[18]

在五官的感觉中，作为从自然意义上的生命到社会意义上的生命，快感和美感是其中最明显和最重要的感觉，可以说是最能证明生命存在和意义的生命感觉。

在人类美感的起源问题上，无论是国内还是国外，一直存在着不同的说法。比较可取的当数山东文艺出版社1986年出版的刘骁纯的《从动物的快感到人的美感》，作者运用自然科学与社会科学的交叉视野，将动物的快感与人的美感联系起来，具体探讨了人类美感的起源问题，借助生物学、心理学、人类学、考古学、历史学等领域的案例和事例、现象和表现，指出"人的美感是由动物的快感进化而来的，审美尺度是由审愉快尺度进化来的，事物使主体以为美的那种属性是由事物使主体愉快的属性进化来的。因此，研究快感是研究美感的基础，而研究原始快感又是研究一切复杂快感的基础"[19]。其中"情绪"又是快感的构成和表现，也是构成生命的特质和特征要素，它不经过大脑的调节，在最低级的生命体——原始鞭毛虫里有一个感应外部环境的"鞭毛"，依靠它来"划桨"运动，遇见障碍物会自动调节，从而引起生物体相应的"适应"或"不适应"的本能性反应。

潘知常是如何看待生命的最初级和最终极的感觉的呢？在1991年出版的《生命美学》里，他并没有视人的痛苦和死亡为生命的有限性，更没有把人身上残存的动物性当成低俗和低级，而是作为生命升华到最高境界的基石，"它是生命的永恒背景，人类正是从这里艰难起飞，冲破种种羁绊与桎梏，追寻着生命的存在与超越的可能"[20]。接着，他又在1997年出版的《诗与思的对话》的第一篇"根源层面：永恒的生命之谜"中专门论述了"审美活动的历史发生"：人类为了区别于动物，"人不再仅仅是一种有限的存在，而且更是唯一一种不甘于有限的存在。未完成性、无限可能性、自我超越性、不确定性、开放性和创造性，则成为人之为人的全新的规定。向世界敞开，就成为人类的第二天性，或者说，成为人类所独具的先天性"[21]。人的生命在这里变成了一种动态和过程，由于种类的进化作用和个体的生长必然，在由小到大、由弱到强的漫漫路途上，他是凭借感觉和世界进行交流的，凡是感觉舒适的和舒服的、安全的和安逸的，就努力维持并寻找新的舒适和舒服、安全和安逸。

在提出"审美形而上学"初步构想的《诗与思的对话》里，潘知常比较详尽地分析了个体生命"从快感到美感"产生的机制："人类最初的生命活动无疑是现实活动。其基本的评价功能则是快感，所谓快感，就是对于在进化过程中处在最优状态中的生命的生理能量的一种鼓励。""快感是生命的一种自我保护的手段，它引导着肌体趋生避死、趋利避害。"[22]或许快感属于简单的生理性感受，而这种享受在远古时代很少，那时的人类面对的更多的是环境、疾病、野兽等带来的死亡威胁，相比较而言，痛感多于快感，痛感不仅是感性触觉的，而且是心理触动的，甚至是触及生离死别的情感。因此，复合型和深层次的快感一定与情感、意志等相关，所谓"痛并快乐着"的"痛快"更持久更强烈，也更能催生出美感和崇高感，因为它直接关乎生命的存在。

明乎此，"生命必然走向审美"，其中的"必然"包含了生命应该如此和能够如此的内涵。毫无疑问，生命的感觉属性就是首屈一指的"必然"，而其中的快感又是"必然"中的"应然"。这样一来，作为第一哲学的美学，不但拥有了清晰而具体的研究对象——生命，不是生命的自由、平等和博爱一类的高大上的东西，而是生命的有限、差别和死亡一类的接地气的最真实而本真的东西——快感。有了这块基石，不论是生命美学大厦的建造，还是生命哲学体系的建构，或者是"第一哲学"的成立，其间所有的疑难将迎刃而解，所有的问题都会找到答案。

3. 为快感正名

潘知常没有过多地将人类生命意识的产生局限于动物式的快感，而是紧贴生命，以此为出发点将具有生命崇高意义的快感引向了生命优美意义的美感，他说："正如快感鼓励动物进行有性繁殖，以提高生存机会一样，美感也鼓励人类的精神进行多种探索，以增加更多的生存下去的可能性。在这个意义上，可以说，是生命选择了审美与艺术，生命只是在审美与艺术中才找到了自己。而快感之所以同时属于动物和人类，美感却只属于人类，更深的道理是在这里。"[23]他以动物与人类共同拥有的快感为前提，说明快感向美感的生成过程和美感之于人类的意义，从而揭示审美发生的奥秘。

这个进化链条的奥秘何在呢？潘知常尝试"从动物的快感到人的美感"，进行一番令人信服的分析。他首先分析了动物的快感，指出："快感是动物的一种自我保护手段。它们的出现，本身就是自然选择的产物。是否有一种喜与厌之类的情绪倾向，是一切生命体与无机自然界的根本区别。"[24]面对危险和痛苦，还有死亡，面对那些直接威胁和导致它们生命体无法存活的打击和刺激，动物会发出哀鸣与惊叫，会不断地扭曲身体，而处于自然生命阶段的人类亦是如此。所谓"人为财死，鸟为食亡"，是因为"食物"的爽口和"财物"的爽身不但能让他们生存和生活，而且能产生生理的快适感和价值的满足感。在这个意义上，仅有自然生命的人类在本能上是贪得无厌的，或许这些财产和金钱对他们已经没有任何实际意义了，但他们还是会不断地巧取豪夺，有人说是精神空虚和理想丧失的结果，其实这样说是把他们拔高了，因为这些人在本质意义上，还是处于动物的快感阶段，只不过这不是物质和生理的快感，而是精神和心理的快感，原始本能的占有欲的满足。

人类的自然生命之所以不同于非人类的生物生命，不仅是因为自然生命与自然界的日月风雨的应和互动，而且是因为它是成长的生命，这种成长不只是处于量的变动中，更是处于质的变化里，其中最大的质变效果就是它首先通向快感，其次通向美感，最后通向交织着快感与美感又超越美感而形成的复合状态的痛感。从植物到动物再到人类的自然生命中，我们发现，植物是既没有快感也没有美感的，动物是有快感而没有美感的，只有人类才是有快感又有美感的，这使得人类能够突破动物生命的有限性而向着人的生命的无限性飞升，不仅有动物式的快感，而且有人一样的美感。

由此可见，区别于植物生命的无机自然界与动物生命的有机自然界，快感就成了动物生命生存和生长状态的标志性感觉。它对生命具有三个明显的意义。

一是，导航的作用。自然生命朝着哪个方向发展，"物竞天择，适者生存"，只是说明了自然的选择和淘汰是非常严酷的，而如何选择和怎样淘汰，除了受到必要的外在环境制约外，其根本还是取决于生命的小至细胞大到器官这样的内部因素，而这些内部因素又是凭什么来指挥"中枢神经"呢？那一定是外部如皮肤、耳朵、眼睛、舌头、鼻子一类的感受系统，将体感的信息传递到中枢神经，进而产生舒适或难受、温柔或粗鲁的感受，如果是前者就是快感，它作为一种奖励又不断地引导动物去发现和寻找新的快感，如此叠加，快感最后进化为人类的美感，就像孟子所说："口之于味也，有同嗜焉；耳之于声也，有同听焉；目之于色也，有同美焉；至于心，独无所同然乎？"这个人类的共通美感，其实是源于动物的共同快感的。

二是，激励的机制。在自然生命的感受系统中，快感之所以能够引导生命顺利而健康地成长，是因为快感具有明显的激励作用。如果说导航是规定生命进化的方向，那么激励就是引领生命进化的动力和奖励生命获得的愉悦，生命有了快感便会本能地重复和延续这种愉悦感受，反之就会立即终止它。这个激励作用表现在两个方面，一个是将这次快感持续不断地延长下去，即便是停止享受快感，也要"回味”一番，如享用美食后嘴唇的“咂吧咂吧”式的回味悠长；一个是希望下一次机会来临时，体感或触觉又如法炮制地享受快感，以至于长此以往而形成本能式的条件反射。如果说将一次快感努力保持，实现的是“回味悠长”的效果，那么将每次快感重逢和积累努力保持，实现的就是“绵延不断”的叠加效应。

三是，延生的效应。趋利避害是所有生命，尤其是有机生命共同的本能选择，为的是更好地延续生命。由于这些有机生命存在中枢神经系统的集群细胞，它们能够保证有机生命的存在并不断延续，以至于代代相传，其中的快感功不可没。这种延生效应也表现在两个方面，一是现世生存的个体生命，通过快感促使生命准确导航和有效激励，推动加快新陈代谢从而长命百岁；二是永远存在的族类生命，快感尤其是生命最强烈最美妙的性快感，促使人类的生命即便是在食不果腹衣不蔽体的环境中，依然乐此不疲地“翻云覆雨”，所谓“宁为花下死，做鬼也风流”。

综上所述，可见快感不但能提高生命的质量，而且能带来生命的愉悦，进而产生美感。或许由快感到美感仅仅一步之遥，而奠定这出发基石的是由动物生命进化而成的人类生命，因为它们都是有机体生命，那么这种自然而然的驱动力，就必然驱使人类的生命朝着美感义无反顾地一路高歌猛进。

三、必然之理：从美学到哲学

从生命美学到生命哲学，从哲学二级学科的美学到审美上升为哲学，是潘知常多年奋斗的目标。他揭示的“因生命而审美”是当代中国美学研究的“首创”乃至“独创”。这是因为在生命美学看来，所谓审美活动，其实就是生命的必然。

如果说，哲学始于人类仰望遥远星空的一瞬间，那么，美学就诞生于人类痛吻脚下大地的那一刻。

“江畔何人初见月，江月何年初照人”；“念天地之悠悠，独怆然而涕下”，中国唐代的张若虚和陈子昂是当之无愧的诗人式的哲学家和美学家。看来，哲学与美学借助“诗”，也即在艺术的形式上，获得了对话的权力和交流的语境。由此令人突发奇想：

美学与哲学能否在学科的座位上平起平坐？不行吧。

美学能否取代哲学而凌驾于其上呢？异想天开吧！

第一个问题之所以被否定，是因为它们在传统的学科层级上分属于不同的层级，就像儿子岂能僭越父母。

而第二个问题则比较复杂了，美学取代哲学就意味着它是"第一哲学"，而第一哲学就是哲学的哲学，又叫元哲学，西方习惯把形而上学作为第一哲学，笛卡尔在他的《第一哲学沉思集》里，仍然通过普遍怀疑的方法思考，力图使心灵摆脱感官而获得确定的知识，尽管用的是散文的笔法，近乎诗化哲学，但距离哲学美学依然遥远；后来费尔巴哈在《基督教的本质》一书里，认为美学具有审美发生和逻辑理念的双重"优先"，直接称美学为"第一哲学"。在杨春时2015年出版的《作为第一哲学的美学——存在、现象与审美》里，他试图超越意识美学和身体美学，建立体验美学，但距离生命美学还是差了咫尺；李泽厚2019年在《从美感两重性到情本体——李泽厚美学文录》一书的最后不无感慨地赞同"美学是第一哲学"，但他的立足点依然是"人类学历史本体论"，着眼于消弭哲学与美学的界限。

潘知常沿着人类生命的起点，依傍审美活动的过程，借助"生命"这个鲜活而神圣的中介，实现了美学与哲学的交融，并阐释了"美学是第一哲学"的形而上的"宿命"般的依据和形而下的"诗意"式的表现。

1. 本体论：形而上学

本体论是对"什么是什么"这一判断中的"是"又是什么的追问，如果说第一个"是"追问本体论的概念之"是"，是连接现象和本质的谓词的话，则属于认识论范畴，那么第二个"是"则思考本体论的本体之"是"，即世界背后所蕴藏的高度抽象而又不依赖于现实世界的"理念""理式"的存在本身，为本体论之"论"的哲学追问，是康德哲学中与现象对立不可认识的"自在之物"。毫无疑问，形而上学的"思"就是通往本体论的唯一道路，或者形而上学本身就是本体论的追问。不论是美学追问生命是什么，还是生命反思美学是什么，都正如海德格尔说的那样："哲学就是在这些问题中看到了自己的真正使命。所以，形而上学就是表示真正的哲学的名称。"[25]

对此，潘知常说道："形而上学是美学之母，美学则是形而上学之子。重新确立美学的形而上学维度，就是重新确立审美的至高无上的精神维度，重新确立审美的至高无上的绝对尊严，美学也会因此而得以光荣'复魅'。"[26]这不仅是哲学反思的维度，更是深度的生命追问而彰显出的人类文明的高度。

如果说哲学是对万物存在之"是"本身的追问的话，那么还有什么样的存在比生命存在之"是"更重要和更伟大的呢？而将人的生命与审美紧密相连，并指出"因生命而审美"，在升华生命意义的同时，也提升了美学的档次，也就是说由对生命活动的哲学反思到对审美活动的哲学阐释，使哲学不仅成为人类社会实践的理论注释，而且成为人类生命实践的美学总结，于是，作为哲学首要性和根本性追问的生命美学从而具有了第一哲学的美学品格。著名美学家杨春时是这样解释"美学是第一哲学"的："美学是哲学的基本方法论，只有审美才能发现存在、确立存在的意义；审美作为自由的生存方式，回归存在，存在论是审美体验反思的产物，美学为存在论奠基，从而成为哲学论证的出发点。"[27]这个"哲学论证的出发点"当然就是生命——人类自由而美丽的生命。

那么，地球上的生命是一种什么样的存在呢？同样是生命，驱动其生长的机制肯定是不一样的。植物的生命必然经历由小到大，动物的生命必然经历由弱到强，和人的生命一样，死亡都是它们的共同归属。面对浩茫的宇宙，尽管人类的生命也是"寄蜉蝣于天地，渺沧海之一粟"，难能可贵的是，它还能在"哀吾生之须臾，羡长江之无穷"的意义追求中，"挟飞仙以遨游，抱明月而长终"，在有限的时空中企及无限的意义，"知不可乎骤得，托遗响于悲风"。这与其说是生命置身的现实情状，不如说是生命向往的理想境界，从而证明生命具有一种超拔的意力和超越的意向。孔子当年在齐国屡次碰壁而不得施展政治才能，闷闷不乐，可是"子在齐闻《韶》，三月不知肉味。曰：'不图为乐之至于斯也！'"。对此，潘知常深有感触地说："确实，对于人类来说，美，就像'空气'和'爱'一样不可缺少，追求美，是人类文明的基础，也是人类尊严之所系，更是人类生命力的源泉。"[28]诚哉，斯言！

于是，论证"生命为何必然走向审美"的理论假设，其实就是要证明因生命而审美。这里的生命首先是自然生命，笔者之所以没有采纳封孝伦生物生命、精神生命和社会生命"三重生命"说的"生物生命"，是因为作为人类的生命，尽管有生物性的成分，如基因、细胞、染色体等，但这些仅仅是生命的内在构成，或者说是生命的生理要素，仅有这些生物性的成分和构造，只能说明具备了生命的本质规定，但要真正诞生或成为生命，特别是人的生命，生物性的内因还必须与自然界的外因发生关系。而人类意义和视域下的自然生命则不一样，它既包括内在生物性的本质规定，也包括外在自然界的环境要素，正是二者的双向合力促使了具有人类意义的生命诞生和成长。

如植物的生命具有趋光性，动物的生命具有避害性，如此才能保证它们的成长，但植物和动物永远不知道更不会去询问，为何有趋光性和避害性，这种本能性的功能在环境不变的情况下既不会减少也不会增加，因此代的延续和量的叠加就是它们的驱动力，因为它们只有一种生长机制。而人类的生命则不一样了，潘知常说道：

> 在人类的生命结构中存在着两种机制，即工作机制和动力机制。前者面对的是"世界是如何"，后者面对的是"世界应如何"，前者以大脑、认识、理性为代表，后者则以心脏、价值、情感为代表。而且，相比之下，后者要更为重要，并且处于动力的、基础的、根本的位置上。无疑，审美活动显然应该属于后者。对于理解审美活动来说，这是一个基本的前提。[29]

"世界是如何"的工作机制是结论性的说明，而"世界应如何"的动力机制才是过程性的揭示，这两种机制中的动力机制由于"心脏"器官的存在和作用发挥，因而是其根本性和原发性的机制。心脏跳动是人类生命最根本的生命活动现象，心脏日夜不停地搏动而产生的血液循环的舒畅感和一起一伏而形成的节奏感，应和着太阳的东升西落的永恒运转、月亮的阴晴圆缺的不变规律，这种宇宙的生命节律与人的生命节律，相辅相成而推动了中国古代哲学"天人合一"观点的产生。

因为大宇宙诸如"大爆炸""磁力线""星云""黑洞"等动力机制的作用，人类才能产生"坐地日行八万里，巡天遥看一千河"运动感；又因为小宇宙诸如"新陈代谢""吐故纳新"和"循环""呼吸"等动力机制的作用，个体生命才会真切地体验"念天地之悠悠，独怆然而涕下"的存在感。可见，由于潘知常将"美""美感"和"审美"定位于"活动"，那么在生命美学研究上，他比封孝伦更具有"动感"。封孝伦仅仅是说明生命的一种存在方式是"生物生命"，而潘知常却要证明生命的一种运动形态，生命是永远都在生成中的，也正是因为这种外对应于"天"、内呼应于"人"的生命运动，给人类生命的"自然驱动力"赋予了"包举宇内，囊括四海"的雄伟气魄和宏大胸襟，从而说明动静结合的"一阴一阳之谓道"，既是宇宙的本质，也是生命的本体。

而构成生命本体的"是"，用海德格尔的话讲是"存在"之"亲在"，而显示"亲在"的是潘知常所谓的"动力机制"，而为这个机制提供源源不断能量的则是情感。最早是《尚书》的"诗言志"，后来是孔子的"兴于诗"，《毛诗序》的"吟咏情性"，魏晋的"情之所钟，正在我辈"，唐人皎然的"情在言外"，宋人叶梦得的"缘情体物"，直至明中叶达到高峰，潘知常在1985年出版的《美的冲突》里称之为"启蒙美学"："强调人的感性情欲的合法地位和自由表现，强调作家以审美主体的表现为主，直抒胸臆，摆脱束缚"的"启蒙美学独尊感性情欲，开始冲破'发乎情，止乎礼义'的古典美学观。开始把感性的、充满市俗人情的社会生活推上美的殿堂"。[30]尽管审美的王国不乏义利的考量、价值的追求和伦理的企及，但是情感永远是至尊的国王。尽管这个王国里也存在着情与理、爱与恨、美与丑和生与死的较量，但胜者的荣耀不是建立在负者的痛苦之上的，负者也并非永远是输家，负者的结果完全可能是"失之桑榆，收之东隅"，这就是经济学里的"非零和博弈"。原来这背后隐藏着一个巨大的秘密——促使生命走向审美、推动蒙昧走向文明的秘密：爱的力量与爱的信仰。

2. 关键词：终极关怀

不论是复杂而丰富的人生经历，还是深刻而多样的学术研究，潘知常都深为服膺18世纪法国伟大的启蒙思想家狄德罗对人是什么的经典解说："说人是一种力量与软弱、光明与盲目、渺小与伟大的复合体，这并不是责难人，而是为人下定义。"[31]狄德罗由此而陷入巨大而不解的困惑，因为他关注的是人的此岸世界，是生活情境中的人，属于现实关怀。

从认识论上看，生命是一个可以阐释的"为我之物"，但是我们要试图寻找他存在的理由。

从本体论上看，生命是一个无法言说的"自在之物"，因此我们要努力揭开它神秘的面纱。

不论是为人找到存在的理由，还是揭开人神秘的面纱，"不识庐山真面目，只缘身在此山中"，现实世界的参照毕竟是有限的，常常令我们"公说公有理婆说婆有理"而莫衷一是，每每令我们"一叶障目不见泰山"而执迷不悟。看来必须"凌绝顶"，才能"一览众山小"。前面，我们借助形而上学已经实现了本体论的伟大转型，那么，这里需要我们做的就是将本体论发扬光大，或让本体论再接再厉，将终极关怀引入能彰显人类生命存在意义的审美活动中，将一般意义上的形而上学凝练为审美形而上学。潘知常早在1991年的那本《生命美学》里就问道："审美的生命活动呢？它是怎样作出对生命的终极追问、终极意义、终极价值的回答的呢？显而易见，它是用绝对的价值关怀的生命存在方式对生命的终极追问、终极意义、终极价值的回答。"[32]他紧紧扣住生命活动和审美活动的内在联系，又不拘泥于二者表面的对应关系，而是着眼于生命与审美的"终极"存在上，试图通过审美来解开生命之谜。

潘知常经过20多年的思考，到了2019年，在《信仰建构中的审美救赎》里，将以前《生命美学》里的三个"终极"归结为"终极关怀"，并正式将审美活动上升到形而上学的高度，并进一步说道："由此，审美形而上学把人类精神、人的审美的存在方式推到了美学的前台，把形而上学的重建作为自己的美学使命。而'终极关怀'也就成为审美形而上学的关键词。"[33]他终于把审美由艺术与生活领域形而下的体验提升到了存在与意义维度形而上的反思，即生命意义的终极关怀。

何谓"终极关怀"？这个概念来自20世纪西方著名的基督教神学家保罗·蒂利

希在《信仰的动力》一书中所阐释的："如果某种至关重要的关切自称为终极，它便要求接受者完全委身，而且它应许完全实现，即使其他所有的主张不能不从属于它，或许它的名义被拒绝。"[34]这是一个比较保守和消极的终极关怀的概念，面对生命中必然出现而又必须接受的经济的、政治的、社会的，或精神的不可抗拒的规律法则，生活着的我们只能委曲求全或逆来顺受。当然人生中最大的规律和法则就是生老病死，尤其是终将一死，面对死亡的生命终点而开始的思考，就是终极关怀的最本质性的内容。

司马迁说："人固有一死，或重于泰山，或轻于鸿毛"。

《古诗十九首》："生年不满百，常怀千岁忧。"

文天祥说："人生自古谁无死，留取丹心照汗青。"

在死亡阴影下踽踽独行的人类，依然要奋起抗争，用比喻、喟叹和誓言彰显生命美的方式将中国式的终极关怀演绎得酣畅淋漓。这就是潘知常说的："终极关怀所坚守所维护的，就是人类生命存在当中的'必须'与'应当'。而且，这'必须'与'应当'最终究竟是否能够实现，又是完全未知的——尽管可以坚信它必然实现。因此，从终极关怀出发的审美活动事实上就是在赌理想的人生存在。"[35]而"理想的人生存在"，即实现生命的"必须"与"应当"，体现出生命在以下三个方面的意义，也是著名哲学家张岱年在《社会科学战线》1993年第1期刊载的《中国哲学关于终极关怀的思考》一文中对终极关怀归纳的三种类型，下面的阐释中将分别引用。

一是，生命是有限的却又追求无限的存在。如果人类没有终极关怀的"莅临"，就会如庄子所谓的"生也天行，死也物化"一样，浑浑噩噩地生存，懵懵懂懂地生活，而正是因为"终有一死"死亡意识的产生，正如美国著名学者卡尔·萨根说的："人的预知能力是随着前额进化而产生的。这种能力的最早结论之一就是意识到死亡。大概人是世界上唯一能清楚知晓自己必然死亡的生物。"[36]这也是王羲之感叹的："死生亦大矣，岂不痛哉！"这使人们知道追求长生不死是根本不可能的，"固知一死生为虚诞，齐彭殇为妄作"。在死亡阴影笼罩下的人类，开始了抗拒死亡的万里长征，虽然结果依然是死亡，但小者有"立德立功立言"的不朽追求，大者有进入上帝真主佛陀的永恒境界，此之谓张岱年解释的"归依上帝的终极关怀"。

二是，生命是肉体的却又羡慕精神的境界。肉体的生命离不开酒色财气，如恩格斯《在马克思墓前的讲话》赞颂马克思所说的那样："正像达尔文发现有机界的发展规律一样，马克思发现了人类历史的发展规律，即历来为繁茂芜杂的意识形态所掩盖着的一个简单事实：人们首先必须吃、喝、住、穿，然后才能从事政治、科学、艺术、宗教等等。"在从事的这些社会事务和精神活动中，政治明显地受到时代的限制，科学受到认知的限制，而艺术和宗教则提供了一片自由的疆域，尤其是艺术借助情感的动力，人类的精神生命在这里"精骛八极，心游万仞"。如潘知常所言，这种审美意义的活动体现于终极关怀，它既维护了世界的完整性、丰富性和多样性，也满足了生命的超越性、创造性和整体性。此之谓张岱年解释的"返归本原的终极关怀"。

三是，生命是现实的却又向往理想的自由。现实的生命尽管是真实的生命，但是不自由的，就像卢梭说的那样："人生而自由，但无往不在枷锁之中。"可是自由又是生命的本质和宿命，因为自由的理想、自由的想象、自由的思想证明了人的生命不同于动物的生命。在自由的三大种类中，自由的想象容易陷入空想，自由的思想受到思想本身的限制，而唯有自由的理想是无羁无绊的，能给人以未来的美好许诺，尽管是很难实现的，因而具有了终极关怀的价值，如柏拉图的"理想国"、陶渊明的"桃花源"、莫尔的"乌托邦"、康帕内拉的"太阳城"和宗教的"净土""乐园""天国"等，莫不表明了由于理想之光的照射而使苦难的现实充满希望的期待和获得自由的抚慰。此之谓张岱年的"发扬人生之道的终极关怀"。

不论何种类型的终极关怀，在其根本意义上都是指向生命的形而上学层面，这就为生命与审美的合一打通了经由审美活动实现生命活动之目的的"最后一公里"，因为生命介入或曰生命存在意义的大彻大悟，美学再也不仅仅是人类社会实践的"自由形式"，而成了"自由境界"，更是自由本身。于是，借助生命终极关怀的关键词，美学一跃而升至哲学的殿堂，质言之，美学就是哲学。

3. 立足点：审美哲学

"把哲学诗歌化，把诗歌哲学化——这就是一切浪漫主义思想家的最高目标。"[37]这是恩斯特·卡西尔转述诺瓦利斯有关诗化哲学的经典而精彩的表达。"诗歌是一种完全绝对的真实。这就是我的哲学要点。越是富有诗意的就越是真实的。"[38]18世纪德国浪漫主义诗人诺瓦利斯的看法与亚里士多德一样，都认为"诗比历史更普遍更真实"。

当代中国提出这一概念最有影响的是刘小枫，有研究者认为刘小枫的"诗化哲学把美作为个体生存信念的归宿，以审美作为人生的最高价值、最终追求，将感性个体生命归依于审美主义与审美救赎"[39]。因为从古希腊以来盛行的理性主义，加上近代的工具理性、现代的商业理性，使得"普遍的理性化，无异于普遍地遗忘人的感性生存，面对这一历史境遇，诗人出来取代哲学家，就不但合法，而且也是诗人的圣职"[40]。可以说，对生命的关注与思考，是所有美学家的共同主题。刘小枫还在《拯救与逍遥》中这样看待中西方诗人自杀的意义："它恳求所有侥幸活下来的诗人们想一想，什么才是终极的意义和价值；想一想自己所具有的信念是否是真实的、可靠的。"[41]就这个意义而言，刘小枫的美学思考无疑也应是生命美学的前奏。

但是，刘小枫仍然未能打通生命美学的"最后一公里"，依然徘徊在生命美学的大门口；因为"诗化"毕竟艺术化了，也不能完全涵盖审美活动，而潘知常在《诗与思的对话》一书中就明确指出了：

> 伴随着人类生命活动本身成为哲学本体论的内涵，审美活动本身也无疑会因为它集中地折射了人类生命活动的特征而成为哲学本体论的重要内涵。在这个意义上，人类生命本体论的所谓思与生命的对话，就其实质而言，实际上就是思与诗（审美活动）的对话。[42]

这一见解他又在2002年出版的《生命美学论稿》中予以阐述，在2019年出版的《信仰建构的审美救赎》中说道："生命美学关注的是：诗与思的对话。……审美形而上学涉及的是审美的本体论维度，讨论的是'诗与哲学'（诗化哲学）的问题。"[43]

诗或诗歌，在西方美学的语境中常常是文学或艺术的代指。在从美学通向哲学的路途中，如果说最具有美学魅力的当数诗学，那么最体现哲学精神的当数美学。在超越诗化哲学进至审美哲学的路径上，潘知常既沿袭了德国浪漫主义美学借助诗歌来拯救日渐沉沦灵魂的伟大使命，也继承了中国古典主义诗学"诗言志歌咏言"的优良传统，更是扩展了刘小枫的诗歌美学的疆域而使之成为生命美学的重要话题，并赋予了艺术在生命体验与美学品格以及哲学反思过程中的本体论地位。那么，潘知常生命美学视域下的艺术的本体论到底是什么呢？或者说"诗"，其实就是审美是如何化为"哲学"的呢？

首先，重新确立艺术的本体论内涵。如果说，哲学因其执着的理性追问精神而理解其本体论含义是顺理成章的事情，那么艺术因其不断的情感抒发特质而理解其本体论含义似乎困难多了。其实不然，艺术抒发的情感是人的情感，而人的七情六欲无不是人的生命的重要表征。作为高等动物——人的情感，绝不是自然的情欲，也不完全是自我的情绪，而是富于高雅而高尚的文化意义的情感；中国文学向来就追求以情言志和以意传情的"情理一体"。德国现代哲学家舍勒《爱的秩序》就论证了"情理本一体"的见解，而弗洛姆在《爱的艺术》里也说明了"爱是需要学习的"。这些都说明艺术的本体论与其说是理中之"情"，不如说是情中之"理"，当然最好的说法是"情理一体"，这也是潘知常一直看重并反复论证的"诗与思的对话"。

经过这一番对话，不但让艺术的存在之光更加明亮，展示了艺术的生命之魅，而且为艺术在美学尤其是生命美学建构的体系中找到了最恰当的位置和最合理的存在方式。

其次，重新强调艺术的形而上价值。柏拉图为了维护理想国的纯洁而认为艺术"和真实隔着三层"，是不真实的；尼采站在艺术拯救人生的立场认为"艺术比真理更有价值"；海德格尔并不把艺术看成是美学的思考对象，而是从人类"存在"意义的角度，指出艺术与美无关而与美学有关，艺术是人类生命存在状态"恬然澄明"的真理揭示。苏珊·朗格也说："真正能够使我们直接感受到人类生命的方式便是艺术方式。"[44]潘知常感叹道："不难想像，当代美学把哲学引入美学，意味着美学的根本问题的重大转换。过去，我们一般只是从审美活动所反映出的内容的角度来考察审美活动本身的本体论内涵，但是现在我们却意外地发现了审美活动本身的本体论内涵，审美活动本身就是本体论的、就是形而上学的。"[45]由内容到本体的递进或嬗变，意味着美学不仅关乎艺术，更关联到艺术所蕴含的生命和生命背后的形而上意义，显然这是实践美学所不能回答的问题。

由于审美活动进入了生命的本体视域和存在高地，潘知常的再度强调就有力地突破了中国人熟悉的古典艺术"兴观群怨"功能观和"文以载道"的价值观，使艺术由美学的方面军变成了哲学的生力军，从而使得美学不仅获得了艺术哲学的冠冕，而且戴上了第一哲学的王冠。

最后，重新阐释艺术的生命力意义。艺术不仅是美学的思考对象，而且是哲学的精神寄托，更是作为第一哲学——美学有关人类生命意义的"怡然澄明"的对象和途径，它不仅是生命力的象征，而且其本身就生命力的显示，不仅是生命意识的表达，而且其本身就是生命意识的载体。潘知常正是站在绝顶的高度，用深邃的目光，发现了中国艺术除了从《诗经》历经杜甫、辛弃疾到元杂剧再到《三国演义》《水浒传》的"忧世"传统，还有一个深深的"忧生"传统，那就是从《山海经》经由庄子和魏晋诗歌，到李煜再到《红楼梦》终于王国维的以"文学为生活"的美学传统。他还对中外的经典文学艺术重新进行了审视，如李煜的作品是"以血书"的词章，《哈姆雷特》诉说的是"我的爱永没有改变"，《悲惨世界》高倡的是"以爱之名"，《日瓦戈医生》进行的是"爱的审判"；他更是盛赞《红楼梦》是中国的"众书之书"，是爱的圣经、文学宝典与灵魂史诗。

正是因为生命力的存在，艺术家获得了生命的最高存在价值，使得本已羸弱的生命在美的烛照下和诗的氛围中，不但返归生命澄明之境，而且登临生命巍峨之峰。

潘知常的生命美学从形而上学本体论的建立，到终极关怀关键词的确立，再到诗化哲学立足点的站立，充分证明了从美学到哲学的必然之理。这就是"因生命而审美"，生命必然走向审美。潘知常确立的审美形而上学，让生命美学完成了由美学到哲学的"华丽转身"，这就是以生命体验为根基，以审美活动为依托，以自由境界为目的，向外"天人合一"，向内"身心一体"，开始的伟大而精彩的"诗与思的对话"。

总之，在生命终将走向审美的论题上，潘知常有两个"重要的不是什么，而是什么"的语义模式，他从生命的构成和美学的原理上，对"因生命而审美"予以了最简明精辟的揭示。

在美与生命的关联上，潘知常经常强调"重要的不是内容，而是形式"。或许就审美对象自身的存在而言是内容大于形式，而于审美主体能动的感受而言是形式大于内容，映入人眼帘和震动人耳膜的首先是对象的形式，这就是柏拉图所谓"形式美所产生的快感"，亚里上多德所说的"对象身上所体现出来的模式或结构"的"形式因"，康德的审美判断是"没有利害关系"的而又普遍令人愉悦的"合目的性的形式"。这种形式之所以令我们愉悦，是因为它潜藏着无比丰富而强烈的生命内容，只是人类在审美起始的一刹那犯下了一个"买椟还珠"的美丽错误，如此"一见钟情"，让人类因为对象的"形式美"而获得了永恒的美学生命。

在美学与生命的关联上，潘知常还经常强调"重要的不是美学的问题，而是美学问题"。作为哲学问题的生命投射的美学问题，与其说是"美是什么"的"本质"重要，不如说是"美感如何是"的"体系"重要，因为后者与生命的存在和意义息息相关，而同人类的实践作用和价值倒无甚关联。令人费解的是李泽厚在率先建立了实践美学之后，对后学们劝诫诸多，说：不要去建立什么美学的体系，而要先去研究美学的具体问题。可是，生命美学更相信的是康德的劝诫：没有体系可以获得历史知识、数学知识，但是却永远不能获得哲学知识，因为在思想的领域，"整体的轮廓应当先于局部"。除了康德，黑格尔也说："没有体系的哲学理论，只能表示个人主观的特殊心情，它的内容必定是带偶然性的。"[46]这个体系虽然表现于思辨的构架和理论的框架，但源于人类五官感觉的合理分工和总体协调的组织结构，而哲学则将此提升和梳理为理论的体系。而作为第一哲学的美学，尤其是生命美学必须对这种生命感觉予以恰当和合理的阐释，因此，我们在研究"美学的问题"之前，也不能不首先思考我们对于"美学问题"的思考是否正确，更不能不思考我们自己是否也需要先对"美学问题"本身加以思考，否则我们关于"美学的问题"的研究就很可能无功而返。人们常说，要做正确的事，而不要正确地做事。无疑，对于"美学问题"的关注，就是"做正确的事"；而对于"美学的问题"的关注，则是"正确地做事"。

由生命美学到生命哲学，潘知常更是深刻宣示了生命美学截然不同于实践美学。实践美学往往以艺术为核心，追求的也只是精神愉悦。而生命美学不是将审美与艺术活动等同，而是第一次揭示了人类生命的真正含义——人的生命它本身就包含了"美"，是原生命与超生命的有机统一。从此，生命美学毅然走出了实践美学的围城，推动着审美回到了人类的生命活动本身。

注释：

1.潘知常：《信仰建构中的审美救赎》，人民出版社2019年版，第449页。

2.普列汉诺夫：《论艺术》，曹葆华译，生活·读书·新知三联书店1964年版，第16、37页。

3.潘知常：《诗与思的对话》，上海三联书店1997年版，第63页。

4.恩斯特·卡西尔：《人论：人类文化哲学导引》，甘阳译，上海译文出版社2013年版，第294页。

5.高清海：《人就是"人"》，辽宁人民出版社2001年版，第254页。

6.费迪南·费尔曼：《生命哲学》，李健鸣译，华夏出版社2000年版，前言第1—2页。

7.柏格森：《创造进化论》，肖聿译，华夏出版社2000年版，第13页。

8.洪谦主编：《西方现代资产阶级哲学论著选辑》，商务印书馆1964年版，第138页。

9.柏格森：《创造进化论》，肖聿译，华夏出版社2000年版，第16页。

10.达尔文：《人类的由来》（上），潘光旦、胡寿文译，商务印书馆2003年版，第158页。

11.达尔文：《物种起源》，刘连景译，新世界出版社2014年版，第50页。

12.达尔文：《物种起源》，刘连景译，新世界出版社2014年版，第45页。

13.安德烈·库克：《生命的曲线》，周秋麟、陈品健译，中国发展出版社2009年版，第14页，译者前言第4—5页。

14.潘知常：《头顶的星空：美学与终极关怀》，广西师范大学出版社2016年版，第217、222页。

15.陈庆：《托马斯·阿奎那〈论法的本质〉章句疏证》，人民出版社2017年版，第10页。

16.潘知常：《中西比较美学论稿》，百花洲文艺出版社2000年版，第423页。

17.潘知常：《众妙之门——中国美感心态的深层结构》，黄河文艺出版社1989年版，第85页。

18.马克思：《1844年经济学—哲学手稿》，刘丕坤译，人民出版社1979年版，第79页。

19.刘骁纯：《从动物的快感到人的美感》，山东文艺出版社1986年版，第32页。

20.潘知常：《生命美学》，河南人民出版社1991年版，第20页。

21.潘知常：《诗与思的对话》，上海三联书店1997年版，第61页。

22.潘知常：《诗与思的对话》，上海三联书店1997年版，第82页。

23.潘知常：《信仰建构中的审美救赎》，人民出版社2019年版，第489页。

24.潘知常：《没有美万万不能：美学导论》，人民出版社2012年版，第67页。

25.海德格尔：《尼采》，孙周兴译，商务印书馆2002年版，第438页。

26.潘知常：《信仰建构中的审美救赎》，人民出版社2019年版，第448页。

27.杨春时：《作为第一哲学的美学——存在、现象与审美》，人民出版社2015年版，第380页。

28.潘知常：《没有美万万不能：美学导论》，人民出版社2012年版，第5页。

29.潘知常：《诗与思的对话》，上海三联书店1997年版，第65页。

30.潘知常：《美的冲突》，学林出版社1985年版，第84、85页。

31.狄德罗：《狄德罗哲学选集》，江天骥、陈修斋、王太庆译，商务印书馆1983年版，第44页。

32.潘知常：《生命美学》，河南人民出版社1991年版，第9页。

33.潘知常：《信仰建构中的审美救赎》，人民出版社2019年版，第449页。

34.转引自孙浩然：《蒂利希"终极关怀"理论及其对宗教对话的启示》，《重庆理工大学学报》2007年第9期，第80页。

35.潘知常：《信仰建构中的审美救赎》，人民出版社2019年版，第190页。

36.卡尔·萨根：《伊甸园的飞龙》，吕柱、王志勇译，河北人民出版社1982年版，第77页。

37.恩斯特·卡西尔：《人论》，甘阳译，西苑出版社2003年版，第186页。

38.转引自吉尔伯特、库恩：《美学史》（下卷），夏乾丰译，上海译文出版社1989年版，第491页。

39.蒋虹：《论刘小枫早期美学思考与转向——从〈诗化哲学〉到〈拯救与逍遥〉》，中南大学2007年硕士论文，第3页。

40.刘小枫：《诗化哲学》，华东师范大学出版社2011年版，第201页。

41.刘小枫：《拯救与逍遥——中西方诗人对世界的不同态度》，上海人民出版社1988年版，第75页。

42.潘知常：《诗与思的对话》，上海三联书店1997年版，第24页。

43.潘知常：《信仰建构中的审美救赎》，人民出版社2019年版，第447页。

44.苏珊·朗格：《艺术问题》，滕守尧、朱疆源译，中国社会科学出版社1983年版，第66页。

45.潘知常：《生命美学论稿》，郑州大学出版社2002年版，第257页。

46.黑格尔：《小逻辑》，贺麟译，商务印书馆1980年版，第56页。

第三章　成就生命：审美的内在依据

　　"爱美之心，人皆有之"，中国的民间谚语道出了美是人类生命中的本能性存在——因生命而审美。

　　"我们是爱美的人！"古希腊的伯利克里说出了美之于生命的超越性意义所在——因审美而生命。

　　生命与审美合二为一、美与爱相伴而行的奥秘究竟是什么？

　　众所周知，知意情是窥视个体生命王国的三棱镜，真善美是透视人类精神世界的三原色；在知意情与真善美的对应关系上，康德建立了哲学三大"批判"的大厦，即《判断力批判》《纯粹理性批判》和《实践理性批判》，唯有《判断力批判》思考审美活动"既见出自然界的必然，又见出精神界的自由，因而在这两种境界之中造成桥梁是一致的"[1]。康德的确通过"美"或"情"搭建了连接"真"与"善"和"知"与"意"的桥梁，但是这"美"为何与"情"有关？这实际是在问"审美"在提升生命意义上扮演了一个什么样的不可或缺的角色。

　　我们运用知识可以走进真理，"知识就是力量"。

　　我们仰仗道义可以彰显善良，"有理行遍天下"。

　　那么，我们借助情感又是如何感受美好呢？生命为何因为审美的介入而脱胎换骨？这是一个难解的"斯芬克斯之谜"，俄狄浦斯用智慧来破解生命的奥秘，但是人类智慧里审美之于生命的意义，依然众说纷纭悬而未解。审美活动为何能满足生命活动，这也是俄国著名文学家高尔基揭示的："照天性来说，人都是艺术家，他无论在什么地方，总是希望把'美'带到他的生活中去。"美的魅力如此巨大而神奇，真可谓"美不是万能的，但没有美却是万万不能的"。如果说，生命终将走向审美，是人类生命活动的必然选择的话，那么，审美必然成就生命，就是人类生命活动的内在需要。正如潘知常对生命美学的阐释：

> 生命美学——就是从人类生命活动的角度去研究美学，它从"人之为人"看"人为什么需要审美活动"和"审美活动为什么能满足人"，研究的是审美活动的"根源"（意义），是对于"审美活动如何可能"（审美活动为什么为人类所必需）、"美如何可能"（美如何为人类所必需）、"美感如何可能"（美感如何为人类所必需）以及"实践活动与审美活动的差异性"（人类的无限性、超越性）的研究。[2]

"内在的依据"就是要回答并找到"人为什么需要审美活动"和"审美活动为什么能满足人"的审美与生命的双重必然，它是要探求审美活动与生命活动之间的逻辑关联。如前所述，审美既然是生命的本能，是生命进化和成长过程中不可或缺的"天然养分"，那么生命就不但暗含审美的"自然元素"，而且显示审美能动的"反哺作用"；同时，在生命的成长过程中属于生命本身的审美活动依然会促进和促推、刺激和激发、组织和调动天然的形式美和形态美、本能的情感美和情态美，以及艺术创造而习得的意蕴美和意境美等，作用于有待完善和正在完善的生命的结构和生命的价值，完成由自然生命向社会生命的转化，实现由物质生命向精神生命的递进，做到由平庸生命向崇高生命的升华。因此，这个"内在的依据"既来自审美活动，也来自生命活动，是审美与生命共同的"内在"属性和共有的"依据"所在，就这个意义而言，审美满足生命的需要，审美更能创造生命的价值。

这个崇高的价值体现为"爱美之心，人皆有之"，由此成就了人类审美世界的万紫千红。纵观东西南北，遍览古今中外，没有一个人种和民族是不热爱艺术的，也没有不追求美的，尽管表现的程度或达到的水平有高低不同，但是审美活动犹如阳光和空气一样须臾不可缺少。由此说明，一方面"美"表现为生命进化中定向导航的"客观性"和"必然性"，另一方面"美"又体现出人类生命里内在动力的"主观性"和"或然性"，这里既没有超人上帝的预先设定，也没有后天自我的有意追求，却在生命与审美的关系上形成了"客观目的的主观化"和"必然规律的或然性"。

因审美而生命——"宇宙的精华"和"万物之灵长"的生命。

一、从"两种生产"说起

因审美而生命，审美之于生命的意义何在？

盘古开天地，女娲造男女。

上帝创万物，亚当夏娃出。

东西方的神话传说都包含着"两种生产"的意蕴。所谓"两种生产"即物质资料的生产和人类人口的生产，马克思和恩格斯在《德意志意识形态》《1857—1858年经济学手稿》《〈政治经济学批判〉导言》等著作中，都对此有所论及，对"两种生产"有经典而完整论述的是恩格斯在《家庭、私有制和国家的起源》的界定："根据唯物主义观点，历史中的决定性因素，归根结蒂是直接生活的生产和再生产。但是，生产本身又有两种。一方面是生活资料即食物、衣服、住房以及为此所必需的工具的生产；另一方面是人自身的生产，即种的蕃衍。一定历史时代和一定地区内的人们生活于其下的社会制度，受着两种生产的制约：一方面受劳动的发展阶段的制约，另一方面受家庭的发展阶段的制约。"[3]"两种生产"的理论对社会发展的动力和平衡、女性地位的确认和巩固、老龄问题的起源和对策等多有涉及，并且也显示出了理论回应实践和现实的说服力和影响力；但是，它对生命美学的研究，对审美活动之于生命建构的意义，还鲜有涉及。

人类之所以具有物质资料生产一定是趋向美观、自身生命生产总是渴望在爱情中实现的"两种生产"的能力，是因为我们是从"自然界生成为人"的生命美学出发而不是从"自然的人化"的实践美学出发，根据的是马克思的人类也在"按照美的规律来塑造"的见解。正如潘知常在《当代文坛》2021年第2期刊载的《"因审美，而生命"——再向李泽厚先生请教》里阐述的："人类秉持着把客观目的主观化的自我鼓励、自我协调的生命机制，因而可以去主动地确证着生命也完满着生命，享受着生命更丰富着生命？……在这当中，审美感受的能力也要比理性思维的能力古老得太多太多。……从动物祖先到早期人类，自然界的伟大创造一定在寻觅着潜在的生命机制指向未来的运行方向的校正方式。"

潘知常本着"因审美而生命"的美学视角，立足审美活动能够满足生命活动的美学基点，为着建构审美救赎诗学的目标，对"两种生产"理论进行了一次全新的解读，尤其是发现并探索了"人类自身的生产"与精神的愉悦和美感的生成等生命之美之间的关系，进而将这种关系发展为审美必然成就生命的生命美学的基础理论。他从"两种生产"的剖析中，尤其是从"人类自身的生产"的考察中，找到了生命美学在审美建构生命历史—逻辑的"内在的依据"。他是这样论述的："审美对于人类自身的生产亦即审美生产，就是生命美学频繁关注的一个重要领域。人类自身的生产与物质生产，是人类众所周知的两大生产。区别于实践美学的对于物质生产的关注，生命美学关注的则是人类自身的生产。在生命美学看来，人类自身的生产，才是人类审美愉悦的源头。"[4]

潘知常这段论述有三个值得关注的地方。

1. "两种生产"侧重于"一种生产"

物质资料的生产推动着人类社会由低级到高端的不断前进，人口本身的生产促进着人类自身由弱小到强大的持续进步，两种生产一主外，一主内，内外联动，共同促推着包括人自己在内或以自己为主体的人类文明朝着更加美好而理想的未来发展。那么，"两种生产"究竟是一种什么样的关系呢？马克思和恩格斯在《德意志意识形态》里指出："第一个历史活动就是生产满足这些需要的资料，即生产物质生活本身，而且这是这样的历史活动，一切历史的一种基本条件。"他们同时又指出："全部人类历史的第一个前提无疑是有生命的个人的存在。"就人类社会发展或个人生存而言，物质资料的生产是"基本条件"，人口自身的生产是"第一前提"，"基本条件"是依赖于"第一前提"而存在的，没有"第一前提"的存在，那么"基本条件"将失去存在的意义。可见潘知常聚焦"两种生产"中的"一种生产"——人自身的生产的用意所在：因为它作为"第一前提"不但是历史的前提，是人类社会历史发展的前提，而且如《德意志意识形态》所阐述的，它是"有生命的个人"，不是"他们自己或别人想象中的那种个人"，不是单纯直观感觉到的个人，更不是抽象的、超越历史的个人，而是"从事活动的，进行物质生产的，因而是在一定的物质的、不受他们任意支配的界限、前提和条件下活动着的""现实的历史的人"，而从事这些活动的首要前提又是种的繁衍和人的出生的"生命活动"。因此，马克思和恩格斯进一步指出："生命的生产，无论是通过劳动而达到的自己生命的生产，或是通过生育而达到的他人生命的生产，就立即表现为双重关系：一方面是自然关系，另一方面是社会关系；社会关系的含义在这里是指许多个人的共同活动，至于这种活动在什么条件下、用什么方式和为了什么目的而进行，则是无关紧要的。"[5]"自然关系"体现的是人的生理性的构造和生物性的本能，是包括性成熟在内的个体生命的成长史；而"社会关系"是建立在男女性吸引基础上的"二人"或多人关系，他们是"每日都在重新生产自己生命的人们开始生产另外一些人，即繁殖。这就是夫妻之间的关系，父母和子女之间的关系，也就是家庭"[6]，共同完成生命的孕育和抚养。随着生产力的提高和社会的进步，血缘关系的维系逐渐减弱，而人伦道德的因素逐渐增加。

在这个过程中，性的吸引仅仅是最初的动力，而随着经年累月交往的加深，依恋日益强烈，情感日渐深厚，认知愈发趋同，责任更加沉重，而必然使关系固化，而其中情感也由少年恋情发展为终生亲情，就像舒婷的《致橡树》吟唱的："爱——不仅爱你伟岸的身躯，也爱你坚持的位置，足下的土地。"由此可见，正是由于文明要素的核心审美的作用，使得人自身的生产所生产的人渐渐成了真正的人，不仅是外表的健壮健美，而且是内在的高雅文明，后世的人们也慢慢认识到了如德谟克利特说的"身体的美，若不与聪明才智相结合，是某种动物的东西"[7]。

　　"两种生产"为何更多地关注"人类自身的生产"？物质生产注重的是"生活资料即食物、衣服、住房以及为此所必需的工具的生产"，这对人类或生命的重要性毋庸置疑，但是它们是生命诞生后维持生命的生产，那些"食物"和"衣服"等虽然能改变或增加生命外观的身体美和形象美，当然食物还能增强体质，但这仅仅是触及"表"的行为而非"里"的充实，产生的效果也仅仅是"量"的增加而非"质"的提升，因此对于生命美学而言，这是有限的"生产"行为和效果，是"因审美而生活"，而不是"因审美而生命"。而"人类自身的生产"则不一样，它是与生命的繁衍息息相关的生产，最符合"天地大德曰生"的生命产生和发展的规律，"男女之间的关系是人与人之间最自然的关系。因此，这种关系可以表现出人的自然的行为在何种程度上成了人的行为，或者，人的本质在何种程度上对人说来成了自然的本质"[8]，人的关系，尤其是男女之间的关系最自然的关系就是"男女关系"，最自然的行为就是"自身生产"的交媾，由"窈窕淑女，君子好逑"和"所谓伊人，在水一方"的"求爱"到"野有死麕麕，白茅包之；有女怀春，吉士诱之"的"做爱"，它经历了蒙昧时代纯粹是为了延续生命群婚制的"野合"，到文明初降主要是为了延续血统的"媾和"，到今天主要是为了愉悦身心的"乐合"。对此李泽厚精辟地总结道："性欲成为爱情，自然的关系成为人的关系，自然感官成为审美的感官，人的情欲成为美的情感。"[9]只是这一结果的来源，实践美学认为是社会实践"积淀"于生命意识的结果，而生命美学认为是审美活动"内化"于生命实体的效果。这对于动物而言是快感，而对于人类而言却是美感，快感仅是对人类生命的奖励和诱惑，一旦满足就处于餍足状态而停滞不前，而美感则"永无止境"，就像德拉克洛瓦的《自由引导人民》里那位自由女神一样，高擎着富有自由与超越精神的"美"的三色旗引导着人类不断前进。

　　潘知常还论述了人类文明与人类自身生产的关系："人类文明的相当一部分——思想或意识形态，也主要不是在物质生产以及生产关系的基础上产生，而主要是在人口生产以及家庭关系基础上产生的，例如美感、羞耻感、道德感，等等。"[10]因为家庭关系中最重要的是夫妻关系，其次是子女关系，它们存在的基础和前提是爱与情，而爱就包括了性爱与情爱，而情则蕴含着亲情与友情，从朝夕相处到终生相伴的丈夫与妻子，从日夜呵护到终生牵挂的父母与子女，从初恋结婚的外貌欣赏到中年携手的共同打拼，再到晚年相扶的性情包容，从子女儿时的蹒跚学步到为人父母的养育艰难，再到父母老年的拄杖搀扶，自身生产的过程和家庭环境成了情爱与道德的生长历程和践行场所。

"两种生产"之所以能够侧重于"一种生产"，是因为"生命活动系统中的一种自我鼓励、自我协调现象，才有可能破解人类的审美之谜"。这是潘知常在1995年出版的《反美学》和1997年出版的《诗与思的对话》和2012年出版的《没有美万万不能：美学导论》等著述中反复阐述过的，他又在《当代文坛》2021年第2期刊载的《"因审美，而生命"——再向李泽厚先生请教》一文中继续深入阐述了这方面的思考：

> 审美活动并不神秘，它无非就是一种特定的生命自我鼓励、自我协调的机制。它的存在就是为生命导航。人类在用审美活动肯定着某些东西，也在用审美活动否定着某些东西。从而，激励人类在进化过程中去冒险、创新、牺牲、奉献，去追求在人类生活里有益于进化的东西。因此，关于审美活动，我们可以用一个最为简单的表述来把它讲清楚：凡是人类乐于接受的、乐于接近的、乐于欣赏的，就是人类的审美活动所肯定的；凡是人类不乐于接受的、不乐于接近的、不乐于欣赏的，就是人类的审美活动所否定的。伴随着生命机制的诞生而诞生的审美活动的内在根据在这里，在生命机制的巨系统里审美活动得以存身而且永不泯灭的巨大价值也在这里。

2. 人类自身的生产亦即审美生产

人类自身的生产一开始并不是审美的生产，在远古洪荒时代的人类不仅要面临大自然的严峻考验，风雨雷电和毒蛇猛兽随时威胁着弱小的生命，而且要接受自身生命的无情挑战，疾病伤痛和高死亡率经常吞噬着幼小的生命，那个时候人类自身的生产一半是为了满足本能的生理需求，一半是为了部落的延续。当事的男女双方只有生理的舒畅感，而没有或少有心理的满足感和精神的愉悦感。那么，人类凭什么选择自己的交媾对象呢？这就是恩格斯在《家庭、私有制和国家的起源》里论述的"自然选择原则"。难道"自然选择"就真的是顺其自然、符合天命的"无所作为"或"随机而为"吗？肯定不是的，它也要依照具有审美意义的标准进行选择。以上这样两种情况具体表现在某一个部落：一是经过无数次的婚媾，发现父母之间没有血缘关系的后代在体力和智力上比父母之间有血缘关系的更强壮和聪明，人们就总结出了远缘杂交后代更优秀的道理；二是在经历部内群婚短暂的自由和快乐之后，出现了后代的先天残疾和智力低下，还有后代归属引起的财产纠纷等，这些都严重影响了部落的发展和团结，于是偶婚出现了并渐渐得到固定，最终成为人类婚姻的主流传统。可见，在生物性的自然选择中，仍然要遵循"更高、更快、更强"的生命生长规律。在人类自身生产的活动过程中，互为主体和对象的双方要健壮、健美，才能赢得更多的交配机遇，这是很多野生动物的习性，也是它们在激烈的竞争中立于不败之地的深层原因。因此，否认或轻视人类审美活动的生物性前提，或者认为生物性活动中没有或缺乏审美因素，都是违背人类生命的真实情况和生命的进化规律的。

而随着生产力的提高、生活环境的改进和主体意识的增强，不论是群婚制还是偶婚制，在性对象的选择上，不再是"自然选择"，而开始了有意识的择偶行为，如恩格斯所说："体态的美丽、亲密的交往、融洽的旨趣等等，曾经引起异性间的性交的欲望。"[11]可见人类自身生产所体现的审美生产并不完全是现代文明社会的现象，而是出自人类对形式美的天然认同和对温柔性的本能向往，随着社会的进步，又增加了交往对象在性格、情趣和品德等方面具有属于现代意义的"心灵美"要素的要求。以至于进入真正的文明社会后，爱恋的双方虽然追求平等和自由，但是性爱的欲火依然熊熊燃烧，正如恩格斯在《家庭、私有制和国家的起源》里说的："仅仅为了能彼此结合，双方甘冒很大的危险，甚至拿生命做孤注。"这从《诗经》里的"求之不得，寤寐思服""爱而不见，搔首踟蹰"到《长恨歌》的"承欢侍宴无闲暇，春从春游夜专夜""昭阳殿里恩爱绝，蓬莱宫中日月长"，不爱江山爱美人，就可略见一斑。正是因为人类自身生产过程中，男女双方对身体形貌和外形姿态的形式美的本能喜爱和对性格爱好和个性情趣的由衷欣赏，使得不论是先天的身体形式美还是后天的精神心灵美，都不断而又潜移默化地塑造着具有可塑性和变通性的生命，这充分证明了马克思"人也是按照美的规律来塑造"的论断，它永远闪烁着颠扑不破的真理光芒。

潘知常论述的"审美对于人类自身的生产亦即审美生产"，将人类自身的生产等同于或视作为"审美生产"，这是潘知常对"两种生产"特别是"人类自身的生产"理论的独特发挥和最大创新。不论是物质资料的生产还是人类自身的生产，在成为主体创造力量，即人的本质力量的对象化的过程中，不论是对创造规律的把握还是对创造结果的设想，尽管要遵循"实用先于审美"的原则，但是要获得和达到创造的最好效果和最高境界，在所有的内在规律和外在形式上，"美的规律"和"美的形式"无疑是最理想的效果和境界，所以马克思在《1844年经济学—哲学手稿》中提出了"美的规律"和"形式美"。相对于物质生产创造的是凝固的对象化而言，人类自身生产创造的则是鲜活的对象化，它典型地表现为一种"属人的关系——视觉、听觉、嗅觉、味觉、触觉、思维、直观、感觉、愿望、活动、爱——总之，他的个体的一切官能"[12]。人的自身生产的男女双方在交往的过程中互为对象化，调动身体的所有器官，激发生理的全部功能，产生心理的极致愉悦，身心一体，内外协调，情理合一，共同奏响生命的《欢乐颂》。这样的"生产"从内容到形式、从过程到结果、从生理到心理，充分体现了审美生产的全部要素。

人类自身的生产在经历了纯粹生物意义的阶段后，由于社会生产力的提高，自我主体性的增强，就像高尔基说的那样"要把美带到他的生活中去"，用美的标准去衡量事物，用美的眼光去看待人物，用美的理想去提升生命，在这个过程中生命一代又一代地"生产"和一茬又一茬地"出生"，这似乎是一个量的变化，其实更包孕着一场质的飞跃，导致这个"质变"就是"审美"或"美"的介入，而后一代的生命之所以显然不同于前一辈的生命，是因为人类是用"美的规律来塑造"自己生命的。进化的过程也是"美的规律塑造"的过程，进化得越彻底的人，皮肤越光滑并温润如玉，毛发越柔软并油光水滑，五官越端庄并轮廓分明，身材越挺直并凹凸有致，这生动而形象地呈现在了《米罗的维纳斯》《掷铁饼者》和达·芬奇的《蒙娜丽莎的微笑》、米开朗琪罗的《大卫》、安格尔的《泉》等造型艺术上。总之，一句话：因为审美进入了人类自身的生产，所以生命越发容光焕发而光彩照人。

3. 人类审美愉悦的源头

人类审美愉悦的源头，绝对不是实践美学所谓"认知—理性"结构的事实判断，而是"情感—价值"生成的动力系统。潘知常早在《反美学》第314页中就指出："人类对于情感需要的渴望，来源于人类的生命机制本身。……就探讨审美活动的根源而言，真正的重点不是理性的机制而是情感的机制。其中，神经系统和内分泌系统是两大关键。"他在《"因审美，而生命"——再向李泽厚先生请教》又更进一步指出："从价值论的角度观察审美活动，无疑要比从认识论的角度观察审美活动深刻得多，也准确得多。把审美活动移入人类的'情感—价值'框架，并且如实地作为生命系统中的动力环节来考察，就犹如过去是从地球中心考察问题，而现在转向了太阳中心来考察问题一样，一切的一切都变得清楚明白了。"

由此，"因审美，而生命"得以成为而现实，也得以进入了美学研究的视野，从而也就真正揭示出审美活动作为人类生命系统中的动力环节的存在。应该说，这是生命美学的一个重大发现！

那么，这个"情感—价值"动力系统最深沉和隐秘的"源头活水"又是什么呢？

在中国文字中"生"与"性"常通用，"性"可谓"生"之体现，"命"则连通天人，可见我们今天谓之的"生命"最早的含义是以大自然的草木的生长来比附人的出生。"生生之谓易"，生命的出生是宇宙根本的运动，"生生之谓大德"，生命的成长是人类最大的回馈，中国古代的生命哲学一直关注人的生命，将生命的孕育和诞生视为宇宙万物的头等大事。《周易》以"阴阳"对立统一的辩证思维，将天在上降雨与地在下生苗同男上位射精与女下位受精，进行了巧妙而富有诗意的类比，其中就有很多隐喻男女性事的说法：如"云行雨施"，如《易经》所谓："天地交而万物通也，上下交而其志同也"；《周易·文言传》："与天地和其德，与日月和其明，与四时和其序"；等等。尤其是《周易·系辞下》说的——

"天地氤氲，万物化醇。男女构精，万物化生"，将男女的"构精"与天地的"氤氲"相提并论，从而高度赞颂了宇宙最大的"德行"就是"生"，即"天地之大德曰生"。及至老子《道德经》阐述的"道生一，一生二，二生三，三生万物。万物负阴而抱阳，冲气以为和"，其中的"负阴而抱阳"再演变成广为流传的阴阳鱼相交的"太极图"。

对以"性"为核心的生殖能力的崇拜是人类文明早期的普遍现象，如西方丰乳肥臀的《维伦多夫的维纳斯》《劳塞尔的维纳斯》、古印度的"药叉女神"像和古巴比伦的"双蛇交尾"图，还有中国民间的"阳元石"和"阴元石"等，无不说明从古至今人类对"肚脐眼下面之事"格外重视并乐此不疲而津津乐道。人类为何会这样呢？弗洛伊德性心理学的观点认为文明给人带来压抑，那么性事就能够有效地释放压抑，他就将追求性快乐的欲望扩展为人们追求一切快乐的欲望，因为性本能冲动是人一切心理活动的内在动力，当这种被他称为"力比多"的能量积聚到一定程度就会造成机体的紧张，只有释放了这种能量生命才能轻松而获得快乐，因此性快乐是生命的根本快乐。由于他把人的生命存在打回到了动物起始的"原形"，为此曾经遭到了学者的普遍质疑和世人的广泛反对，他辩护并阐述道："我不得不复述一个早经发表的观点：由我的经验看来，这些心理症的推动力量，无一不以性本能为其根基。我的意思绝不是说，性冲动的能源仅仅贡献于病态表现（症状）的形成，我所坚决认定的是，它根本就供应了心理症最重要，独一无二的能源。"[13]由此看来，人的性本能是人最基本的原始的自然能量，它不但促推着个体生命的发展，而且还推动着人类文明的前进，更是人类审美愉悦的源头。

这样的推论更加符合生命美学的精神实质，因为如潘知常说的"在生命美学看来，人类自身的生产，才是人类审美愉悦的源头"。有关美感的愉悦，李泽厚曾经总结为"悦耳悦目""悦心悦意""悦神悦志"，尽管他的立足点和出发点是人类的社会实践，但其实更是人类的生命的审美活动实践。潘知常的真诚和了不起就在于直接大胆地肯定了"性快感"和"性愉悦"，还把它纳入到了生命美学观照的视域，并予以"审美愉悦的源头"的极高评价。的确，有关人类的生命愉悦，首先是一个身体器官的感性愉悦，在五官的愉悦享受上有味觉的五味俱全、嗅觉的芳香扑鼻、触觉的柔软光滑、视觉的鲜艳夺目和听觉的清亮明快。其中最与生命存在相关的是"食色，性也"，这两者中更有吸引力的是"性愉悦"，它除了具有人所共知更能亲历的色相之诱、肌肤之亲和交媾之乐，并能产生生命愉悦的"性高潮"外，更激发人的社会活动和艺术创作的力量和灵感，且不必说司马迁揭示的"士为知己者死，女为悦己者容"的奥秘，也不必说老百姓直陈的"男女搭配干活不累"，仅就古今中外浩如烟海的爱情题材和主题的创作与欣赏，就是最大的证明；难怪人们说爱情是艺术创作不竭的源泉、伟大的动力和永恒的主题。马克思在《1844年经济学—哲学手稿》里说"情欲是人强烈地追求自己的对象的本质力量"。

在这种情欲的鼓励和激励下，我们追求并向往爱情的美丽、亲情的美妙和友情的美好，在它的吸引中，我们创造并享受生活的甜蜜、人生的幸福和事业的丰收。仅仅为了一个美人海伦而特洛伊十年大战，吴三桂为了红颜陈圆圆不惜"冲冠一怒"，古今中外这样的事例不胜枚举。因为，进入文明时代后的我们不论如何功成名就或荣华富贵、学富五车、腰缠万贯，如果缺失了"自身生命生产"产生的女性情结和肌肤享受带来的身心一体的快乐，这样的人生依然是不完整的人生。

生命快乐所带来的生之精神，让生命如雨，挥洒着激情的汗水；所产生的生之气势，让生命如雷，呼喊着磅礴的力量；所伴随的生之韵律，让生命如虹，闪耀着人生的五彩斑斓。

二、生命的"第二次诞生"

大千世界的万千生命，唯有人的生命要经历两次诞生，第一次是肉体出生的呱呱坠地，那么第二次呢？有人说是灵魂的觉醒，也有人说是爱神的光顾，还有人说是子女的出生，笔者倒还赞同是死亡的降临。因为，说是灵魂的觉醒，什么样的觉醒才算是灵魂真正的觉醒，说是爱神的光顾，什么样的光顾才算是爱神真正的光顾，这两种说法都是主观性太强而很难真正把握，至于子女的出生，只能算是生命链条的自然延续，而唯有死亡意识的降临，才促使人类或个体不但懂得了"惜时如金"，而且向往"流芳百世"。

因此，可以说：

人的生命"第一次诞生"，意味着"生"的希望开始了，但这也是在希望中走向死亡。

人的生命"第二次诞生"，意味着"死"的绝望开始了，但这更是在绝望中迎接新生。

正如美国著名学者卡尔·萨根说的："人的预知能力是随着前额进化而产生的。这种能力的最早结论之一就是意识到死亡。大概人是世界上唯一能清楚知晓自己必然死亡的生物。"[14]因为知晓死亡，我们格外珍惜生命，因为珍惜生命，我们不断创造生命，因为创造生命，我们开始了灵魂的觉醒，亲享着爱神的光顾，致力于生命的延续。

"第二次诞生"这一说法不是潘知常的原创，而是他将德国哲学家斯普兰格的心理学概念、苏联伟大的诗人帕斯捷尔纳克的诗歌创作，改造并升华的一个美学命题，解说为何因为审美活动的介入而使自然存在的生命实现了华丽转身的蜕变，不得不说这真是慧眼如炬。

他在《众妙之门》一书分析"中国美感心态的深层结构"时，通过对"原始饮食心态、性心态和宗教心态"的分析，提出了生命的"第二次诞生"。

他在《诗与思的对话》中梳理审美活动的逻辑发生时，指出人类生命"不断地向理想生成，不断地超越形形色色的必然性，不断地满足和创造着生命的最高需要"。于是便有了生命的"第二次诞生"。

他在《信仰建构中的审美救赎》"导论"中，针对人类文明进入"上帝死了"之后的时期，芸芸众生茫然无措，深刻地指出"第二次诞生的根本含义就是承担——对于虚无以及由此而来的痛苦的承担"。因此，要反抗生命虚无而带来的意义失落，就必得开始生命的"第二次诞生"。

特别是他在《"因审美，而生命"——再向李泽厚先生请教》中，引入了生命的"境界取向"，在他看来，没有生命的身体只是"尸体"，因此我们一定要关注在"第二次诞生"中出现的所谓"生命"。他说道："审美活动之所以不仅能够享受生命而且还能够生成生命，不但是被审美活动的'情感为本'特征决定的，而且更是被审美活动的'境界取向'特征决定的。"由此说明，"通过创造一个世界来确证人类自身，就正是审美对象的本质。因此，所谓'爱美之心'，其实也就是对象性地去运用'自我'的需要，这当然是人的第一需要。因为，一个人，只有当他懂得了把自我当作对象的时候，他才是'人'"。这个"境界"就体现为对生命"边缘情境"的洞察、"悲剧意识"觉醒和"信仰崇尚"的建构。

由此可见，"第二次诞生"根源于人类的死亡意识降临后对生命的致命打击，使人类需要审美活动，尤其是艺术活动来化解生命痛苦、消除死亡恐惧、抚慰受伤心灵，进而在信仰的建构中完成审美救赎。经由"第二次诞生"后的个体生命也罢，人类生命也罢，从此永远在路上。

1. 生命的边缘情境

因为死亡意识的降临，让人们意识到现实中的春花秋月、山珍海味、健康的身体、舒适的生活、奋斗的事业，终将化为乌有，所谓"绚烂之极归于平淡"，不禁令人悲从中来，忧从中来。

古希腊史学之父希罗多德的《历史》中有这样一个故事：伟大的波斯王克谢尔克谢斯，率领波斯历史上最庞大的一支远征军向希腊进军，在阿比多斯海湾，他登上高丘检阅全军；放眼望去，他的陆军遮天蔽日，他的水师布满海湾，就在他荣耀无上、幸福无限的时刻，突然伤感不已，甚至潸然泪下，对他叔父阿尔塔巴诺斯说："你看这些人，虽然他们人数很多，可是却没有一个人能够活过一百岁。一想到一个人的生命是如此短暂，就不由伤怀了。"

在中国，东汉末年曹操"挟天子以令诸侯"，先后击败吕布、袁术等豪强集团，又在官渡之战一举消灭了强大的袁绍势力，在建安十三年统一了北方。这年冬天，他亲率八十三万大军，驻扎赤壁，饮马长江，铁锁连舟，威武壮观，想到不日就可扫平四海，统一天下，不禁喜从中来，鼓乐齐鸣，欢宴诸将，饮至半夜，但见"月明星稀，乌鹊南飞"，曹操横槊船头，不由得感慨而歌："对酒当歌，人生几何？譬如朝露，去日苦多。"

多么相似的情景啊！两个伟人是否跨越时空，发出心灵的共鸣呢？尽管他们正处在人生的峰巅，踌躇满志，意气风发，也许"乐极生悲"，或许"物极必反"，竟然都生发出了对生命短暂的感慨，引发出了人生末日的叹息，生命的悲本体意识的油然而生，不仅是他们不由自主地产生了生命的"末路意识"，而且意味着人类必将进入生命的"边缘情境"。

为此，潘知常是这样建构起他独特的"边缘情境"这一生命美学的重要概念的：

> 生命的边缘情境，是德国的一个大哲学家雅斯贝斯提出来的，指的是当一个人面临绝境——无缘无故的绝境的时候的突然觉醒。这个时候，与日常生活之间的对话关系出现了突然的全面的断裂，赖以生存的世界瞬间瓦解。于是，人们第一次睁开眼睛，重新去认识这个自以为熟识的世界。这个时候，生命的真相得以展现。也是这个时候，每个人也才真正成为了自己，真正恍然大悟，真正如梦初醒。用雅斯贝斯的话说，人只是在面临自身无法解答的问题，面临为实现意愿所做努力的全盘失败时，换一句话说，只是在进入边缘情境时，才会恍然大悟，也才会如梦初醒。[15]

"边缘情境"不完全是苦难和逆境，而是生活意义的阙如、生存价值的颠覆和生命必将死亡的知晓和威胁，虽然它主要表现为亲人亡故、身患绝症、家庭破裂、事业受挫、爱情失却等，但最大的带有本体论意义的"边缘情境"是人终有一死的存在，它如达摩克利斯之剑一样高悬在每一个人的头顶。它促使每一个人不得不思考，在死亡面前我们是否只是像动物一样"活着"，行尸走肉般地过完余生，浑浑噩噩地走向终点。如果是这样的话，我们的生命只有唯一的物质意义的"第一次诞生"，而没有高贵的精神意义的"第二次诞生"。"第二次诞生"的核心是主体意识的复苏和个体意识的降临，也许有人会说这还不是审美意识的莅临，是的，它不是形而下的生活层面和艺术领域的审美，而是形而上的有关生命为何"活着"的根本意义的自我认识、自我反省、自我体会，更是自我创造全新生命的大美救赎意识。

潘知常在当代中国生命美学奠基著作《生命美学》的开篇，本着"真实生命"的寻找理念，痛苦而清醒地发现："在生命的万里云天，偏偏煽动着死亡之神的黑色翅膀。生命从一个无法经验的诞生开始，又以一个必须经验的死亡结束。对于死亡的恐惧，作为生命的一切内心痛苦和自我折磨的最后之源，缓缓地从过去流向未来，负载着生命之舟，驶向令人为之悚然的尽头。"那么，人类就这样无可奈何、随遇而安，甚至是自暴自弃地接受这残酷的命运游戏吗？抑或是隐忍负重、劬劳忧愁，甚至是苟且偷生地走完这无趣的人生旅程吗？肯定不是的！的确，人要接受生命的有限性，即死亡是生命的最大"不幸"；但人依然要活着，这是生命的最大"有幸"；也正是在顽强地"活着"，并努力活得更精彩的过程中，超越了死亡导致的生命有限性，如他在书中继续论述的："也正是这生命的有限逼迫人去孕育出一种东西来超越生命的有限，最终使生命的存在与超越成为可能。最终使人成为人。"并且，还由此引出了"生命的存在与超越如何可能"这一有关生命存在本体意义上的庄严诘问。

这种个体意识带来的是一种"痛并快乐着"的生命之美。所谓的个体意识在生命诞生的太古时代只有来自肌体本能的痛楚感，在随后史前文明的远古时代也只有来自意识浅层的情绪感，而此时文明以降的上古时代，人的自由思维和思维自由使得个体死亡意识产生，恰如后来王羲之感叹的："死生亦大矣，岂不痛哉！"而要追求长生不死是根本不可能的，"固知一死生为虚诞，齐彭殇为妄作"。那么，什么是人类文明必须具有的永恒要素呢？知识？可是知识也会时过境迁。学问？可是学问也是百家争鸣。理想？可是理想或许虚无缥缈。美德？可是美德也是仁智之见。声誉？可是声誉在百年之后也会众说纷纭。正是如诗人北岛感叹的"一切都是命运，一切都是烟云"那样，剩下就只有"永恒"本身是永恒的了。

这种个体性就是世间独一无二的"张三"或"李四"，而不是抽象的符号或代码，而是一个个鲜活而具体的生命个体。这就是黑格尔为什么要说艺术的典型是一个"这一个"，克尔凯郭尔为什么要用"这个人"作为自己的墓志铭，尼采为什么要用"瞧，'这个人'"作为自传的书名，马克思为什么要呼唤未来共产主义社会"自由的个人"。的确，哲学意义上的个体性也罢，主体性也罢，独立性也罢，都不是人生过程中感性存在或能够感受到的"美"，但它一定是美——生命之美孕育的土壤、诞生的温床和成长的摇篮。就像动物终其一生都不知道如何美化环境，甚至如俄国马克思主义美学家普列汉诺夫在《没有地址的信》记载的那样，以狩猎为生的原始部落人的心目中，植物是没有任何地位的，尽管他们居住的周围鲜花盛开，但是没有一个人用鲜花来装饰自己；因为这些原始人的"个体性"还仅仅限于衣食温饱的需求，没有主体精神或人类意识的"第二次诞生"。而有了个体性，人才真正具有了人的资格，才能用超越的意识来面对生活的苦难，用自由的情怀来突破生存的禁锢，用爱美的心胸来看待人世的丑恶。就像潘知常在《诗与思的对话》（第119页）中用"诗与思"的意象和意境所描写的那样：

> 它是大海上颠簸的希望，是暴风喧嚣中的崛起，是人类不屈不挠的生命的光荣凯旋，是人类漂泊流栖的灵魂的全部寄托。当它像一个温馨的微笑驱走了虚无，生命便在一个难忘的瞬间企达永恒。

毫无疑问，这个"企达永恒"就是"第二次诞生"的辉煌成果——生命置之死地而后生的崇高意识。

2. 悲剧的浴火重生

歌德曾经说过："没有在长夜痛哭过的人，不足以谈人生。"

尼采这样说过："极度的痛苦才是精神的最后解放者，唯有此种痛苦，才强迫我们大彻大悟。"

这与其说是悲剧现象的陈述，不如说是悲剧意识的揭示，与其说是悲剧意识的揭示，不如说是悲剧精神的启示。伴随着生命的"第二次诞生"，随同人类"因审美而生命"，昭示着"审美必将成就生命"的内在依据之成立，即审美救赎诗学建立的客观的必然性和内在的逻辑性。为此，潘知常高度重视悲剧理论的阐释，希冀通过对人类悲剧的考察洞悉生命的奥秘，为生命美学在探索生命意义的理论体系中，寻找一个坚实的基础。

　　毫无疑问，死亡是生命的最大悲剧；然而，战胜死亡又是生命的神圣使命。他在《生命美学》第三章第四节里视悲剧为生命的"最高乐观"。他在《诗与思的对话》第281页里指出，悲剧在"美丑之间"揭示的"是命运对于人类的欺凌，是自由生命在毁灭中的永生"。他在《生命美学论稿》开篇的"代序"就指出"生命的悲悯：奥斯维辛之后不写诗是野蛮的"，明确地提出吁请当代中国美学"从知识型美学中警醒，并且义无反顾地从知识型美学转向智慧型美学，就成为生命美学的惟一选择"！他还在《信仰建构的审美救赎》第386页指出"悲剧之为悲剧，关键在于'无缘无故'"的论断。更何况他还专门写了一部《王国维　独上高楼》专著，对中国近现代之交的这个伟大的生命悲剧，进行了详尽的阐发和精辟的论述。

　　那么，悲剧究竟是什么呢？

　　对于人类生命或个体生命而言，悲剧是一种缺失：失恋与失爱是情感的悲剧，失业与失败是事业的悲剧，失语与失聪是身体的悲剧，或许这是现实生活的悲剧，那么终极生命的悲剧又是什么呢？那不是缺失而是一种全新的获得，就是生命获得了死亡意识——死亡意识的觉醒，才是生命本体意义上的悲剧，也是我们无法拒绝而又不得不接受的结局。如果说前者是现实中的有限之悲，我们是可以努力避免的，那么后者就是本体意义中的无限之悲，我们怎样努力都不能避免，就像俄狄浦斯终究难逃"杀父娶母"的命运悲剧。就悲剧是生命意义既缺失又拥有的矛盾境况而言，"第二次诞生"的不是前者"人总有一失"的人生现象之悲，而是后面的"人固有一死"的生命本体之悲。有限的生活之悲，只能让生命成熟，而无限的生命之悲，却让生命学会如何坦然地面对死亡、欣然地接受死亡，并主动地走向死亡。如庄子妻子死后，庄子居然能"鼓盆而歌"，是因为他"通乎命"，即通晓了这是自然的天命。陶渊明也在《拟挽歌辞》抒发了对于死亡的态度："有生必有死，早终非命促"的生命死亡之必然性，"千秋万岁后，谁知荣与辱"的生命遭遇之偶然性，"死去何所道，托体同山阿"的生命融入自然山河之永恒性。还有苏格拉底被雅典地方政府投入监狱后，拒绝学生的营救而饮鸩而死，他在《最后的辩护》里庄严地宣称："我宁可选择死亡，也不愿因辩护得生存！"

　　就像生命与美学密不可分一样，生命与悲剧也是如影随形，生命美学如果没有悲剧美学的加盟将溃不成军而成为美学研究的"悲剧"。

首先，悲剧是生命觉醒的报晓钟，"爱"就是那黄钟大吕的唯一旋律。生命的觉醒在理性主义看来应该是启蒙，在浪漫主义眼中应该是诗意，而在生命美学看来必然是"爱"，唯有爱的觉醒才是生命的真正觉醒，因为借此人类才有战胜丑恶、不幸、痛苦，乃至死亡的强大的精神武器。潘知常通过对古今中外大量文学艺术创作的分析，发现了其中的奥秘：他视《红楼梦》为"爱的圣经"，评《哈姆雷特》为"我的爱永没有改变"，定义《悲惨世界》是"以爱之名"，表明《日瓦戈医生》是"爱的审判"，还直接指出"文学的理由：我爱故我在"。他是这样阐述悲剧的："悲剧的出现在美学里应该是顺理成章的，只要有'爱'的觉醒，就一定会有'忏悔''悲悯'的觉醒，而有'爱''忏悔''悲悯'的觉醒，也就一定会有'悲剧'的觉醒。"[16]因为"爱"促使人类即使置身于死亡的环境，也要为未来和理想、美好和崇高奋力一搏，这激荡的主旋律让其他声音如善良与关怀、正义与道义、体恤与怜悯也黯然失色。

其次，悲剧是生命成长的催化剂，"痛"就是那刻骨铭心的最深体验。生命的成长要经历两种痛：生理的痛与心理的痛。前者可以靠物理的方式或医疗的手段减轻或缓释，属于形而下的身体苦难；而后者关涉到情感、意志、价值、信仰等形而上的内容，是无法也不可能消除的本能和本体之"痛"，如情感的缺失、意志的锤炼、价值的分歧、信仰的失落等。其中带有根本性和终极性的"痛"是死亡的痛苦和烦恼，潘知常在《信仰建构中的审美救赎》"中国的救赎"一章中，通过对王国维悲剧的分析，指出"人类生命的原动力正是痛苦"，并说"这痛苦是无缘无故，与生俱来，也无从消解"。的确，只有经历三灾八难的人生，才能承受生命之重，所谓"逆境成才"，所谓"梅花香自苦寒来，宝剑锋从磨砺出"，所谓"天将降大任于斯人也，必先苦其心志，劳其筋骨，饿其体肤，空乏其身，行拂乱其所为，所以动心忍性，曾益其所不能"。这种成长之"痛"将会伴随生命的始终，只是人生不同的阶段有不同表现罢了，如婴儿对黑暗的天然恐惧、儿童对陌生的本能逃避、青年对孤独的真实惧怕，更不用说各种心理"断乳期"了。

最后，悲剧是生命前行的铺路石，"崇高"就是那披荆斩棘的悲壮呐喊。人生的道路千万条，在通往罗马的条条大道上，成功和收获只能是其中的驿站，而战胜死亡、超越有限和企及自由的"崇高"才是生命意义的最终归宿，也才是人类文明为既是审美活动也是生命活动而建造的罗马之城。那么，什么才是生命的崇高？固然舍生取义、大爱无疆的壮举是崇高，甘于平淡、乐于奉献的平凡是崇高，但是最具本体论和终极性的崇高应该是"信仰"——爱的信仰和生的信仰，即"战胜痛苦的道路蕴藏于信仰维度之中"。"必须通过'实现根本转换的一种手段'，去实现'根本转换'与'领悟无限'，因此，也就必须能够去先'信仰'起来，换言之，必须能够做到为爱转身、为信仰转身。"[17]如巴尔扎克刻在手杖上的名言"我粉碎了每一个障碍"，更像贝多芬所言的"扼住命运的喉咙"，也是鲁迅"肩住黑暗的闸门"。在悲剧铺就的生命前行道路上，让信仰引领的崇高和崇高催生的信仰，发出悲壮的呐喊，一路披荆斩棘，一路斩关夺隘。因此，正如笔者《叩问意义之门——生命美学论纲》里阐述的："没有崇高意力的悲剧，只能是生活中的悲痛事件；没有悲剧精神的人生，只能是自然状态中的生命现象。生命不仅是靠孕育而成，摇篮曲的作用是有限的；真正的生命还必须经历千锤百炼的锻造，经受风暴雷雨的洗礼，经由严寒酷暑的考验，并在这一过程中获得它的价值崇高。"[18]

不经风雨，难见彩虹；风暴过后，将是艳阳天——生命的"第二次诞生"，是超越肉体和物质，战胜死亡和苦难的精神意义的壮丽日出！

3. 信仰的至高无上

那是一种印显着蒙昧时代酋长举起的原始图腾，凝聚着初民们朦胧的直觉和狂热的膜拜。

那是一阵回响在公元前后上帝发出的神圣谕示，映衬着苦难者苍茫的表情和执着的眼神。

那是一团漂浮在文明社会人们头顶的云影，寄托着现代人失落的追求和美妙的幻想。

这就是超越有限而进入无限、超越物质而抵达精神、超越现实而企及理想的信仰。

如果说，美是自由的象征，生命美的内涵是自由；那么，怎样才能实现生命美的自由或生命的自由美呢？劳动，使我们在征服和改造客观世界的过程中，体验物质成效给人类带来的走出自然的解放感，然而它又受制于社会生产力的发展程度和人的体能，其在实现人类生命意义的自由度上范围最小；艺术，创造了一个对象化的审美世界，让人们在美妙的情感王国里信马由缰，然而它又受制于创造者的技巧和欣赏者的理解能力，其在实现人类生命意义的自由度上还是有局限；思想，因为给生命注入理性思维而使人类和动物彻底划清界限，人类凭借思维重新构筑了一个意义世界而为现实世界命名，其在实现人类生命意义的自由度上和艺术平分秋色，然而它又受制于自然的、民族的、政治的、宗教的诸多因素的影响，其在实现人类生命意义的自由度上仍然有局限。难道就真的没有一个东西能让人类生命意义的自由度得以自由地实现吗？

有的，那就是信仰，它真正成了人类生命获得走出死亡阴影的伟大救赎——无缘无故的生命之爱的审美救赎。潘知常说道："由此，在第二次诞生中，人类一旦对于人的弱点、有限性有了充分的了解之后，就必然会走向信仰，这是一种从生命中生长出来的'奇迹'，而不是什么宗教狂热的产物。"[19]宗教的信仰是狂热而非理性的，而人类向死而生的信仰是"认识自我"后的审美救赎。

如果说远古时代的人类只有与生命低级需要相关的信仰，如狩猎成功的祈祷、人丁兴旺的祝福和风调雨顺的祈祷，表现在贪生怕死、吃饱穿暖和生儿育女上面，那么进入文明时代的人就不一样了。既然个体生时的青春、健康、富足，甚至美好本身终将落下帷幕，既然个体生前的一切如财富、权位、荣耀，甚至生命本身终将成为一抔黄土，那么，什么是永垂不朽的呢？如何战胜或超越死亡，实现"立德、立功、立言"的生命不朽，这成了个体生命的自由精神、自由意识和自由思想的理想目标，也是文明以降的生命的永恒追求，更是觉醒后的个体的终生苦恼。那么，什么又是形成自由精神、自由意志和自由思想的永恒呢？——信仰！然而信仰也如自由一样言人人殊，至今依然莫衷一是，而笔者认为："在我们追求的种种信仰中，荣华富贵未免低俗，大同世界确实高远，而唯有'诗意地栖居'充满着生活的温暖和美学的神圣。它对我们重建信仰的意义，既不是形而下的'为往圣继绝学'

和'为万世开太平'，而应该是形而上的'为天地立心'和'为生民立命'。"[20]因自由而信仰，尤其是有关死亡意识而导致精神自由的出现而成为信仰的内容，即信仰什么的问题上，文明时代为人类提供了古希腊的、古印度的和古华夏的三种版本。

其一，古希腊"美"的理想而产生的理性精神。"我们是爱美的人！"这句古希腊雅典执政官伯利克里的名言足以概括整个希腊文化的精髓。苏格拉底认为"美是视觉和听觉产生的快感"，而柏拉图将美的具体感觉升华为"美的理念"，到了亚里士多德再把这种缥缈的理念提炼为"美是和谐的形式"，德谟克利特更是直言道："身体的美，若不与聪明才智相结合，是某种动物的东西。"作为人类"早熟童年"的古希腊人在"认识你自己"的准则下，尽管每年有酒神的狂欢放荡，但更喜欢日神的沉静，尽管有三大悲剧的哀号眼泪，但更看重命运的反思，尽管有诸神的庄严灿烂，但更推崇宙斯的地位，尽管在雕塑里美轮美奂，但更要求符合一种如温克尔曼所谓的"高贵的单纯，静穆的伟大"的原则。这就是古希腊建立在生命自由观念下的信仰，与其说是美的信仰，不如说是理性精神的信仰，更是一种孕育人类科学精神的生命信仰，它直接影响了后来的文艺复兴和启蒙运动，乃至西方文化的走向。

其二，古印度"悲"的情怀而产生的宗教意识。印度古代历史上曾先后经历了来自北方的雅利安人、波斯阿契美尼德人、塞种人、希腊人、安息人、大月氏人的入侵，多灾多难的历史导致城邦林立，语言各异，西边的波斯文明、北边的游牧文明和东边的农耕文明在这里交汇，加之热带季风的炎热气候，使得人们好静沉思。传说释迦牟尼就是古印度迦毗罗卫国的太子，19岁那年决定放弃王子的继承地位，抛却人间的荣华富贵，游走四方，看尽了世间的生老病死，为寻找宇宙和人生的真谛，在菩提树下静坐了七天七夜，终于悟道成佛，在公元前6世纪创立了佛教，在暮鼓晨钟的岁月里和青灯黄卷的时光里，让生命逃离现实，遁入空门，让思维在极度自由的冥思苦想中，建构了一套解释世界的完整而烦琐的"四谛、十二因缘和八正道"，其核心是"去色""断惑""入空"，这是无条件、无缘由和无结果的信仰。在人类通过自由而实现信仰的过程中，印度的宗教充满悲苦意味，永远行走在没有尽头的茫茫夜色里。

其三，古华夏"乐"的心态而产生的道德观念。进入文明时代的华夏先民在明白了生命"必有一死"后，又进入了一个"礼崩乐坏"的春秋战国时代，由于战乱，死亡常常以偶然的方式降临，如《孟子·离娄上》描绘的"争地以战，杀人盈野；争城以战，杀人盈城"。朝不保夕，浮生若梦的生命，应该信仰什么呢？权势？可权势会顷刻不再。富贵？可富贵又飘若浮云长寿？可寿命将陡然夭折。面对悲苦的人生，和古印度文化不一样的是，不是遁入空门，而是毅然寄希望于人性的善良，"乐而忘忧，不知老之将至"的超旷与超脱，这也是《易·系辞上传》说的"旁行而不流，乐天知命，故不忧"。所谓"人初性善""仁者爱人""推己及人"，"都是将最高最大的'乐'的宗教情怀置于这个世界的生存、生活、生命、生意之中，以构建情感本体"[21]。对此，著名哲学家李泽厚在20世纪80年代用"乐感文化"来概括中国文化的特性。在"人性本善"的不容置疑中，用乐观的心态去面对世界，用道德的尺度来规范世道，用伦理的标准来匡扶人心，高唱生命的欢歌，将伸手可触的自由的信仰定格在现世认识信仰的自由上。

因审美而生命，在潘知常的生命美学思考蓝图上，与其说是他为美学而发现生命因由，不如说是他为生命而开启美学通道。现在学术界对生命美学的关注，每每瞩目于潘知常的《诗与思的对话》、《生命美学论稿：在阐释中理解当代生命美学》、《没有美万万不能：美学导论》和《信仰建构中的审美救赎》，而忽略了他早期的那本《生命美学》，其实他生命美学理论的很多概念，如"审美活动""审美救赎""自由境界""信仰""自由"等，在这本书里都得到了比较充分而合理的阐述。

总之，在审美如何成就生命的问题上，潘知常提出了生命的"第二次诞生"，他用诗一样的语言描绘道：

审美活动是使我们在这个世界上永远难以安分的诱惑。生命是那样异乎寻常的沉重。在浸染着酸楚、苦闷与忧伤的生活道路上，你推动着锈损僵滞的伊克希翁的风火之轮，在永恒的失望、挣扎、消解与希望、憧憬、追求之间，徒呼无奈地咀嚼生命的艰辛和岁月的疲乏……然而，令人惊诧的是，在一个神奇的瞬间，你竟会寻觅到一线自由的缝隙，竟会眺望到那若隐若现地逗引着你的人生地平线，竟会突然展示出你全部的瑰丽与神奇。[22]

的确，生活的沉重、生存的无奈、生命的死亡，并没有击垮我们，就像海明威在《老人与海》里说的那样："一个人可以被毁灭，但不能被打败。"

这不但是生命活动，而且是审美活动，它还是潘知常总结的"在追求生命的意义、人生的价值生成的过程中"包含着"同一性、超绝性、终极性和永恒性"的生命的最高存在方式，即"人我同一，物我同一"的同一性，"处于自身潜能，自我创造的巅峰"的终极性，"自我设定，自我证实"的超绝性，"把握到的绝对价值和意义"的永恒性。

审美对生命的生长和成熟、完满和丰富、从容和自由的意义，无论怎样估计都不会过分，没有审美的介入和增加，生命或许是行尸走肉的动物状态，或许是追名逐利的低俗存在，或许有忧国忧民的社会责任，但它们都不是"美"的化身，也没有进入"美"的境界。难怪雅典的伯里克利要说："我们是爱美的人！"难怪诗人萨福会说："对我而言，光明与美是属于上天的愿望！"难怪蒲宁在说："在这个莫名其妙的世界上，无论怎样叫人发愁，它总还是美的！"难怪巴尔扎克会说："应该永远渴求美！"也难怪陀思妥耶夫斯基会说："美能拯救世界！"

三、"我爱故我在"

生命的"第二次诞生"是一柄双刃剑，它既让我们在审美活动中充实和美化生命，使生命不再是自然的功利状态而是充满文化的审美情态，又让我们可能在科学和道德活动中扭曲和戕害生命，使生命再次回到自然的功利状态，而失却了诗意和浪漫、自由和信仰等富有生命意味的审美活动。为此审美救赎诗学再一次为"第二次诞生"的生命祛除文化之遮蔽，重归人性之本色，重塑生命的美丽。这是因为潘知常揭示的"情感—价值"动力系统理所当然地成为人类生命活动的直接动力。生命的追求，成为对于特定价值的追求。那么，"因审美而生命"的真正含义是生命执着地坚持对"爱的呼唤"。

　　"我们存在的全部理由，无非也就是：为爱作证。'信仰'与'爱'，就是我们真正值得为之生、为之死、为之受难的所在。因此，新世纪新千年的中国，必须走上爱的朝圣之路。新的历史，必须从爱开始。"[23]这是潘知常2009年在《我爱故我在——生命美学的视界》一书里一直思考的问题。

　　"真正的美学，必须以自由为经，以爱为纬，必须以守护'自由存在'并追问'自由存在'作为自身的无上使命。然而，实践美学的'实践存在'却是一个历史大倒退。它从人的'自由关系'退到了'角色关系'。也因此，在李泽厚那里，人的自由存在从未进入视野，进入的只是作为第二性的角色存在（例如，主体角色的存在），因此，自由是缺失的，也因此，人是目的、人作为终极价值以及人的不可让渡、不可放弃的绝对尊严、绝对意义也是缺失的。"[24]这是他10年后在《信仰建构中的审美救赎》里再一次强调的问题，当然这是生命美学建构不能回避的关键问题。

　　就像"人不能同时踏入两条河流"一样，潘知常从创立生命美学以来关注的仍然是一个"问题"，那就是文明时代尤其是没有"上帝"的时代，我们的生命如何摆脱物质欲望的诱惑和工具理性的规范，而高扬起"我爱故我在"这面审美活动的神圣旗帜。

　　实践是人类走出蒙昧的重要途径，但实践不一定就是审美，反而更多的是非审美，审美不是因为实践的需要，而是因为生命的需要，人不但要实践，而且一定要审美。生命美学区别于20世纪80年代如日中天的李泽厚的"实践美学"，其首要前提是将审美活动的立足点由一般意义的"实践"转而为"生命"。尽管人类的生命诞生和成长离不开实践，但是李泽厚的"实践"是建立在"人类历史本体论"的逻辑之上的，生命，在李泽厚的美学研究里，是证明人类文明成果的手段而不是参与人类文明创造的根本。而潘知常则由"实践"而"生命"，"当我们在追问'美学之为美学'之时，首先要追问的应该是，也只能是'人类为什么需要美学'即'美学何为'。只有首先理解了美学与人类之间的意义关系，对于'美学是什么'的追问才是可能的"[25]。审美的诞生和存在一定与人类对日出和日落的第一次遥望有关，必然与人类对新生与死亡的第一次惊颤有关，一定与人类对歌唱和舞蹈的第一次表现有关。当人类有了这些"美"的惊奇和赞叹、"美"的积累和经验、"美"的反思和追问后，美学的诞生也就顺理成章了。当然，美学也绝对不仅是对日出和日落的畅想、对新生和死亡的理解、对歌声和舞蹈的欣赏，它一定要洞穿这一切背后的秘密，即为什么人类即或是衣不蔽体和食不果腹，即或是苦不堪言和生不如死，即或是来日不多和大限将至，依然要让情感极尽地抒发，让想象无限地驰骋，让意志倔强地挺立，让思想顽强地生长，一句话，依然要去审美，依然要去爱——让有缺陷的生命完美！

这个问题不解决，审美救赎依然是一句空话，审美救赎诗学其中的"诗"即"爱"和"学"，即"思"的建立或二者的融合依然是遥遥无期或油水分离，尤其是对于生命之美的塑造于事无补。

1."以美育代宗教"，蔡元培给出的答案

面对这"一地鸡毛"的世界，置身于这"群魔乱舞"的现实，没有了上帝的世界，人类也要制造一个上帝，没有了彼岸的救赎，人类就只能开始此岸的挣扎。在西方携带现代文明的"声光电化"进入20世纪的同时，古老的中国却在19世纪中叶遭遇了鸦片战争以来的一次又一次的失败，割地赔款，丧权辱国。在"中华民族到了最危险的时候"，有识之士看到了"中国处在三千年未有之大变局"的时候，在历经洋务派李鸿章的实业救国、维新派康有为的改良救国、革命派孙中山的起义救国等一系列的失败之后，作为教育家的蔡元培终于发现问题的症结，但却开出一个"不识时务"的药方："以美育代宗教"。他认为美育"皆足以破人我之见，去利害得失之计较。则其明以陶养性灵，使之日进于高尚者，固已足矣。又何取乎侈言阴隲，攻击异派之宗教，以激刺人心，而使之渐丧其纯粹之美感耶"[26]。蔡氏心目中的美育实为康德的"纯粹美"的变体，立足于破除异端邪说和党同伐异的门户之见，而着眼于人的灵魂净化和情感美化，在一个没有宗教文化传统的国度，不是美育代宗教的问题，而应该是通过美育呼唤国人开辟出通向灵魂的终极关怀和走向信

仰的审美救赎的道路。

对此，潘知常教授在2006年在《学术月刊》发表的《"以美育代宗教"：中国美学的百年迷途》中，指出"它本质上就是一个美学的假问题"，2017年又在《中国矿业大学学报》上发表的《说不尽的百年第一美学命题——纪念蔡元培提出"以美育代宗教"一百年》中，直陈"其中根本的美学缺憾，美学失误"仍旧未被揭示，现在又集中在《信仰建构中的审美救赎》予以阐述，揭露出"在这当中所暴露出来的对于美学与宗教问题的无知，又反而被作为某种无可置疑的前提而在继之的美学进程中予以盲目认同，由此，导致了中国美学的现代思考的百年困顿，更导致了进入'无神的时代'之后面对'无神的信仰'的美学思考中的百年谜局"[27]。想要关注人类生命美化的美育形成的美学若要"代替"宗教，联系潘知常论述给我们的启发，主要是要解决以下三个方面的问题。

第一个就是如何看待宗教的存在。尽管从唯物主义的世界观讲，不存在所谓的"彼岸"和"天堂"，但是从人类生存的意义看，生命不仅是一种物质存在，更是一种精神存在，是精神存在就有必要的精神活动，而有精神活动就必然有意义诉求，有意义诉求就一定有灵魂世界，而这个灵魂世界的宽度和深度、厚度和高度，决定每一个普通生命的空间影响力和时间延展性。特别是每一个普通生命都必然要面临和接受生老病死的考验和悲欢离合的遭际，那么生命就要适应并战胜自然的法则而获得永恒，生存需要超越有限，心灵需要得到抚慰，人们会不由自主地将苦难的现实托付给幸福的未来，将有限的人生化为无限生命。这正如潘知常多次阐述的："我们可以拒绝宗教，但是却不能拒绝宗教精神；我们可以拒绝信教，但是却不能拒绝信仰；我们可以拒绝神，但是却不能拒绝神性。"[28]

第二个就是如何看待超越宗教的信仰。有宗教一定有信仰，但信仰不一定都属于宗教的，信仰是一个大于宗教的概念，它广泛地存在于科学的求真、人伦的敬畏、生命的起源、政治的立场、民间的禁忌等领域，德国哲学家沃尔特·考夫曼说过："一种强烈的信念，通常表现为对缺乏足够证据的、不能说服每一个理性人的事物的固执信任。"由于蔡元培专注于苦难的现实而忽略了美妙的理想，执着于此岸的社会而放逐了彼岸的世界，他的美育救国理念当然会剔除宗教，只有信念，而没有信仰，潘知常一针见血地指出："因为只有灵魂（信仰）是在生命的虚无以及由此而来的痛苦之上的，它是对于一种价值的持守与践履，也是一种真正的力量，更是人类真正的觉悟。通过它对于生命的虚无以及由此而来的痛苦的超越，人类表达了自己超越生命的虚无以及由此而来的痛苦的愿望。因此，体验生命的虚无以及由此而来的痛苦的结果，应该是更爱人类，应该是更充满了人所特有的欢乐与喜悦，否则，承担生命的虚无以及由此而来的痛苦的动力何在？"[29]

第三个就是如何看待借助信仰的救赎。由于坚信信仰的力量，必然促使救赎的出场，因为在精神上站立起来的人类已经将自己的命运交给了无限的未来，但现实依然是残酷而荒谬的，水深火热的人类在死亡阴影的笼罩下尝尽人间的酸甜苦辣，历经生活的悲欢离合，就像浮士德——经历了爱情、学问、事业、政治的悲剧体验后，发现物质的享乐是短暂的，制度的维系是人为的，唯有精神的追求才是一个有意义生命的真正价值，而信仰的坚守又是其中最有价值的价值，正如《国际歌》唱到的："从来就没有什么救世主……要创造人类的幸福，全靠我们自己！"因沉醉而走向信仰，因信仰而获得救赎。这是潘知常对"美育代替宗教"包含的全新价值的积极发现，就是"从全新的灵魂重建这一角度来看，在蔡元培所提出的美学方案中的最为重要的东西在过去却长期被我们忽略并且搁置起来，这就是：审美救赎"[30]。这更是潘知常为救赎赋予的审美意义。

2. "无宗教而有信仰"，中国文化的启迪

蔡元培提出"以美育代宗教"，能拯救缺乏审美内容和考量的现实生命吗？尽管这是以正如他所谓"美育者，应用美学之理论于教育，以陶冶情感为目的者也"的"美育"方式出现的，但是在古老的中国又何尝有过真正的宗教？这是一个没有宗教传统的国家，尽管历史上有过崇尚自然的道教、完善自我的儒教和注重心性的禅宗，但严格地说，它们仅有现实关怀而没有终极关怀，仅有超脱心理而没有超越意识，仅有鬼神观念而没有神圣信仰……总之，它们都不具备罗素在《宗教与科学》著作里总结的"教会""教义"和"个人道德法规"这宗教三要素。但是，没有真正的宗教却并不等于没有真正的信仰，例如，在儒家，秉持"仁者爱人"的理

念，孔子就反复强调："夫仁者，己欲立而立人，己欲达而达人。"在回答弟子的疑问中，又说"能行五者于天下为仁矣"，为"恭、宽、信、敏、惠"五者。"居处恭，执事敬，与人忠"。"士不可以不弘毅，任重而道远。仁以为己任，不亦重乎？死而后已，不亦远乎？"对此，潘知常称之为"中国特色的'救世方案'和'救心方案'"，他激赞道：

> "以仁为本"作为"人是目的""每个人的全面而自由的发展"的目的性价值，意味着中华民族关于人之为人的绝对性原则的觉醒，至于"己所不欲，勿施于人"的"自由选择"意识，也恰恰意味着中华民族自身的"自由意志"原则的滥觞。人们发现：在人类历史上，最早推动着人类自身从匍匐状态昂首站立起来的，是三次伟大的革命，它们分别是由孔子、释迦牟尼与耶稣借助于"仁爱""慈悲""博爱"来完成的。而今，我们不得不说，确实如此！[31]

由此，立足中国文化与西方文化的比较，潘知常目光如炬，揭示出"无宗教而有信仰"这一中国文化的基本特色，并且认定这将有助于走向审美，并且成为中国文化在审美救赎方面所可能做出的具有"中国特色"的世界贡献。

"由此，孔子的思想的跨时空的超前贡献立即就得以显现。"而且，潘知常再次强调，"它是人类所提出的在无宗教基础上完成信仰建构的第一个解决方案。而且，它是来自2000多年前的。同时，值此之世，如果古老的中国文化还希冀对世界文明作出什么贡献，或者给予什么启发，应该说，它也应该是首先亟待关注的话题。'无宗教而有信仰'以及'无宗教而有道德''无宗教而有审美'存在着巨大的历史奥秘，值得深入挖掘"。[32]并为建立当今"人类命运共同体"提供中国思路。

进而，潘知常教授敏锐地将目光集中在明清之际的"情本美学"之上，指出：从王阳明到曹雪芹，就中国美学而言，在经历了漫长的对"道"的"妙悟"而不食人间烟火、对"情"的"虚静"而神游于物之初，明代后期出现了高扬"童心"与"世情"的两大美学思潮。"因此，审美与艺术是真理的显现，其实也是情感的显现、爱的显现。"[33]它表现于王阳明、李贽和王夫之开创的"情本哲学"和汤显祖、李渔和曹雪芹的"情本诗学"。而且，"我们在明清之际作为情本美学的启蒙美学之中看到的，恰恰正是这样的'情'，这样的'爱'"，而"爱的呈现，在中国无疑就必然会走向审美与艺术，也就必然走向审美救赎"。[34]这可以视为最接近基督文化而具有中国特色的救赎方案。

熟悉潘知常教授美学研究历程的都知道，明清之际的思想嬗变的重要性，素为他所关注。他在涉足美学研究之后所出版的第一本学术专著《美的冲突》（上海学林出版社1989年版），也正是关于明清之际美学的研究。从王阳明到曹雪芹，其间的美学探索也确实给我们以深刻的启迪：中国美学在审美救赎诗学的建构上，为审美必然满足生命提供了什么样的审美救赎方案，这就必然引导"我爱故我在"的庄严出场。

3. "用爱来交换爱"，生命美学的使命

必须看到，理解"无宗教而有信仰"的中国文化，关键是如何理解其中的"信仰"。

如前所述，信仰是一种超越理智、悬置事实和不计功利的意义追求，是"宁可信其有，不可信其无"的一种不讲理性的认同，是"只问耕耘，不问收获"的一场淡化目标的付出，其表现就是孔子所倡导的"明其道而不计其功"的超功利选择。那么，其中的核心何在？在潘知常教授看来，无疑正是"无缘无故"的爱。正如生命美学一直强调的，只有学会了爱的人才是一个真正的"人"，才完成了人与动物的最后告别，也才是马克思所期待的："假定人就是人，而人同世界的关系是一种人的关系，那么你就只能用爱来交换爱，只能用信任来交换信任，等等。"[35]不难看出，没有"以心交心"的信任基础上形成的"爱"，人就不是"人"，人同世界的关系就不是"人"的关系。尽管爱不是万能的，但是，没有爱却是万万不能的。

与此相应，潘知常通过蔡元培"以美育代宗教"这个"未完成的百年话题"建立起自己的生命哲学乃至生命美学，其中的核心概念，就是"爱"！对此，潘知常教授一如既往、无限深情地称之为：终极关怀。

终极关怀指向的是世间唯有人自身才去孜孜以求的问题，源于人类精神生活的根本需求，指向人类生存的根本问题，例如，我是谁？我从哪里来？我到哪里去？以及"人类希望什么""人类将走向何处"之类从"人是目的"出发而导致的意义困惑。总之，它是人类一旦为自身赋予无限意义之时就会出现的对于这无限意义的再阐释与再解读。[36]

无疑，这里的终极关怀绝不是来世的许诺，而是今生的兑现，更不是虚无缥缈的一张"口头支票"，而是无怨无悔的"终身托付"，以"爱"作为起点也作为终点，贯穿整个生命的旅程。在他看来，这无异于沈从文所殷切期待的"希腊小庙"。因爱而生命、因生命而爱与生命即爱、爱即生命，"我爱故我在"。由此，他一针见血地质问"谁劫持了我们的美感"，并且毫不留情地展开了对"无爱"和"失爱"的《三国演义》、"赢者通吃"的《水浒传》、"逃避自由"的《西游记》的美学批判，并且指出：在传统中国文学里，有的是人与自然和人与社会"现世关怀"，而高度缺乏人与自我灵魂维度的"终极关怀"。同时，潘知常又指出：《红楼梦》的贡献巨大，"从'仁之始'转向了'情之始'（爱之始），并且希冀由此出发，去重新解释中国文化，重新演绎全新的中国文化精神乃至中国美学。而且，这情本体、爱本体意在实现生命的'根本转换'与'领悟无限'，由此，《红楼梦》开始寻找到'实现根本转换的一种手段'，这就是终极关怀。"[37]因此，"用爱来交换爱"，正是曹雪芹伟大之所在，当然更是潘知常生命美学的精辟所在。

也因此，潘知常一贯倡导的"用爱来交换爱"，理应成为当代生命美学的神圣使命，进而实现它的最高境界"为爱而爱"的终极关怀。因此，中国当代美学亟待完成的正是生命的华丽转身——"用爱获得世界"。

由此可见，生命美学所思考的是人类生命意义是如何形成的，不但是"因生命而审美"，而且是"因审美而生命"，它所建构的审美救赎诗学涉及的是审美的价值论维度，即审美对于人生的意义；它关注的是诗与人生的对话；讨论的是诗性人生的问题。那么，美学研究是应该从实践活动开始，还是从生命活动开始？这已成毋庸置疑的不刊之论了。在此，我们仍然可以自豪地宣称：审美是生命的最高境界！

这还是潘知常一直强调的：审美对象涉及的不是外在世界本身，而是它的价值属性。而倘若需要用规范的美学术语来说的话，那应该是：审美对象涉及的不是世界，而是境界。

注释：

1.朱光潜：《西方美学史》，人民文学出版社1979年版，第349页。

2.潘知常：《没有美万万不能：美学导论》，人民出版社2012年版，第51页。

3.《马克思恩格斯选集》第4卷，人民出版社1995年版，第2页。

4.潘知常：《信仰建构中的审美救赎》，人民出版社2019年版，第453页。

5.《马克思恩格斯选集》第1卷，人民出版社1995年版，第67—80页。

6.《马克思恩格斯选集》第1卷，人民出版社1995年版，第80页。

7.北京大学哲学系美学教研室：《西方美学家论美和美感》，商务印书馆1980年版，第16页。

8.马克思：《1844年经济学—哲学手稿》，刘丕坤译，人民出版社1979年版，第72页。

9.李泽厚：《批判哲学的批判》（修订本），人民出版社1984年版，第435页。

10.潘知常：《信仰建构中的审美救赎》，人民出版社2019年版，第252页。

11.《马克思恩格斯全集》第21卷，人民出版社1965年版，第89—90页。

12.马克思：《1844年经济学—哲学手稿》，刘丕坤译，人民出版社1979年版，第77页。

13.弗洛伊德：《爱情心理学》，林克明译，作家出版社1988年版，第41页。

14.卡尔·萨根：《伊甸园的飞龙》，吕柱、王志勇译，河北人民出版社1982年版，第77页。

15.潘知常：《信仰建构中的审美救赎》，人民出版社2019年版，第492页。

16.潘知常：《信仰建构中的审美救赎》，人民出版社2019年版，第384—385页。

17.潘知常：《信仰建构中的审美救赎》，人民出版社2019年版，第396—397页。

18.范藻：《叩问意义之门：生命美学论纲》，四川文艺出版社2002年版，第92页。

19.潘知常：《信仰建构中的审美救赎》，人民出版社2019年版，第24页。

20.范藻：《信仰的重建，是为了重建的信仰——兼及新世纪中国文化建设的美学选择》，《上海文化》2016年第2期，第21—22页。

21.李泽厚：《人类学历史本体论》，青岛出版社2016年版，第85页。

22.潘知常：《生命美学》，河南人民出版社1991年版，第22页。

23.潘知常：《我爱故我在——生命美学的视界》，江西人民出版社2009年版，前言第6页。

24.潘知常：《信仰建构中的审美救赎》，人民出版社2019年版，第54页。

25.潘知常：《没有美万万不能：美学导论》，人民出版社2012年版，第13页。

26.蔡元培：《蔡元培美学文选》，北京大学出版社1983年版，第72页。

27.潘知常：《信仰建构中的审美救赎》，人民出版社2019年版，第12页。

28.潘知常：《我爱故我在——生命美学的视界》，江西人民出版社2009年版，前言第5页。

29.潘知常：《信仰建构中的审美救赎》，人民出版社2019年版，第24—25页。

30.潘知常：《信仰建构中的审美救赎》，人民出版社2019年版，第31页。

31.潘知常：《信仰建构中的审美救赎》，人民出版社2019年版，第254页。

32.潘知常：《信仰建构中的审美救赎》，人民出版社2019年版，第257—258页。

33.潘知常：《信仰建构中的审美救赎》，人民出版社2019年版，第324页。

34潘知常：《信仰建构中的审美救赎》，人民出版社2019年版，第319、322页。

35.《马克思恩格斯全集》第42卷，人民出版社1979年版，第155页。

36.潘知常：《审美救赎：作为终极关怀的审美与艺术——纪念蔡元培提出"以美育代宗教"美学命题一百周年》，《文艺争鸣》2017年第9期，第89页。

37.潘知常：《信仰建构中的审美救赎》，人民出版社2019年版，第322页。

第四章 传统的继承：弘扬中国美学精神

美学，是一种神奇。中国美学，则是一种永远的诱惑。

我曾经说过，美学即生命的最高阐释。美学即人类关于生命的存在与超越如何可能的冥思。

这是潘知常在2017年新修订的并且仍旧由江苏人民出版社推出的《中国美学精神》开篇的阐述。无疑，这个开场白十分重要。因为，它与其说是为吸取中国美学的"精神营养"而设定的话语场，不如说是为揭示"中国美学精神"而作的开场白。

潘知常一踏上美学研究的征程，首先把目光投向了博大精深而浩如烟海的中国古代美学，从1985年至今，先后推出了《美的冲突》《众妙之门——中国美感心态的深层结构》《中国美学精神》《生命的诗境——禅宗美学的现代诠释》《王国维 独上高楼》《谁劫持了我们的美感——潘知常揭秘四大奇书》《〈红楼梦〉为什么这样红 潘知常导读〈红楼梦〉》《说红楼人物》《说〈水浒〉人物》《说聊斋》等有关中国文学史和美学史的著作，当然最具有代表性和能反映他这方面研究成果的当数1993年出版、2017年再版的近60万言的《中国美学精神》，这部著作毫无疑问是潘知常对中国古代美学思想研究的集大成的代表作。

于是，一个问题呈现在我们的脑海：潘知常既用心于当下的生命美学的原理建构，又钟情于曾经的中国美学的历史反思，在这一"论"一"史"的美学问题上，他是如何思考中国尤其是古代中国的生命美学的？其角度有何新意？其立论有何创意？其表述有何诗意？无疑，他对中华文化土壤里孕育的生命美学，中国美学园地里生长的生命美学，必定有他精深的理解和精妙的阐发。诚如他所言："中国美学是一种'效应的历史'，它真实地生存于后人的解释之中。或者说，中国美学其实是一种不完全的美学、未完成的美学。它的生存方式只能是：后人的解释。"[1]那么，潘知常是如何提取"生命美学的'中国样本'"的呢？

众所周知，2014年，习近平总书记就号召"要传承和弘扬中华美学精神"。令人欣慰的是，我们看到，潘知常早在20多年前的1985年就已经率先展开研究，开创了中国美学精神的学术空间，写下了国内第一部中国美学精神方面的专著《美的冲突》，到了1993年又推出《中国美学精神》。而且，即便是在今天中国的美学学术界，正面涉及"传承和弘扬中华美学精神"的专著也不多见。为了提取中国美学精神中的生命美学营养，他在1993年初版的"后记"是这样阐述的："以立体的思维、动态的模型、开放的语义去阐释在中国美学的历史进程中所展现出的中国美学的根本内涵及其中所蕴含的现代价值。"[2]他不是为了研究历史而作烦琐的知识考古，其目的还是要为当代中国生命美学寻找历史的源头和梳理逻辑的流变，因此就在不断重返中国古代美学场域的过程中，思考美学历史是美学理论的展开，而美学理论又是美学历史的浓缩。

那我们就重点从这部著作里看看潘知常是如何吸取中国古代美学思想的营养的。

一、本体视界：探寻生命存在之谜

莎士比亚曾热情讴歌过人类的生命是"宇宙的精华，万物的灵长"，帕斯卡尔说生命是一枚有"思想的芦苇"。在生命究竟为何的千古追问中，美学始终都认为生命是对有关生命存在意义的反思，因此生命及其意义是什么就成了美学追问的首要问题或前置话题。哲学家们常常把这个追问置换成"人是什么"的思考。孔子和马克思就人的社会存在认为："人者，仁也。""人是一切社会关系的总和。"耶稣和释迦牟尼就人的命运遭遇认为："人是有罪的生灵。""人是受苦难的命运的弃儿。"卡西尔和海德格尔就人的文化意义认为："人是唯一一种能够创造符号，并能理解符号的动物。""人是唯一一种能够知道无、而且创造有的存在者。"这些追问的意义毋庸置疑，但它们是有关生命或人的终极追问吗？这些有限的追问之所以陷入"盲人摸象"的泥淖，是因为他们问的是"是什么"而不是"如何是"，"是什么"属于"对象性"思维，即人为地把问题割裂成"主语"表述的"主体"和"宾语"指涉的"客体"；而"如何是"则不然了，它属于非对象性思维，发问者和回答人浑然一体，共同置身于问题之中，或本身的存在就是最大的问题，它关注的是对象性思维的"是什么"的"是"本身，用海德格尔的话说，就是不仅要追问"存在者"，而且要追问"存在"，即追问生命之所以是生命的"是"，而不是"什么"是"什么"。

由于追问方式的彻底改变，导致我们的本体视界来了个一百八十度的转弯，由曾经死缠烂打的"是什么"的旁征博引到现在豁然开朗的"如何是"，我们对"世界""生命""美""意义"等，再也不是隔岸观火式地说长道短了，而是民胞物与地"物我一体"了；再也不是隔靴搔痒式地说三道四了，而是身体力行地"主客交融"了。这或许就是潘知常一开始就从考察西方美学的"超验的追问"到考察中国美学的"超越的追问"的根本原因。正如潘知常说的："追问存在，要追问的正是这种源初的东西。它的目的不是为了占有世界，而是为了理解世界，从而确立人与世界的真实关系，确立世界对人的意义。"[3]这个"意义"如天上之神、大地之灵、水中之妖和人间之道一样，让作为存在的世界顿时"敞亮"起来。

1. 生命之谜的阐释："游"的真谛

明白了对生命之谜的"道"不是"是什么"的静态思辨，而应该是"如何是"的动态追问，是庄子在《知北游》中揭示的"原天地之美而达万物之理""欲复归根"的反动，"以游无穷"的运动，是"鹏之徙于南冥也，水击三千里，抟扶摇而上者九万里"。这种"游"，潘知常认为："不是外在的奔波、流离，升天入地，跋山涉水，而是内在的审美态度的建立，是生命的沉醉、生命的祝福、生命的体味、生命的安顿、生命的升华、生命的逍遥。"[4]一句话，要让生命动起来。这种"游"经历的是宇宙的衍化、神灵的冥化、人类的进化，最后才是生命的美化。诚如庄子在《大宗师》揭示的："夫道，有情有信，无为无形；可传而不可受，可得而不可见；自本自根，未有天地，自古以固存；神鬼神帝，生天生地；在太极之先而不为高，在六极之下而不为深，先天地生而不为久，长于上古而不为老。"正是这一追问的本体视界的重新确立，使我们通过潘知常的思考，发现中国生命美学的本质既不是孔子"君子"之说的"仁"，也不完全是老子"非常"之义的"无"，更不是伍举"无害"之论的"善"，而是超越孔子"仁"的理想生命，又扬弃老子"无"的虚幻生命，还改造了伍举"善"的现实生命。它体现在庄子对"无何有之乡"彼岸世界的发现，对"与物易其性"功利世界的批判，对"游心于物之初"纯真情怀的向往，由此呈现出作为生命存在之谜最后解释的"道"所具有的三大特征。

一是，生命意识的本源性。在生命意识起源于哪里的问题上，中国生命美学认为：生命意识既不是起源于孔子的"己所不欲勿施于人"的"将心比心"，也不是老子的"致虚极守静笃"的"恬淡无为"，更不是孟子的"人之所以异于禽兽"的"人猿揖别"，而是以庄子为代表的先秦中国生命美学的"道"，它"所揭示的同样是一个在客体化、对象化、概念化之前的那个本真的、活生生的世界、'思想与存在同一'的世界、人与万物融洽无间的世界"[5]。

二是，生命意义的超越性。如果说本源性只解决了中国生命美学来源于"道"，那么这个无所不在和无所不知的"道"，对于文明伊始的华夏民族有什么意义呢？即面对庄子在《胠箧》指陈的"礼崩乐坏"的异化现实——"彼窃钩者诛，窃国者为诸侯；诸侯之门，而仁义存焉"，生命的意义就应该在与"物"相处和对峙的环境中，如《德充符》所谓的"与物为春"，如《大宗师》所说的"与物有宜而莫知其极"，如《秋水》所言的"不以物害己"，最终实现庄子在《山水》

里说的"物物而不物于物"的生命意义。

三是，生命价值的遍在性。由于"道"不仅显示了生命美学意识的本源性，而且揭示了生命美学意义的超越性，到达了庄子在《刻意》里描述的功效："若夫不刻意而高，无仁义而修，无功名而治，无江海而闲，不道引而寿，无不忘也，无不有也，淡然无极而众美从之。此天地之道，圣人之德也。"有了"澹然无极而众美从之"的神奇效果，于是乎，《齐物论》的"天地与我并生，万物与我为一"的"大美"境界就呼之欲出了；《逍遥游》的"水击三千里，抟扶摇而上者九万里"的"逍遥"姿态就跃然而生了。中国生命美学所推慕的"无己"的"至人"、"无功"的"神人"、"无名"的"圣人"，在生存的《人间世》、在生活的《养生主》和生命的《逍遥游》里诞生了！恰如李泽厚和刘纲纪主编的《中国美学史》第一卷指出的那样："'重生'、'养生'、'保身'是贯彻《庄子》全书的基本思想，人的生命的价值在庄子思想中占有崇高的地位。"[6]

进而，在"道"的本体视界中，以庄子为代表的中国先秦生命美学探寻到的生命存在之谜究竟是什么呢？那就是"道"在"游"的动态中，显示出来的有无相生的绝对自由，它虽然起源于老子"道生万物"的顺生和"反者道之动"的逆生，双向互动辩证转换的宇宙生成说；但实际上展示的是一幅"宇宙—生命"的生生不息的壮丽图景。《庄子·天道篇》是这样说的："天不产而万物化，地不长而万物育……此乘天地，驰万物，而用人群之道也。"这与其说是"天道"的运行，不如说是人道的流行，更是生命之道的畅行。它揭示出中国生命美学所依托的"'道生之'，只是指的不对一切存在物加以规定、限制、不塞、不禁，使它们自由地生长"[7]。伴随宇宙之"道"不灭不生的是生命之"道"的应运而生和生命之"美"的油然而生。

2. 生命之谜的奠基："食"的意义

以上说明，"道"不仅是中国美学精神的实质，而且是中国生命美学的本质。潘知常沿着这个"本体视界"的"道"所提供的视角，为我们探寻到了生命存在的哪些最深沉、最隐秘和最真实的"秘密"呢？当然是消解对象性思维后大彻大悟的

"生命还乡"，也当然是"唯道集虚"的"无何有之乡"，还应该是拯救蜉蝣样生灵大苦大悲后的"生命谢恩"。不过，那毕竟都是"见素抱朴"的"游乎四海之外"的乌托邦幻想，因此，潘知常特意把我们从对生命存在之道的关注，引向对其中更为真实的奥秘、更为实在的因由的关注：华夏民族对"食"的格外重视，所谓"民以食为天"。潘知常早在《众妙之门》里就阐述了饮食对身体和文化的意义："人类之初，对食物是生吞活剥的，所谓'茹毛饮血'。只是随着长期的艰难探索，才逐渐从生食走向熟食，从自然走向文明。"[8]他在《中国美学精神》里专门用一节"美根源于食"来予以论述，说："作为劳动的对象与结果，食物是最基本的成分。而食物又是人的创造性个性的充分显示而物化的结果。故人们在享用时一方面满足了生活欲求，另一方面，更重要的是在食物上直观到自己的本质力量，从而逐渐萌发出人类的某些美感因素。"[9]这个"某些"美感究竟是哪些美感呢？从汉字"美"的解释上也可以作为旁证，按照东汉许慎《说文解字》的解释，"美，甘也，从羊大；羊在六畜主给膳也，美与善同意"。其实，这里的"善"和"膳"是一个意思，都是食用之意。羊身给人以视觉之美感，肥硕之羊肉，给人以口腹之美感；还有"羊人为美"的艺术的装饰之美；"羊女为美"生殖崇拜之美，启人以生命之美感。总之，"羊为美"的观念，不但滋养了远古华夏民族的身体，也主导了中华民族生命美学的内涵。

生命之道依托于"食"，潘知常谓之"美根源于食"，其实道亦根源于食。《周易》谓"生生之谓易"，《道德经》谓"道生万物"，可见"生"与"道"是合一的，"道"是"生"之体，"生"是"道"之用。何况，就古代先民而言，早于"饮食礼仪"的还有一个"饕餮仪式"阶段，或许"饮食礼仪"是有关生活之"生"的美学，而"饕餮仪式"则是有关命运之"命"的美学。"饕餮"是中国古代传说中的凶兽，它最大特点就是能吃。这为"根源于'食'"的中国古代生命美学留下了一个巨大的想象空间。远古先民不注重人自己身材的美，"人首蛇身"的传说就是明证，而看重面部的"美"；而饕餮就是李泽厚所谓的"狞厉美"，因为长期的"食不果腹"，一旦有了食物，难免"饕餮大餐"，统治者为了占有更多的食物或合理分配食物，就把"饕餮"做成符号以警示贪婪者、威慑贪欲者，而且还昭示权力的神圣和地位的神秘。"狞厉神秘的怪兽有着人们熟悉的动物的器官，这就使人们能够迅速体验出应对饕餮纹怀有怎样的情感。"[10]如何合理地分配食物，获得生命的延续，是生命个体的"悠悠万事唯此为大"。

生命美学首先要关心的是生命存在本身的意义，于是就有了孔子的"食不厌精，脍不厌细"的讲究，老子直接感叹道"五味令人口爽"，就连圣人也是"为腹不为目"；生命美学还要关注生命的超越意义，于是"吃什么""怎样做""如何吃"，就不仅仅是一个"口头饮食"的问题了，而变成了《礼记》所阐发的"夫礼之初，始诸饮食"的文化大事。因此，"在古代饮食文化之中，文化意义要远远超出于生物性的'吃'本身。因此在其自身已经潜在地含蕴了大量的审美文化的因素，这就使得美学思想有可能直接从古代饮食文化中酝酿产生"[11]。

首先是"吃什么"，这不仅是长身体的需要，而且是别身份以彰显文化的需要。《礼记·王制》就以食用什么样的食物来进行"夷夏之别"，黄河仰韶文化以粟为主和长江的河姆渡以稻为主，它们当然就是正宗的华夏民族了，其余则为蛮夷之族；既然是正统的民族，就一定要有诸如好学的精神、高尚的道德和敬业的态度一类的君子品位，孔子所谓的"君子食无求饱，居无求安，敏于事而慎于言，就有道而正焉，可谓好学也已"。其次是"怎样做"，是不再"茹毛饮血"而用火加工，以利于肠胃的吸收，促使身体的强健，而且借对各种天然食材的烹制实现文明的意义。如《吕氏春秋·本味》所说的"熟而不烂，甘而不哝，酸而不酷"。烹饪是指对食物原料进行合理选择清洗，加热煮熟，更讲究调味、调制和调和的烹调，使之成为色、香、味、形、质、养兼美的食物。正是在这些刀切、棒舂、手捏和烟熏、火燎、干煸，以及蒸、煮、烤、炖、煲的烦琐过程中，体现"技之精者近乎道"高超的厨艺，显示高雅的风范。最后是"如何吃"，这更不是小事，小者个人之修养，大者国家之荣誉，涉及菜品的摆放、座位的排列、酒器的样式、用菜的先后等，《周礼》中有详尽的规定和要求，之后孔子又根据君子的要求进行了详细的规定，如"失饪，不食。不时，不食。割不正，不食。不得其酱，不食。肉虽多，不使胜食气。唯酒无量，不及乱。沽酒市脯不食。不撤姜食，不多食"。或许这种"食不言"的吃，礼数有了，威仪也有了，但其乐融融的气氛少了，因为吃什么不重要，而吃的氛围才重要；这"如何吃"还应当包括吃的效果，《诗经·小雅·楚茨》就留下如此的欢宴场景："为宾为客，献酬交错，礼仪卒度，笑语卒获。"这哪里是在"吃"，分明是生命欢歌的饕餮盛宴。

3. 生命之谜的反思："人"的隐形

毋庸置疑，生命美学的存在前提和研究对象是"生命"本身的出场，是真实的生命和个体的生命而非虚幻的集体的生命，潘知常指出："对于美根源于食的中国美学来说，既然中国饮食文化是一种前主体性的和超越性的文化，那么，在其影响下诞生的中国美学也就只能是一种前主体性的和超越性的美学了。"[12]遗憾的是，中国生命美学只发现了生命之道的本源性存在，而忽略了生命之道的身体性存在（"逍遥游"是虚幻的，没有现实基础），老子就说过"吾所以有大患者，为吾有身，及吾无身，吾有何患"。孟子也要求"天将降大任于斯人也，必先苦其心志，劳其筋骨，饿其体肤，空乏其身"，在把人鲜活生动的身体去掉的同时，也去掉生命本身了；庄子也崇尚"圣人法天贵真，不拘于俗"。不论是老子的生存之患，还是孟子的身体之空，还是庄子的人生之真，似乎都在回归生命之初道，寻找生命美学的起源，但不幸的是它们蜕变成了"审美活动的泛化"的"审美主义"，"审美主义的中国文化所造就的生命精神""又是一种失落了主体性的生命意识"，于是，"千百年来为中国人所津津乐道的'能婴儿''天放'之类理想化、诗意化的生命状态，也就不能不是虚无化的生命状态"。[13]潘知常可谓一针见血矣！

当然，中国生命美学的这种缺陷，不是中国人不注重生活的质量，我们有世界罕有的饮食文化和奇观的建筑风貌；不是中国人不讲究外在仪容，我们有繁复的服饰文化和丰富的装饰图案；更不是我们不注重精神追求，卷帙浩繁的"四书五经"早已证明中国是人类四大文明古国之一。潘知常剀切地指出，这是"思维机制"的先天缺陷，"中国古典美学的思维机制，可以称之为'宏观直析思维'。它'上揆之天道，下质诸人情，参之于古、考之于今'，从未经分析处理的笼统直观出发，直接外推，按照功能的接近或类似，把审美活动纳入一个客观规律、性能与人事活动、经验相互联系、渗透的系统之中，以裨从实用理性的高度直接地把握美、审美和艺术的作用、功能、序列、效果"[14]。这是一种只见森林不见树木、只有星空没有星座的美学。

以庄子为例，尽管庄子消除了阻碍生命美学诞生的对象性思维，所谓"天地与我并生，万物与我为一"，而且也破解了中国美学"存在之道"，但是，中国生命美学在他那里毕竟未能闪亮登场。试想，他不是在《逍遥游》里给我们呈现了一个倾国倾城的佳丽吗？"藐姑射之山，有神人居焉。肌肤若冰雪，绰约若处子，不食五谷，吸风饮露，乘云气，御飞龙，而游乎四海之外。"只可惜，这是一个不食人间烟火、不沾世间俗务、仿佛如"水中之月"和"雾里之花"的仙女。在古代中国，尽管有卢照邻赞誉的"别有千金笑，来映九枝前"的大美人，有李白称道的"云想衣裳花想容，春风拂槛露华浓"的杨贵妃，更不用说大美女西施被勾践当成间谍献给夫差了，她们在中国生命美学的历史上要么是被抨击的对象，要么是被奚落的人物，要么是悲剧的角色。因为理想的生命是孔子赞许的君子、老子推崇的圣人和庄子所谓的"至人无己，神人无功，圣人无名"。

中国生命美学之所以会造成生命的阙如和缺席，是因为思维机制的"宏观直析"，表面看是接触到了维系生命的饮食、彰显了生命的仪容，乃至突出了个体生命的"笑靥""步态"等仪容和家仇国恨的"义薄云天"等精神，可是这里的"直析"是虚晃一枪的"不着边际"，而那种"乘云气，御飞龙"的宏观，才是美学家们真正津津乐道的诉求，于是乎"重义轻利"的情操、"目击道存"的境界、"坐而论道"的空灵、"辩而忘言"的神韵、"唯道集虚"的意境等，成了理论家、艺术家和普通人共同的追求。"宏观直析"的思维机制直接导致美学理论"天人合一"的基本范式，这种"合一"的结果是"人"没有了，他们都飞到天庭里成了"神人""仙人""至人"，取得了"天"一样崇高、空灵、浩渺的身份。对此，潘知常说道："中国美学却偏偏使问题人为地扭转方向，不去主动设立最高价值理想，而是把此权拱手让给苍天，不是'顺乎己'而是'顺乎天'。这就不能不导致'天人合一'的根本失误。"[15]

中国美学因思维机制的"宏观直析"而导致基本范式的"天人合一"而成最后的"审美境界"的学科形态，这一路走来，美学的精神倒是形成了，但美学的生命却流失了，借用宋代哲学家朱熹引用程颐的话讲，就是"古之学者为己，其终至于成物"。孔孟和老庄这些成为美学史上重要人物的学者，他们对美学的研究，不是为了探求学问的真理，而是为了自我完善而成为"完人"和"哲人"，研究动机和立足点不同，直接导致有美学精神的彰显而无美学生命的呈现。对此，潘知常指出："这意味着中国美学并非西方美学那样的价值中立系统，而是一个'闻道'与'爱智'、'真人'与'真知'、'共命慧'与'分别智'相融通的价值非中立系统。"所以，"美学研究的过程干脆就是生命升华的过程"。[16]尽管它有"生命的真实""生命的提升""生命的启迪"，但它得出的是一个与己无关的，仅是自我陶醉的生命体验。

通过潘知常的研究，我们发现，中国生命美学还未诞生就夭折了，从《山海经》到《红楼梦》这一脉相传的生命美学传统被彻底地边缘化。作为中国生命美学存在和超越之道的，最原初、最质朴、最火热的生命形式和形态、生命内容和内蕴、生命境界和意义，如盘古开天、后羿射日、精卫填海、嫦娥奔月、刑天舞戚、愚公移山等，在"子不语怪力乱神"的要求中，被"有选择性"地忘得一干二净。

二、价值取向：构建生命存在之维

生命存在的价值取向究竟是什么？相对于野蛮人而言是伦理之善，及之于文明人而言是理性之真，而中华民族在经历了三代之后的"国将不国""礼崩乐坏"，面对那依然是"大道废，有仁义；智慧出，有大伪；六亲不和，有孝慈；国家昏乱，有忠臣"和"窃钩者诛，窃国者诸侯"的悲惨现实和异化人伦，必然会"使得中华民族再也无暇去居高临下地从容追问美学问题，而是试图回到现实本身去极为功利地追问美学问题。中国美学精神由此第一次走进现实"[17]。因此，先后有墨子的"非攻兼爱"以期拯救人心不古，荀子的"人性之恶"以期直击人伦沉沦，韩非子的"刑名法术"以期匡扶社会，而后的秦帝国也果真陷入贾谊总结的"仁义不施而攻守之势异"而轰然倒塌，汉代董仲舒"罢黜百家独尊儒术"而使得重理性轻感性的孔孟儒家思想成为中国社会的正统。这一阶段，中华民族的精神生活全部凝聚在了歌功颂德的赋体文上，虽然涌现了辞赋大家杨雄和司马相如、思想大家刘安和董仲舒、史学大师班固和司马迁，但中国的美学精神低迷而迷惘、保守而守旧、呆板而板滞；再加上东汉末年的汉室崩塌，尤其是晋朝的八王之乱、五胡乱华和南北朝的隔江对峙和门阀制度，在这"出户独彷徨，愁思当告谁"的苦苦愁思中，在这"生年不满百，常怀千岁忧"的殷殷感怀里，在经历了历史理性之真和现实伦理之善的双重失望后，必然就不约而同地走向了生命存在之维的第三极——美学之情。诚如宗白华赞叹的那样："汉末魏晋六朝是中国政治上最混乱、社会上最苦痛的时代，然而却是精神史上极自由、极解放，最富于智慧、最浓于热情的一个时代。"[18]

1. 生命之维的形成：由理性到感性

先秦时代远古的神话开始没落，庄子的话语被视为"无端崖之词"，被"删节"后的《诗经》"乐而不淫，哀而不伤"，连中华民族的第一首情歌《关雎》也成了"吟后妃之德"，楚辞的浪漫传统随着屈原的离去很快夭折，倒是宗于法家势术的大秦帝国的严刑峻法赫然于世，源于孟子王道的"罢黜百家独尊儒术"的思想成了大汉王朝的治国理念，理性精神如铜墙铁壁一样地禁锢着我们民族的思维与观念、情感与想象、言论与行为。要"让思想冲破牢笼"，势必来一次"文艺的复兴"，魏晋人便把思考和关注的目光齐刷刷地对准了庄子，闻一多发现"庄子的声势忽然浩大起来，崔譔首先给他作注，跟着向秀、郭象、司马彪、李颐都注《庄子》。像魔术似的，庄子忽然占据了那全时代的身心，他们的生活、思想、文艺，——整个文明的核心是庄子"。[19]郭象在《庄子注》"序"中是这样评价庄子的："通天地之统，序万物之性，达死生之变，而明内圣外王之道，上知造化无物，下知有物之自造也。其言宏绰，其旨玄妙。至至之道，融微旨雅；泰然遣放，放而不傲。"一个情理一体、形神俱在，融哲人与诗人于一身的活灵活现的庄子跃然纸上。庄子和魏晋时代的陶渊明遥相呼应，似乎就是生命美学身体力行的典范和大师。

如果说庄子是从哲学思想上开启了魏晋时代"人的发现"，那么真正把这一伟大的发现呈现在文章里的当数魏晋时代的诗人了。魏晋时代如宗白华在《论〈世说新语〉和晋人的美》一文所谓的"是强烈、矛盾、热情、浓于生命彩色的一个时代"。一方面是战乱频仍，军阀称雄，"白骨露于野，千里无鸡鸣"，一方面是士族专权，门阀当道，"世胄蹑高位，英俊沉下僚"，犹如鲁迅评《红楼梦》所说的"悲凉之雾，遍布华林"，加之董仲舒的"天不变，道亦不变"的绝对性论断，继《古诗十九首》的一系列喟叹开始——"生年不满百，常怀千岁忧""人生寄一世，奄忽若飘尘""人生非金石，岂能长寿考""人生忽如寄，寿无金石固""所遇无故物，焉得不速老"，朝不保夕，人命危浅，对此，李泽厚在《美的历程》里揭示得太精彩了：

> 这种对生死存亡的重视、哀伤，对人生短促的感慨、喟叹，从建安直到晋宋，从中下层直到皇家贵族，在相当一段时间中和空间内弥漫开来，成为整个时代的典型音调。曹氏父子有"对酒当歌，人生几何，譬如朝露，去日苦多"（曹操）；"人亦有言，忧令人老，嗟我白发，生亦何早"（曹丕）；"人生处一世，去若朝露晞，……自顾非金石，咄唶令人悲"（曹植）；阮籍有"人生若尘露，天道邈悠悠，……孔圣临长川，惜逝忽若浮"；陆机有"天道信崇替，人生安得长，慷慨惟平生，俯仰独悲伤"；刘琨有"功业未及建，夕阳忽西流，时哉不我与，去乎若云浮"；王羲之有"死生亦大矣，岂不痛哉。固知一死生为虚诞，齐彭殇为妄作，后之视今亦犹今之视昔，悲夫！"陶潜有"悲晨曦之易夕，感人生之长勤。同一尽于百年，何欢寡而愁殷"。……他们唱出的都是这同一哀伤，同一感叹，同一种思绪，同一种音调。可见这个问题在当时社会心理和意识形态上具有重要的位置，是他们的世界观人生观的一个核心部分。[20]

这种浸润着怀疑论哲学的喟叹也罢，哀鸣也罢，呼号也罢，醒悟也罢，所蕴含的有限与无限、现实与理想、情感与理性——生命本体之悲在魏晋时代人的生命过程中和实际生活里，体现得淋漓尽致，表现得无以复加。发端于原始自然恐惧之情和之思的生命美学，在经过先秦孔子"仁义"要求和孟子的"王道"规训后，又经过西汉早期《淮南鸿烈》黄老的改写和《春秋繁露》汉儒的规范后，被理性思维层层包裹的生命，渴望生出感性的幼芽。在这一转变过程中，借助怀疑主义的哲学思潮，生命开始了前所未有的放纵，于是乎，服药炼丹、论道谈玄、放浪形骸、怪诞举止、装神弄鬼……宗白华评说道："魏晋人以狂狷来反抗这乡愿的社会，反抗这桎梏性灵的礼教和士大夫阶层的庸俗，向自己的真性情、真血性里掘发人生的真意义。"[21]

而陶渊明的文，则恰恰道出了动乱年代一个普通生命如何反抗绝望的现实的真谛："寓形宇内复几时。曷不委心任去留？胡为乎遑遑欲何之？富贵非吾愿，帝乡不可期。怀良辰以孤往，或植杖而耘耔。登东皋以舒啸，临清流而赋诗。聊乘化以归尽，乐夫天命复奚疑！"显然，与"富贵"和"帝乡"这类的理性人生的决绝，就是向"耘耔"和"赋诗"感性生命的回归，由此，魏晋美学开启了生命美学价值选择的正确航向，这就是"情"——存在的价值之维。"情之所钟，正在我辈。"生命美学向凝滞已久、沉睡多时和茧壳太厚的中华民族的生命发出了振聋发聩的一声惊赞！

2. 生命之维的核心：由"诗情"到"诗意"

魏晋时代的中国生命美学的价值取向，是要建构一个生命存在之维的核心或实质。如果先秦大儒们关于生命的本体是"礼"与"仁"、"天"与"道"，既有严格的父子、夫妻、君臣的规范，也有虚幻的天道、地道、人道的理想，这一阶段的"情"，也是"以礼节情"的规训和"绝圣去智"的空无；那么，一方面经过儒家继承人荀子"情欲与治乱"的平衡后，生命树立起了一个理想性的"不全不粹不足以为美"的目标，另一方面又经过道家传承人刘安及幕客在《淮南鸿烈》"游乎心手众虚之间"的"慷慨遗物"后，"是故五色乱目，使目不明，五声哗耳，使耳不聪，五味乱口，使口爽伤"，感性生命的"生"之乐荡然无存，中国生命美学已经岌岌可危了。如果说先秦庄子从本体论上解决了中国生命美学的性质问题，即在非对象性的前提下泯灭主客体，消除对象化，运用"宏观直析"的思维机制在"自适之适"和"忘适之适"中，完成蝴蝶与庄周融为一体的"天人合一"的美学范式；

那么，魏晋时代的美学家就要确立生命美学的价值取向"怎么样"的实质性问题，如前所述，这个价值取向就是对"情"的看重和高扬，宗白华多次用"热情""深情""侠情""神情""真情""世情"和"豪情"等词语予以褒奖和推崇。

在一个"国家不幸诗家幸"的时代，曾经秦皇汉武一般的"席卷天下，包举宇内，囊括四海之意，并吞八荒之心"和"汉将辞家破残贼。男儿本自重横行，天子非常赐颜色。搅金伐鼓下榆关，旌旆逶迤碣石间"的意气风发、雄心壮志的生命强力到哪里去了？！

荷尔德林曾言："哪里有危险，哪里就有被救渡的希望。"这个希望当然不是上帝的恩赐，而是人间的诗情，"它在'神圣之夜走遍大地'，不断地发现自己确证自己，不断为世界赋予意义。它是对生命意义的固执，是对人类自由本性，对人类精神家园的守望"。[22] 于是乎，在这个"长夜难明赤县天，百年魔怪舞翩跹"的时代，拯救民族生灵的诗神们和他们的作品突然雨后春笋般地出现在这苍凉厚土上，如曹丕的《典论·论文》，嵇康的《声无哀乐论》，陆机的《文赋》，顾恺之的《论画》，宗炳的《画山水序》，谢赫的《古画品录》，刘勰的《文心雕龙》，钟嵘的《诗品》，加上陶渊明的田园诗，谢灵运的山水诗，还有闪烁着人间温情的摩崖造像，更有刘义庆的《世说新语》等，不论是"白骨露于野，千里无鸡鸣。生民百遗一，念之断人肠"的苦情，还是"老骥伏枥，志在千里；烈士暮年，壮心不已"的豪情，不论是"中野何萧条，千里无人烟。念我平常居，气结不能言"的悲情，还是"人言母当去，岂复有还时？阿母常仁恻，今何更不慈"的深情，或是"结庐在人境，而无车马喧。问君何能尔？心远地自偏"的闲情，乃至"何以结愁悲？白绢双中衣。与我期何所？乃期东山隅"的恋情，都山呼海啸般地吹刮过这片苍凉厚土。

在这生与死的纠结、欲与理的纠缠、形与神的纠葛和有情与无情的纠纷中，诗人们的诗情所显示的诗意，"已经不再是指本体世界的存在与不存在，而是指生命世界的有限与无限，并且最终凝聚为超越有限以追求无限、通过无限以把握有限这一中国美学的价值取向"[23]。这时，诗人是否写诗已经不重要了，关键是要有"胸中沟壑"与"眼里乾坤"的诗意，它生动地呈现在《世说新语》中一个个诗人才子"传神写照"的神韵粲然、"妙不可言"的妙趣横生、"寓意于物"的意气风发中，这才是"古今风流，唯有晋代"的浓郁诗意盎然、诗情粲然和诗性皎然。他们是枕戈待旦的刘琨、击楫渡江的祖逖、兴亡唏嘘的桓温、临刑自若的嵇康、不拘小节的阮籍；更有"飘若游云，矫若惊龙"的王右军，"玉山上行，光映照人"的裴令公，"萧萧肃肃，爽朗清举"的嵇叔夜。不论他们是否是艺苑诗人，其诗人身份已经不重要了，甚至可以忽略不计，但他们"越名教而任自然"，所表现出来的天际真人的性格、自然无为的本质和道法自然的情怀，毫无疑问是真正而伟大的第一流的诗人的表现！由此可见，魏晋时代"中国美学在展开过程中又会形成什么样的价值取向呢？显而易见，是诗性的人生。简而言之，中国的自由，是指自为即自在，文明即自然"[24]。这一切都是在啸傲山林、浪迹江湖、漫步田园或写诗作文、书法绘画、参禅说佛中不期然而实现的"诗意栖居"，正如潘知常说的："诗性的人生意味着一种生存态度、人生态度。它是中华民族关于生命活动的一种本体论的选择。"[25]

3. 生命之维的反思：由诗坛到田园

因为诗性的人生，魏晋美学还将生命的价值落实在艺术与自然之中。

在整个中国艺术史上，魏晋时期的艺术是最"浓于生命色彩"的艺术，"天际真人"般的艺术家比比皆是，他们不仅仅把艺术如诗歌、书法、绘画、雕塑作为生活的一部分，而且视为生命的一部分，如羲之东床坦腹，阮籍醉眠酒家，谢安弈棋决胜，王猛扪虱而谈，子猷雪夜访戴，陶潜挂冠归去，尤其精彩的是"嵇中散临刑东市，神气不变，索琴弹之，奏《广陵散》"，"目送归鸿，手挥五弦。俯仰自得，游心太玄"。对此易中天教授在《魏晋风度》一书中赞曰："唯大英雄能本色，是真名士自风流。"这些艺术家以情趣为根本，以超拔为指向，以洒脱为风范，释放着生命的能量，挥洒着生命的激情，标举出生命的境界，将艺术行为与艺术作品融为一体，彻底消解了我们熟悉的创作主体与创作客体的对象性鸿沟，他们用自己的人生轨迹、生命风范，甚至用整个生命完满而充分地阐释了艺术的真谛——艺术与生命同在，这才是名副其实的地道的"美学生命"，换言之，这也才是身体力行的真正的"生命美学"。因为这种"生命"的意识和行为而介入的活动——"审美活动绝不是一种对于美的把握方式，而是一种充分自由的生命活动，一种人类最高的生命存在方式。它根源于对于生命自身的自我审判，以超越生命为指归，屹立在未来的地平线上，从终极关怀的角度推进着人类自身价值的生成"[26]。当代新儒家牟宗三在《才性与玄理》一书中认为"才性"是人自身的"种种生动活泼的表现形态或姿态"，人们"所观赏所感受之对象并非任何作品，而是人之生命情态自身"[27]。好一个"生命情态自身"，不正是中国生命美学苦苦寻求的对象吗？真是"蓦然回首，那人却在灯火阑珊处"。

宗白华说道："人物品藻"是这一时期特有"魏晋风度"的艺术，"所谓'品藻'的对象乃在'人物'。中国美学竟是出发于'人物品藻'之美学。美的概念、范畴、形容词，发源于人格美的评赏。'君子比德于玉'，中国人对于人格美的爱赏渊源极早，而品藻人物的空气，已盛行于汉末。到'世说新语时代'则登峰造极了"。[28]《世说新语》里的很多篇目，如《雅量》《识鉴》《赏誉》《品藻》《容止》等都是"人的美""人体美"，当然也是"生命美"的最好篇章。"在这里，人们自身的生命活动已经完全成为一帧艺术作品，人物品藻正是对诗性人生的品藻。人物品藻，往往以人生审美化的名士为对象。"[29]魏晋士人在构建生命美学的价值维度上，将"情"的意义发挥到了登峰造极的高度，将"情"的作用拓宽到了漫无边际的广度，将"情"的开掘推进到了无以复加的深度，生活与美、生存与美、生命与美水乳交融，这不但是前无古人的艺术美学，更是后无来者的生命美学。

或许正是因为有了如此的高峰，"物极必反""道者反之动"，中国的生命美学无疑会在起伏中缓慢前行，甚至走过一段曲折的道路。"晋人向外发现了自然，向内发现了自己的深情"[30]，把"人的发现"的人物品藻发挥到极致，即是"自然的发现"——生活的自然状态、生命的自然境界，这些魏晋人物丝毫没有做作，更没有炒作，一切都是发乎生命之情，但没有止于名教之礼。追溯魏晋士人那些所谓怪诞的做派、似乎反常的举止和真正超尘的风貌的思想渊源，是在汉代的经学衰微之后，糅合初期的黄老思想、后期的佛教思想，更有一以贯之的庄子哲学，这时它获得了一个独特的命名"玄学"。

　　"魏晋玄学又是以《老子》、《庄子》和《周易》即所谓'三玄'为主题的。《老》、《庄》属道家，《周易》属儒家。"[31]魏晋士人正是在儒家的有为而不得的情况下弃儒从道，最典型的莫过于陶渊明了，他把诗情画意的田园当成了人生最大的艺术。他"爱艺术却不唯艺术，只是以之作为体道的途径，只是为人生而艺术"[32]。"少无适俗韵，性本爱丘山"，为人生的本来性情而艺术；"先师有遗训，忧道不忧贫"，为人生的终极目标而艺术；"晨兴理荒秽，戴月荷锄归"，为人生的生活琐事而艺术。在生命美学的价值取向上，陶渊明选择的是"负能量"，在逃避世俗的隐居中，尽管有"悦亲戚之情话，乐琴书以消忧"的怡然，但是与他的《咏荆轲》"雄发指危冠，猛气冲长缨"的意气相比，已是霄壤之别了；以至于难以温饱而危及生存了，"环堵萧然，不蔽风日；短褐穿结，箪瓢屡空"。一个连自己身体都无法保全、生活都无保障的生命，还能有生命的美学价值吗？固然他的"无情"是一种个人选择，而作为一代宗师其产生的示范和导向则是中国文化难以接受的，更是与生命美学的价值取向背道而驰。尽管李白有"陶令日日醉，不知五柳春。素琴本无弦，漉酒用葛巾"，杜甫言"宽心应是酒，遣兴莫过诗。此意陶潜解，吾生后汝期"，欧阳修盛赞"晋无文章，唯陶渊明《归去来兮辞》"；但由诗坛到田园，实际上走过的是一条弱化生命价值、回避社会担当的自我放逐之路和现实回避之路。其失误的根本原因仍然是清净无为思想而导致的清心寡欲，鸢飞鱼跃的艺术不应走向清心寡欲的田园。

　　看来，由庄子到陶潜，不论是确立"道"的本体视界，还是建构"情"的价值选取，中国生命美学的真正形成，依然任重道远。

三、心理定位：解析生命存在之惑

　　中国的生命美学随着中国社会的不断前行和文化的不断丰富，一路向我们艰难走来。

　　如果说，先秦庄子从本体论的视域上，用"道"的非对象性思维揭示了生命的存在之谜，魏晋在价值论的选择中，用"情"的人本式体验建构起了生命的存在之维。那么，在南北朝到两宋这800余年内，中国人的生命存在经历了由分裂走向统一再走向分裂、由衰弱走向强盛再走向衰弱的"治乱"交织、"兴亡"交替和北方之"匈奴"与中原之"华夏"的反复交战。就共时性的生命存在视之，"不断向意义生成"的生命，如何为生老病死的存在寻求自我意识的心理定位；就历时性的生命美学视之，"在神圣之夜走遍大地"的生命，如何为兴亡盛衰的民族找到集体意识的心理定位？一个巨大的问号——生命存在的疑惑——悬在了普通生命，更是生命美学的面前。

刘小枫意味深长地说道："在这白日朗照、黑夜漫漫的世界中，终有一死的人究竟从何而来，又要去往何处，为何去往？有限的生命究竟如何寻得超越，又在哪里寻得灵魂的皈依？"[33]如果说生命是"存在物"，那么我们是凭什么感受到生命的"存在"的？显然，科学之求真、伦理之求善的"对象化"方式，感受到的只是生命的存在物，而不是存在。在这里，唯有艺术或审美能够让对象与主体亲密无间，德国浪漫主义美学大师谢林说过"没有审美感，人根本无法成为一个富有精神的人"。人的审美感就是康德曾孜孜以求的"主观的普遍性"和"客观的个别性"的审美判断。可是，如果说生命存在之维是"情"，那么这个"情"为何能引起广泛的共鸣，以慧能为代表的禅宗"妙悟"的介入，似乎为我们找到了解开这生命之惑的钥匙。潘知常说道："禅宗对妙悟的瞩目，意味着审美活动作为最高的生存方式在中华民族的生命活动中的地位得以进一步巩固，也意味着从心理层面为中国美学定位的开始。"[34]

然而，这一切都是福是祸？我们只能拭目以待。

1. 生命之惑的因由："有"与"无"的烦恼

生命存在的根据是什么？生命存在的缘由是什么？生命存在的意义又是什么？一系列的烦恼无时不萦绕在东晋末年到两宋时代每一个生命的脑海里。置身在战乱的交迫，委身于权贵的倾轧，像陶渊明这样的士人都是"苟全性命于乱世"，更何况芸芸众生，确实"富贵非吾愿，帝乡不可期"，但是真的能做到"聊乘化以归尽，乐夫天命复奚疑"吗？包括士大夫在内的芸芸众生无不是"身在江湖，心存魏阙"，就像陶渊明在《杂诗》中感叹的那样："人生无根蒂，飘如陌上尘；分散逐风转，此已非常身。"一个曾经纠缠过老子和庄子的人生大问题，更是宇宙元问题，当然也是肉胎凡体的大烦恼，再一次投射在中国文化的天空和中国文人的心中，那就是生存意义的此岸之"有"与死亡意义的彼岸之"无"的关系，真可谓"亦真亦幻难取舍"。如果说老子的"天下万物生于有，有生于无"是"无中生有"的对象性思维，庄子的"未知有无之果孰有孰无"是"无中生无"的非对象性思维；那么，是否还有连这个非对象性思维都消解了的思维使我们真正进入"天地与我并生，万物与我为一"的本源境界和本真天地的思维呢？华夏民族的生命存在和意义确实需要现实的拯救和未来的超度，西来的释迦牟尼能解民于倒悬吗？东汉末年佛教开始进入中国，300多年后已是"南朝四百八十寺，多少楼台烟雨中"，联系到陶渊明与我国佛教净土宗的发源地庐山脚下的东林寺的慧远法师过从甚密，就可知遥远的彼岸世界已经向人们发出了诚挚的邀请，以陶渊明为代表的生命也从中获得了"纵浪大化中，不喜亦不惧"的超然，"同一尽于百年，何欢寡而愁殷"的释然。

我们之所以要拿陶渊明"说事"，是因为他在中国生命美学发展的历程上，将曾经如曹操的"热情"似火、嵇康的"深情"似海和阮籍的"真情"如玉，放逐于纵情山水的闲情，失落在荷锄田园的怡情，完成了由艺术到田园的生命美学的逆生长，这恰好接上了隐居山林的禅宗和隐匿江湖的佛禅，把生命存在之维的"情"悄悄置换为生命存在之惑的"悟"，尽管他也有过"悟已往之不谏，知来者之可追"的反思，但这种"悟"仅是个人命运和时间意义之"醒悟"，丝毫没有对终极关怀和精神存在之"顿悟"。看来"有"与"无"的纠缠只能让生命之思进入"有之未有"和"无之未无"的前逻辑和前主体阶段。对此，宋代高僧普济认为：不论"参禅参到无参处"，都是"始彻头"和"未彻头"，那么，怎么办呢？只好跳出三界外，"若也欲穷千里目，直须更上一层楼"。不但消解了"有"，而且消解"无"，直言之，这个"有"与"无"既不对峙也不关联，是一个与人类生命没有丝毫关系的"伪命题"。而在"我即世界即佛"的圆融无碍中，"直指人心，见性成佛";在"我与世界有无"的参禅悟道中,"教外别传,不立文字";在"沉溺众生色相"的执迷不悟中,"释迦拈花,迦叶微笑"。

可是,我们怎样才能进入"有无俱忘"和"虚实不在"的状态呢,用彻底空明澄澈的心胸来无牵无挂地妙悟人间之道和宇宙大道呢?《五灯会元》的这两则说法,很能说明问题,它描写的尽管是面对"理因事有,心逐情生"的情形,但是主体从纷繁中脱身而出,进而达到"事境具忘,千山万水"的"无我"境界,终于进入"见山不是山,见水何曾别? 山河与大地,都是一轮月"的"无有"境界。在第一则说法中,"理因事有"和"心逐情生"都是"有",而"事境具忘"是庄子的"无",最后"千山万水"的心态,才是真正的"勘破"红尘,直入本相。在第二则说法中,"山河与大地"的"有"已经排除在世界之外了,一开始就进入的是一个不是山、不是水的"无"的世界,这相当于庄子的世界,最后"都是一轮月",不但"有"消逝了,而且"无"也消隐,这剩下的与其说是一个本真的世界,不如说是余下的唯有空明的心境。有了如此的心理定位,或许才能身在红尘而看破红尘,潘知常说道:"因此,不再斤斤计较于我与世界的二分、现象与本质的二分、主观与客观的二分、有限与无限的二分、空与有的二分、真与假的二分、凡与圣的二分、存在与毁灭的二分,也不再津津乐道于因缘论、实相论与解脱论的二分,而是直接进入这一切二分之前的同一世界。"[35]由此可见,在"有""无"纠缠而形成的烦恼中,禅宗不但放弃对象性的寻找,而且去掉了真实性的执念,哪怕人事纷扰,哪怕红尘万丈,都不过是"万古长空,一朝风月"。就像苏轼那首浓郁禅味的诗歌一样:

庐山烟雨浙江潮,未至千般恨不消。到得还来别无事,庐山烟雨浙江潮。

真可谓:"表里俱澄澈,悠然心会,妙处难与君说!"

2. 生命之惑的破解："物"与"我"的消除

中国美学在"物"与"我"的关系上，是比较注重"物"的地位的。记录起于西周止于春秋国别体著作的《国语》，基于"民之所欲，天必从之"的理念，就认为"声一无听，物一无文，味一无果，物一不讲"，意思是声音只有一个调就形不成音乐，颜色都一致就没有美丽，味道都一样就谈不上美味，事物单一就没有比较。而春秋晚期的老子用圣人的标准极力反对物欲对人的诱惑，"五色令人目盲，五音令人耳聋，五味令人口爽，驰骋畋猎令人心发狂，难得之货令人行妨。是以圣人为腹不为目，故去彼取此"。庄子站在"齐物论"的立场上，用"道"作为评判"物"对于"人"的价值，所谓"以道观之，物无贵贱；以物观之，自贵而相贱；以俗观之，贵贱不在己"。强调"物"与贵贱本身无关，而在于"我""观之"的角度，庄子不但没有消除"物"与"我"的对峙，反而让"我"陷入"物"的牵扯和羁绊中而不能自拔。魏晋士人如"竹林七贤"，啸傲山林，放浪形骸，蔑视礼法，率性而为，似乎不仅"忘物"而且也"忘我"了，但是他们的言行举止得到了文人的赞赏和诗人的青睐，想来这多半是带有不能"忘俗"的表演性质的。至于陶渊明看轻甚至放弃了官爵与地位、名望与身份等"身外之物"，但是躬耕田园、拜佛问道的"意义之我"是放不下的。

如何放下呢？庄子建议的"堕肢体，黜聪明，离形去知"的"坐忘"行吗？不行的，因为他先在性地设置了"形"与"知"，尽管你的肢体"堕"了，聪明也"去"了，但是这个有关于"道"的"形"与"知"真能去掉吗？陶渊明的"造饮辄尽，期在必醉"的酩酊大醉能破解吗？不能的，因为"举杯浇愁愁更愁"，他的"既窈窕以寻壑，亦崎岖而经丘"的山林野趣能解惑吗？仍然不能的，因为这还处于"有事于西畴"的俗务。看来要为包括生命美学在内的中国美学寻求最根本、最原初、最纯洁的心理定位，抛弃包括"自身"在内的一切念想，达到真正的"坐忘"，进入彻底的"心斋"，从而解开生命存在的疑惑，只能靠"妙悟"之"悟"了。在禅宗史上的这两段偈语最能说明问题，先是神秀禅师急匆匆地说出了："身是菩提树，心如明镜台，时时勤拂拭，勿使惹尘埃。"意思是说，只要坚持"时时勤拂拭"，就会永远保持"心如明镜台"，生命之美似乎通体透彻、晶莹灿烂了。

然而因为有"吾身"的存在，尽管有代表智慧和觉悟的"菩提树"，但我之"身"还是无法顿悟真理，达不到豁然开朗的境界。接着慧能出场了："菩提本无树，明镜亦非台；本来无一物，何处惹尘埃。"在这里，"菩提"也罢，"明镜"也罢，都是什么都不是的"本来无一物"，你的"身"什么都不"是"，你的"心"也没有任何事物可以"如"，"菩提树"和"明镜台"更是虚妄之极，那就根本不存在"惹尘埃"，哪里还用得着"勤拂拭"呢？"物"彻底消失了，其实是原本就不存在的，生命在大彻大悟后又重新回到了生命的本真状态。用这种犹如海德格尔的"去蔽"的话讲，就是存在物的不存在反而让我们看到了"存在"，那就像婴儿眼中看到的世界一样。

显然，完成这发现生命、体验生命和感悟生命的最高境界和最好效果，依然只能是"妙悟"，禅宗先驱东晋高僧僧肇在《涅槃无名论》里说得好："玄道在于妙悟，妙悟在于即真，即真则有无齐观，齐观则彼己莫二。"所以天地与我同根，万物与我一体。此时此刻，我们的心灵澄澈无比，我们的感知了无滞障，在"大彻大悟"的心理状态中直视生命的本心，直达存在的本源。在他开创的中国生命美学的"妙悟说"的基础上，后来的艺术家又将"妙悟"延伸到了美学的典型形态的艺术上，正是顾恺之所谓的"四体妍蚩，本无关于妙处，传神写照，正在阿堵中"。唐代画论家张彦远在《历代名画录》里也是这样认为的："凝神遐想，妙悟自然，物我两忘，离形去智。"唐代书论家张怀瓘也将"妙品"视为书法艺术的境界之一。南宋诗论家严羽在《沧浪诗话》里说："大抵禅道唯在妙悟，诗道亦在妙悟。"清代园艺家李渔也认为"开窗莫妙于借景"。及至以后的"妙笔生花""妙不可言""慧心妙舌""妙手丹青""妙舞清歌""匠心独妙""美妙绝伦"等，建构了艺术创造主体和接受客体的生命美学的艺术观，这既是艺术的生命，也是生命的艺术。

如此，如潘知常说的那样："既不是以物观物（这是与道家的根本区别），也不是以我观物（这是与儒家的根本区别），而是物我双照：既以物观物，又以我观物，就是这样，曾经一度丧失了真实性的生命存在，转瞬之间再次呈现出来。青山自青山，白云自白云，人类自人类，'柳绿花红'，'眼横鼻直'，如此而已。"[36]

3. 生命之惑的反思："诗"与"思"的呈现

以慧能为代表的禅宗推崇的"悟"从最深的心理层次上为生命存在做了本源性和原初性的定位，"悟"就是"悟"本身，加上习惯性的一个"妙"字，则意味着这种"悟"在一刹那间犹如妙龄少女欣然绽放的豁然开朗。不论是生命美学有关生命的存在是什么，还是生命存在如何超越存在而进入那种迷离而美妙的生命至境，都在所谓"道可道非常道"和"名可名非常名"的反思中，把生命模糊而清晰的体验和感受传递出来。

我们可以借用海德格尔有关"诗"与"思"的一组概念来反思，"悟"对于生命存在之惑的心理定位的失误，就能发现禅宗美学尽管将人类的审美活动的心理机制挖掘到了极限，对揭示美的感受达到了登峰造极的地步，但是"真理多走了半步，也许就是谬误了"，简言之，它只有"思"的存在，而没有"诗"的存在物。就像整个艺术只剩下"语言"本身一样，整个人的生命也只有一刹那的"妙悟"后的茫然。生命美学是对生命存在及其意义的反思，这时的生命感受只有意义而没有生命本身，"皮之不存毛将焉附"。

海德格尔认为，诗"作为'人之说'的另一种本真方式，'诗'同样源于'倾听'，……而非康德等近代哲学家们鼓吹的骄横跋扈的'主体的天才活动'；从语言角度看，'诗'乃是对存在和万物的'创建性命名'；从本质上说，'诗'乃是'真理历史性地生成和进入存在的突出方式'"[37]。思"作为'人之说'的一种本真方式，'思'首先是一种'倾听'，一种'让……自行显现'和'让……自行道说'而非'追问'；它所提供的不是'知'，更不是'知识与事实的符合一致'意义上的所谓'真理'，而是'道路'。'思'之实质，乃是一种'道路建设'"[38]。结合中国美学来理解"诗"与"思"的关系，它们的不同处在于，从"诗"是一种本源的命名而言，它相当于"起兴""隐喻"一类的艺术表现，从"思"是一种本真的显现而言，它相当于"传神""言志"一类的理念的呈现；二者在本质意义上都源于对"存在"和"语言"的"倾听"，应和着道说而道说，一是"诗意的道说"，一是"思性的道说"。关键是如何让它们除却语言的遮蔽而"恬然澄明"，正如一首著名的禅宗偈语诗揭示的那样："尽日寻春不见春，芒鞋踏遍陇头云。归来笑拈梅花嗅，春在枝头已十分。"如果说"思"的询问意味着解除遮蔽，返回世界之初和生命之源的"道路建设"；那么"诗"的表现就意味着找到了进入世界存在方式的"建设道路"。

同样是禅宗的"妙悟"，或海德格尔"思"与"诗"的交融，在进入"道"的途径或为审美活动进行心理定位美学思辨中，即为生命美学的美感渊源揭示上，如果说海德格尔推崇的是"听"，那么潘知常发现的是"看"，这不仅是中国美学精神的感性说明，而且是中国生命美学的感官确立。"故人正是最为根本、最为源初、最为直接地生存在看之中，正是看使人成之为人。看即生存，看即世界，真实地去看即真实地去生存、学会看即学会生存。"[39]潘知常在《中国美学精神》里，分别从时间、空间、意义三个方面深刻地阐明了"看"的意义。首先"看"是"时间的直接性，是指看的无阶段、无距离、无间隔、无中介、无空隙，直接接触，直接吻合"。如郭熙提倡的"饱游饫看"，王夫之的"于心目相取处得景"，金圣叹的"灵眼觑见"，充分凸显了感官之"看"的直接性、全面性和具体性的生命存在的证明。其次"看"是"空间的直接性，是指看的非割裂、非局部、非片断、非枝节、非层次、非抽象"。王维诗云"山河天眼里，世界法身中"，《五灯会元》里记载有位蜀僧方辩为慧能塑像："乃塑祖真，可高七尺，曲尽其妙。祖（慧能——笔者注）观之曰：'汝善塑性，不善佛性。'"说明"看"不仅是一刹那间空间全覆盖的皮相之见，而且是长久性的时间积累后的用心看，所谓"外行看热闹，内行看门道"。最后是"看"的意义，"至于意义的直接性，则是指看的超逻辑、超概念、超历史、超物我、超区别"。恰如郭熙说的"尽见其大象，而不为斩刻之形，则云气之态度活矣"，王夫之指出的"取景则于击目经心丝分缕合之际，貌固有而言之不欺"；"透过现象看本质"是也。总之"看发生在我思之前"。[40]这里的"看"不仅是观物而取象，而且是目击而道存；不仅是看云蒸霞蔚，气象万千，而且是看大化流衍，生意盎然。这对我们反思艺术发生的物象、兴象、意象，而至形象，应该是有意味深长的启迪的，究其实质，应该是生命的感兴、起兴，而至神兴的"诗"与"思"的相谐、"物"与"我"的相适。

否则的话，我们就会如王夫之说的那样："仰视天而不知其高，俯视地而不知其厚，虽觉如梦，虽视如盲，虽勤动其四体而心不灵，唯不兴故也。""可见，只有看才能拯救被我思窒息了的人，只有看才能恭护人之为人的真谛，只有看才能使人成为全面发展的人、审美的人，也只有看才能使得世界的丰富性，全面性永存、诗意的光辉永存。"[41]通过"看"的身临其境，主体与对象同时呈现出精妙无比的"诗性"和精深无限的"思性"。

四、感性选择：回归生命存在之本

"妙悟"作为中国美学精神的心理定位实在是一把犀利的双刃剑，它在直探本源"一剑锁喉"的同时，也陷入"剑走偏锋"的死胡同。如果我们的生命美学在生命价值的体验和生命意义的生成上，果真是动辄谈玄说道式的"虚静"、旁敲侧击式的"棒喝"，甚至是装神弄鬼式的"念咒"，那么"木末芙蓉花，山中发红萼"般热闹而鲜活的生命，只会剩下"涧户寂无人，纷纷开且落"般冷漠和死寂，鲜活的生命只会剩下干枯的木乃伊。从盛唐到大宋再到蒙元以降，封建集权历经高度专制到了明朝已渐入无可救药的地步，上千年的小农经济发展逐渐停滞，到了明朝已有了资本主义的萌芽，明末清初的思想家黄宗羲和王夫之，几乎同时用"天崩地解""天崩地裂"来惊呼这个时代的巨变。就中国美学而言，在经历了漫长的对"道"的"妙悟"而不食人间烟火、对"情"的"虚静"而神游于物之后，明代后期出现了高扬"童心"与"世情"的两大美学思潮。"由于农业、手工业和商业等的进一步发展，新的社会力量即市民阶层勃然兴起与壮大，商品意识在人们头脑里开始萌芽和发展，在这种情况下，旧的价值观念随之发生动摇，传统的美学意识也便受到了冲击，代之而起的是一种力图冲破传统桎梏的新的美学思潮。诸如李贽的'童心'说，公安派与袁枚的'性灵'说，汤显祖等人的'世情'论，以及黄宗羲、贺贻孙、廖燕、郑板桥、戴震等人的美学思想相继提出，各领风骚。"[42]文艺领域到处风花雪月，尽是才子佳人，《牡丹亭》《红梅记》《玉簪记》等戏剧风行一时，"三言二拍"、《西游记》、《金瓶梅》等小说洛阳纸贵。相比于坐而论道的佛禅空门，男欢女爱的世俗生活无疑更符合人性，还彰显人伦，更能赢得人心，中国美学在告别魏晋风流的1000年后，终于再一次踏上了感性选择的春光大道，这是中国美学精神的壮丽日出，更是中国生命美学的盛大节日。

1. 生命之本的回归：欲望的明证

这股生命之本的感性欲望在明中叶得到尽情释放后，便一发而不可收，汇聚而演变成了整个明清的浪漫主义文艺思潮，小说有蒲松龄《聊斋志异》、吴敬梓《儒林外史》，更有曹雪芹《红楼梦》的横空出世；戏剧洪昇《长生殿》、孔尚任《桃花扇》的观者如潮；明中叶有狂放一时的诗人兼画家的唐寅、祝允明等"吴中四才子"，清中叶有离经叛道的书画家郑燮、金农等"扬州八怪"；还有连乡试都落第的李渔，在彻底放弃功名后，沉醉于西子湖畔的花鸟鱼虫和琴棋书画，寄情于山水园林和戏剧曲苑，耽溺于吃喝玩乐，甚至声色犬马，完成了文艺生活诗性人生的"百科全书"《闲情偶寄》。前后500年左右的明清，尤其是明中叶到清初年，李泽厚在《美的历程》里从文艺思潮的角度把它们归为"市民文艺"，"对人情世俗的津津玩味，对荣华富贵的钦羡渴望，对性的解放的企望欲求，对'公案'、神怪的广泛兴趣"，尤其是"普通男女之间的性爱"，"尽管这里充满了小市民的种种庸俗、低级、浅薄、无聊，……但它们倒是有生命活力的新生意识"[43]；潘知常也在《美的冲突》里从美学发展的视角把它们概括为"启蒙美学"，"以'天理'（理性）与'人欲'（感性）的激烈冲突为中心环节，借'趣味'美学理想批判古典美学的'意境'美学理想，借'陡然一惊'的浪漫主义或现实主义的创作方法批判古典美学的'温柔敦厚'的古典主义创作方法"。[44]潘知常在《中国美学精神》里分析道，长久以来"儒家采取的对策是：以道德作为人的本质。在它看来，生命不是欲望的有机体，而是道德的承担者，只有借助道德主体的确立把对于欲望的痛苦转变为对于道德的主动追求，就可以把欲望从身上分离出去，并且最终通过确立道德的途径来超越导致某种内在的巨大紧张的源头——欲望"[45]。

对此，明清的三位哲学大师王阳明、李贽和王夫之，从"物"与"我"（"心"）、"礼"与"情"（"性"）、"内"与"外"的矛盾及其运动的角度，阐明了生命存在之维的"真"是什么，为"欲望"在生命系统的合法性存在奠定了哲学的第一块基石。率先在哲学上为之开道的当数明代大儒王阳明，然而在近现代以来的哲学史上将之归为"主观唯心主义"，他著名的"天下无心外之物"的"山中观花"论述，呈现的是"心"与"物"的同时绽放，也是"情"与"景"的高度契合，它强调的是主体全身心地投入对象，这种对主体意志的弘扬和主体精神的高扬，其实就是对生命本性的肯定和个体欲望的褒奖。他还在《传习录》中，就人的感官与世界的关系，探讨了生命的本体是什么，"目无体，以万物之色为体；耳无体，以万物之声为体；鼻无体，以万物之臭为体；口无体，以万物之味为体"。这里的"万物之'色'"（"声""臭""味"）就是充满诱惑的感性存在，生命之体在没有万物映照之前是不存在的，经过对象与主体的亲密接触后，物我一体了，知行合一了，揭示的还是个体的生命存在如何投入鲜活而火热的现实生活，从而获得存在的意义。

到了明末，被当局诬以"敢倡乱道，惑世谤民"的李贽从早期人道主义的立场出发，充分肯定个体存在的价值，特别赞赏率性真实的生命，他在《焚书·读律肤说》里直截了当地说："自然发于性情，则自然止乎礼义，非情性之外复有礼义可止也。"不但断然否定了儒家流传千年的"发乎情止乎礼义"压抑人性的教条，而且直接为生命之"性情"张目礼赞；他还在《焚书·答邓石阳》里更明白晓畅地说："穿衣吃饭，即是人伦物理；除却穿衣吃饭，无伦物也。"他把感性的欲望用最真实最生动的语言"穿衣吃饭"来比附，再一次印证了欲望是发乎自然的性情，尊重它的存在、发挥它的作用，才能彰显它的价值。一句话，体验和享用它更是自然之理。

紧接着的是王夫之，他从"气日以滋，理日以成"的认识论出发，反对道学的"去人欲，存天理"的禁欲主义，认为"私欲之中，天理所寓"。个体的自然生理欲望是"天理"，并为其先在性的存在而出具了无须证明的"天"的理由；并进一步指出，如果要"耳限于所闻""目限于所见"那一定是"夺其天聪""夺其天明"，确立了以"耳目"为代表的感性存在的必然性和合法性，要获得生活的真知、要体验生命的真情，就必须"力行而后知之真"。王夫之在"欲望"的先在性、合法性和必然性的揭示后，认为美首先是"固有"的，然后是"流动"的，最后才是"成绮丽"的，美是在事物的运动中产生和发展的，所谓"两间之固有者……流动生变而成绮丽"。不管它讲的是自然美还是意境美，他都充分肯定了生命的感性欲求，而且认为这种感性之美应该是"内极才情，外周物理"的和谐。

2. 生命之本的强化：性灵的激荡

"青山遮不住，毕竟东流去。"在王阳明、李贽、王夫之等哲学大师的求索呼吁中，在黄宗羲、叶燮、脂砚斋等美学大腕的旁征博引中，在汤显祖、李渔、曹雪芹等文艺大师的身体力行下，历史一进入明中叶，中国文化由来已久的"以道补儒"的人格结构岌岌可危，中国美学千百年形成的"以理节情"的审美观念轰然坍塌，中国民众根深蒂固的"乐而不淫"的生活理念再一次受到严峻的挑战。

黄宗羲这位博学多才又倡导"经世致用"并身体力行的美学家，置身于明末清初民族矛盾异常尖锐的时代，建立起了以诗文为载体"抒情写愤"、以"元气"为实质的崇高风格的美学思想，他在《南雷文约》说道："夫文章，天地之元气也。……逮夫厄运危时，天地闭塞，元气鼓荡而出，拥勇郁遏，坌愤激讦，而后至文生焉。"这种至大至刚、至情至义，表面看来是在阐述文学创作，而实际上是他真性情、真自我和真实生命感受的流露。他进而在《明儒学案》里阐述道："夫在天为气者，在人为心，在天为理者，在人为性。理气如是则心性亦如是，决无异也。"把"心性"之感性荡漾，纳入了"理气"之正统规范，尽管有宋明理学的嫌疑，但他依然保留了"气"的位置。由此说明，中国美学在人的生命存在和意义的探寻中是如何不容易，它有时还不得不借助这块"理"和"礼"的"遮羞布"来表明自己的意图。如同马克思《共产党宣言》里说的"臀部带有旧的封建纹章"，而我们的人民并没有"哈哈哈大笑，一哄而散"。清康熙时期美学家叶燮奉行唯物主义的美学观念，在《已畦文集》里阐述了"凡物之生而美者，美本乎天者也，本乎天自有之美也"。对象是否美不是人能决定的，而是"天"决定的，如果顺乎自然规律，那么美就会产生。它说明人类生命只有顺应自然规律、适应历史发展，才能具有美的价值，正可谓"乾坤一日不息，则人之智慧心思，必无尽与穷之日"。大化流衍，与时俱进；叶燮最后形成了"理事情"三者统一的文艺美学见解，即他在

《原诗》中所说的："唯不可名言之理，不可施见之事，不可径达之情，则幽渺以为理，想象以为事，惝恍以为情，方为理至、事至、情至之语。"其实这三者的统一不仅局限于文艺，也表现于诗人的"诗以人见，人以诗见"。这正是这一时期慷慨激昂的爱国诗人顾炎武、广交江湖文朋的戏剧家洪昇，还有笔意纵横、泼墨淋漓的大画家朱耷等"诗酒人生"的生动体现，也为不久后的"性灵"三杰提供了理论的支持。以乾嘉时期大诗人袁枚、赵翼、张问陶等为代表，在文学创作上主张直报"性情"，反对复古模拟风气，强调要直接抒发人的性灵，表现真实情感。脂砚斋的身世尽管尚无考证定论，但通过他对《红楼梦》的评论实见其真性情的美学情怀，他说："最恨近之野史中，恶则无往不恶，美则无一不美，何不近情理之如是耶。"他认为曹雪芹的小说写得有情有理，就在于他"身经目睹""亲历其境"，只有"领略过乃事，迷陷过乃情"的人，才能理解作者——"满纸荒唐言，一把辛酸泪。都云作者痴，谁解其中味？"激愤、忧伤而无奈的自况，道出了作者心中的酸甜苦辣。

　　明清的美学家从哲学的层面让"欲望"得以回归，使"性灵"得以激荡——"真"，乃生命存在之本的揭示，为汤显祖、李渔和曹雪芹在艺术舞台的登场，拉开了美学的大幕。置身于"有法之天下"的汤显祖，这位与莎士比亚同时代的艺术家，毕生追求"有情之天下"而不得，于是寄托于"临川四梦"，汤显祖"因情成梦，因梦成戏"，杜丽娘"生可以死，死可以生"，生命在他的笔下何其浪漫绚丽、壮阔宏丽、奇异瑰丽。李渔不但是一个戏剧家，从事编导，而且还是一个大玩家，混迹于三教九流、穿行于江湖豪门，一部《闲情偶寄》就包括了《词曲部》《演习部》《声容部》《居室部》《器玩部》《饮馔部》《种植部》《颐养部》八个部分，几乎是明末清初士人、文人、市民真实生活的写照。到了曹雪芹，更是"情圣""情痴""情种"的代表与化身，一部《红楼梦》就是明证，对此，潘知常予以高度评价："曹雪芹的为美学补'情性'，无疑是启蒙美学的高峰。'开辟鸿蒙，谁为情种'，曹雪芹深知中国美学的缺憾所在，洞察到第三进向的人与自我（灵魂）的维度的阙如，并且发现大荒无稽的世界（儒道佛世界）中，只剩下一块生为'情种'的石头没有使用，被'弃在青梗峰下'，于是毅然启用此石，为无情

171

之天补'情'，亦即以'情性'来重新设定人性（脂砚斋说：《红楼梦》是'让天下人共来哭这个"情"字'），弥补作为第三进向的人与自我（灵魂）的维度的阙如。这无疑意味着理解中国美学的一种崭新的方式（因此《红楼梦》不是警世之作，而是煽'情'之作）。"[46]

更值得关注的是，明清数百年间，风云际会，天地翻覆，潘知常在《中国美学精神》里打捞出一位被众多的"中国美学史"遗忘了的人——著名启蒙哲学家戴震。从李贽到戴震，他们为这短短的一百年，更是为中国古典美学，尤其是生命美学显露出了高峰的迹象。李贽竭力赞赏未经儒教理学浸润和污染过的"童心"，他说："夫童心者，绝假纯真，最初一念之本心也。"格外强调要做一个"真人"，其实不论是"童心"还是"真人"，都要求展示人最原始的欲望和最真实的本性。对此，潘知常教授用赞赏的口吻说："李贽的《童心说》，是一篇当之无愧人的发现的宣言书，他把作为人的'绝假纯真，最初一念之本心'的'童心'，作为与封建'天理'的'闻见''道理'势不两立的对立面。"[47]戴震从"一本"的人论出发，在绪言里提出："天地之气化，流行不已，生生不息，其实体即纯美精好；人伦日用，其自然不失却纯美精好。"他还在《孟子字义疏证》里说道："味与声色在物，不在我，接于我之心知，能辨之而悦之，其悦者，必其尤美者也。"真可谓"爱美之心人皆有之"，说明了审美是人类生命的本能。潘知常激赞曰："在中国美学史上仍有其巨大的革命意义，他把美同人的生命活动联系在一起，从根本上扭转了前此美学的方向，无疑是最彻底、最深刻的美学启蒙，离近代美学也就有一步之遥了。"[48]

3. 生命之本的反思：启蒙的夭折

然而，没有想到的是，这一步之遥，是何其地遥远，以至于遥遥无期！

曾经写出《童心说》的李贽和推崇"性灵说"的"公安三袁"——作为"时代弯弓上的响箭"，曾经高扬"自然之华，流动生变而成绮丽"的王夫之和"凡物之生而美者，美本乎天者"的叶燮——主张"推故而别致其新"，及至中国生命美学在清朝开国一百年前后，在戴震发出"流行不已，生生不息"的生命礼赞后，在曹雪芹发出"开辟鸿蒙，谁为情种"的命运质疑后——这被潘知常喻为"戛然而止的最强音"的美学思想——遭到了以沈德潜"温柔敦厚"为代表的古典美学卷土重来的无情扫荡，启蒙美学遭遇遽然夭折。从沈德潜开始讲究"格调"，古典美学绵延至清末的桐城派看重"义法"。沈德潜在《说诗晬语》开头就说："诗之为道，可以理性情，善伦物，感鬼神，设教邦国，应对诸侯，用如此其重也。"同时提倡"温柔敦厚，斯为极则"，竭力鼓吹儒家传统"诗教"。乾隆年间桐城派的方苞奉命编选《古文约选》，他系统阐述了"文统""道统"的"义法"主旨，并揭示出古文"助流政教之本志"，他们宣传儒家思想，尤其是程朱理学，"阐道翼教"，力求"清真雅正"的文风。如此"文以载道"的文统，充满生命激情的性灵文艺荡然无存；如此"经世致用"的道统，崇奉生命感性的启蒙美学中道崩殂。对此，潘知常不无遗憾地说："整整三代美学家的思想探索，最终化为泡影。一度曾经那样喧闹、嘈杂而又生气勃勃的美学舞台，逐渐沉寂了下来……"[49]

"往者不可追"。如前所述，不论是欲望的蓬勃还是性灵的激荡，生命存在于"真"，最能体现这个"真"有两个人：一个是"不信道，不信仙释"的李贽，"卧薪尝胆为吞吴，铁面枪牙是丈夫。嗟彼力能扛鼎者，拔山气盖竟迷途"！他借古咏今，张扬出大丈夫的生命豪情。一个是无意于经济仕途，隐居杭州的李渔，他游山玩水，小日子过得有滋有味，他自诩道："李子遨游天下，四十年，海内名山大川，十经六七，始知造物非他，乃古今第一才人也。"他们分别从生命之"气"和生命之"趣"为生命美学奠定了实实在在的感性之基，但于生命美学的学理建构还缺乏形而上的超越气度和终极询问。

对此，明清时期的美学家们并不是没有思考过，从他们对"真"的探究，就可见一斑。明清美学家追求生命存在意义之"真"，汤显祖说"文不真，不足行"，袁宏道说"任性而发"，金圣叹说词家写景"须写得又清真，又灵幻"，尤其是伟大的思想家美学家李贽更是推崇"绝假纯真"的做人原则，把"真"视为人存在的全部价值和生命的最高境界："失却童心，便失却真心；失却真心，便失却真人。人而非真，全不复有初矣。"由于他们针对"前后七子"歌功颂德的"台阁体"诗文，程朱理学"饿死事小，失节事大"的"假道学"蒙蔽，所以在生命存在和超越的探求上，这些美学见解依然属于对象性思维和此岸式立论，一定意义上与庄子的"法天贵真"的自然之真和陶渊明的"此中有真意"存在之真，相去甚远。因为他们的艺术企求是像明末世情小说集《今古奇观》序言所谓的："极摹人情世态之歧，备写悲欢离合之致。"

《红楼梦》之所以会被高鹗加了一个大团圆的"光明的尾巴"，原来也是因为曹雪芹在"真"的理解和表达方面留下了一个"美学的漏洞"，即道家一般的"清心寡欲"地谈情说爱。曹雪芹所推崇的"情情"，在贾宝玉和林黛玉那里，仅仅是一种"两小无猜"的"纯情"，也是一种"执手泪眼"的"真情"，这种"真"和"纯"分别体现为贾宝玉的"憨情"和林黛玉的"痴情"。潘知常独具慧眼地看到，"这个儿童固然重'情'，但是却畏惧成长、畏惧浊物、畏惧一切成长即丰性的生命，甚至以死来表示自己不愿长大，因为长大即意味着堕落，所谓'质本洁来还洁去'。由此，《红楼梦》的'情'（中国的最高层次的爱情）要的就不是爱本身，而是自然、天然的情，如果一定要称之为爱情，那也只能是一种中国式的否定生命的爱情，产生于不健康的、病弱的生命的爱情，产生于倒退、停滞、不愿长大的儿童的爱情。"[50]贾宝玉和林黛玉的爱情不是情欲交织时炙热的爱情，而是仙风道骨式的"柏拉图之爱"；他们的爱情倒是纯洁了，可爱本身又消隐了，他们的情爱倒是高尚了，可情本身又凝滞了。看来，在生命存在之本的"真"上，曹雪芹还需要回归生命之本性，在生命超越之"性"上，《红楼梦》还不能抹杀生命之原欲。曹雪芹的"美学漏洞"关键还是他未能走出儒道互补和以道补儒的文化泥淖。潘知常一针见血地指出："面对中国的危机，明中叶后启蒙美学不是跳出现有的理论模式，重铸理论武器，而是退入补机制之中，借道反儒。历史与人、社会和自然、伦理学与美学、感性和理想，诸如此类近代意义上的深刻的美学矛盾，被混同于古典意义上的道家和儒家的美学矛盾。由是，明中叶美学无疑很难导入真正的美学革命。"[51]

中国美学的过去是什么，已经不重要了，重要的是它的"古为今用"的价值。中国的生命美学是什么？又应该如何建构？的确是一个从历史走来的话题。潘知常新修订的《中国美学精神》对中国生命美学的建构贡献了诸多富有开创性和启发性的思想，那就是从本体视界的转换、价值取向的选择、心理定位的开掘、感性选择的确立的层面上，启示生命美学的研究应该在"无神的信仰""无神的宗教"背景下以对于美学的终极关怀的追思作为美学的根本追求。他对中国古代生命美学的思考，只是一个起点，那么，中国美学，尤其是中国生命美学何去何从呢？

历史不是宁静的海岸线，而是伸向未来时间海洋的半岛。

中国生命美学在探索华夏民族的生命主题上，肇始于《山海经》的生命神奇，继之于老庄的生命还乡，兴之于魏晋的生命情怀，奇之于慧能的生命空灵，盛之于明清的生命呼啸，近代唯有龚自珍在文学上提出"尊情"说，主张作诗与为人的合一，并用火一般的生命激情著成"九州生气恃风雷，万马齐喑究可哀。我劝天公重抖擞，不拘一格降人才"一诗，发出了生命的呐喊。

20世纪的上半叶是中华民族启蒙与救亡的时代，这是一个西学东渐和国学渐衰的文化交融、碰撞、承传和断裂的复杂而动荡的时代。在"打倒孔家店"清理传统文化的浪潮中，"别求新声于异邦"，构成了这一时代中国生命美学的现实机遇和历史选择。"20世纪初，中国社会的风云激荡，哲学思想、伦理思想、文学艺术的弃旧图新，尤其是中国知识分子与中国统治者之间关系的亟待调整，都使得一个深刻的时代课题被确信无误地凸现出来。"[52]潘知常发现应该"写着中国的灵魂，指示着将来的命运"（鲁迅语）的中国美学在如何迅速地与西方美学，尤其是以叔本华、尼采、伯格森为代表的生命美学接轨和反思中，启发和引领中国人走向超越苦难而抗争，陷入迷茫又存在希望的生命存在之境。

在王国维的"生命欲望"、鲁迅的"生命进化"、张竞生的"生命扩张"、宗白华的"生命情调"等的思想财富中，还有提倡生命美学的朱光潜、方东美等的思想大师中，潘知常着重对王国维和鲁迅、方东美和宗白华进行研究。

五、《红楼梦》研究：呈现生命存在之美

潘知常在中国美学历史的研究中，非常重视明清的小说，2008年学林出版社推出了他的《〈红楼梦〉为什么这样红：潘知常导读〈红楼梦〉》，2016年学林出版

社又出版了他的《谁劫持了我们的美感：潘知常揭秘四大奇书》，他以中国四部著名的古典小说《三国演义》《水浒传》《西游记》《金瓶梅》为解读蓝本，分析这四部文学名著产生和反映的时代及政治文化背景，再结合小说中的生动情节、传神细节和典型人物所体现出来的价值取向与审美意义，提出了用以《红楼梦》为代表的"忧生"的美学传统取代"三国气""水浒气"的伪美学传统的重要思想。

在论及中国美学传统时，潘知常借用王国维"以文学为生活"和"为文学而生活"的说法，认为中国美学有两个传统：一是从《诗经》到《水浒》的现实关怀的"忧世"传统，它们都是"以文学为生活"；一是从《山海经》到《红楼梦》的终极关怀的"忧生"传统，它们是"为文学而生活"。后者是一个"带着爱上路"的"爱的传统"，这恰恰是中国美学对世界的贡献所在，中国文学界应该把目光投往这个方向。而《红楼梦》的划时代意义，就在于整个小说虽然如探春说的"咱们倒是一家子亲骨肉呢，一个个像乌鸡眼似的，恨不得你吃了我，我吃了你"，其中不乏权术之争、闺阁之斗和鸡鸣狗盗、争风吃醋，但是曹雪芹定下的"开辟鸿蒙，谁为情种"的立意，"千红一哭，万艳同悲"的结局，其中的超越恨之爱和超越性之情，将生命之美表现得淋漓尽致。如果说此前的中国美学纠结的是如叔齐、屈原、杜甫、李煜那样的"家国之痛"，执迷的是如共工、曹操、苏轼、杨慎的"人生之哀"，那么到了《红楼梦》，则如潘知常在《"开辟鸿蒙 谁为情种"——〈红楼梦〉与第三进向的美学》一文中说的——"从'情性'这样一个新的人性根据出发，《红楼梦》首先颠覆了全部历史：暴力、道德的历史第一次被'情性'的觉醒所取代。《红楼梦》的出现，是中国的人性觉醒的标志"[53]。这是一部从生命本体和精神世界入手来考察民族的精神困境的大书，更是一部爱的圣经，是文学宝典和灵魂史诗。所以鲁迅才发现："自有《红楼梦》出来以后，传统的思想和写法都打破了。"[54]

1. 在王国维以后

潘知常在他的美学研究中留下了三个"以后"，这些都是他站在巨人的肩头眺望到的美学新大陆。

　　"康德以后"开启的是"以先验代理性"的启蒙现代性的理路。

　　"尼采以后"引来的是"以审美促信仰"的审美现代性的霞光。

　　如果说这两个"以后"标志着以"神性"为视界的美学终结了，以"理性"为视界的美学也终结了，那么，意味着在中国以"生命"为视界的美学是肇始于王国维的，准确地说是肇始于他对《红楼梦》的研究，因此才有这第三个"以后"——"王国维以后"。

　　潘知常在世纪初年集中推出了一系列王国维研究的著述和文章，如2005年文津出版社出版的《王国维　独上高楼》和发表在《汕头大学学报》《西北师大学报》《福建论坛》等的《为爱作证——从王国维、鲁迅看新世纪美学的信仰启蒙》《王国维的美学末路》《世纪回眸：王国维比我们多出什么》。

　　的确，在20世纪中国美学的历程中，王国维的开拓之功何其巨大。他并非黄昏才起飞的猫头鹰，而是早在暗夜中就高高飞翔的夜莺——不无痛苦的夜莺。他对人性、审美的创造性理解，都是作为问题而存在的思想，都是伟大的提问、敏锐的预见，其中存在着思想的巨大张力与多元对话的恢宏空间。而他最大的成功，或许应该说是早在20世纪之初就以天才的敏锐洞察到美学转向的大潮，不仅直探美学的现代底蕴，而且敢于把他的独得之秘公布于世。这独得之秘，就是审美活动与个体生命活动密切相关。因此，作为一种全新的美学，王国维的美学无疑是一种前所未有的在西方美学影响下产生的灵魂话语、精神话语和生命话语。

　　在《红楼梦》的研究上，诚如顾颉刚先生在《〈红楼梦辨〉序》中指出的，索引派不过是"嘘气结成的仙山楼阁"，考据派不过是"砖石砌成的奇伟建筑"。潘知常指出："王国维所揭示的《红楼梦》所开创的人与灵魂的维度，还意味着中华民族的美学灵魂的觉醒与民族灵魂的觉醒。"[55]这也是中华民族十分欠缺而又宝贵的精神维度，潘知常站在超越人与自然的第一进向和人与社会的第二进向的维度，提出了人与自我的生命美学的第三进向的思想。可以说，正是因为《红楼梦》的出现，深刻地触及了中国人的美学困惑与心灵困惑，即作为第三进向的人与自我维度的阙如；同时也为解决中国人的美学困惑与心灵困惑提供了前所未有的答案，即：以"情"补天，弥补作为第三进向的人与自我的维度的阙如。

王国维认为《红楼梦》是"有纯粹美术上之目的者",并且"足以代表全国民之精神",揭示出了文学是"精神之利益,永久的也",所以,"《红楼梦》,哲学的也,宇宙的也,文学的也。此《红楼梦》之所以大背于吾国人之精神,而其价值亦即存乎此"[56]。而潘知常的《王国维 独上高楼》等著述,就是对王国维为中华民族的精神生存所奠定的灵魂向度、审美向度进行的全面、深入的考察。

因为,中国美学沉浸在逃避人与灵魂维度的虚幻之中,一梦千年,始终没有孕育出真正的思想,蒙难的历史、呼救的灵魂、孤苦的心灵之类的深渊处境,都被漫不经心地放逐了。潘知常一再强调,真正的美学一定要为漠视人与灵魂维度这一严重失误负责,必须学习让人与灵魂维度存在。而要做到这一点,唯一的方式不是逃避到儒、道、禅之中,而是建立与灵魂维度的联系,从而在巨大的精神黑洞中突围,并且找到那些真正值得为之生为之死的东西。

这就是从"生命"本身出发,而不是从"理性"或者"神性"出发,如曹雪芹那样在《红楼梦》中通过对审美活动的追问,进而实现对生命意义的追问。

可见,"在王国维以后"的"接着讲",是王国维的终点,但是是潘知常的起点。这就是他所谓的从"回到王国维"到"超越王国维",即完成《红楼梦》研究的两个重大转换:一是,从"意味"到"意义"的转换,把《红楼梦》当成是历史隐喻转为将其视为文学作品本身,潘知常指出:"王国维的发现也有不足。这就是:没有能够落实到文本本身,没有能够把被抽象逻辑牺牲了的特殊性、唯一性还原出来,把鲜活的血肉还原回来,而是干脆就摇身一变,从旧红学和新红学的'意谓'变成了'无意谓'。"[57]二是,从文学作品与现实生活的认识、反映关系转向文学作品与精神生活的象征、表现关系,实现由历史价值到审美价值的飞跃,视《红楼梦》为中华民族伟大的精神觉醒。这是一个由启蒙现代性到审美现代性的转换,因此,潘知常认为从"红学"时代进入"后红学"时代,是时代的选择。相对于昔日的旧红学、新红学,也相对于昔日的"红学"研究,真正的《红楼梦》研究不妨就称为"后红学"。"后红学"的研究范式,应该是为美学的。"后红学"时代的《红楼梦》研究,意味着从"意谓"到"意义"的美学转变。

2. 爱的圣经

潘知常有两句挂在嘴边的"名言"：美不是万能的，但没有美是万万不能的；爱不是万能的，但没有爱是万万不能的。后一句指的就是《红楼梦》，他在学林出版社2008年出版的《〈红楼梦〉为什么这样红：潘知常导读〈红楼梦〉》里，第一讲的题目就是"没有爱万万不能"，开篇就是"爱的圣经"——"《红楼梦》是中华民族的文化圣经和美学圣经"，"《红楼梦》是我们这个民族的爱的圣经"。

记得刘再复说过：《三国演义》写的是中国人的"机心"，《水浒传》写的是中国人的"凶心"，《西游记》写的是中国人的"童心"，而潘知常补上的是：《金瓶梅》写的是中国人的"人心"，《红楼梦》写的是中国人的"爱心"。他纵览中国传统文学在生命之美上的表现的三大类型："家国之痛"，"人性之哀"，"才子佳人"。其中不乏传世名篇，但是它们背后缺少的就是那个最为珍贵的"爱"。于是，曹雪芹用"大旨谈情，亦不过实录其事"来揭示《红楼梦》的主旨，要为"爱"在中国文学赢得一席之地的荣耀，要用"爱"使中国文学获得千古不朽的名誉，难怪鲁迅说"自有《红楼梦》出来以后，传统的写法和思想都打破了"。由是，潘知常惊奇地发现曹雪芹写《红楼梦》是在补"爱"，曹雪芹完成了他的三个伟大的"重新"。

一是，从"爱"的角度，重新书写历史。潘知常联系中国的"二十四史"，说道："在'铁与火'的背后，更深刻的东西是'血与泪'。对于历史的'血与泪'的书写，也就是'爱'的书写。"[58]而贯穿小说始终的象征爱情的"女娲补天"之石、寓意女孩命运的"太虚幻境"和揭示宝黛姻缘的"木石前盟"的三个神话，其实就是一个故事——爱的故事、一个寓言——爱的寓言。

二是，从"爱"的角度，重新书写人性。潘知常结合《诗经》和《安娜·卡列尼娜》的分析，从文明与人性的冲突，发现了文明的"双刃剑"效应，即在拥有文明的同时，人性不幸地被放逐和贬斥了，从而丧失了生命的原动力，如贾政和王夫人就是"可信"而不"可爱"；同时热忱推崇尤二姐、晴雯和鸳鸯这些"心灵十分美好而且也十分健康的人物"，她们有"守望爱的纯净眼神"。[59]

三是，从"爱"的角度，重新书写美学。联想到潘知常在《谁劫持了我们的美感》一书中对《三国演义》《水浒传》《西游记》和《金瓶梅》的美学批判，提出了用以《红楼梦》为代表的"忧生"的美学传统取代"三国气""水浒气"的伪美学传统的重要思想。认为《红楼梦》注重人与灵魂维度的关注，使得它能超越是非、善恶的现实关怀。于是，凡是美和善的东西，在这里都是被呵护的，至于经世济时、追名逐利、封荫妻子统统退居后位。

相较于西方文化的博爱、悲悯和忏悔，潘知常看到《红楼梦》所蕴含的"爱"既不是男女之情爱，也不是人性之本爱，而是生命之挚爱，他也不无遗憾地发现："曹雪芹也意识到了爱的伟大，但是他毕竟没有西方宗教文化的背景，也没有可能在真正的人与灵魂的维度上去提升这个爱，所以他只是意识到了爱的问题，但是却没有解决爱的问题。而且，也不可能解决。"⑩这既是曹雪芹的遗憾，也是中国美学的遗憾，而弥补这个"以爱为爱"的信仰维度，依然是"革命尚未成功，同志仍需努力"。

3. 悲剧之悲剧

曹雪芹为中国文化开启了个体觉醒的先河，因此潘知常说他的"《红楼梦》不但是爱的《圣经》，而且是伟大的忏悔录"。那么，为什么要忏悔呢，曹雪芹在《红楼梦》第一回开篇就自叙道："半生潦倒之罪，编述一集，以告天下人：我之罪固不免，然闺阁中本自历历有人，万不可因我之不肖，自护己短，一并使其泯灭也。"的确，曹雪芹个人是无辜的，作为他化身的贾宝玉也是无辜的，但他借助"金陵十二钗"的命运来替人类认罪和忏悔，就不能不显示出他的伟大而高尚，这就是由我们熟悉的有缘由故的"悔过"，进至无缘无故的"认罪"，将建基于"爱"之上的忏悔升华为悲剧。

为此，潘知常在《从使美不成其为美到使美成其为美——再读〈红楼梦〉》中揭示了其中所蕴含的秘密——《红楼梦》的人类"原罪"意识："正因为'无罪的凶手'、'无罪的罪人'的发现，必要的忏悔意识就是不可或缺的。从曹雪芹开始已经意识到，所有的人都有可能犯罪，所有的人都不能说他就是圣人，所有的犯罪都不能只说是客观原因造成的，而他自己主观就没有原因。自己也是'无罪的凶手'、'无罪的罪人'，这就是曹雪芹的伟大发现。"

　　由此可见，仅有爱的情怀还不足以具有真正意义上生命之美，还必须有悲的意识，正如作者所哀叹的："满纸荒唐言，一把辛酸泪！都云作者痴，谁解其中味？"由作者到读者，这不仅是《红楼梦》的悲剧，而且是全人类的悲剧。那么，这是一种什么样的悲剧呢？借王国维1904年发表的《〈红楼梦〉评论》的观点就是："又岂有蛇蝎之人物、非常之变故，行于其间哉？不过通常之道德，通常之人情，通常之境遇为之而已。由此观之，《红楼梦》者，可谓悲剧中之悲剧也。"显然这是"人生之所固有"，而且无人可幸免的"命中注定"的带有本体论意义的悲剧。潘知常在《〈红楼梦〉为什么这样红》一书里，通过对所有人物动机与效果悖反的分析，说明了《红楼梦》所表现的"悲剧并不是一种自然灾害或者社会惨剧，而是人类的一种自我选择。……所有的人都希望自己过得更好一点——起码是要比别人过得更好一点，但是最终的结果是什么呢？最终的结果偏偏是：最美好的努力、最美好的生命往往却获得了最坏的结果"[61]。这种不得不如此的命运悲剧，将人生拖入如鲁迅所谓的"无物之阵"，原来，我们都是这场悲剧的"共同犯罪"，曹雪芹要反抗的既不是"万恶的旧社会"和"吃人的礼教"，也不是虎狼之心的宵小之徒和蛇蝎之心的不法之徒，而是围绕我们的环境——永远也走不出的"卡夫丁峡谷"，更是我们自己——每个人人性的"阿喀琉斯之踵"。由此可见，《红楼梦》的悲剧就表现在两个方面："一个是它展现了不可战胜的环境，这就是所谓'可泣的悲剧'；还有一个是它展现了不可战胜的人，这就是所谓'可歌的悲剧'。"[62]

　　相较于文学史将《红楼梦》界定为爱情悲剧、命运悲剧和性格悲剧，潘知常目光如炬地发现，这是以爱情的失却、命运的不幸和个性的磨灭而体现出来的生命悲剧，并且是命中注定和无缘无故，而且无法规避的人类生命本体论意义的悲剧，即我们每个人都无法规避的在死亡意识笼罩下的"悲本体"，所谓"一朝春尽红颜老，花落人亡两不知"。小说里尽管没有一个人是"坏人"，所有的人都有着各自合理而善良的动机，但最后的结果不是流泪地忏悔，就是绝望地出走，不是痛苦地死亡，就是无奈地苟活。但是，曹雪芹所体现出来的用爱来拯救世界、用悲来警醒世人的伟大而崇高的人道主义情怀，是《红楼梦》最为闪耀的美学价值。尽管潘知常认为这个"爱"还未上升到信仰的高度，这个悲剧也不太符合亚里士多德的定义，但是，曹雪芹及其《红楼梦》是从《山海经》的生命美学，到魏晋的人性美学，再到晚明的启蒙美学的延续，这不仅是美学探索的一以贯之，更是生命意义的一脉相承。

这就是：

"千红一哭，万艳同悲"的生命喟叹。

"开辟鸿蒙，谁为情钟"的历史叩问。

注释：

1.潘知常：《中国美学精神》，江苏人民出版社2017年版，第7页。

2.潘知常：《中国美学精神》，江苏人民出版社2017年版，第651页。

3.潘知常：《中国美学精神》，江苏人民出版社2017年版，第52页。

4.潘知常：《中国美学精神》，江苏人民出版社2017年版，第84页。

5.潘知常：《中国美学精神》，江苏人民出版社2017年版，第89页。

6.李泽厚、刘纲纪：《中国美学史》第一卷，中国社会科学出版社1984年版，第229页。

7.潘知常：《中国美学精神》，江苏人民出版社2017年版，第91页。

8.潘知常：《众妙之门——中国美感心态的深层结构》，黄河文艺出版社1989年版，第33页。

9.潘知常：《中国美学精神》，江苏人民出版社2017年版，第129页。

10.朱志荣：《商代审美意识研究》，人民出版社2002年版，第257页。

11.潘知常：《中国美学精神》，江苏人民出版社2017年版，第129页。

12.潘知常：《中国美学精神》，江苏人民出版社2017年版，第135页。

13.潘知常：《中国美学精神》，江苏人民出版社2017年版，第141—143页。

14.潘知常：《中国美学精神》，江苏人民出版社2017年版，第151页。

15.潘知常：《中国美学精神》，江苏人民出版社2017年版，第169页。

16.潘知常：《中国美学精神》，江苏人民出版社2017年版，第174页。

17.潘知常：《中国美学精神》，江苏人民出版社2017年版，第184页。

18.宗白华：《美学散步》，上海人民出版社1981年版，第177页。

19.《闻一多全集》第2卷，生活·读书·新知三联书店1982年版，第279页。

20.李泽厚：《美的历程》，中国社会科学出版社1984年版，第109页。

21.宗白华：《美学与意境》，人民出版社1987年版，第196页。

22.潘知常：《中国美学精神》，江苏人民出版社2017年版，第136页。

23.潘知常：《中国美学精神》，江苏人民出版社2017年版，第205页。

24.潘知常：《中国美学精神》，江苏人民出版社2017年版，第209页。

25.潘知常：《中国美学精神》，江苏人民出版社2017年版，第225页。

26.潘知常：《生命美学论稿》，郑州大学出版社2002年版，第37页。

27.潘知常：《中国美学精神》，江苏人民出版社2017年版，第211页。

28.宗白华：《美学散步》，上海人民出版社1981年版，第178页。

29.潘知常：《中国美学精神》，江苏人民出版社2017年版，第211页。

30.宗白华：《美学散步》，上海人民出版社1981年版，第183页。

31.侯外庐主编：《中国思想史纲》，上海书店出版社2008年版，第166页。

32.潘知常：《中国美学精神》，江苏人民出版社2017年版，第258页。

33.刘小枫：《诗化哲学》，华东师范大学出版社2011年版，第9页。

34.潘知常：《中国美学精神》，江苏人民出版社2017年版，第360页。

35.潘知常：《中国美学精神》，江苏人民出版社2017年版，第357页。

36.潘知常：《中国美学精神》，江苏人民出版社2017年版，第379页。

37.钟华：《海德格尔"思与诗的对话"思想研究》，《西南师范大学学报》（人文社会科学版）2004年第2期，第139页。

38.钟华：《海德格尔"思与诗的对话"思想研究》，《西南师范大学学报》（人文社会科学版）2004年第2期，第138页。

39.潘知常：《中国美学精神》，江苏人民出版社2017年版，第407页。

40.潘知常：《中国美学精神》，江苏人民出版社2017年版，第408—413页。

41.潘知常：《中国美学精神》，江苏人民出版社2017年版，第414—415页。

42.张涵、史鸿文：《中华美学史》，西苑出版社1995年版，第510页。

43.李泽厚：《美的历程》，中国社会科学出版社1984年版，第236页。

44.潘知常：《美的冲突》，学林出版社1989年版，第145页。

45.潘知常：《中国美学精神》，江苏人民出版社2017年版，第479页。

46.潘知常：《中国美学精神》，江苏人民出版社2017年版，第528页。

47.潘知常：《中国美学精神》，江苏人民出版社2017年版，第495页。

48.潘知常：《中国美学精神》，江苏人民出版社2017年版，第526页。

49.潘知常：《中国美学精神》，江苏人民出版社2017年版，第564页。

50.潘知常：《中国美学精神》，江苏人民出版社2017年版，第560页。

51.潘知常：《中国美学精神》，江苏人民出版社2017年版，第556页。

52.潘知常：《中国美学精神》，江苏人民出版社2017年版，第564—565页。

53.潘知常：《"开辟鸿蒙 谁为情种"——〈红楼梦〉与第三进向的美学》，《学术月刊》2005年第3期，第101页。

54.《鲁迅全集》第9卷，人民文学出版社1981年版，第338页。

55.潘知常：《王国维 独上高楼》，文津出版社2005年版，第101页。

56.《王国维文集》第1卷，中国文史出版社1997年版，第10页。

57.潘知常、苗怀明、赵建忠、乔福锦、高淮生：《新红学百年回顾与反思学术笔谈》，《中国矿业大学学报》（社会科学版）2021年第6期，第5—6页。

58.潘知常：《〈红楼梦〉为什么这样红：潘知常导读〈红楼梦〉》，学林出版社2008年版，第13页。

59.潘知常：《〈红楼梦〉为什么这样红：潘知常导读〈红楼梦〉》，学林出版社2008年版，第51、52页。

60.潘知常：《〈红楼梦〉为什么这样红：潘知常导读〈红楼梦〉》，学林出版社2008年版，第296页。

61.潘知常：《〈红楼梦〉为什么这样红：潘知常导读〈红楼梦〉》，学林出版社2008年版，第153页。

62.潘知常：《〈红楼梦〉为什么这样红：潘知常导读〈红楼梦〉》，学林出版社2008年版，第167页。

第五章　世界的眼光：对话与重建的使命

　　中国近代的国门洞开是一部由屈辱走向反抗的历史，一个古老的国度被迫迈出了走向现代的步伐。

　　中华民族的救亡图存是一次由启蒙开始觉醒的过程，一代优秀的学人主动打开了通向世界的大门。

　　那是一个"别求新声于异邦"的时代。

　　王国维在1905年《论近年之学术界》里把西洋文化称为"第二之佛教"；梁启超期待用审美之"趣味"来实现"新民"之"新人格"的建构；鲁迅在《文化偏至论》里高倡"尊个性而张精神"的"立人"美学，蔡元培1917年更是提出了"以美育代宗教"。

　　如何梳理、总结和点评这些"拿来主义"的功过是非。

　　潘知常在2000年出版的《中西比较美学论稿》开篇第一句话就直截了当地指出"中国美学的现代转型是一个巨大的世纪性课题，同时也是一个巨大的世纪性难题"，的确比较的目的是让中国美学完成浴火重生的"现代转型"，既不是洋为中用地弥补和修复中国美学，也不是相形见绌地证明和炫耀西方美学，它是对话而不是对立，是引进而不是替代，他进一步阐述道："有许多美学家，往往只愿意在中西比较的意义上接受对话的观念，却不肯在重建中国美学的意义上接受对话的观念，在发展理论、创造理论的意义上接受对话的观念。之所以如此，原因在于：我们已经习惯于一种传统的'一个取代一个'的理论发展模式。"[1]

潘知常之所以能承担起对话与重建美学的使命，得益于他对西方美学尤其是西方现代美学，又尤其是生命美学的研习。他认为应该把西方生命美学不仅视作一个学派，更视作一种思潮，因为"生命"作为哲学、美学范畴，应该是19世纪上半期到20世纪初期在西方美学史上逐渐形成的一个美学思潮——生命美学思潮之中。它包括叔本华和尼采的唯意志论美学，狄尔泰、西尔美、柏格森、奥伊肯、怀特海的生命美学，弗洛伊德的精神分析美学，荣格的分析心理学美学，如果把外延再拓展一些，还可以包括海德格尔、雅斯贝斯、舍勒、梅洛-庞蒂、萨特和福柯等为代表的存在主义美学，以及以马尔库塞、阿多诺、本雅明、弗洛姆等为代表的法兰克福学派美学。特别是尼采，他的美学不但回到了个体，而且回到了个体的身体，从而宣告了意志美学、主观美学的结束，就此意义而言，尼采可以作为西方生命美学的首席代表。他宣布"上帝死了"，意味着人类进入了虚无主义的时代，因为宗教的颓然退场，于是"生命"横空出世，没有了救世主，也没有了外在的第一推动力，转而从生命自身去寻找答案、去挖掘内在的第一推动力，这是历史的必然抉择，更是美学的应然担当。

由此总结出了西方生命美学的三大特征：以生命为视界，以直觉为中介，以艺术为本体。

比较是为了对话，而对话更是为了重建。扛着这面神圣的大旗，潘知常早在1989年《美的冲突》中就开始了这项伟大的工作，该书总共三篇，第二篇和第三篇分别就是"中国近代美学与西方美学""从中国近代美学到马克思主义美学"。还在1998年出版的《美学的边缘——在阐释中理解当代审美观念》"结语"里阐述了"美学的当代重建：从独白到对话"。

潘知常的"世界眼光"绝不仅仅局限于近代意义的"西方"，而是投向了不仅是不同地理方位更是异质文化类型的"西方"，2005年出版的《王国维　独上高楼》阐述了作为一种全新的美学，王国维的美学无疑是一种前所未有的在西方美学影响下产生的灵魂话语、精神话语和生命话语。2017年修订出版的《中国美学精神》最后一章的题目是"走向世界"。他的两部"概论"式的著作《诗与思的对话》《生命美学论稿》里面也有"中西形态：'法自然'与'立文明'"和"从东方到西方：生命美学的双重变奏"这样的章节。尤其是2019年12月出版的、作为他生命美学研究集大成的著作《信仰建构中的审美救赎》，更是通过"欧洲的动力"的启动到"新信仰的力量"的引入，再踏上"到信仰之路"，又比较了"天不生信仰，万古长如夜"的中国文化，最后完成了"中国的救赎"的中国美学的重建，更是生命美学的创建。

一、方法论：从"照着讲"到"接着讲"

苏轼说："不识庐山真面目，只缘身在此山中。"中国当代美学的庐山真容到底应该是什么模样？

陆游说："天机云锦用在我，剪裁妙处非刀尺。"中国新世纪美学的生命大厦究竟应该如何建立？

这两个问题其实就是一个方法论的选择，诚如潘知常所言："判断一种美学的理论内涵，关键不在于这种美学经常谈论什么，而在于怎样谈论。"[2]

针对第一个问题，结合马克思《1844年经济学—哲学手稿》有关人与"美的规律"的见解，大概有三种类型的美学形态：把美作为外在于人类知识性存在的认识论美学、把美学作为表现于人类对象性活动的实践论美学和把美作为揭示人类生命存在意义的价值论美学。认识论美学和实践论美学因其身陷知识天地和物质世界美的象牙塔而呈现的"无人"状态，的确是很难把美说清楚的。而价值论美学一定是以人为"万物的尺度"，即"内在尺度"，也即以"人的尺度"来体验和思考美，显然，生命美学就属于价值论美学，也只有它才能够呈现中国当代美学的本来面目；因为它选择的是跳出庐山，移步换景，发现了"横看成岭侧成峰，远近高低各不同"的奇异美景。

针对第二个问题，其实也是第一个问题的延续，生命美学是如何"彩练当空舞"的？它既要有"回头看"的目光，继承中国传统儒家文化的"君子人格"精神、道家文化的"欲复归根"意识，还有禅宗文化的"玄道妙悟"境界；还要运用"拿来主义"的眼光，从柏拉图的理性主义美学到康德的唯心主义美学，从叔本华的"唯意志论"美学到海德格尔的"唯存在论"美学，从费尔巴哈的人本主义美学到马克思主义的唯物主义美学，甚至还要回顾印度佛教思想对于禅宗美学的形成。面对浩如烟海的中西方的美学理论，尤其是种类繁多、流派纷呈的西方现代美学思想的"天机云锦"，如何把天上的彩虹剪裁为大地的锦绣，需要的是一套思维敏捷、眼光独到和手法娴熟的"刀尺"。

借用著名哲学家冯友兰先生关于治学的一个经典说法，就是哲学史家是对既往历史的"照着讲"，而哲学家着眼于未来不仅要"照着讲"，而且要"接着讲"。从为美学而美学的"照着讲"到为生命而美学的"接着讲"，引入现代西方审美观念提供的"多极互补"的思维观念，不但打通古今，而且融合中西，用开放的视野和开明的胸襟，犹如普罗米修斯那样"盗取天火"，更应像高僧玄奘一般"西天取经"。一如鲁迅的"拿来主义"一样："我们要拿来。我们要或使用，或存放，或毁灭。那么，主人是新主人，宅子也就会成为新宅子。然而首先要这人沉着，勇猛，有辨别，不自私。没有拿来的，人不能自成为新人，没有拿来的，文艺不能自成为新文艺。"如此，"接着讲"不但再一次开启了新时期中外美学的全新对话，而且开始了新时代中国美学的重新建构，从而为生命美学的苗壮成长添加了新的营养。

潘知常从自我的生命体验出发，直接面对美学问题的"接着讲"体现为方法论基础上的出发点。在西方是接着"尼采以后"讲，在中国是接着"王国维以后"讲。

潘知常提出的"尼采以后"的概念，意指"上帝死了"以后，人类全面进入了虚无主义的时代，没有了上帝的护佑，人类只能自己拯救自己。于是现实生命存在的意义究竟是什么，成了上帝死了以后的狄尔泰、西尔美、柏格森、奥伊肯、怀特海的生命美学，弗洛伊德的精神分析美学，荣格的分析心理学美学，如果把外延再拓展一些，还可以包括海德格尔、雅斯贝斯、舍勒、梅洛-庞蒂、萨特和福柯等为代表的存在主义美学，以及以马尔库塞、阿多诺、本雅明、弗洛姆等为代表的法兰克福学派美学等各美学学派孜孜以求的生命"大事"。如潘知常在1992年第4期《天津社会科学》上发表的《海德格尔的"真理"与中国美学的"真"》中说，中国美学的"真""同样是对真实的生存状态所必具的回归内涵的揭示"，文章最后指出："对于'真理'和'真'的追问，正意味着对于人类的精神家园的追问，对于充分人性化的世界的追问，对于栖身之地的追问。"看来，如何通过"求真"就像如何经过"审美"一样，能使生活得到充实、灵魂得到安放，唯有艺术和美能拯救人类，也许这是对抗虚无主义的"灵丹妙药"。

"尼采以后"就是要走出西方以基督教为代表的现代文明，实现由以工具理性和道德理性为核心的启蒙现代性向以价值理性为核心的审美现代性的转换。就是潘知常说的，尽管没有了上帝，没有了宗教，我们可以不信神，但我们应该有神性，更应该有信仰和神圣的爱。

潘知常提出的"王国维以后"，是一个什么样的概念呢？中华民族在历经社会灾难和饱受精神苦痛后，仅仅如王国维那样以个体的死亡来抗争悲剧？还是像鲁迅一样"肩住黑暗的闸门""我以我血荐轩辕""一个也不饶恕"？都不是的。他们的生命悲剧结局，应该成为开启我们的悲壮生命的号角。

这就是存在之境的转化，王国维与鲁迅"之后"，我们民族生命浴火重生。

潘知常对20世纪中国生命美学的首创者王国维和继之者鲁迅有着较为深入的研究。他在2003年《学术月刊》第3期《为信仰而绝望，为爱而痛苦：美学新千年的追问》一文的开篇就写道："20世纪中国美学的大门是新一代美学家用头颅撞开的。其中，王国维与鲁迅厥功至伟。20世纪，没有哪个美学家比王国维、鲁迅走得更远。王国维、鲁迅所创始的生命美学思潮意味着20世纪中国美学的精神高度。而王国维、鲁迅的'超前'之处，恰在于他们早在上个世纪之初，就以天才的敏锐洞察到美学转向的大潮，并且直探美学的现代底蕴。"

潘知常除了在2005年出版的《王国维 独上高楼》外，还在1985年出版的《美的冲突》书中，分别用两章阐述他们："王国维——一个伟大的未成品"，"中国近代美学革命中的鲁迅"。2016年出版的《头顶的星空：美学与终极关怀》书里仍用"王国维：生命的绝唱"和"失败的鲁迅与鲁迅的失败"两章论述他们。特别是2004年第4期的《汕头大学学报》上发表的《为爱作证——从王国维、鲁迅看新世纪美学的信仰启蒙》里，他提出了"我们怎样比王国维、鲁迅走得更远"的思考，于是"美学应该被补上的极为重要的也是唯一正确的新的一维至此也就呼之欲出，这就是：信仰之维、爱之维"，而"信仰之维、爱之维，这就是我们所能够超越王国维、鲁迅并且比他们走得更远的所在"。

从王国维出发并且"接着王国维讲"，这还是历史赋予我们的一个光荣使命。而这，也正是当代的生命美学的任务。陈寅恪先生诗云"后世相知或有缘"，最终完成中国美学的生命传统的否定之否定的道路，从王国维出发，穿越方东美、宗白华"生生"论的生命观，同时也反省西方的机械论的生命观，最终进入有机论的生命观，这也是潘知常提倡的"万物一体仁爱"的生命观。这就是我们朝向未来的方向，也是作为中华文明第三期的新子学时代的方向。

1. 否定性的思维

美学研究由于其高度的理论抽象性，在本质意义上是对鲜活灵动的审美活动感性体验的"反动"。"反者道之动"，潘知常的美学研究是深谙个中三昧的。借助黑格尔"正反合"的辩证逻辑思维，如果说继承和弘扬中国传统美学是他美学研究的"正"；那么吸收和引进与中国美学截然不同的西方美学就是他美学研究的"反"；在这个基础上形成他独特而深刻的生命美学思想，就是"合"。没有这个实质是肯定性而表现为"否定性的思维"，或不经历这个阶段，质言之，没有西方美学的强劲东风，特别是西方现代美学的加盟和马克思主义美学的指导，那么中国的美学就永远是"前美学"的等待唤醒状态。

所谓"否定性思维"是潘知常借西方美学之"杯酒"而浇中国美学之"块垒"的策略和思路。他在《反美学》一书中，针对实践美学的"美学局限"提出了终结传统美学、传统艺术、传统"元叙述"，还在《美学的边缘》一书第一篇首先提出了"否定性主题"，以后又在《信仰建构中的审美救赎》第一章就将"否定之维"作为"欧洲的动力"，在该章第五节予以阐述。这是对我们长期信奉的人性不是本善就是本恶的"绝对的否定"，不是要人类在"成人"的人间道路上苦苦挣扎，而是要在"成神"的天国旅途中欢欣愉悦，不是直面黑暗而进行没完没了的抗争，而是转过身去背对黑暗，直面光明，这一"转身"就意味着脱离"人性"而进入"神性"。

潘知常的美学不是从古希腊美学开始研究，而是越过文艺复兴以来的古典主义、浪漫主义和现实主义美学，直接进入19世纪中叶兴起的现代主义美学，他在《生命美学论稿》第七章"从传统到现代：西方美学的重建"，独具慧眼地发现了"理性主义到非理性主义的转型"，即从富有普遍和全面、本质和本体、共性和共名的理性主义传统中挣脱出来，而高举个别和片段、现象和表现、个性和无名的非理性主义旗帜，他在这一章里说道：就其主导方面而言，人无疑是理性的，而就其动力方面而言，人又无疑是非理性的。"毫无疑问，这是一股发自生命本能和本源的强大动力，也可以说是"生命动力"，这才有了尼采"超人"的横空出世，才有了弗洛伊德"性力"的异军突起，才有了海德格尔"向死而生"的空谷足音，他们正是出于对理性主义美学的否定而钟情于非理性主义美学。这肇始于19世纪上半叶登上哲学舞台的叔本华，他是哲学史上第一个公开反对理性主义哲学的人并开创了非理性主义哲学的先河，也是唯意志论的创始人和主要代表之一，他认为生命意志是主宰世界运作的力量；继之是19世纪末西方现代哲学的开创者尼采，他抨击西方传统的基督教文化，高喊"上帝死了"，提出"重新估定一切价值"；最后是20世纪中叶后现代主义哲学的天才大师，也是存在主义的标志性人物海德格尔，他是非理性主义美学集大成者，关注人被理性意识长期压抑的焦虑、绝望、恐惧等病态心理和残缺人生，正话反说，以贬代褒，绝地反击式地强调个人的独立自主和主观经验，注重人的精神存在。

具有浓郁的非理性精神和强烈的否定性思维的叔本华、尼采和海德格尔这三位哲学家或美学家，是潘知常研究西方美学每每提到的人物，其个中原因就不言而明了。他在《生命美学论稿》第七章的第四部分里说明："本书更为关注的并非西方当代美学的否定性主题的缺憾，而是它的美学意义。那么，它的美学意义何在？在我看来，就在于极大地拓展了美学研究的视野。"对否定性主题和思路的强调，表现出来的意义是："对审美活动的开放性的充分展开""对审美活动的复杂性的充分展开""对审美活动的丰富性的充分展开"。这三个意义，与其说是西方美学研究的新发现，不如说是为中国美学，为中国当代生命美学提供的启发思路、开拓视野和精神资源。

如前所述，潘知常把生命活动作为美学研究的本体视界，把审美活动作为美学研究主体视域，而促使其美学思考的根本转型——从静止的、沉寂的、物性的美学转向灵动的、活泼的、人性的美学——与其说是源于先秦道家美学的"心斋坐忘"、唐代禅宗美学的"心心相印"、南宋心学美学的"心统性情"和明清世情美学的"心之元声"，不如说是西方美学思想传统中的人文主义精神、人道主义情怀和人本主义生命意识的影响。他是这样总结的：

> 再从西方美学的发展来看，对于诗性人生以及审美与艺术的终极价值、终极关怀的关注也无疑是一个极具生命力的生命美学传统。也因此，从康德到叔本华、尼采、狄尔泰、海德格尔、福柯、法兰克福学派（马尔库塞、阿多诺、本雅明、弗洛姆等）以及现代主义美学与后现代主义美学中的诸多美学家，等等，都属于生命美学的美学一族。[3]

西方美学从古希腊到20世纪，是一个"长江后浪推前浪""芳林新叶催陈叶"的辩证的"否定"：古希腊的唯理主义美学家关注的是"存在本体"，而中世纪神灵主义美学家则以关注"上帝"来否定"本体"，到了文艺复兴时期人本主义美学家又用关注"人性"来否定"上帝"，到了近代以后的浪漫主义美学家又用关注"自然"来否定"人性"，而19世纪的社会主义美学家则用关注"生活"来否定"自然"，到20世纪的现代主义美学家则在19世纪马克思主义美学注目"有生命的个人存在"的基础上，终于用关注"生命"的"存在"及其意义来否定并总括历史上的所有美学思想。

20世纪以来中国的美学是一种什么样的情形呢？安徽教育出版社2001年出版的阎国忠等撰写的《美学建构中的尝试与问题》认为有王国维的"境界"论美学、

宗白华等的"经验"论美学、蔡仪的"典型"论美学、高尔泰的"自由"论美学、李泽厚等的"实践"论美学、周来祥的"和谐"论美学……很显然，这些说法都不是本土"中国"说法和传统的"国粹"思想，20世纪的中国美学已经从打开的国门中，开始建构属于中华民族自己的美学理论了，王国维的"境界"是吸收了叔本华一切生命源自痛苦的悲剧见解，宗白华的"经验"有着明显的里普斯"移情说"的痕迹，蔡仪的"典型"是黑格尔和马克思的综合之体现，高尔泰的"自由"更是来自法国大革命新生资产阶级的精神向往，李泽厚等的"实践"几乎就是马克思主义哲学的美学化，周来祥的"和谐"也是马克思和恩格斯追求人类理想社会的美学版本。

不可否认，以上种种说法因其对美的认识而贡献的思想，无疑都具有非常重要的意义，但当我们把美的思考从理论本身的解释转到对理论意义的阐发，借助"否定性思维"的引领，不得不遗憾地离开"物"的美学而转向"人"的美学时，作为"后实践"美学的重镇的生命美学的领军者潘知常将"美"由我们熟悉的"实践活动"，转而牢牢地锁定在"审美活动"和"生命活动"——生命的审美活动或审美的生命活动上。阎国忠在《美学建构中的尝试与问题》里是这样认为的："潘知常从自由的生命活动出发，通过外在辨析和内在描述两个角度将审美活动界定为：自由生命的理想实现的活动；生命活动的最高价值追求的活动；真正意义上的自我超越的活动；是生命的澄明之境和超越之维。"[4]诚哉斯言！

如果潘知常没有像叔本华一样强烈的生命意志，没有像尼采一样勇敢的生命力量，没有像海德格尔一样深邃的生命眼光，一句话，如果没有像他们一样否定性思维而产生的生命反叛意识，如北岛在《回答》里高喊的："世界，我不相信！"，那么他的生命美学就不可能枝繁叶茂，甚至还是实践美学改良版本的"后'实践'美学"。

潘知常否定性的思维方式，是对西方美学的扬弃，否定的是"见物不见人"的只有理性而没有感性、只有思维而没有直觉、只有逻辑而没有诗意的非美学，从而高扬出他的生命美学精神。

2. 多元化的方式

遗传学有一条经典的理论：远缘杂交，后代优良。

《国语·郑语》说道："和实生物，同则不继。"

这也是鲁迅先生论及人物塑造时的一个著名的说法——"杂取种种人，合成一个"："往往嘴在浙江，脸在北京，衣服在山西，是一个拼凑起来的角色。"这些"种种"必须是有价值和特色的要素，而不能是无意义东西的堆积，并且要按一定的序列和规律来组合而组成一个和谐的整体，从而形成血肉丰满且个性突出的有机生命体。

潘知常"胸怀中华文化，放眼世界美学"，引进域外优质美学，尤其是西方美学，更尤其是马克思主义美学的思想资源，在对话中重建中国美学，体现了当今经济全球化、文化多元化时代一个中国美学家的责任与担当。为了传统中华美学的振衰起敝，为了中国美学的浴火重生，更是为了具有当代中国特色的生命美学的傲然屹立，他借助"否定性思维"的犀利目光，分别从印度古老的佛教、西方现代的哲学和瞩目人类解放意义的马克思主义思想中，发现并引入了可以对话，更是能够重建生命美学的一股别样而独特、丰富而深刻的源头活水。

一是，印度古老佛教的启示。这是从印度佛教到中国禅宗，再从佛教禅宗到生命美学的过程。

作为诞生于印度的世界三大宗教之一的佛教，至今已有2500多年的历史，它除了和其他宗教一样具有超越性自由追求、超脱性自然无求和超然性自我无己外，普度众生是其重要的教义。佛教自东汉初年进入中国，经过唐代六祖慧能的改造后，变成了中国化的佛教即禅宗，那么，它对中国美学带来了哪些宝贵的思想资源呢？

首先，由"实体"到"空无"。这就化解了对象性思维而启示出非对象性思维，这与我们熟悉的唯物主义哲学宣示的存在之物决定意识之思的对象性思维，有着迥然不同的旨趣，对象性思维看重外在的条件、社会的关系和现实的价值，极大地限制了生命本身所蕴含的能动性作用，让人沉迷于物理世界而忘却了精神世界。潘知常一针见血地指出："误入了对象性思维迷宫的无家可归的人，必然是苍白、病弱、呆板、伪善、守旧和丧失个性的人。他盲目笃信物质的极大丰富所带给人的种种幸福，盲目笃信社会进步与人性进步的正比关系，盲目笃信科学理性能够使世界透明。"[5]去掉了对象性思维就为生命挣脱了羁绊，"本来无一物，何处惹尘埃"的生命又一次真正地站在了"生命如何可能"本体之问的起跑线上，生命从此就可以开始"天高任鸟飞，海阔凭鱼跃"，用人生可能拥有的荣华富贵和功名利禄，将曾经失去的天真与浪漫、鲜活与洒脱、丰富与充实、清纯与自然，全部"赎回来"了，真可谓"久在樊笼里，复得返自然"，"跳出五行中，不在三界外"。

其次，由"神思"到"妙悟"。如何获得丰富的审美经验，刘勰在《文心雕龙·神思》篇说："古人云：'形在江海之上，心存魏阙之下。'神思之谓也。"这是由有限到无限的飞跃，他进一步指出："文之思也，其神远矣！故寂然凝虑，思接千载；悄焉动容，视通万里；吟咏之间，吐纳珠玉之声；眉睫之前，卷舒风云之色。其思理之致乎！"跨越时空的想象和穿越情理的灵感来自作者的秉性才识、虚静的心境、深邃的思索和高度自由的内心状态。这似乎近于禅宗讲究的"不立文字，教外别传，见性成佛，直指人心"的顿悟，其实不然，妙悟的前提是非对象形思维，而神思不论怎样"神"和如何的"思"，都是有所依托的，这正如严羽《沧浪诗话·诗辩》所言："大抵禅道惟在妙悟，诗道亦在妙悟。"潘知常论述道："在'神思'，还是与象、经验世界相关，在'妙悟'，则已经是与境、心灵世界的相通。"[6]由是让我们绝对而真实，并且是直接无碍地进入生命，促使个体面对浑茫世界的真正觉醒，获得属于自己独有的经验和感悟。

最后，由"经验"到"智慧"。潘知常在《中国美学精神》第三篇第四章"美学的智慧"中开篇即说道："中国的美学智慧诞生于儒家美学，成熟于道家美学，禅宗美学的问世，则标志着它的最终走向完成。"从孔子的"兴于诗，立于礼，成于乐"到庄子的濠梁之游、相濡以沫、白驹过隙，无一不是经验式的审美或审美式的经验，正如清代著名学者翁方纲总结的"天地之精英，风月之态度，山川之气象，物态之神致"，虽然鲜活生动，但毕竟是有限的经历和体验。但是，禅宗美学所关注并提倡的"玄道在于妙悟，妙悟在于即真"（东晋僧肇《涅盘无名论》）、"静故了群动，空故纳万境"（苏轼《送参寥师》）、"夫境界之呈于吾心而见于外物者，皆须臾之物"（王国维《清真先生遗事》），"总的来看，禅宗美学为中国美学所带来的全新的美学智慧应该是：真正揭示出审美活动的纯粹属性、自由属性，真正把审美活动与自由之为自由完全等同起来"[7]。这对于将"立德立功立言"的人生使命和"闻道载道弘道"的家国情怀融入血脉的我们，无疑是一次醍醐灌顶的当头棒喝，更是一场返璞归真的生命澄明。

二是，现代西方文化的引入。它表现在基督教思想、存在主义、现象学、法兰克福学派等方面。

西方文化浩如烟海，种类繁多而博大精深，良莠不齐且给人启发颇多。潘知常对它们既不是作简单的介绍，也不是进行一般意义的价值判断，而是围绕美学的话题，为了生命美学的建构而"洋为中用"，就像他在1998年由上海人民出版社出版的《美学的边缘——在阐释中理解当代审美观念》"后记"里说的那样："在中国美学研究之外（其实更应该理解为为了中国美学的研究——笔者注），钟情于西方20世纪的美学与文化，就我而言，似乎是一种无可逃避的宿命，一种冥冥之中的必然。"他进一步说道："在我看来，对于西方的新思想、新思潮、新学派，至关重要的原则是：学理性的理解应当先于价值性的批判。"正是鉴于这样的理解和理念，潘知常对西方文化的态度是取其精华去其糟粕。

诞生于公元1世纪的基督教，是以耶稣为中心，以《圣经》为福音，充分彰显上帝耶稣对全人类的救恩，宣扬舍己无私的大爱，它是影响人类文化最广泛的宗教。从普洛丁开始到圣·奥古斯汀，不论是哲学家还是神学家开启了中世纪有关美学最纯正的思考，尤其是圣·托马斯·阿奎那借助基督教此岸和彼岸两个世界的原理，将上帝视为最神圣而崇高的美，还是一切美的本源，将柏拉图"美本体"超验世界的追问转到了上帝视域下的"人为何"超验的人的追问，他认为"事物之所以美，是因为神住在它们里面"。因此，人与神的对应由于人的"随心所欲"和神的"魔力无边"，体现为自由者与自由者的对应，从而让人以上帝之子的身份从原罪的泥淖里走出来而获得了神圣的启示、信仰的启示和爱的启示。正如黑格尔所说："只有在基督教的教义里，个人的人格和精神才第一次被认作有无限的绝对的价值。"[8]进入现代社会后，必然性规律发现得越多，偶然性现象也将层出不穷，如何化解二者的矛盾，仅靠发达的理性意识和科学判断是不够的；人类理性意识越是高度发达，不可避免的生老病死使得人越是迷惘、不解生存意义，就越是需要思考神圣与神性，越是渴望爱与被爱，潘知常说："只要人类最为深层的'安身立命'的困惑存在，宗教就必然存在，基督教也必然存在。"[9]人类会寄希望于借助上帝的万能之手将人类从苦难的深渊里拯救出来，当然这是生命的"美学拯救"或美学的"生命拯救"。

　　如果说基督教美学的核心是通过信仰的建构来实现宗教学意义的审美救赎，那么初创于20世纪20年代的法兰克福学派则是通过对意识形态、技术理性、大众文化和传媒文化的批判来实现社会学意义的审美救赎，它继承马克思主义哲学的批判精神，广泛吸取现代西方哲学家的思想观点，秉承浪漫主义传统，其社会批判理论以拯救人类、使人类摆脱受剥削和奴役的"异化"状态为宏旨。最具有美学批判精神的当数霍克海默、阿多诺、马尔库塞，他们分别在《论自由》《美学理论》和《审美之维》等著作中对资本主义的技术文明和工具理性对人的主宰和压抑进行了深刻的批判，充满着强烈的浪漫主义精神和理想主义气质。如马尔库塞继承了马克思有关人的"自由"和"全面"发展的思想，还有黑格尔的"审美带有令人解放的性质"的见解，揭示了当代资本主义背后的爱欲的压抑、人性的扭曲、劳动的异化等病态现象，认为应该重建艺术与审美的乌托邦，马尔库塞说："艺术的真理，就在于它能打破现存现实（或那些造成这种现实的东西）的垄断性，就在于它能由此确定什么东西是实在的。艺术在这种决裂中，即在它的审美形式获得的这个成果中，艺术虚构的世界，表现为真实的现实。"[10]潘知常不但用他们的美学理论进行传媒文化的批判，指出"现代传媒的迅速播散，使大众丧失了自由选择的空间和自我决断的能力[11]"；而且用他们的批判理论对物欲横流和人伦丧失的社会现实进行启蒙哲学的美学批判，其中"更为中国美学家所熟知的，是尼采、海德格尔以及法兰克福学派美学。沃林就曾经称其中的本雅明的美学为'救赎美学'，其实，他们都是'救赎美学'。其根本目的，则是赎回'最虔诚、最善良的人来'"[12]。是的，他们用批判的眼光和恩典的情怀，赎回的是人类失落已久而本应该有的自由、美好和爱。

　　最后，我们再看看潘知常是如何评说存在主义与现象学的，他又是如何首推其中作为存在主义哲学的创始人和代表人物的海德格尔的呢？他着重从两个方面发掘出了海德格尔的"存在"与中国美学的"道"、海德格尔的"真理"与中国美学的"真"的关系。其一，海德格尔在他的《形而上学是什么》里是这样来解说"存在"的——存在不"是"什么的现象或事物之"有"，而是追问它们背后的如何"是"之"无"，消解我们熟悉的传统哲学的对象性思维，而进入非对象性思维生命本真状态，如海德格尔说的——"存在是亲近的。但亲近的东西对人依然是最遥远的"[13]。这于中国哲学而言就是"道"的追问，老子的"道可道，非常道"，庄子的"道恒无名"，其实也是对"存在"的追问，正如潘知常在《信仰建构中的审美救赎》"导论"里说的："并追问'自由存在'作为自己的无上使命。"从而确立人与世界的真实关系，明确世界对人的意义，"正意味着对于人类精神家园的追问，对于充分人性化的世界的追问，对于栖身之地的追问"[14]。其二，海德格尔在《尼采的话"上帝死了"》说："在这里，'真理'这个名称既不意味着存在者之无蔽状态，也不是指知识与对象的符合一致，也不是指那种作为明白易解的对被表象者的投送和确保（Zu-und Sicher-stellen）的确定性。这里，……真理乃是对强力意志由之而得以意愿自身的那个圆周区域的持续的持存保证。"[15]真理不是知识，也不是认识，而是由本体存在的意义进入了生命存在的意义，这是生命存在之"真"，也是生命价值之"真"，更是生命境界之"真"，于中国美学而言，它体现为生命之"真"与艺术之"真"的互相置换和相互印证，这就是庄子推崇的"圣人法天贵真，不拘于俗"，荆浩的"度物象而取其真"，杨慎的"会心山水真如画，巧手丹青画似真"。这种"真"实质上是生命的本真状态，在无拘无束、我行我素的自由之中，进入非对象性和非常态化的生命境界。

3. 融合式的路径

重建中国美学是当代生命美学的神圣使命，那么包括佛教尤其是欧美文化在内的美学都是必要而有用的精神养料，通过对话加以融合就是最正确的路径之一，因为就像潘知常所强调的那样——"对话的双方只有特点之别，没有高低之分，只有双方的相互启发，没有双方的龙争虎斗"[16]，更不是"'一个取代一个'的理论发展模式"[17]；因为任何一种理论都不是封闭的，都需要"异质"因素的介入和"他者"眼光的融入来补充和激活，更是唤醒一种新的思想，最终实现新美学的全新建构，而以人的生命意义为追求的生命美学更是如此。

面对人类文化的浩如烟海和博大精深，潘知常广泛吸收一切有用有益的哲学、美学、艺术、传媒等理论成果，尤其是西方文化思想的精华，行进在融合式的路径上，采用兼收并容的开放眼光和披沙拣金的敏锐目光，运用洋为中用的文化策略和六经注我的学术理念，超越中学为体的固有见解和西学为用的习惯做法，立足中国文化儒道释三源并流的历史，"相对于儒家美学的美在社会（仁），以及对于人与社会的和谐的关注，相对于道家美学的美在自然（道），以及对于人与自然的和谐的关注，禅宗美学则是美在心相（心），以及对于人与自我的和谐的关注"[18]。既继承传统又批判传统，寻找中外文化的相似之处，初步建立起了李泽厚倡导的"人类视角，中国眼光"的生命美学理论。

其一，思维方式的非对象性。

对象性的思维方式是"隔岸观火"式的"冷眼向洋看世界"、"跳出庐山"式的"横看成岭侧成峰"，它表现为"我认为如何如何"的主观和武断，丰富生动和多样复杂的世界被人为地"切割"成了冰冷而僵硬的"对象"，如潘知常说的——"让其思考的一切，皆站在前面，对着自己而成为对象"[19]。这种具有主客二分、心物两界和物我分明特征的思维方式，在撕裂思维对象的同时，也吞噬了思维主体；很显然，这种"对象性思维"方式对于发现科学之"真"和判别道德之"善"功不可没，而在感受生命之"美"上则另当别论了，因为"美"和"美感"不是泾渭分明的"两张皮"，而是犹如一张纸的两个面，感受或发现它们更需要"非对象性思维"方式，走出"二元论"的泥淖和"对比性"的迷途，让我与世界、现象与本质、主观与客观、有限与无限、存在与毁灭、天堂与地狱、上帝与子民等，凡是一切人为划分的"楚河汉界"全部变成天地混沌和有无笼统，而"直接进入这一切二分之前的同一世界"。

在消解对象性思维方面，道家美学通过主体的"恬淡、寂寞、虚无、无为"而实现与客体的圆融无碍和水乳交融，在非对象性思维的启动上有了一次良好的开端，但不幸的是它将主体自己也消解了，这不能不说道家美学离真正意义的生命美学还有一段距离。有没有既消解对象又保留主体的美学呢？那就是西方的现象学美学与中国的禅宗美学。

和中国道家讲究"返璞归真"一样，现象学也要求"本质还原"，现象学大师胡塞尔通过"悬置"和"加括号"的方式，要求观察者把注意力从外在事物方面转移到意识现象方面来，即把我们关于事物的种种理解全部"存而不论"，通过自有想象的方式，将经验性还原为本质性，事实性还原为可能性，所谓"目击道存"而直探本质，所谓"宏观直析"而发现可能。正如德国现象学美学家莫里茨·盖格尔说的那样："直观是这样一种态度，人们通过这种态度就可以领会艺术作品那些以直接联系的形式存在的价值。因此，'直观'本身并不是审美经验，而是审美经验的先决条件。"[20]这与叔本华的"静观"、尼采的"沉醉"、克罗齐的"直觉"和海德格尔的"静思"等强调当下直观、看重经验和突出意向一脉相承。因为，正如美国当代存在主义哲学家威廉·白瑞德在《非理性的人——存在主义探源》中所说的那样：在海德格尔看来，"人并不是孤独的自我，透过窗户，而向外看到一个外在的世界；他已经身在户外。他是在这个世界之内，因为他既然存在着，他就整个儿跟他息息相关"。[21]

如果说道家美学讲究一个"无"，那么禅宗美学则突出一个"空"，而要感悟这个"空"，就需要"妙悟"。这里的"空"是"静故了群动，空故纳万境"的无中生有，是"不着一字，尽得风流"的虚中有实。正如那则著名的公案："菩提本无树，明镜亦非台。本来无一物，何处惹尘埃。"它消解了对象性思维中我与世界的关系，而成为"我即世界即佛"，使得"人类重新回到了'直指本心，见性成佛'的最为根本、最为源初的非对象性思维，回到了思，即妙悟"。"色即空""空即色"，大千世界之"色"和万众浮生之"空"，彼此相融，和谐相处。由是，对象与主体呈现出水乳交融的和谐和鸢飞鱼跃的灵动，恰如张彦远在《历代名画录》里描述的："凝神遐想，妙悟自然，物我两忘，离形去智。"对此，潘知常一语中的："在中国美学，审美活动不是一种对象性的活动而是一种非对象性的活动，不是一种对于世界的把握方式或认识方式，而是一种生命的最高存在方式，不是一种美——审美的反映活动，而是一种自我实现、自我肯定、自我愉悦的自由

（自在）的生命活动。"[22]由此，实现了禅宗美学之"空"与生命美学之"实"的和谐对话。

其二，审美意义的反现代化。

自文艺复兴尤其是工业革命以来的现代化，特别是启蒙运动以降的现代主义哲学家尼采那句"上帝死了"，将每一个普通的生命从上帝的天国带回了人间的大地，让一个个遥远的乡村从闭塞的穷乡僻壤走向了开放的车水马龙，在促推社会进步和追求尘世幸福的过程中，效率与效益、经济与金钱无疑是推动社会前进的巨大动力，但是，也如马克思和恩格斯所批判的那样，"资产阶级撕下了罩在家庭关系上的温情脉脉的面纱，把这种关系变成了纯粹的金钱关系"，"资本来到世间，从头到脚，每个毛孔都滴着血和肮脏的东西"。在有关人类生命意义的问题上，一个强调精神世界的丰富，一个看重物质世界的繁荣，反现代化就伴随着现代化一同前行。当代美国著名的汉学家艾恺在《世界范围内的反现代化思潮》说道："'反现代化'，是在腐蚀性的启蒙理性主义的猛烈进攻之下，针对历史衍生的诸般文化与道德价值所作的意识性防卫。"[23]在工具理性至上和技术主义泛滥成灾的今天，反现代化不是不要现代化，而是更关注现代化背景下和时代里人类的生存意义和社会的发展前景，如果说启蒙运动是人的觉醒，那么反现代化则是有关人的真正解放和精神自由的再次启蒙。

于是，进入20世纪以来，以法兰克福学派为代表的西方马克思主义哲学家，如霍克海默、马尔库塞、海德格尔、哈贝马斯进入了潘知常的视野，并纳入"生命美学谱系"进行考察，如他新近主编的"西方生命美学经典名著导读"丛书，就选入了阿多诺的《美学理论》、马尔库塞的《审美之维》、弗洛姆的《爱的艺术》、梅洛-庞蒂的《眼与心》等著作。

潘知常充分肯定了他们从文化批判的角度对工业文明、意识形态、传媒文化和物化社会等戕害人类精神与心灵的弊端进行尖锐批判所做出的贡献，其中马尔库塞针对资本主义文明依靠技术进步带来的物质繁盛而伴随的精神空虚现象，提出了"单向度的人"的概念，"当代资本主义经济制度是在一种自由的条件下操纵这些人为的需求的，但这种自由的条件本身就是一种统治工具"[24]。资本主义文明在满足虚幻幸福的同时，消释精神追求和情感渴求。面对这种"日常生活审美化"的现象，潘知常进行了专门的批判："究其实质，只是一种审美与艺术的自我放逐。面对社会转型，它自信而又空虚。既然追求某种价值是可疑的、虚妄的，那么，不妨'跟着感觉走'，'潇洒走一回'，'感觉'至上，'潇洒'至上，于是，虚无主义的温柔乡、自慰器，也就成为它的必然归宿。……结果，审美与艺术一旦不再是时代的放歌台、传声筒，就转而成为时代的下水道、垃圾箱，一旦不再是时代的一剂解毒药，就转而成为自我的一纸卖身契。"[25]真是准确而真实、犀利而直白的批判。马尔库塞还进一步指出："一个社会的基本制度和关系（它的结构）所具有的特点，使得它不能使用现有的物质手段和精神手段使人的存在（人性）充分地发挥出来，这时，这个社会就是有病的。"[26]按照马尔库塞的观点，审美与人类社会在异质状态下是处于对抗的关系。如果说尼采的美学思想是提倡一种审美的人生美学，那么，马尔库塞的美学思想，则是借助对资本主义及当代发达工业社会的批判理论，寻求人的现实解放的政治美学。

由现代化的异化而形成的反现代化文化思潮，本质上是一种追求人的解放而表现出来的一种颇具浪漫主义情怀的审美活动。反现代化其实并不是要"反掉"作为人类文明成果的现代化，而是期望融合外来的异质文化而对欧美本土文化进行改造和优化。那么，生命美学又是如何发掘中华本土文化而做到"融合"的呢？这主要体现于潘知常对老庄的道家美学的肯定和弘扬。《道德经》第十二章："五色令人目盲；五音令人耳聋；五味令人口爽；驰骋畋猎，令人心发狂；难得之货，令人行妨；是以圣人为腹不为目，故去彼取此。"老子用克服物欲的方式、压抑感官的享受来实现"小国寡民"的自得其乐，这种通过自然对文明的批判，构成了中国美学历史中最深沉而清亮的旋律，成为中国美学精神的根本体现。庄子在此基础上更是针对战国以后的"争城掠地"和"杀人盈野"，在《骈拇篇》中对其"以物易其性"的弊端进行了猛烈的批判，在《天地篇》更是明确地提出了"不以物挫志"的理念，从而促进社会文明和人类生存，进而在"判天地之美，析万物之理"中"逍遥游"，最后建构"绝圣弃智"和"绝仁弃义"的审美"理想国"。

其三，文化批判的去乌托邦。

　　16世纪英国空想社会主义学者托马斯·莫尔创立了旨在追求想象中的美好理想社会的"乌托邦"，其实人类文明的历史就是追寻理想社会的历史，从柏拉图的"理想国"到意大利康帕内拉的"太阳城"，再到马克思主义的"共产主义"，从庄子的"姑射山"到陶渊明的"桃花源"，再到吴承恩的"花果山"，更不用说基督教的"天堂"、伊斯兰教的"圣城"和佛教的"净土"。实际上，乌托邦已经成为一种美好意愿和精神追求的象征了，然而从19世纪末尼采的"上帝死了"到20世纪中叶福柯的"主体死了"，人类文化尤其是西方文化陷入了"群魔乱舞"的时代，当代德国解释学大师伽达默尔感叹道："当今的时代是一个乌托邦精神已经死亡的时代。过去的乌托邦一个个失去了它们神秘的光环，而新的、能鼓舞、激励人们为之奋斗的乌托邦再也不会产生。"他还说"这正是我们这个世界的悲剧"。[27]果真如此吗？人类固然需要理想的招引，但不能陶醉在理想的光环下。

　　潘知常在《信仰建构中的审美救赎》第二章第一节的标题就宣称："上帝在我们这个时代被打上问号了"，在该节中论述道："随着社会的逐步发展，从上个世纪初开始，哥白尼的日心说、达尔文的进化论、马克思的唯物史观、爱因斯坦的相对论、尼采的酒神哲学、弗洛伊德的无意识学说，分别从地球、人种、历史、时空、生命、自我等方面把神——进而把人从神圣的宝座上拉了下来，因而也在一点点地打破着这个'模型'。"是的，最大的乌托邦是"上帝"，可是上帝已经死了，于是马克斯·韦伯开始了为现代世界"祛魅"的伟大工程。从20世纪初叶，人类似乎站在世纪的尽头，面临"两千年未有之巨变"，开始了文化批判，也开启了文化理想和模式的转型，正如马克思和恩格斯在《共产党宣言》里说的："一切固定的古老的关系以及与之相适应的素被尊崇的观念和见解都被消除了，一切新形成的关系等不到固定下来就陈旧了，一切固定的东西都烟消云散了，一切神圣的东西都被亵渎了。"[28]这是一股来势汹汹的去乌托邦浪潮，波德莱尔1857年出版了开启象征主义文学先河的诗集《恶之花》，1871年尼采完成了高扬生命历经痛苦而获得崇高的酒神精神的《悲剧的诞生》，弗洛伊德1900年发表了"理解潜意识心理过程"的《梦的解析》，柏格森1909年发表了强调"直觉是思想世界的入口"的《创造进化论》，1913年克莱夫·贝尔发表了理解现代艺术钥匙的"艺术是有意味形式"的《艺术》。从而让艺术更真切地直指人心而抵达被名缰利锁羁绊的生命深处，让美学更实在地直面现实而承担拯救正在被物欲吞噬的生命的使命。

潘知常之所以瞩目西方现代哲学和美学，是因为它们不仅在艺术王国颠覆了宏大叙事的批判现实主义传统，而且在美学领域亮出了反叛传统的现代主义大旗，更是在生命意义的思考方面开掘出新的维度和开辟出新的天地，这也是潘知常独特和深邃"世界眼光"视域下文化批判的去乌托邦。

借用中国文化的语境说，它要去除那些凌空蹈虚的禅悦意识，要减少那些大象无形的老庄思维，增加"天行健以自强不息，地势坤以厚德载物"的君子品格、"老吾老以及人之老，幼吾幼以及人之幼"的仁者风范、"先天下之忧而忧，后天下之乐而乐"的家国情怀。这种看重美的现实价值，体现在《国语·楚语上》著名的"伍举论美"："夫美也者，上下、外内、小大、远迩皆无害焉，故曰美。"这被儒家思想集大成者的孔子发展成了"美善合一"的伦理美学思想，以"仁"为内核，"智者乐水，仁者乐山；智者动，仁者静；智者乐，仁者寿"；以"礼"为表现，"礼之用，和为贵，先王之道，斯为美"。最后是要成就光明磊落的君子人格，所谓的"君子五美"："惠而不费，劳而不怨，欲而不贪，泰而不骄，威而不猛。"这种文化批判的去乌托邦立意，还生动地表现在孔子的艺术观，他强调艺术要"兴于《诗》，立于礼，成于乐"，还要"志于道，据于德，依于仁，游于艺"，这就是"文以载道"艺术传统的最早规定，体现为"为人生而艺术"的现实关怀。这与传统中国诗人们所向往的"郊寒岛瘦"、画家们所追慕的"烟寒水瘦"和书法家所喜爱的"仙风道骨"，还有士大夫所欣赏的"吟风弄月"，这种超然出尘的审美意趣形成了鲜明的对比和截然的不同。为此，潘知常在《中国美学精神》里盛赞"孔子沐浴着的是'人的觉醒'的晨曦"，"是中国美学毅然担当起在世界的黑夜中对终极价值的追问的开端"。以虚无性为特征的旧的乌托邦的逝去意味着以实有性为特征的新的乌托邦的诞生，这就是生命美学秉承的文化传统、倡导的现实关怀和承担的时代使命。

由此形成了潘知常在方法论基础上重建当代中国美学的全新"大"格局。

其一，先信仰起来的大历史观。他借鉴美国学者斯塔夫里阿诺斯《全球通史》

里"站在月球上看世界历史"的视野高度，汤因比提出的研究历史要以"600—700年"为一个单元，还有法国历史家布罗代尔以"结构"为重点和起作用的长时段历史观。如中国封建社会的土地与血缘交织的结构，就决定了封建历史的本质特征和基本走向，而西方的结构则是公元1500年的"宗教改革"建立的基督教文化的"宗教—信仰"结构，潘知常在《信仰建构中的审美救赎》第一章第一节"基督教与西方现代社会的崛起"，指出"'先基督教起来'的英国，在西方影响了美国，在东方影响了日本。后来的所谓'亚洲四小龙'，也或者是接受英美的影响，或者是接受日本的辐射，总之，都是跟'先基督教起来'有关"。因此，针对中国的全面赶超西方现代化的奔跑，潘知常多次呼吁在当代中国"让一部分人先信仰起来""先自由起来"和"先爱起来"。

其二，反虚无主义的大文化观。一般而言，所谓的"虚无主义"，在20世纪以来发生了两次，一次是20世纪之初尼采把上帝逐出了人类的精神家园，而导致生命灾难的两次世界大战。还有一次是电子文化兴起尤其是网络文化的肆虐，而导致文化消费主义的泛滥成灾，潘知常对这种快速兴起而被国内很多学者津津乐道的"日常生活审美化"进行了坚决的批判。他在2017年第6期的《中州学刊》上发表的《"日常生活审美化"问题的美学困局》一文中指出："没有了上帝、神祇、万有引力的统治，没有了绝对精神、绝对理念的支撑，没有了祖先世世代代都赖以存身的种种庇护，人不但不再是上帝的影子，而且也不再是亚当的后代，结果只能孤独而又寂寞地走在自由之路上。"由于他抓住了"虚无主义"这个20世纪人类最大的"反文化"的文化异化，他将"文化质疑"的目光和"文化批判"的扫帚指向了"经典"和"大师"：认为《水浒传》《三国演义》《西游记》《金瓶梅》的"罪状"是"劫持了我们的美感"，还指出王国维是"伟大的未成品"，"失败"的鲁迅和"鲁迅"的失败、蔡元培导致了"美学中国的百年迷途"，他还尖锐而深刻地分析了张艺谋的北京奥会开幕式、冯小刚的贺岁片、宋祖英的歌声、赵忠祥与倪萍的声音和中央电视台的"春晚"等，从而形成了潘知常独特的以信仰为宗旨、以审美为依据、以自由为鹄的、以爱为归宿的大文化景观。此外，还首创了被媒体誉为"一个中国美学家创造的政治学概念"，即有关政府和传媒公信力的"塔西佗陷阱"。

其三，审美现代性的大美学观。这是潘知常在2021年2月由南京大学美学与文化传播研究中心主办的"第一届全国高校美学教师高级研修班"上提出的建立"审美现代性的大美学观"思想。首先，这个"大美学观"是在继"康德以后"人类主体性精神的弘扬和继"尼采以后"人类审美性意识的觉醒，又结合"王国维以后"中国人崇高性悲剧意识的呼唤，在21世纪中华文化与基督文化对话背景下，围绕人的现代化而建构的可以囊括既往美学尤其是超越实践美学的生命美学。其次，何谓"审美现代性"。针对1980年代李泽厚提出的20世纪中国文化"启蒙"与"救亡"主题的双重变奏，潘知常认为百年中国现代美学，其实无非两大美学思潮——审美现代性与启蒙现代性的双重变奏，而在其中此起彼伏的，仍旧是"生命"与"实践"的冲突。二者所看重的现代性，康德视之为"在一切事情上都有公开运用自己理性的自由"，鲁迅更是在《热风·随感录四十》一文中概括为"东方发白，人类向各民族所要的是'人'"，它所围绕的"人"是从"人的依赖关系"逐渐转向"以物的依赖性为基础的个人独立性"，从禁欲主义到世俗主义、从愚昧主义到理性主义、从专制主义到民主主义。其中，理性的觉醒，我们可以称之为：为世界祛魅。审美现代性必然走向"生命"，这也是德国学者彼得·科斯洛夫斯基所发现的启蒙现代性的"技术模式"与审美现代性的"生命模式"的不同导向。

二、价值论：从"诗意栖居"到"信仰建构"

方法论是路径的探讨，而价值论是目标的确定。

在中外美学对话的过程中，比较不是高下之别而是去伪存真；

在生命美学建构的事业里，对话不是良莠不分而是扬长补短。

表面看来这是共享人类精神文明成果，其实是在共沐美学生命的雨露阳光中共建生命美学的"通天之塔"，更是当代中国生命美学在吸收和借鉴"他者"思想基础上的价值观的确立，即建构全新的生命美学为何要践行"拿来主义"，并且这些"拿来"的又怎样才能成为"主义"，这就是潘知常在《中西比较美学论稿》第一篇《在对话中重建中国美学》所说的："从中国美学的视点出发对西方传统美学理论的运作方式提出某种'质疑'，再通过'重构'，使之'增值'，最终对西方传统美学加以'重写'。最终，一种在中国美学与西方美学的边缘地带孕育出来的美学理论缘此而生。"的确，"质疑"的是西方古典美学的理性精神之于生命意义的合法性，它"重构"的是与实践美学迥然不同的生命美学的合理性，它"增值"的是生命美学获得新视野、新思维和新境界的价值观。

人如何活着才有生命的价值，以此体现和展示出生命之美，以西方美学为例大致有：苏格拉底"美在自我"，奥古斯丁"美在上帝"，培根"美在知识"，狄德罗"美在关系"，康德"美在纯粹"，黑格尔"美在理念"，车尔尼雪夫斯基"美在生活"。在潘知常的生命美学研究中，这些"俱往矣"，他匆匆掠过"数风流人物"的大师方阵，没有将思考的脚步停在海德格尔崇奉的"诗意栖居"的大地，而是悄然走进了从基督文化升华的"信仰建构"的乐园。如果说古典主义美学将"美"与人分离开来，用二元对立的方式建构了一座富丽堂皇的宫殿，那么现代主义美学将"美"融入了人的方方面面，用合二为一的方式建造了一处琳琅满目的超市；前者因"美"的价值不沾人间烟火而束之高阁，后者因"美"的价值"飞入寻常百姓家"而与生命同在。

如前所述，相对于知识性的认识论美学、对象性的实践美学，潘知常倡导的生命美学是以人为"万物的尺度"来体验和思考美的价值论美学，既然如此，那衡量人的生命是否超越生活功利性和社会现实性"尺度"的最大距离和最远空间，一定是"日月之行，若出其中；星汉灿烂，若出其里"的宇宙尺度，也必定是"超以象外，得其环中；持之匪强，来之无穷"的心境尺度，这刚好与康德"头顶的星空"和"心中的道德"的崇高境界不谋而合。

潘知常建构的生命美学在生命之美的价值观上，是如何体现从"诗意栖居"到"信仰建构"的呢？为此，他从中外，尤其是中西美学从"对立"到"对话"，从传统的"照着讲"到现在的"接着讲"中引出了一个非常重要的概念——"美学智慧"，这是"对于中国美学智慧的一种'视界融合'，并且为开辟当代美学理论研究的新的路径和新的局面提供了新的思想基础"[29]。其"异质性"思维和"怀疑式"态度，为生命美学挣脱积重难返的美学传统带来了全新的价值观。令人欣慰的是，他新近主编"西方生命美学经典名著导读"丛书20本中，不但有达尔文、叔本华、尼采、海德格尔和杜威等文化大师的著作，而且更多是像阿多诺、福柯、马尔库塞等"西马"名家的名作，更有马克思美学思想重要体现的《1844年经济学—哲学手稿》。

潘知常梳理了19世纪以来西方生命美学各位大师的诸多观点，以及他们之于生命美学的贡献和意义，并作出如下归纳：精神分析美学使得生命美学更加"立地"；怀特海有机美学使得生命美学更加"顶天"；存在主义美学使得生命美学更加"主观"；法兰克福美学使得生命美学更加"社会"；后现代主义美学使得生命美学更加"身体"。

1. 引入"顿悟"，让生命觉醒

先秦的原始儒家和原始道家是不讲究顿悟的，孔子看重的是"吾日三省吾身"的长久式内省领悟，老子注重的是"道生一，一生二，二生三，三生万物"的递进式过程推论，庄子执着于"游鱼""鲲鹏""鼹鼠""蝴蝶"一类的形象性类比推理。生命就在这漫长的时间性和对象性中执迷不悟，美学亦于此中奉行"天不变道亦不变"而老态龙钟、步履蹒跚，甚至裹足不前，为此潘知常在《中西比较美学论稿》的第一篇《在对话中重建中国美学》热切呼唤着："而在当代，美学却面临着一场觉醒。这'觉醒'，就是'对话'美学智慧的'觉醒'。"

潘知常的"世界眼光"首先投向的是距离我们最近，更是和我们有着两千年历史渊源，并已成为中华文化一部分的佛教，从中开掘并弘扬了"顿悟"的价值和意义。

传说距今2600多年的印度有一个净饭王，他的儿子叫乔达摩·悉达多，得知人有生老病死和世间有悲欢离合后，走出王宫独自坐在尼连禅河边佛陀伽耶附近一棵菩提树下，经过七天七夜的苦思冥想，终于在黎明时豁然开朗，顿悟了人生无尽苦恼的根源和解脱轮回的方法，由此带来了生命的觉醒。佛教到了中国成了禅宗，顿悟成了人们入佛修行是否登堂入室的标准，记载唐代慧能一生得法传法的事迹及启导门徒的言教《六祖坛经》，其要旨在"即心顿悟成佛"，说明成佛不依靠外力，见性即成佛，"即心成佛""自性清净"，那么一刹那间的顿悟即成佛。一则证明顿悟的"世尊拈花，迦叶微笑"的故事广为流传。在刹那的顿悟中"悠然心会，妙处难与君说"，进入庄子所谓的"天地有大美而不言，四时有明法而不议，万物有成理而不说"的"无言"境界，进而让本来平凡的生命历经喧嚣和饱尝磨难后再度回到平凡，这也是潘知常多次引述的苏东坡《观潮》——庐山烟雨浙江潮，未至千般恨不消，到得还来别无事，庐山烟雨浙江潮——的意义。起点即终点，终点亦即起点，不同的是，或难能可贵的是，我们感受了"千般恨"，走过了"归来后"，最后竟然发现匆忙的人生和纷繁的社会都是"无一事"。

　　潘知常将关注的重心由大乘佛教哲学思维的"顿悟"转到禅宗慧能审美理解的"妙悟"，"心地含诸种，普雨悉皆萌；顿悟花情已，菩提果自成"。宋人罗大经《鹤林玉露》陈述了这么一个情景："尽日寻春不见春，芒鞋踏遍陇头云。归来笑拈梅花嗅，春在枝头已十分。"春就在你自家的梅花树上，更在你的心中，用不着舍近而求远，舍己而求他，说明禅门的妙悟要靠自己的直接体验，而不是靠向外求取。所谓"大抵禅道惟在妙悟，诗道亦在妙悟"。潘知常没有一般性地停留在顿悟和妙悟的来龙去脉，或者二者的区别和构成，而是结合宋明理学尤其是陆王心学，将妙悟所带来的身心愉悦发展到了"禅悦"与人生的关系。"拈花微笑，道体身传。这是何等激动人心的一幕。融自身于鲜花之中，以非功利的态度看待人生稍纵即逝的当下的存在，这无疑给人们以审美的眼光去看待人生，在生存过程的一举一动，一颦一笑中去体验自由快乐以极为重要的启迪。"[30]禅悦的心态让我们平凡的人生有了诗意的光辉、诗性的启迪、诗情的呵护和诗化的生存，更为重要的是，让我们的价值观不仅建立了诗与美的考量尺度，而且打下了情与爱的坚实基础，从而使美的人生信仰和爱的生命信仰的终极关怀，成为可以感知、能够践行的现实关怀。

　　一朝顿悟终生开，一心妙悟通体透；花开花落，云舒云卷，来去无影，沉浮无痕。让生命经由寂静无为的禅定到了然于心的禅慧，最后是心神俱朗的禅悦：繁华三千，最后终归尘埃落定；心中万事，让它化为沉静安宁。禅悦境界所包含的生命智慧和生命智慧所体现的禅悦境界，让我们停下匆忙的脚步，聆听内心真实的声音，从而使生命多一份从容与淡定。它启示我们要好好把握当下的生命，不要过分执着，随缘任运，闲适人生，正所谓"万事无如退步人，孤云野鹤自由身"。

2. 补上"神性"，让生命超越

美学的根本任务其实不是说明美是什么的抽象，而是解释美感是什么的感性，前者将鲜活灵动的美予以了客体化的界定和对象化的限定，我们所能得到的仅仅是思辨王国美的理念和本质，而后者将生动丰富的美给予了主观性和个体性的感受，我们所能体验的是真实的、充分的现实世界美的存在和呈现，毫无疑问，这才是美学，才是生命美学关注和思考的问题。为此，潘知常在1991年出版的生命美学奠基作《生命美学》"绪论"的题目就是"生命活动：美学的现代视界"，强调的是"审美活动"，企图建立的也是"审美学"，目的是解开康德发现的"主观的普遍必然性"的美学之谜。就这个意义而言，从鲍姆嘉通到黑格尔，乃至一切人本主义美学家为美学设定的"感性"范围是合情合理的，但是，仅有这个范围又是不够的，极易跌进生理性甚至动物性的泥潭，因此，还必须有"神性"的设定。潘知常通过对莎士比亚的《哈姆雷特》、雨果的《悲惨世界》、帕斯捷尔纳克的《日瓦戈医生》和安徒生童话等西方文学经典的解读，发现了它们的一个共同秘密：超越世俗的神圣之爱和超越诗性的神性之美。

如果说古典主义和理性主义美学家瞩目的是美的感性存在，那么现代主义和非理性主义美学家就将思考的目光从大地投向了天堂，从人性转向了神性，海德格尔发挥了荷尔德林"诗意栖居"的浪漫，借助高度感性化和人性化的"诗"，在《荷尔德林与诗的本质》里说道："诗便是对神性尺度的采纳，为了人的栖居而对神性尺度的采纳。"从屈原《天问》"遂古之初，谁传道之？上下未形，何由考之？"到唐代张若虚的"江畔何人初见月，江月何年初照人"，再到20世纪臧克家的"有的人活着，他已经死了；有的人死了，他还活着"。诗意与哲理从来都是水乳交融的，因其受制于尘世人生的羁绊和现实社会的局限，它们是有限地交融，并透露出了中国美学只有有限的超验性，而没有无限的超越性。潘知常在中西比较美学的研究中，就认真区别了"超验的追问与超越的追问"。超验性的追问可以把生命的意义在情感的鼓动下引向思想所能及的范围，所以说哲学的起点就是诗歌的终点，那么哲学的终点呢？当理性鞭长莫及之时，神性就悄然莅临了，是否可以说哲学的终点就神学的起点。至此，从感性出发，借助诗性，在理性的尽头意味着神性的开端。对此，潘知常论述道："所谓'神性'的目标其实是对于不断向意义生成的人类的一种终极关怀。这终极关怀敞开了人的生命之门，开启了一条从有限企达无限的绝对真实的道路。"[31]只有抵达神性的高度和深度，世俗的生命才获得了救赎的希望，有限的人生才获得了终极的关怀。和儒教的现实关怀、道教的逍遥情怀、佛教的空灵释怀这些"救赎"文化相比较，难怪潘知常认为"基督教文化是孕育美的神圣性的温床"。

由此，美学视域下的"美"再也不能仅仅是感性的愉悦和诗性的浪漫，甚至也不能包括理性的认知，而应该是神性的启迪——通往彼岸和走向无限的信仰之路。于是，这样的美学一定是生命最高价值和最后意义的美学，为此潘知常大声疾呼："美学应该被补上的极为重要的也是惟一正确的新的一维至此也就呼之欲出。这就是：神性（这是信仰之维、爱之维）。"[32]在神性之光的辉映下，信仰即爱，爱即信仰，合而为信仰之爱与爱之信仰，这无疑应该成为生命的终极关怀。

比较之下，我们以前对美的理解就显得相当地肤浅和表面。中国人说"爱美之心人皆有之"，高尔基说"爱美是人的天性"，因为我们所谓的"美"正如18世纪英国唯物主义美学家博克说的，"是指物体中能引起爱或类似情感的某一性质或某些性质，……'爱'所指的是在观照一个美的事物时……心里所感觉到的那种满意"[33]，缺乏神性之光的照耀，如此之"美"不成为心灵的"鸡汤"和情感的"奶茶"才怪，如此之"爱"不成为功利的欲望和情场的冲动才怪。

只有生命美学倡导的神圣之维的美学建构，才及时而有效地弥补了中国美学尤其是实践美学在人与世界的三个维度上，只有"人与自然""人与社会"而没有"人与意义"维度的重大缺陷，尤其是生命的超越性和超验性的"意义维度"即人与神性、自由和绝对的爱的先天性不足。因此，为美学补上"神性"，让生命无限而无畏、自由而自在、尽情而尽兴地超越。它不但判然区分了中西美学的本质差别，而且为当代生命美学的建构提供了通往神圣殿堂和理想境界的可以无限依赖和绝对放心的价值尺度和考量标准。

3. 增加"救赎"，让生命回归

"故园东望路漫漫，双袖龙钟泪不干。"如何让流浪的生命尽快地找到回家的路？

刘小枫呼唤"人类困境中的审美精神"："审美精神是一种生存论和世界观的主张，它体现为对某种无条件的绝对感性的追寻。在德意志民族思想的深层底蕴里，审美问题首先出现在哲学家们对终极性问题的探索中，出现在诗人们对感性生存的本体论位置的忧虑之中。"[34]相对于刘小枫用"审美精神"来拯救日渐沉沦的生命，潘知常则倡导"信仰建构中的审美救赎"："审美救赎，意味着对于自己所希望生活的以审美方式的赎回。""在宗教失落以后，在陷入工具理性铁笼之后，人类将以何种方式去赎回自己的尊严？韦伯把目光投向了审美的救赎。"[35]的确，人类进入20世纪后，生命成了席勒描绘的"片段"、叔本华感叹的"痛苦"、尼采诉说的"颓废"、弗洛伊德坦言的"焦虑"、海德格尔概括为"烦"，那么如何拯救，即寻回生命呢？这些美学家各自开出了不同的药方，席勒提出的是"游戏"，叔本华是"静观"，尼采是"沉醉"，弗洛伊德是"升华"，海德格尔是"回忆"。他们能否为没有上帝时代的人类完成一次伟大的"救赎工程"呢？用什么方式来实现救赎呢？

有着2000多年历史的古希腊理性精神已被非理性精神冲刷得"零落成泥"，有着1000多年历史的中世纪宗教传统早已被人文主义驱赶得"溃不成军"，唯有人类从远古走来的艺术传统依然"精神不死"。和尼采同一个时代，与卡尔·马克思、埃米尔·涂尔干一样被后世公认为社会学的三大奠基人之一的马克斯·韦伯力挺艺术的价值理性以对抗社会的工具理性，慨然宣称"一件真正'完美'的艺术品，永远不会被超越，永远不会过时"[36]。潘知常在《信仰建构中的审美救赎》的"导论"里，在分析了韦伯的价值理性的"价值论"后，评说道："艺术就因为自身的无功利性和普遍有效性，而在对抗因目的理性和宗教缺失所导致的社会矛盾和信仰空白中功绩卓著。现代性的关联，在艺术中第一次被建构起来。"由于技术理性导致的"现代性"使得从社会的经济交往到精神活动、从生产过程到消费结果都全方位地市场化和标准化，经济变成了消费经济，工业变成了文化工业，文化变成了消费文化，为了警惕艺术蜕变为技术，为了防止诗性凝固成理性，马克斯·韦伯对艺术的重视为法兰克福学派的隆重登场提供了最直接的思想资源。

潘知常也在此基础上，紧接着由马克斯·韦伯的艺术价值论转而论述法兰克福学派的"审美救赎"，用霍克海默的话来说就是："自从艺术变得自律以来，艺术就一直保留着从宗教中升华出来的乌托邦因素。"[37]这和本雅明的观点一样，通过艺术的审美和审美的艺术，赎回"最虔诚、最善良的人来"。是因为艺术尤其是现代主义或现代派艺术始终维护着"否定"思维，充满着"创造"精神，弥漫着"诗意"情怀，从而在艺术中让生命找到回归和还原的路径，让困厄的人生怡然澄明。

有感于此，潘知常再一次发出了"无神的时代：审美救赎何谓与审美救赎何为"的世纪之问。他在吸取法兰克福学派思想精华的同时，超越法兰克福学派，从而形成生命美学的中国特色和中国方案，这就是他提出的"一个中心和两个方面"，即以追求"自由"为核心的审美活动为中心，以个体"爱"的觉醒和集体"信仰"的觉醒为两个方面。他在2003年，就热切地呼唤着："要在美学研究中拿到通向未来的通行证，就务必要为美学补上素所缺乏的信仰之维、爱之维，必须为美学找到那些我们值得去为之生、为之死、为之受难的东西。它们就是生命本身。"[38]今天，在中国文化建设向着增强国家文化"软实力"发展之际，潘知常教授又剀切地直指中国文化的"信仰困局"，并真切地倡导"让一部分人在中国先信仰起来"，"随着思考的逐步深入，笔者日益坚信：中国人离信仰有多远，离现代化就有多远，离现代世界也就有多远。因此，'让一部分人在中国先信仰起来'，应该成为改革开放30多年后的当今中国的不二选择"。[39]这不但为生命美学赋予了时代使命，而且为中国文化引入了崇高价值。

包括美学在内的中国的文化建设，在经历了"启蒙"的沉重和"救亡"的艰难后，今天应该进入"信仰"的重建阶段了，或言之，中国新世纪的文化建设在面临"启蒙"的未竟和"救亡"的未完之现状，置身于国际政治的"新战略"和国内经济的"新常态"之形势，信仰的重建，既是启蒙要义的新内容，又是救亡使命的新发展，当然也是文化建设的新要求，不用说这还是美学重振的新启示；直言之，我们需要来一次信仰的重建！

三、艺术论：从"超越之维"到"澄明之境"

艺术的最高目标是表现美，而美的最高境界是表现生命。

潘知常认为，自康德开始，审美与艺术已经复苏了自身的创造本性，但是，康德还是将"美的艺术"与"生活世界"置于分离状态，审美是审美，艺术是艺术；而尼采却认为："艺术，无非就是艺术！它乃是使生命成为可能的壮举，是生命的诱惑者，是生命的伟大兴奋剂。"[40]"艺术的根本仍然在于使生命变得完美，在于制造完美性和充实感；艺术本质上是对生命的肯定和祝福，使生命神性化。"[41]从此，审美与艺术成为生命的本源，也成为"上帝死后"的生命的自我创造、自我呈现、自我救赎。在尼采那里，创造—艺术—生命的三位一体，已经完全改写了美学与哲学的等级秩序。生命因此而重建，美学也因此而重建。

借助美，艺术与生命不但找到了共同而永久的话题，而且拥有了神奇而永远的魅力，更是进入了辉煌而永恒的圣殿。虽然罗丹说过没有生命便没有艺术，虽然罗曼·罗兰说过艺术是被征服了的人生，是生命的帝王；但是，笔者还是更欣赏潘知常在《生命美学》里关于艺术的两个"金句"：

> 艺术是一双冥冥之中的巨手，它在纷纷流变、分门别类的物质世界重建出一个供人栖居的意义存在。
> 艺术是生命本体达到透明的中介，是生命力量的敞开，是生命意义的强化。[42]

对于潘知常有关艺术与生命、艺术与美的关系的论述，在这里无须过多阐述。而于我们而言比较重要的倒是这样三个问题：一是，他关于艺术见解的思想的来源是什么？在说出这两句话之前，他在这部著作"哲学与艺术：人类的神圣天命"一节中问道："艺术又是什么？'艺术原是天国的一种召唤'，'艺术是一种谎言'，（毕加索）'艺术是影子的影子'，（柏拉图）'艺术仅为了人性而存在'，（施勒格尔）艺术是人生世界中的上帝。"西方艺术思想对他的影响和启发昭然若揭，艺术通过尘世憧憬"天国"的纯粹，艺术通过"说谎"揭示世界的真相，艺术通过物性抵达"人性"的疆域。

二是，他的艺术见解难道就是他人思想的"传声筒"吗？肯定不是的。西方艺术思想里的不论是从尘世到天国，或是从说谎到真相，还是从物性到人性，揭示的都是艺术"超越之维"的存在和意义。他在那两个"金句"后，又说道："对生活而言，艺术只是一种形式。这形式使人从物质生活中超升而出，栖居于精神生活的意义世界。"其实这已经不仅是艺术的魅力了，更是审美的魔力；不过这不是凌空的超升，更不是虚幻的超越，它要依托必要的形式，即"艺术形式"。潘知常还是在那里借用朗格的"符号"理论继续阐述道："艺术选择了一种符号形式也就选择了一种意义，选择了一种理解和解释；同时也就选择了自己的存在方式。"符号不仅仅是符号，而是蕴含着意义的符号；存在不仅仅是形式的存在，而是注入了生命的形式。

三是，他中西艺术比较的目的究竟是什么？既不是良莠之辨，也不是高下之分，而是"拿来主义"的"洋为中用"，如鲁迅所言"没有拿来的，文艺不能自成为新文艺"。潘知常生命美学理论体系中的艺术要成为什么样的"新文艺"呢，这才是他独特的"世界眼光"下的"对话与重建的使命"之所在："澄明"——通过艺术的"澄明之象"达到生命的"澄明之境"。为此，他在《生命美学》里用专章论述"恬然澄明"，在《诗与思的对话》和《中国美学精神》里用专节阐述"澄明之境""站到存在的澄明中""澄怀味像"，他以中国艺术为本体视界，在比较中突出中国艺术的美学魅力和美学意义，说明他比较的目的是："更为重要的是，中西诗学间的比较，其重大意义，还在于找到中国诗学的现代价值。这现代价值并不表现在中国诗学与西方诗学的共同性上，而是表现在中国诗学的特殊性上，表现在它为人类的诗学研究所提供的特殊的诗学思路上。"[43]

他是如何从"超越之维"到"澄明之境"的呢？

1. 结构的"言象意道"

艺术的结构或艺术作品的结构不仅是支撑艺术形式的重要骨架，而且是连接艺术内容的必要桥梁，其重要性毋庸赘述；但如何理解艺术的结构，仍然众说纷纭。广为流传的形式与内容的二分法，虽然是适应于包括艺术在内的一切对象和事物，虽宏观说明却空空如也，什么都概括了可什么也没有说清楚。倒是黑格尔的说法有一定的启发性："艺术的内容就是理念，艺术的形式就是诉诸感官的形象，艺术要把这两方面调和成为一种自由的统一的整体。"[44]黑格尔这里最可取的不是对艺术的内容或形式的理解，而是把二者调和成"统一的整体"，即他不是将二者孤立开来和对立起来，尤其是引入了"自由"的思维，就不但为内容的创新而且为形式的创意留下了无尽的空间。

因此，有关艺术的结构形式就有了种种说法，如当代法国现象美学的代表人物杜夫海纳在《审美经验现象学》里认为有材料层、主题层和表现层，波兰著名的美学家英伽登在《文学的艺术作品》里划分为语音层、意义单位层、再现的客体层和图式化观相层，中国当代美学家叶朗在《美学原理》里分为材料层、形式层、意蕴层。

潘知常在这个问题上，一反我们熟悉的西方文化对中国启发和影响的思路，而是另辟蹊径先对中国美学思想进行发掘，再去西方美学思想中寻找例证和理论，平等对话，取长补短，进而形成中国当代生命美学的艺术理论学说。他在《中西比较美学论稿》一书里"从西方美学的艺术观照看中国美学的艺术思考"一章的"言—象—意—道——中国美学论艺术美"一节，认为中国在三国时期就提出了比较成熟的艺术的结构层次说，而西方美学最初只是在基督教美学中有字面的、寓言的、哲理的、秘奥的四个层次，他说"倒是进入20世纪，象征主义美学、结构主义、现象主义美学等对此做了热烈的讨论，其主要成果，可以英伽登为代表"。潘知常并没有停留或纠缠西方20世纪美学有关艺术结构的种种说法，而是博采众长且追根溯源，在中国古典美学的宝库中独具慧眼地发现了"言—象—意—道，层次清晰，结构井然"的组成规律，它来源于三国时期大经学家同时也是大美学家王弼在《周易略例·明象》里阐述的："夫象者，生意者也。言者，明象者也。尽意莫若象，尽象莫若言。言生于象，故可寻言以观象；象生于意，故可寻象以观意。"

就说这四个层次中的"象"吧。中国是以"言"为起始，老子的"道可道，非常道，名可名，非常名"，庄子的"言不尽意"和"得意忘言"，这个"言"是无法"言"说的"只可意会不可言传"的工具或载体，于是要说清楚"言"，还得依托于具体的"象"，这与"西方往往以形象作为起点"的见解不谋而合。西方追求的是形象的逼真，从其造型艺术讲究焦点透视、光影层次、几何比例就可略见一斑，潘知常在这篇文章里说道："西方艺术追求的是毫发不爽的形似，对景描摹的逼真，而中国却偏偏认定'不宜逼真'，'逼真者，正所以为假也'，转而提倡颊上三毛的传神，迁想妙得的写照。"

又如在"意"的层次上，潘知常对中国古典艺术的意象和意境有很详尽的论述，确是抓住了中国艺术的核心问题，说它"最能代表中国美学的特殊价值取向，最能代表中国美学的根本精神"。就文学而言，这是"诗歌美学意蕴的全部秘密。它连接着审美主体与审美客体，是诗歌魅力的发源地"。潘知常转述了西方意象派诗人庞德说意象是"一股融会贯通的力量"，托马斯·芒罗说意象的"美妙编织，能唤起情绪和沉思"。在意象的基础上，潘知常进而发现"只有消解了意象的意境，才是中国艺术的本体"。宗白华所说的情景交融而产生的最深的情和景，"为人类增加了丰富的想象，替世界开辟了新境，正如恽南田所说'皆灵想之所独辟，总非人间所有！'这是我的所谓'意境'"[45]。对此，他否定了将西方现象美学的意向性等同于中国艺术的意境，因为意向性是一种心理现象，而意境则是人类生命向往的"自由境界"在艺术中的生动而完整的呈现。

中国艺术在美学上体现出"大象无形""意在言外""境生象外"的生命意趣和人生哲理，有着与西方艺术的写实性、具象性和逼真性的不同特征，一个重情感逻辑，一个重理性逻辑，一个旨在表现对象的整体性结构，一个意在呈现对象的准确性细节，其大异其趣的原因究竟是什么呢？潘知常一针见血地指出："中国是建立在'为道日损'的基础上，西方是建立在'为学日益'的基础上。"如此完美地体现在艺术中的"言—象—意—道"结构，虽然有如人体构架一样层次分明，但呈现出来的生命状态却是浑然一体的。

2. 情感的"温柔敦厚"

"温柔敦厚"出自《礼记》，说的是古人以诗观风化、写性情和见人品，既是指创作主体的为人态度要朴实厚道、温和宽厚，也可指创作的作品所包含的艺术情感要深厚真诚和含蓄蕴藉。当然这种情感一定要附着于相应的艺术形式，尤其是凝练于作品的结构之中，如"乐而不淫，哀而不伤"的《诗经》、"迁想妙得，形神兼备"的绘画。

如果说在艺术结构上，中国的艺术仅仅有西方现代美学对传统主客分离二元文化的"超越之维"，显然是不够的，还必须有具有本土特色的"澄明之境"。"言—象—意—道"的结构，一定意义上它也是抒情的结构。那么，在情感特征上，中国艺术的"哀而不伤""以理节情"所体现出来的"温柔敦厚"的含蓄之美，进而表现出"天何言哉""无言之辩""悠然心会"的澄澈通达；相反，西方文化孕育出的美学和艺术观念，既然都超越了二元对立，甚至连人与神的距离都因超越而消除，那么还有什么禁忌，一切都可以尽情地释放和宣泄，比如说，从古希腊以来的悲剧《美狄亚》《李尔王》《安提戈涅》其效果惊心动魄而带来的"号啕大哭"，到现代诗人波德莱尔以丑为美的《恶之花》、杜桑视便器为艺术品、《格尔尼卡》的歇斯底里、《等待戈多》的胡言乱语。

两两比照，说明在艺术的抒情方式上，以冲突为特征的"超越之维"来得畅快而属于直线式的火山爆发，这是不能持久且更难于真正走进抒情主体的内心世界去体验百肠柔结的复杂和肝肠寸断的况味，而以和谐为特征的"澄明之境"，虽然蜻蜓点水而了无痕迹，如《古诗十九首》里一次寻常的经历、一处平常的风景、一回正常的交往，都会发出"同心而离居，忧伤以终老""人生非金石，岂能长寿考""生年不满百，常怀千岁忧"的感慨。诚然艺术源于生活又高于生活，且艺术的结构和艺术的情感本来就是生活的结构和生命的情感的凝聚和投射。潘知常在《中西比较美学论稿》"永恒的微笑"一节中总结道："在本文看来，从最为深层、最为根本的角度讲，或许可以把中华民族的生存方式简单表述为：情感节制基础上的内在和谐。正如可以把西方的生存方式简单表述为情感宣泄基础上的外在冲突一样。"说明同为喜怒哀乐的情感，特别是表现在艺术里的情感，中西方对此的理解是大相径庭的。而真正能代表中国艺术情感特质的不是儒家的壮怀激烈和死而后已，而是道家的绝圣去智的决绝、返璞归真的平静和无为而为的超然，著名哲学家冯友兰说道："庄学主以理化情，所谓'安时而处顺，哀乐不能入也'。'何晏以为圣人无喜怒哀乐'，大约即庄学中此说。此说王弼初亦主之，所谓'以情从理者也'。'颜渊死，子哭之恸'；'安时而处顺'之人，自'理'而观，知'死'为'生'之自然结果，故哀痛之'情'，自然无有，此即所谓以理化情也。然人之有情，亦是'自然之性'；有此'自然之性'，故'不能无哀乐以应物'。"[46]看似"无情"实则人间"大情"、天地"真情"，这是老子认定的"人法地，地法天，天法道，道法自然"，庄子认为的"喜怒通于四时"，一切以自然为本，万物顺其自然。

而亚里士多德是这样解释情感的："所谓情感，我说的是欲望、愤怒、恐惧、自信、忌妒、喜悦，友爱、憎恨、期望、骄傲、怜悯等等。总之，它们都和快乐或痛苦相伴随。"[47]这里面很多都是自然性的本能情感，与艺术审美情感相去甚远，用中国的语言说是口无遮拦的"直抒胸臆"，这种以"二元对立"为思维特征创作的艺术，充斥着激烈动荡和如醉如狂的酒神精神，如希腊神话的冒险、伊戈尔的远征、麦克白的野心、堂吉诃德的疯癫、维特的痛苦、浮士德的进取、于连的狂妄。

不论是生命的情感还是艺术的情感，如果要成为一种具有审美价值的情感，就必须经过"过滤"，去粗取精、去伪存真、去野留文、去直为曲，做到处变不惊，不以物喜，不以己悲，既不狂傲也不抑郁，"乐而不淫，哀而不伤"，"八音克谐，无相夺伦，神人以和"。如此的"温柔敦厚"，不仅是一种优美的情感态度，而且是一种崇高的人伦境界，更是一种人与万物、宇宙和谐通融的生态图景。潘知常激赞道："天与人互润、人与人感应、物与人均调，到处以内在的体仁继善，集义生善为枢纽，同情交感，怡然有序，上蒙玄天，下包灵地，质碍消融，形迹不滞，尽生灵之本性，合内外之圣道，参宇宙之神工，赞天地之化育，淋漓宣畅着生命的灿烂精神，盎然蔚成了宇宙的太和秩序。"[48]中华民族或中国艺术的"温柔敦厚"已经不是艺术作品洋溢的美妙和艺术主体抒发的美感，而成了人生艺术化的最好表征。

此时此刻，"超越之维"早已烟消云散，唯有"澄明之境"悄然莅临。

3. 想象的"神与物游"

如果说结构是艺术的骨架，那么情感就是艺术的血脉，而想象则是艺术的翅膀，仅有骨架艺术完成了物理雏形，仅有血脉艺术具有了生理机能，而只有获得了想象艺术才拥有了心理能量，才能突破有限飞向无限，才能挣脱束缚进入自由，它不但能告别一个旧世界，而且能创造一个新世界。

的确，关于想象的功能，法国文学家雨果称之为"艺术的魔杖"，爱尔兰伟大的诗人叶芝说它是"某种变幻的药剂"，18世纪英国杰出的诗人杨格比喻为是"能从不毛之地中唤出鲜花盛开春天"的"阿米达的魔杖"。中国古代的宗炳《画山水序》文中写道"万趣融其神思"，陆机《文赋》说道"精骛八极，心游万仞"，而刘勰在《文心雕龙》专章论"神思"："寂然凝虑，思接千载；悄焉动容，视通万里；吟咏之间，吐纳珠玉之声；眉睫之前，卷舒风云之色。其思理之致乎，故思理为妙，神与物游。"中国文化论想象不仅是一种心理功能，而且表现出一腔旺盛、活跃、灵动的生命能量。

不论是作为一位生命美学家，还是作为一位文艺评论家，甚至作为一位文学创作者，潘知常都一直思考、关注和运用想象。他在《生命美学》里不但论述了想象，而且很多语言极富于优美想象，如第一章"美丽的人生地平线"，起笔就是：

> 生命之光是怎样的荡人心魄。当你流连在它辽阔的视野里，便开始从蛰伏的岁月中苏醒，并尝试着用另一种和煦的心情去抚平记忆中淡淡的刻痕和造访那温馨的你曾经久久踯躅其间的生命原野。

他在《众妙之门——中国美感心态的深层结构》的第六章第一节的题目是"诗

者，妙观逸想之所寓也"，在《中西比较美学论稿》"游心太玄"一节也论述了想象。特别是在《中国美学精神》一书的第二篇"中国美学的价值取向"的第四章"为人生的艺术"的视域下的第三节"艺术与人同在"中，在谈到中国人的审美想象和艺术想象时，特地说"不妨与西方传统美学的想象略做对比"，发现"西方的想象似与中国大不相同"。那么，到底有哪些不同呢？

如果说中国的想象是情感力推动的图像再现，那么西方的就是"理解力所推动"的"符号性再现表象的充分凸出"；如果说中国的想象客体是灵动而与主体和谐共处的，那么"西方想象中的客体是'固定和死的'（柯尔律治语，笔者注），是与想象主体相对立的"，总之，他进一步说道："与中国的双向投射相比，西方的想象方式似乎只是一种主体向客体的单向投射。这样，'神与物游'就导致了中国想象方式的一系列特色。"潘知常结合中国艺术和中国人的美感心态阐述了"中国式想象"的三个特点。

首先是体验的双向式。相比于西方艺术创作主体以"画外人"作"画外观"的主客分离，而中国艺术则是"应目会心"的体验，"目标集中在'物我俱忘''互藏其宅'的深心欢悦和契合状态之上"。在心平气和的虚静状态中"疏瀹五藏，澡雪精神"，看庭前花开花落，望天上云舒云卷，"澄观一心而腾踔万象"，那是柳宗元独钓寒江雪时所感受到的"千山鸟飞绝，万径人踪灭"，那是李白夜半时分所体验到的"危楼高百尺，手可摘星辰"，那更是杜牧置身于"水村山郭酒旗风"所感受到的"千里莺啼绿映红"所看到的"多少楼台烟雨中"。这些佳句与其说是语言优美的诗歌，不如说是形象生动的绘画。

其次是思维的跨时空。西方艺术由于写实性和具象性的束缚，往往是一维的、单向度的有限时空，比如造型艺术的"焦点透视"就极大地限制了接受者的想象，即便是世界名画《蒙娜丽莎》那嘴角的微笑所传达的意蕴也是模糊的、神秘的，很难激发对美丽、优雅和知性的联想，更多是启发美和女性是什么的思考。而如潘知常所说的，"中国的想象方式是全方位的、多维的，时空跨度较大"，呈现出"游"的活跃灵动状态，所谓"精骛八极，心游万仞"，"其意象在六合之表，荣落在四时之外"。如中国画瞩目的是对象的生命韵律和神态意趣，运笔的"曹衣当

221

水，吴带当风"，着墨的"计白当黑，枯烟淡水"，构图的"疏密相间，以虚御实"等。

最后是产生的瞬间性。西方的想象由于受到意志与理解力的控制，可以根据需要而出现或终止，17世纪意大利新古典主义美学家缪越陀里在《论意大利诗的完美化》书中，把艺术想象和理解搅和在一起而滞留于形象的限制，提出"和理解力结合在一起的想象力"，反复强调艺术"所造出的形象对想象和对理解都直接是真实的""逼真的"和"近情近理的"。[49]潘知常则认为"中国的想象方式是瞬时性的。也就是说，'来不可遏，去不可止'，具有随机性"。表现于艺术创作则是"俱道适往，著手成春"的美妙，"天地与立，神化攸同"的自然，"控物自富，与率为期"的随意，"情往似赠，兴来如答"的灵动。

体验的双向式、思维的跨时空和产生的瞬间性，是潘知常在比较西方美学后总结出的生命美学艺术想象的中国特色。的确，艺术想象在本质上是"超越之维"的体现，但超越是手段，进入"澄明之境"才是目的。潘知常通过比较深刻而准确地把握住了中国艺术和审美的特性，看来，他的比较不是简单的借鉴，而是全新的重建，在全球化时代重建中国艺术和中国美学的信心。

注释：

1.潘知常：《中西比较美学论稿》，百花洲文艺出版社2000年版，第8—9页。

2.潘知常：《中国美学精神》，江苏人民出版社2017年版，第119页。

3.潘知常、赵影：《生命美学：崛起的美学新学派》，郑州大学出版社2019年版，第20页。

4.阎国忠等：《美学建构中的尝试与问题》，安徽教育出版社2001年版，第337页。

5.潘知常：《生命的诗境——禅宗美学的现代诠释》，杭州大学出版社1993年版，第15页。

6.潘知常：《禅宗的美学智慧——中国美学传统与西方现象学美学》，《南京大学学报》（人文社会科学版）2000年第3期，第78页。

7.潘知常：《中国美学精神》，江苏人民出版社2017年版，第463页。

8.黑格尔：《哲学史演讲录》第1卷，贺麟译，商务印书馆2011年版，第55页。

9.潘知常：《信仰建构中的审美救赎》，人民出版社2019年版，第126页。

10.赫伯特·马尔库塞：《审美之维》，李小兵译，广西师范大学出版社2001年版，第197页。

11.潘知常、林玮主编：《传媒批判理论》，新华出版社2002年版，第75页。

12.潘知常：《信仰建构中的审美救赎》，人民出版社2019年版，第452页。

13.转引自潘知常：《中西比较美学论稿》，百花洲文艺出版社2000年版，第225页。

14.潘知常：《中西比较美学论稿》，百花洲文艺出版社2000年版，第238页。

15.孙同兴选编：《海德格尔选集　下》，上海三联书店1996年版，第793页。

16.潘知常：《中国美学精神》，江苏人民出版社2017年版，第585页。

17.潘知常：《中西比较美学论稿》，百花洲文艺出版社2000年版，第9页。

18.潘知常：《中西比较美学论稿》，百花洲文艺出版社2000年版，第313页。

19.潘知常：《中国美学精神》，江苏人民出版社2017年版，第49页。

20.莫里茨·盖格尔：《艺术的意味》，艾彦译，华夏出版社1998年版，第244页。

21.威廉·白瑞德：《非理性的人——存在主义探源》，彭镜禧译，黑龙江教育出版社1988年版，第219页。

22.潘知常：《中国美学精神》，江苏人民出版社2017年版，第417页。

23.艾恺：《世界范围内的反现代化思潮——论文化守成主义》，贵州人民出版社1991年版，第16页。

24.马尔库塞：《单向度的人》，张峰、吕世平译，重庆出版社1988年版，第5页。

25.潘知常：《信仰建构中的审美救赎》，人民出版社2019年版，第422页。

26.马尔库塞等：《工业社会和新左派》，任立编译，商务印书馆1982年版，第4页。

27.转引自章国锋：《符号、意义与形而上学——迦达默尔谈后现代主义》，《世界文学》1991第2期，第282页。

28.《马克思恩格斯选集》第1卷，人民出版社1972年版，第254页。

29.潘知常：《中西比较美学论稿》，百花洲文艺出版社2000年版，第27页。

30.潘知常：《众妙之门——中国美感心态的深层结构》，黄河文艺出版社1989年版，第153—154页。

31.潘知常：《生命美学》，河南人民出版社1991年版，第128页。

32.潘知常：《生命美学论稿》，郑州大学出版社2002年版，第244页。

33.北京大学哲学系美学教研室编：《西方美学家论美和美感》，商务印书馆1980年版，第118页。

34.刘小枫主编：《人类困境中的审美精神——哲人、诗人论美文选》，东方出版中心1994年版，前言第1页。

35.潘知常：《信仰建构中的审美救赎》，人民出版社2019年版，第31、40页。

36.马克斯·韦伯：《韦伯文集》（上），韩水法译，中国广播电视出版社2000年版，第82页。

37.霍克海默著，曹卫东编选：《霍克海默集》，渠东、付德根译，上海远东出版社2004年版，第214页。

38.潘知常：《为信仰而绝望，为爱而痛苦：美学新千年的追问》，《学术月刊》2003年第10期，第79页。

39.潘知常：《让一部分人在中国先信仰起来（上篇）——关于中国文化的"信仰困局"》，《上海文化》2015年第8期。

40.尼采：《权力意志——重估一切价值的尝试》，张念东、凌素心译，商务印书馆1994年版，第443页。

41.尼采：《权力意志——重估一切价值的尝试》，张念东、凌素心译，商务印书馆1991年版，第543页。

42.潘知常：《生命美学》，河南人民出版社1991年版，第186页。

43.潘知常：《关于中西诗学间的"比较"》，《中外文化与文论》1996年第1

期，第152页。

44.黑格尔：《美学》第一卷，朱光潜译，商务印书馆1979年版，第87页。

45.宗白华：《美学散步》，上海人民出版社1981年版，第61页。

46.冯友兰：《中国哲学史》（下册），中华书局1961年版，第607页。

47.亚里士多德：《尼各马科伦理学》，苗力田译，中国社会科学出版社1990年版，第31页。

48.潘知常：《众妙之门——中国美感心态的深层结构》，黄河文艺出版社1989年版，第110—111页。

49.北京大学哲学系美学教研室编：《西方美学家论美和美感》，商务印书馆1980年版，第91页。

第六章　生命美学：为爱求证

生命，如果仅停留在"万物灵长"和"宇宙精华"，那么这只能是历史性的和凝固性的高级存在。

美学，如果仅满足于"康德以后"和"尼采以后"，那么这只能是主体性的和超越性的哲学说明。

康德认为"人并不仅仅是机器而已"，要"按照人的尊严去看人"，最后得出了"人是目的"的结论，康德美学终于开启了未来美学的序曲。而尼采则把美学直接并紧紧地盯在了生命，他直言道："没有什么是美的，只有人是美的：在这一简单的真理上建立了全部美学，它是美学的第一真理。"并且他借艺术进一步阐述道："我们发现它被置入'爱'的天使般的本能之中，我们发现它是生命的最强大动力。"[1]毫无疑问，潘知常的美学就是紧接"尼采以后"建立的"为爱求证"的生命美学。

有关生命美学的理解，仅仅"生命"与"美学"的相加就是生命美学了吗？肯定不是的，它应该是"生命"与"美学"的级联反应。

潘知常一直坚持的是从反思人类文明的审美现代性出发，因此美学则必然走向生命，这就预示着属于"明天之后"与"未来美学"的生命美学应运而生。审美、艺术与生命之间更为密切、更为直接的根本关系得以呈现。审美与艺术成为解除理性束缚并且指向自由的生存路径，审美与艺术的超越现实的自由品格与解放作用也得以凸显。人类因此既向美而生也为美而在，并且以"通过审美获得解放"作为最终的归宿。因此，"我审美故我在"，不但"因生命而审美"地享受生命，而且"因审美而生命"地生成生命。以生命为视界，以直觉为中介，以艺术为本体，诗与思的对话，就是这样进入了人类的视野。

我们简要回顾一下潘知常的美学研究对"生命美学"本身的探索历程吧。

他在《生命美学》中说道："本书要追问的是审美活动与人类生存方式的关系即生命的存在与超越如何可能这一根本问题。换言之，所谓'生命美学'，意味着一种以探索生命的存在与超越为旨归的美学。"[2]

他在1997年出版的《诗与思的对话》中认为："美学作为人类生命的诗化阐释，正是对于人类生命存在的不断发现新的事实、新的可能性的根本需要的满足，也正是人类生存'借以探路的拐杖'和'走向一个新世界的通道'。"[3]

他在《生命美学论稿》中说道："生命美学要追问的是审美活动与人类生存方式的关系即生命的存在与超越如何可能这一根本问题。换言之，所谓'生命美学'，意味着一种以探索生命的存在与超越为指归的美学。"[4]

他在《没有美万万不能：美学导论》里指出："生命美学——就是从人类生命活动的角度去研究美学，它从'人之为人'看'人为什么需要审美活动'和'审美活动为什么能满足人'，研究的是审美活动的'根源'（意义），是对于'审美活动如何可能'（审美活动为什么为人类所必需）、'美如何可能'（美如何为人类所必需）、'美感如何可能'（美感如何为人类所必需）以及'实践活动与审美活动的差异性'（人类的无限性、超越性）的研究。"[5]

他在2021年出版的《走向生命美学：后美学时代的美学建构》的第九章"生命美学何谓"里概括为："源于生命：美学的生命与生命的美学"，"同于生命：美学的存在与生命的存在""为了生命：美学的自觉与生命的自觉"的"从万物一体仁爱生命哲学到情本境论生命美学"。

潘知常的生命美学以"爱"的追寻为动力，以"自由"的境界为鹄的，以"信仰"的神性为本质，以"美"的表现为形式，主要回答了这样四个根本性的问题：

他揭示了审美活动的性质"是什么"。这关涉到对于审美活动的本体意义的性质的阐释，展开为对审美活动与人类生命活动之间外在关系的考察，以及对作为人类生命活动之一的审美活动的内在关系的考察。

描述了审美活动的形态"怎么样"，即审美活动所构成的特殊内容，展开为历史形态与逻辑形态，即历史上的东方与西方的形态、传统与当代的形态"曾经怎么样"；逻辑上纵向的特殊内容：美、美感、审美关系；横向的特殊内容：丑—荒诞—悲剧—崇高—喜剧—优美；剖向的特殊内容：自然审美、社会审美、艺术审美。

指出了审美活动在方式上的"如何是"，即所谓构成审美活动的东西，意味着从构成审美活动的特殊方式的角度去阐释审美活动，并展开为两个方面，其一是审美活动的生成方式，其二是审美活动的结构方式。

阐述了审美活动在根源上的"为什么"。这是对于"美学之为美学"即美学的学科性质的反省，它要回答人类为什么需要审美活动，涉及对审美活动在人类生命活动中的根源、意义、功能的考察。

这些都充分说明了，潘知常建构的生命美学是一门关于人类审美活动的意义阐释的人文科学，是一门关于进入审美关系的人类生命活动的意义阐释的人文科学，其中的审美活动是一种自由地表现自由的生命活动，它是人类生命活动的根本需要，也是人类生命活动的根本需要的满足。生命美学，研究的就是生命超越的问题，这是对于人类在人类生命活动中最为普遍、最为根本的进入审美关系的人类生命活动的意义阐释，无疑应该是美学研究中的一条闪闪发光的不朽命脉。因此，生命美学关注的是"人的生命及其意义"，是审美活动与人类生命活动之间关系的意义阐释。

毫无疑问，"生命、超越、体验、审美"或"生命视界、情感为本、境界取向"，就是潘知常生命美学一直紧扣的关键词，更是"为爱求证"——生命美学永远嘹亮的主旋律。因此，生命美学的全称应该为：情本境界论生命美学或情本境界生命论美学。

一、置身"虚无"的境地

在19世纪末，尼采这位以反叛著称的文化"独行侠"发出了"上帝死了"的惊呼："上帝那儿去了？让我告诉你们吧！是我们把他杀了！是你们和我杀的！咱们大伙儿全是凶手！"[6]人类自古希腊以来建立起来的"理想国"遭到了这个"疯子"的彻底摧毁。没有了上帝存在的人类社会，犹如失去了航向的轮船，随风漂流。毋庸讳言，世界进入了没有神圣的"群魔乱舞"和漠视律令的时代，在这虚无主义肆虐的时代如海德格尔所言："世界之夜的贫困时代已够漫长。既已漫长必会达至夜半。夜到半夜也就是最大的时代贫困。"[7]毫无疑问，对于这个问题的任何忽视，都会彻底阻断人类通向彼岸的道路，摧毁数千年人类文明积累的价值，而且会导致生命存在意义的阙如，精神的人类必将退化成物质的人类，审美的人类变成功利的人类。

对此，潘知常一针见血地指出："从表面上看，没有了上帝作为总裁判，真理的裁决就不得不由每一个人自己负责，空空如也的人们也有可能自己为自己去选择一种本质、一种阐释，必须为自己找到自己，这似乎是一个令人欢欣鼓舞的机会，然而，实际上却意味着一种更大的痛苦：因为失去了标准，因此所有的选择实际上也都是无可选择。"[8]他又在《信仰建构中的审美救赎》里再一次指出："人类的日常生活已经在'非如此不可'的'轻松'中日益蜕化，也已经日趋空虚和无意义，最终，难免正如鲁迅所料定的：我们失掉了好地狱！它预示着一个漫长的意义匮乏时代的开始。"[9]上帝的阙如是一柄双刃剑，既给人类卸下精神的锁链，带来空前的自由，也为人类断绝了精神的皈依，导致空前的放纵。

这种虚无主义导致的意义失却和精神委顿，潘知常在《生命美学》第三章里，用"丑是生命的清道夫"这个新异的美学命名来指称，剀切地指出"丑是生命的不自由"，它意味着"美（狭义的）的全面消解"，进而提出了如何"化丑为美"，尤其是破天荒地提出了"丑永恒，生命才永恒"的新异而大胆的见解，他说道："丑是生命的不完满、不和谐。它粗拙、壮阔、坦荡、博大，它使人触目惊心地洞见人生的一切悲苦、洞见对于生命的有限的固执。"[10]丑正是这富于"创造力"的"魔鬼"，不仅是罗丹《欧米哀尔》"丑得如此精美"的赞叹，更是潘知常《生命美学》"丑得如此神奇"的洞见。

在古老的中国也是如此。在西方携带现代文明的"声光电化"进入20世纪的同时，古老的中国却在19世纪中叶遭遇了鸦片战争以来的一次又一次的失败，割地赔款，丧权辱国，在"中华民族到了最危险的时候"，有识之士看到了"中国处在三千年未有之大变局"；就在历经洋务派李鸿章的实业救国、维新派康有为的改良救国、革命派孙中山的起义救国等一系列的失败之后，作为教育家的蔡元培终于发现问题的症结，但却开出了一个似乎是"审美拯救"的药方："以美育代宗教"。蔡氏心目中的美育实为康德的"纯粹美"的变体，立足于破除异端邪说和党同伐异的门户之见，而着眼于人的灵魂净化和情感美化，遗憾的是，蔡先生开出的，仍旧是一副不合时宜的药方。因为，在一个没有宗教文化传统的国度，关键的关键其实并非美育代宗教，而是通过美育的审美活动来陶冶情操、纯洁心灵，并且推动人回归本真、发现意义，从而开辟出通向灵魂的终极关怀和走向信仰的审美救赎的康庄大道。

1. 直面荒诞

潘知常的生命美学告诉我们之所以要进行"审美救赎"，是因为虚无主义的肆虐横行，让人类文明失去了最后的价值依托，让个体生命失却了美丽的精神家园。就像海德格尔叹息的：世界之夜将达夜半——技术理性造成人性贫困，物欲社会带来人性堕落。对于当今中国而言，进入20世纪90年代以后，市场经济快速崛起，通俗文化铺天盖地，一时间，享乐至死和娱乐至死甚嚣尘上，这让身处变革时代的生命急速地失去了重量。

面对这个"荒漠"时代，令人悲哀而无可奈何的是，每一个个体生命又必须活在这个世界上，直面荒诞。潘知常还在20世纪80年代，就在那本生命美学的奠基作《生命美学》里指陈我们的"生存的焦虑"，即"荒诞是丑对美的调侃，是人对生活的空虚和无意义的一种审美把握"。为此，潘知常比较翔实地研究了西方20世纪的"荒诞派"文学，他用审美批判的眼光指出萨特在他的《厌恶》中，呈现了生命世界中"所有存在的东西，都是无缘无故地来到世上，无力地苟延时日，偶然地死亡"的无聊、乏味的场景。他还在加缪的《局外人》描绘了一个荒诞的主人公莫尔索，在生活中既不认真，也不悲伤，浑浑噩噩，无所事事，永远是一副局外人的面孔。还有尤奈斯库的剧作《秃头歌女》直到降下大幕，观众才发现"既无秃头歌女，也无有头发歌女，而且根本就没有歌女"。卡夫卡的《变形记》《城堡》等荒诞怪异的作品，也充分体现了世界的荒诞和虚无；并且在卡夫卡自己的生命活动之中，就体现着彻头彻尾的荒诞精神，他所表现出的"在他自己的迷宫里乱跑"的生命焦虑，也就困惑着卡夫卡的一生。这些以艺术的荒诞揭示了现代人现实生活中身心分裂和灵肉冲突的异化存在。

对此，尤奈斯库曾经痛陈："一道帷幕———一道不可逾越的墙，横在我和世界之间；物质充塞着每个角落，占据一切空间，它的势力扼杀了一切自己；地平线包抄过去，人间变成了一座令人窒息的地牢。"加缪也在《西西弗的神话》中说道："一个能够用理性解释的世界，不管有什么毛病，仍然是人们熟悉的世界，但是在一个突然被剥夺了幻想和光明的宇宙里，人感到自己是陌生人。"[11]

荒诞不仅是西方"荒诞派"戏剧的一种形态，也是人类生活的直接呈现，它粗暴地践踏了人们对理想港湾的寻觅，强行把人们从美妙的精神家园中驱赶出来，生命中的一切都毫不相关、互不沟通，最终无可奈何地漂泊在漫无边际的虚无之中。如果说艺术表现的"荒诞"是丑对美的调侃，是人对生活的空虚和无奈的一种审美把握，那么，生活的荒诞就是一处无厘头、无高潮、无起讫的"无物之阵"，而生存的荒诞更是一种无价值、无意义、无目标的"无有之在"。荒诞是通过艺术而呈现出来的生命状态，"荒诞是指缺乏意义，……和宗教的、形而上学的、先验论的根源隔绝之后，人就不知所措，他的一切行为就变得没有意义、荒诞而无用"[12]。

西方的荒诞人生和变异现象，在中国有吗？似乎可以说整个20世纪90年代的中国，由于"人文精神的失落""理想情怀的放逐"，"做导弹的不如卖茶叶蛋的"，"拿手术刀的不如握杀猪刀的"，脑体倒挂，斯文扫地，荒诞无处不在。置身其中的潘知常深知个中滋味。1999年潘知常在《南京大学学报》第1期上发表的《荒诞的美学意义——在阐释中理解当代审美观念》，从美学视角分析了荒诞是怎样满足人类生命活动需要的。他认为"从审美活动的类型的角度，荒诞是通过对

‘文明’的反抗的方式来满足人类生命活动的需要的”；“从美的类型的角度，荒诞是通过平面化的方式来满足人类生命活动的需要的。荒诞的出现是对传统的美的一种反抗。因为世界并不存在传统的美和艺术那样的精心安排”；“从美感的类型的角度，荒诞是通过零散化的方式来满足人类生命活动的需要的”。文章最后指出：“在某种意义上，人活着，就是让荒诞活着。既然世界是空虚而又毫无意义的，那么，勇敢地面对它，这本身就已经是人类的自身所创造并确立的一种神圣的、富有温情的、永恒的意义了。而且，应该有充分的理由相信：在荒诞中，人类仍旧是快乐的。”

潘知常用“无畏的期待”来阐释这种“荒诞中的快乐”或“快乐中的荒诞”的审美意义，因为“期待是生命的永恒渴望”。他在《生命美学》一书里阐释了“期待就是一种最高的信仰”“期待又是一种最殷切的祈祷”。从而将艺术表现的“荒诞”，折射出生活本有的“荒诞”，再升华为生命超越的“荒诞”。这样的洞见，和同时代的戏剧评论家和美学家们拉开了一个明显的距离，其奥秘还是他的“生命视角”。

接受非理性，直面荒诞性，对于普通生命的价值，正如他揭示的：“世界并没有意义，为此埋怨它实在愚蠢，但倘若不知道世界又必须由人赋予意义，那也许更是实在愚蠢，生命的伟大难道不正在于它能够在荒漠般的处境创造并确立一种神圣的、富有温情的、永恒的意义吗？因此，既然生命世界已经成为空虚和无意义，那么，就应该坚决拒绝接受甚至沉溺于这一世界，他必须保护自己不受这一世界的损害，于是，期待就成为对空虚和无意义的唯一回答。”[13]曾经被视为“过街老鼠”的荒诞，一旦被生命美学的阳光穿透，迅即被赋予了超越痛苦与无奈的崇高信仰的意义，正是：“黑夜给了我黑色的眼睛，我却用它寻找光明。”

2. 嘲笑喜剧

如果说直面荒诞，需要生命的勇气；那么嘲笑喜剧，就需要生命的智慧了。

直面荒诞，可以让我们的生活更加接“地气”，可以让我们的生存充分露“真容”。其实直面荒诞的最好姿态，就是“一笑了之”，因为荒诞在美学范畴的归类中属于喜剧。潘知常在《生命美学》一书中，是这样命名喜剧的："喜剧是美对丑的嘲笑"。丑对美的反抗、挑战，表现出的是丑的外强中干和色厉内荏，反而显示出美的强大和无畏，也无须把丑当成一回事，仅以轻蔑哂笑和无情的嘲笑，就使审美主体高居于自由的生命活动之中。的确，喜剧就像荒诞一样，是我们生活中必然存在的，但是如何看待喜剧取决于我们生命站位的高度和生命拥有的温度，其中审美的嘲笑就彰显出人生的洒脱姿态。

潘知常紧紧抓住了喜剧给生命带来愉悦的嘲笑特质，立足于他为生命美学建立的基点"审美活动"来解析喜剧，在《生命美学》第三章第六节里精辟地指出："作为审美活动，喜剧虽然仍然是自由的生命活动，是最高的生命存在方式，但在肯定性的审美活动——美和否定性的审美活动——丑之间的冲突、纠葛以及由于这种冲突、纠葛所导致的量的变化之中，喜剧又有其特定的位置：喜剧是美对丑的绝对压倒，或者说，作为不自由的丑在喜剧中处于绝对的否定状态，作为自由的美在喜剧中则处于绝对的肯定状态。"卡西尔说过："事物和事件失去了它们的物质重压，轻蔑溶化在笑声中，而笑，就是解放。"[14]潘知常把这种通过对丑的嘲笑而企达于生命终极价值绝对肯定的喜剧，概括为"生命的智慧"，鞭辟入里，高人一筹。在这里嘲笑的不是喜剧，也不完全是喜剧中的人物或现象，而是生活现象的荒谬、生存处境的乖讹和生命意义的扭曲，是审美主体以绝对的清醒者和必然的胜利者的心态，对喜剧表现的内容洞若观火后的会心一笑和凯旋的开怀大笑。

为什么会是这样呢？马克思说过："历史不断前进，经过许多阶段才把陈旧的生活形式送进坟墓。世界历史形式的最后一个阶段就是喜剧。……历史为什么是这样的呢？这是为了人类能够愉快地和自己的过去诀别……"[15]根据潘知常的看法，作为一种生命存在方式或一种审美活动的喜剧，它的诞生无须等到"世界历史形式的最后一个阶段"，因此，喜剧中的丑，作为一种"陈旧的生活形式"，也无须等到"世界历史形式的最后一个阶段"才被"送进坟墓"。

如何认识喜剧，亚里士多德在《诗学》里说道："喜剧是对于比较坏的人的摹仿，然而，'坏'不是指一切恶而言，而是指丑而言，其中一种是滑稽。"[16]"丑"在这里不涉及品行，而仅仅是一种表情或动作。黑格尔在《美学》指出"喜剧所表现的只是实体性的假象，而其实是乖戾和卑鄙"[17]。这揭示了喜剧主体的外部行动现象与内部精神实质的矛盾。喜剧的典型表现就是"笑"，康德在《判断力批判》中认为"笑是由于一种紧张的期待突然转变成虚无而来的激情"的"乖讹性"，霍布斯认为"笑的情感不过是发现旁人的或自己过去的弱点"的"优越感"，而伯格森根据他生命哲学的意识"冲动"与"绵延"理论，在《笑》里认为笑只存在于人类社会，"在真正是属于人的范围以外无所谓滑稽"。

潘知常借用清代陈皋谟"大地一笑场"，指出喜剧之于生活的常态化和生命的本体论，在《生命美学》里着重分析了喜剧就美学与生命的"内在构成"的三个方面。"首先，喜剧是一种生命的超越。"审美主体站在生命的制高点上，不但笑别人，也笑自己，更能容忍别人对自己的笑。"其次，喜剧是生命的自由本性的绝对肯定。"就像果戈理《钦差大臣》里，"笑"是其中唯一而高尚的正派人物，它意味着自由生命的酣畅淋漓，意味着对生命的一种终极肯定，对光明、理想、未来的赞美与憧憬。"最后，喜剧同时又是对虚无本性的绝对否定。"难怪赫尔岑会认为："笑声无疑是最强有力的毁灭性武器之一，伏尔泰的笑声像闪电和惊雷一样有力。"在笑声构成的审美法庭上，虚伪彻底显出了原形，丑陋真正得到了曝光；世界的虚无在笑声中还原成了虚无的世界。

3. 走向崇高

不论是荒诞，还是喜剧，因其揭示了人生的无意义和无所谓，所以对和谐生活和正常生命而言，都是一种无法避免的悲剧，在其本质意义上都是如雅斯贝斯说的"生命的边缘情境"所导致生命的幻灭感、孤独感和无助感。潘知常在《生命美学》书中，认为"悲剧是美学研究中最为引人瞩目的领域，也是审美活动中最为壮烈的类型"，"一种有价值、有意义的毁灭"，"悲剧意味着丑对美的践踏"。可见，悲剧是"伟大的诗"，是神圣的"冠冕"；在生命的荒诞与丑陋的展现中，为生命的至高无上的价值寻求和最为深邃的意义实现开辟出一条神奇的道路。

潘知常对崇高的理解，首先是建立在他对悲剧——生命悲剧的洞彻之上的。借用歌德在《永恒无限的莎士比亚》中说的："人们会遭受许许多多的病痛，可是最大的病痛乃来自义务与意愿之间，义务与履行之间，愿望与实现之间的某种内心的冲突。"潘知常则认为这种"最大的病痛"就表现为个体生命对社会律令的冲突、感性生命对理性律令的冲突、理想生命对现实律令的冲突，而克服这些冲突，就是生命与生俱来的神圣使命。蕴含悲剧又超越悲剧、历经悲剧又战胜悲剧的美学崇高和崇高美学便呼之欲出、如约而来、神圣降临。说明人类的生命必须不断地征服生命时长的有限、体量的渺小、体质的软弱和境况的不自由，不断地超越自身的有限，才能燃放出生命的熊熊火焰，延展为生命的滔滔大海。

其次是来源于他对西方美学崇高学说的扬弃而提出的生命崇高。针对美学史上崇高的种种见解，如朗基努斯的文章风格的宏阔、柏克的自然对象的巨大、狄德罗的诗歌的气势，尤其是康德将崇高与主体的心理反应联系起来，认为崇高是"痛感转化的快感"；潘知常则认为"崇高是生命活动中的奇观"，"对崇高的研究必须深入到本体论的层面，必须同对生命如何可能这一根本问题的考察联系起来，只有这样，崇高作为生命活动中的奇观，才有可能获得一个令人满意的答案"。[18]如果悲剧表现为在审美活动中消解生命的"负能量"，那么崇高就表现为在审美活动中强化生命的"正能量"。巴尔扎克虽然经历了教会学校孤独的童年和艰难创作的青年时期，但是面对生命里这些重重阻碍，他毫不妥协，视之为"人生的老师"，并在自己的手杖上铭刻了这样一句名言："我粉碎了每一个障碍"。

最后是在辨别了伟大与崇高不一样后他对生命有限性的超越。潘知常在《生命美学》中特别地指出，"崇高不仅仅是对社会律令、理性律令、现实律令的征服，而应该是对凌驾于这一切之上的生命的有限的征服"。如果仅仅有外在的、自然的和有限的征服，那是伟大，而只有进入生命内在的无限性、超越自然的永恒性的征服才是崇高，这就是"成为伟大，而非显得伟大"。潘知常强调了崇高不仅是外在的伟岸，更是内在的强大。那么，崇高所成就的英雄不一定是统率千军万马的将军、指点江山的领袖、建功立业的英雄、舍己为人的壮士，而是充满着理想的情怀、高尚的情操、火热的情感的"真人"——大写的人。为此，潘知常极力称颂歌德笔下的浮士德博士和海明威笔下的桑提亚哥老人，指出"浮士德的审美活动是一种什么样的审美活动呢？显然是崇高类型的生命活动"，"桑提亚哥的形象正是人类生命史上的一个极为典范的崇高的形象。他象征着人类不断地把探索的触角伸向生命的有限之外，不断地征服着生命的有限"。

我们以上主要是从潘知常1991年出版的《生命美学》中，分析了因为美与丑、喜剧与悲剧、崇高与荒诞的赫然对峙和强烈冲突，让我们真切感受到了世界的虚无，当然它们也是虚无世界的组成部分。如何认识生命历程中荒诞、喜剧和崇高，潘知常在《诗与思的对话》里，不但将丑、荒诞、悲剧归结为否定性的审美活动，将美、崇高、喜剧归结为肯定性的审美活动，而且指出它们都以"对立统一"的形式存在于人类生命之中，"亦此亦彼，非此非彼"，"在这里，丑是美（优美）的全面消解，荒诞是丑对美的调侃，悲剧是丑对美的践踏，崇高是美对丑的征服，喜剧是美对丑的嘲笑，美（优美）是丑的全面消解"。[19]置身于这个"丑"肆无忌惮地否定和摧残"美"的虚无世界，潘知常在《没有美万万不能：美学导论》里为了说明"爱美之心，人才有之"，通过大量的生活现象、生命感受和艺术表现，证明了"如果说美是对生命的肯定性评价，那么，丑则是对生命的否定性评价"[20]。

到了2019年，他在《信仰建构中的审美救赎》，将丑、荒诞、悲剧归结为生命的"失爱"。如何找回这个失落了的"爱"呢？他说道："重要的是必须去赌爱必然胜利，用爱的态度来面对别人犯下的错误。爱之为爱，并不是来自面对黑暗，而是来自面对光明。"[21]由是，将人类进入铁血时代以来因"失爱"导致的文化虚无主义，将个体走出孩童阶段以后因"失意"带来的生命无助状态，面对这个必然性的悲剧，潘知常高屋建瓴地为我们找到了一条为爱而爱的"信仰建构中的审美救赎"之路，"从而，在黑暗中创造光明，在冷漠中创造温煦，在虚无中创造真实，在荒谬中创造意义"。[22]

如此，方能建构有"意义"的生命。

二、建构"意义"的生命

置身"虚无"的世界，生命已经失去了意义，因为是"不能承受的生命之轻"，于是荒诞、喜剧等"丑类"接踵而至；但是有意义的生命面对这些悲剧的境况，是不会自甘沉沦和自暴自弃的，必定要奋起反抗和超越苦难的，正如高尔基评波德莱尔时说的"生活在恶之中，爱的却是善"。毫无疑问，这个真善美就是生命的全部意义。

潘知常的高明之处，就是在生命美学研究的起始阶段，即《生命美学》里不仅仅"把审美活动划为肯定性的审美活动和否定性的审美活动两类"，而且深刻地指出："肯定性的审美活动是指在审美活动中通过对自由的生命活动的肯定上升到最高的生命存在，否定性的审美活动是指在审美活动中通过对不自由的生命活动的否定而间接进入自由的生命活动，最终上升到最高的生命存在。"还直接在《生命美学》一书的封面写道："本书从美学的角度，主要辨析什么是审美活动所建构的本体的生命世界。"在《中国美学精神》"导言"中写道："美学即生命的最高阐释。美学即人类关于生命的存生与超越如何可能的冥思。"生命美学，意味着一种以探索生命的存在与超越为旨归的美学。

他是从"生命如何可能"的本体论层面上，与其说是对"丑"的深刻批判，不如说是对"美"的热切赞颂即生命是如何在美与丑的对峙较量中，建构起有意义的生命。正如马克思所指示的："全部所谓世界史不过是人通过人的劳动的诞生，自然界对人说来的生成的历史"[23]，显而易见，这里的"历史"不可能仅仅是所谓的"社会实践"的外在性历史，而且应该包括审美活动所建构起的人类生命的内在性历史。所谓"自然界向人生成"，说明了人的生命与动物的生命根本不同，而生命美学之所谓"生命"意味着：从超验而不是经验的角度来规定人、从未来而不是过去的角度来规定人、从自我而不是对象的角度来规定人。

到了1997年，他在《诗与思的对话——审美活动的本体论内涵及其现代阐释》一书中，进一步提出要立足于人类生命活动原则，将实践美学关注的"人如何可能"深化为"审美如何可能"的讨论。由此引出了审美之于人类生命的意义何在的根本性问题，"意义活动"是人的生命区别于动物的本质界线。他在2018年第12期《美与时代》上发表的《生命美学：归来仍旧少年》里总结道："正是'意义'，才让人跨越了有限，默认了无限，融入了无限，结果也就得以真实地触摸到了生命的尊严、生命的美丽、生命的神圣。应运而生的是一种把精神从肉体中剥离出来的与人之为人的绝对尊严、绝对权利、绝对责任建立起一种直接关系的全新的阐释世界与人生的模式。"[24]

后来，他又分别在2015年《贵州大学学报》和2020年《中华书画家》上发表了《生命美学：从"本质"到"意义"》，反复强调"生命美学就是生命的自由表达，就是研究进入审美关系的人类生命活动的意义与价值之学、研究人类审美活动的意义与价值之学"。"审美活动就因为在创造一个非我的世界的过程中显示出了自己所禀赋的人的意义、人的未来、人的理想、人所向往的一切的全部丰富性而愉悦，同样，也因为在那个自己所创造的非我的世界中体悟到了自己所禀赋的人的意义、人的未来、人的理想、人所向往的一切的全部丰富性而愉悦。"[25]用美学为人类的生命重新"命名"，即建构有意义的生命，是潘知常生命美学不懈的追求。

如何建构有"意义"的生命，潘知常的生命美学在美的本质、美感的构成和审美关系这三个美学的根本问题上，对此予以了回答。

1. 美是自由的境界

在关于"美是什么"，即在美的本质的问题上，尽管柏拉图在西方最早的一部美学著作《大希庇阿斯篇》中，感叹过"美是难的"，还有狄德罗在《美之根源及性质的哲学的研究》也不无遗憾地说过："几乎所有的人都同意有美，并且只要哪儿有美，就会有许多人强烈感觉到它，而知道什么是美的人竟如此之少。"黑格尔和歌德也有过类似说法。但是，潘知常还是和所有的美学家一样没有放弃思考。

他在《生命美学》里就明确肯定："美的问题必须得到回答，也应当得到回答。"为此，他提出了自己的观点，这就是书中第四章的第三节的题目"美是自由的境界"。潘知常根据马克思的"自然界向人的生成"的理论，指出美不是"实践美学"所谓的社会活动结果里预定的、先在的和固定的存在，而是生命活动过程中"自我规定、自我说明、自我创设、自我阐释的东西"，因为美的问题的答案必须从象征生命活动的审美活动中去寻找。至于美，则不过是审美活动的对象化，不过是审美活动的历史展开和最高成果。因为，"美不可能是别的什么，它只能是审美活动在对生命的意义的定向追问，清理和创设中不断建立起来的一个意义的世界。……简而言之，美是自由的境界"。[26]毫无疑问，这个境界是有意义生命实现的效果和达到的目的，是王国维说的"有境界，自成高格"。可见，生命美学视域下的审美活动不仅是一种操作层面上的把握世界的方式，而且是一种本体意义上的生命存在的最高方式。它不但是自由的生命活动，而且是自由生命的效果，是从绝对的价值关怀的生命存在方式的角度对"生命的存在与超越如何可能"这一终极追问、终极意义、终极价值的回答。

他又在1997年出版的《诗与思的对话——审美活动的本体论内涵及其现代阐释》一书中着眼于"审美活动的逻辑形态"研究，认为美的本质问题，涉及的是"美的根源"，即美是存在于审美活动之中的，而审美活动就是一种意义寻求和彰显的活动。那么，人的生命就生活在物质世界、意义世界和理想世界中。潘知常受到柏拉图的可感世界、灵魂世界和理念世界，弗雷格的外在世界、精神世界和意义世界，波普尔的世界1、世界2、世界3的划分的影响，创造性地提出了"第一性质"的物理世界、"第二性质"的主体世界和"第三性质"的生命世界。"美正是隶属于这个'第三性质'的世界。在此基础上，美只能是审美活动在对自由生命的追求中不断建立起来的一个理想的世界。"他还结合人类精神世界三原色的"真善美"，进一步阐述了"实践活动实现的是自由的基础，认识活动实现的是自由的手段，审美活动实现的则是自由本身，只是不是现实的实现，而是理想的实现。进而言之，在对象方面，是实现为一种自由的境界。而这就正是我所说的美——美是自由的境界"[27]。

同样用"自由"解说美的本质的还有李泽厚的"美是自由的形式"，高尔泰的"美是自由的象征"，蒋孔阳的"美是自由的形象"。而潘知常定义的"美是自由的境界"，既不是"实践"的形式，也不是精神的"象征"，更不是艺术的"形象"，而这个"境界"直接显现为人的最为高级的生命世界、最为内在的生命灵性，它是生命充满理想的领域，是人之为人的根基，是生存的依据，是灵魂的家园，更是生命出发与归来的港湾。

潘知常一直坚持从审美活动中来认识美的本质，如果说生命活动由于包含了社会实践活动，因此还不一定能涵盖审美活动，那么只有超越实践活动，进入生命的意义领域才能彰显人的情感和意志、人的理想和未来、生命的丰富和灿烂。他在《没有美万万不能：美学导论》里的最后一讲就是"美在境界"，从生命的"未特定性""无限性"和"超越性"出发着重讨论了人类生命所面对的"自由"是"对于必然性的改造、认识，以及在此基础上的对于必然性的超越"。他在《信仰建构中的审美救赎》中，从提升生命境界的"信仰建构"和走出虚无主义的"审美救赎"的高度和深度，进一步阐述了美的本质，"审美活动因此而成为人之为人的自由的体验，美，则因此而成为人之为人的自由的境界。由此，人之为人的无限之维得以充分敞开，人之为人的终极根据也得以充分敞开。最终，审美活动的全部奥秘也就同样得以充分敞开"。[28]美的本质的揭示——从生命活动的理想境界，而不是从社会实践活动或艺术创作活动来揭示的美的本质——为生命美学的理论大厦筑牢了最根本和最坚实的地基。

2. 美感是自由的愉悦

就审美活动而言，美和美感是一个问题的两个方面，就像一张纸的两面。美是自由的境界，只回答了生命活动形而上的本质问题；而美感是自由的愉悦，则回答了生命活动形而下的现实问题。潘知常说道："假如说美是生命超越活动中所建构起来的对象世界，一个境界形态的世界，那么，美感则是生命超越活动中所建构起来的一种愉悦情感，是对于生命超越活动的一种鼓励。简而言之，假如说美是自由的境界，美感则是自由的愉悦。"[29]的确，没有美感存在的生命中的"美"将形同虚设，没有"自由的愉悦"何来"自由的境界"。

潘知常早在1996年第3期《南京大学学报》上发表的《论美感的超功利性》里就"指出美感只相对于审美活动而存在，是审美活动所造就的主体效应：一种自由的愉悦即超越感，它不再以外在的功利事物而是以内在的情感的自我实现、不再以外部行为而是以独立的内部调节来作为媒介，因此是对于超越性的生命活动的鼓励，也因此，才形成统一"功利性"与"非功利性"于一身的"超功利性"这一根本的特征"。可见，他在美感问题上表现得高明，是因为他没有像很多美学家那样局限于心理感受的分析和社会意识的辨析，指出过去学术界往往局限于从实践活动出发去讨论美感，把美感与现实活动中的实际的愉悦即满足感混同起来；而是直接从人的生命感受去揭示"审美活动的奥秘"，它不是传统美学所谓精神享受的"非功利"的，而是生命需求的"功利"的，人类的审美活动就是在漫长的生命进化的功利活动中逐渐形成的。潘知常在《诗与思的对话——审美活动的本体论内涵及其现代阐释》一书中，直言道："就美感的根本属性而言，应该说它是超功利性的，即既有功利但又无功利。"它的所谓"有功利"是人类进化选择而肯定的生命价值的最大化，是人类生命功能的需要和发挥，即"因审美而生命"，"爱美者优存"，而不是实践美学认为的所需要的物质性和社会性的功利，它通过生理的快感来肯定心理的愉悦，反过来心理的愉悦又强化了生理的快感，如康德说的："快适，是使人快乐的；美，不过是使他满意；善，就是被他珍贵的，赞许的，这就是说，他在它里面肯定一种客观价值。……在这三种愉快里只有对于美的欣赏的愉快是唯一无利害关系的和自由的愉快；因为既没有官能方面的利害感，也没有理性方面的利害感来强迫我们去赞许。"[30]不论是物质的还是精神的，追求功利都是生命的本性，而美感之所以是"生命的自由愉悦"，是因为它在功利追求中的"超功利"，这就是潘知常认可的审美活动在"不即不离"状态中，所具有的超越性的含义。也就是说，美感并非不去追求功利，它只是不在现实活动的层面上去追求功利性，而是在理想活动的层面上去追求功利，而且，是从外在转向了内在。

如果说以上见解还主要集中在他《诗与思的对话——审美活动的本体论内涵及其现代阐释》一书中，那么他《没有美万万不能：美学导论》，就在两个方面深化了生命自由的愉悦的"美感论"。首先，他指出"美感是一种只属于人类的特殊的快感"，生命的进化美感之所以能优于和高于快感，是因为人类进化过程中"赌"精神性的美感，使得人类真正脱离了动物世界而进入了人的世界，那么"美感是人类在精神维度上追求自我鼓励、自我发展的一种手段，拒绝美感，就会导致精神的贫血。可以说，是生命自身选择了美感，生命自身只有在美感中才找到了自己"。[31]其次，他阐释了爱美之心人皆有之的"共同感"，这就是美或美感的"主观的普遍必然性""主观的合目的性"，这是康德揭示的人类审美活动的最大奥秘，潘知常结合康德哲学的"三大批判"，认为康德是以第一批判为求真活动划定界限，从而确定其独立性，以第二批判为向善活动划定界限，从而确定其独立性，那么第三批判就是为审美活动划定界限，从而确定其独立性。通过美感的研究为美学划定了一块属于自己"希望田野"；进而指出"主观的合目的性"就是人类生命的共同的根本需要，"美感的共同感，当然正是指的美感对于人类的根本需要的满足，其实也就是对于人类的'主观的合目的性'的需要的满足"[32]。

由此可见，美感的特殊快感和美感的共同满足，就从个体的生命需求和人类的生命进化的角度，第一次深刻地阐明了美感不但是生命的现实感受，而且是生命的理想憧憬。总之，美感就是生命历史进化和未来进步的动力。

此外，潘知常还将美感的思考拓展到了中国古典小说的领域，他站在文化批判的高度对《三国演义》《水浒传》《西游记》和《金瓶梅》进行了美学的甄别，并于2007年出版了《谁劫持了我们的美感：潘知常揭秘四大奇书》。他将狭义的审美感受扩展到了广义的审美意识，将中国古代小说专擅的帝王将相事业和才子佳人生活提升到了民族文化建设的高度和人类美学导向的深度。

3. 审美关系是自由的场域

将"关系"纳入美学研究，肇始于毕达哥拉斯"数的和谐"关系，之后有柏拉图的"洞穴理论"，揭示的是"影子"和"真实"的关系，亚里士多德的"形式因""质料因""动力因""目的因"，研究的是主体和对象、内容和形式之间的关系，当然最有影响的是18世纪法国著名的启蒙思想家狄德罗的"美在关系"说："我把凡是本身含有某种因素，能够在我的悟性中唤起'关系'这个概念的，叫作外在于我的美；凡是唤起这个概念的一切，我称之为关系到我的美。"[33]按照狄德罗的说法，这既是一种实在的关系，指事物具有的客观存在的关系，也是一种察知的关系，指人的悟性认识实在关系后形成的察知关系。

很显然，潘知常建立的"审美关系"是建基于生命视角，立足于自由追求和超越意欲，是从"美是自由的境界"和"美感是自由的愉悦"的思考后，融合和整合传统美学的"美论"和"美感论"而形成的具有原创性的美学思想。如他在《生命美学论稿：在阐释中理解当代生命美学》第十七章开篇说的，立足于"美学的当代取向"，"意在突破传统的主客关系的视界，从而对美学的对象即在自由体验中形成的活生生的东西、'不可说'的东西加以探讨"。他的这个思考，最早见于《诗与思的对话》，潘知常在这本著作里从审美活动的逻辑形态纵向展开，先讨论了"美"和"美感"后，再顺理成章地进入"审美关系"的思考，他明确指出"审美关系正是人类在审美活动中所主动建构起来的一种关系"。它呈现出以下三个特点：

首先，审美关系是存在于审美活动之中的。他在《诗与思的对话》里说道："审美关系同样只相对于审美活动而存在。审美关系不可能是预成的，而是在审美活动中建立起来的，离开审美活动，它就不复存在了。"我们都知道，审美活动是潘知常生命美学的中心问题和核心所在，更是他美学研究的逻辑起点，他在《生命美学》的绪论"生命活动：美学的现代视界"里反复强调："审美活动是作为活动之活动的根本活动"，"以审美活动是美学的核心"，"审美活动不但是人的存在方式，而且同时也是作为自由境界的美的存在方式"。很显然，包括审美活动在内的任何"活动"，都不是一个虚幻而空想的事情，一定是由具体的场景、特定的主题和相关的人员构成的一个"审美场"。如果说审美活动是主体和对象在现实生命体验中体现的生命意义，那么审美关系就是美和美感在理性认识后而建构的审美活动的逻辑形态。

其次，审美关系是人的所有关系中的理想关系。众所周知，人和世界有多重关系，有受利益制约的经济关系，有受伦理规范的道德关系，有权力限制的政治关系，在这些关系里，人都是不自由的，而只有欣赏艺术、流连自然、超越现实的审美关系才能充分彰显生命的意义和努力实现生命的价值。但是，审美关系并非任意的一种关系，是在人类历史进程中人与自然、人与社会和人与人类的三重关系中，克服异化，战胜对立，消除差异，分别实现"人与自然的和谐统一""共产主义的社会形态""人的自由意识"，从而建立起来的一个"情理相谐""天人合一"和"天下大同"的世界。毫无疑问，这就是最美妙和最理想的"审美关系"。他在《诗与思的对话》第六章里说道："理想关系即人与自然和谐统一、人的复归阶段、人的自由意识的阶段，它只能在审美活动中建构起来，这就是所谓审美关系。"

最后，审美关系是审美主客体共生共享的意义场域。如果说仅有美或美感及二者的关系，还不足以建立一个庞大而丰赡的美学王国，虽然说因为审美活动的介入，将美和美感由静止状态变成了运动状态，但是离生命美学的真正建立，依然有"最后一公里"未能打通。潘知常也只能借助于空间意义的审美关系的引入，才使之与时间意义的审美活动形成了完整的生命美学理论大厦的"时空一体"的坐标体系。而潘知常在《诗与思的对话》中，在论述审美关系的最后为我们构建了一个审美发生和实现的"意义场域"，这就是以感官作为"人类建构起审美关系的中介"，以自由作为人的"本性的理想实现"，以同一作为"审美活动建构起来的主客体"关系，从而建立起来的"一种全面的、整体的关系"。这个不但依托于主客体关系而且超越主客体关系的价值取向、未来走向的生命美学，所包含的"活生生"的东西和"不可说"的东西，就是老庄哲学的"道"、孔孟哲学的"义"、禅宗哲学的"佛"和叔本华的"意志"、尼采的"强力"和海德格尔的"此在"，尽管它们是"虚"的，只有借助审美关系才能显示出"实"的庐山真容。

三、徜徉"美丽"的世界

关于美的类型或审美的形态，自然美、社会美和艺术美几乎是中外美学家给予的标准分类答案，而潘知常在《诗与思的对话》里认为"严格地说，应该称之为自然审美活动、社会审美活动、艺术审美活动"[34]。由自然美、社会美、艺术美到自然审美活动、社会审美活动、艺术审美活动，不是仅仅增加了几个字，或说法换了，而是从根本上颠覆了传统美学原理的美的类型或审美对象的认识。

首先，建立了一个全新的理论视角，从"审美活动"的过程来认识美的形态。这就他为生命美学建立的一个中心——从"审美活动"进行考察，而不是从审美的结果来思考。其次，将美的类型置之于动态的活动中，而不是静止的自然、社会和艺术的具体呈现，它们不但是"审美"的，而且处于"活动"中，是审美活动中的"艺术美、自然美、社会美之间又不仅存在并列顺序，而且存在承继顺序，这就是从社会美到自然美到艺术美"。最后，也是最为重要的，潘知常在这个问题的最大贡献不是孤立地谈论这三类美，而是将它们纳入"生命"的视野和生命美学的理论体系予以考察，它们都是"改造自然"和"超越文明"追求意义的生命活动，"它们才不是一种纯粹的审美活动"，而是情感与意志交融的生命活动。

由此可见，潘知常联系人类在生命活动中置身和面对的自然、社会和艺术三个领域，在置于审美活动过程中，赋予了它们的"美丽"形态和性质，引领我们尽情地徜徉并流连忘返。与其说潘知常是在探索它们在生命美学中的重新理解，不如说是在呈现人类生活里的美丽世界，而生命美学的神圣使命就是倾情地呵护和执着地守望这片希望的大地。

1. 自然审美

撇开美学史上有关"自然"是否有"美"或"自然美"这个概念是否成立的问题，潘知常论述自然美的高明之处有二。一是，立足于从审美活动的价值属性，着眼于"生命如何可能"这一根本设定，借助马克思在《1844年经济学—哲学手稿》里指出的"全部所谓世界史不过是人通过劳动生成的历史，不过是自然向人生成的历史"的精辟论述，他在《诗与思的对话》里借人们对自然山水的欣赏，"说明'美'不存在于山水自身，而是存在于山水与人之间的关系之中。就后者而言，实践活动只能创造出自然，但无法创造出自然的美。至于说离开实践活动的意识活动创造了自然美，更是虚假的"。他还在2015年发表在《郑州大学学报》上的《生态问题的美学困局——关于生命美学的思考》一文中以鲜花为例，说明"鲜花成为审美对象，并不来自具有价值的'鲜花'，而是来自审美活动对于'鲜花'的价值评价。在特定时刻，鲜花所呈现的，也只是自身中那些远远超出自身价值的某种能够充分满足人类的价值，也就是某种能够满足人类自身的价值，而那种鲜花身上的某种能够满足人类自身的价值中的共同的价值属性，就是美。换言之，审美对象，不是自然对象的自然属性，而是自然对象的价值属性，至于美，则是审美对象的价值属性"。[35]

二是，从自然和人类的关系上考察自然美。马克思提出的"自然向人生成的历史"，是从时间的角度阐释人类的审美意义，而这个意义的产生首先是要解决人类如何面对大自然的问题，潘知常巧妙地区分了"自然"和"自然美"，提出了"从两个层面去考察"的思路。从第一个层面看是人类创造的"自然"，因为没有人类的活动，没有生命意识的觉醒，自然是洪荒的自然，宇宙是混沌的宇宙，在适应自然和改造自然的活动中，人类相应地改造了自我生命的内在自然，为"美"的意识诞生准备条件。从第二个层面看，是审美活动创造了"自然美"，没有人的意识，没有人的自由生命意识，自然就只是山水、草木等，而不会呈现为人类的审美对象，因为自然美是"属人化"的对象，是人的生命意识的投射结果和生命力量的实践产物。因此"所谓自然美，只有在上述的审美活动的基础上才能够被正确地加以阐释"。

2. 社会审美

潘知常对社会美的研究不同于绝大多数美学家的地方除了不是孤立地看待社会美，而是把它纳入审美活动之中进行考察外，如他在《诗与思的对话》里说"是审美活动创造了社会美。没有社会审美活动，就没有社会美"，当然审美活动是潘知常全部生命美学理论的中心；他还更具创新性地将社会美与自然美纳入一个对立统一的框架下，进行对比和转换的辩证考察，他在《诗与思的对话》里是这样认为的："自然美与社会美是两个相对的范畴，都要相对于对方而存在，都是意在展示为对方所忽视了的另外一面。在一定意义上，可以说，社会美是以对于自然的否定而成为可能的，自然美则是以对于文明的否定而成为可能的。"这种理论站位就不仅将这对审美范畴，尤其是社会美限于美学的世界，而且从人类文明发展过程中如何处理内在自我与外在世界的关系上，深化了马克思的"人化的自然"或"自然的人化"，可以说人类对社会的审美或社会美意识的获得，正是体现了"人的本质力量的对象化"；而要使得这种对象化了的"本质力量"具有生命美的意义，则必须有生命意识的觉醒，"自然向人生成与人向自然生成的理想是双向循环过程：自然的人化和人的自然化"，总之，从自然与文明由对立向走向统一的结果，说明了他揭示的"社会审美活动侧重于展示审美活动的结果"。

在社会美的分类上，潘知常依然从自然与社会的辩证结合上，从主体、内在和客体、外在的多重关系中，将社会美分为：一是，"以面对外在对象、客体自然的实践活动（包括科学技术活动）为审美对象"，即通常所谓的社会对象的美；二是，"以面对内在对象、主体自然的社会活动为审美对象"，即人类精神的美；三是，"以面对外在对象、客体自然与内在对象、主体自然的统一——人体活动为审美对象"，即人本身的美。潘知常特别指出"其中，人体美是社会美的最为集中的表现"。为此，他于1991年第3期的《南京社会科学》上发表了《人体之美的无罪辩护》，该文在评论高小康和张节末合著的《人体美学》时，阐述道："人体的真正审美意蕴在于主客体交流的生命感，在于从形体与运动中透射出的人性之光。欣赏人体正是欣赏自身，欣赏人的自由本质。"

此外，他还从生命美学的视角，谈论了旅游的美，城市的美。如旅游的审美意义就是"去远方找回自己"，城市的美学意义是"城市与乡愁：一种关于成长的生命美学"。

3. 艺术审美

对艺术及艺术美的讨论，是所有美学家绕不过去的一个话题，因为一定意义上，艺术及艺术美所有的特征和艺术蕴含的本质就是美的生动而形象、典型而集中、凝练而概括的表征，难怪黑格尔要在艺术和美之间画等号，将美学等同于艺术哲学。潘知常除了在《诗与思的对话》里有专门的艺术审美论述外，还在1998年出版的《美学的边缘》的第四篇"边界意识的拓展：艺术与非艺术的换位"中，论述传统艺术与现代艺术的区别。

在艺术美的问题上，潘知常在《诗与思的对话》里和前面的自然美、社会美的思考一样，将艺术美分解为"艺术"和"美"两个层面。关于美，潘知常已经有了翔实的论证，"美是自由的境界"，而艺术是什么呢？艺术是对事物的感觉，而不是对事物的了解，艺术把心灵从现实的重负下解放出来，激发起心灵对生命的把握，艺术展示一个更高级更美好更理想的世界。根据潘知常生命美学的见解，"艺术是生命本体达到透明的中介，是生命力量的敞开，是生命意义的强化"。首先在第一层面"是艺术活动创造了艺术"，其次在第二层面"是艺术审美活动创造了艺术美"。

他不是孤立地思考艺术美，而是在审美活动的视域下，从生命所包含的真善美三个方面的超越意义来论述的，假如说自然美面对的是人与自然的超越关系，社会美面对的是人与社会的超越关系，艺术美面对的则是人与自我的超越关系。艺术美是对于内容与形式的在感性符号层面的同时超越，即对真与善的超越，"艺术美则是借助与感性符号对于自然美、社会美的同时超越"，因此，"艺术美是通过自然的'人化'向自然的'属人化'的复归"。[36]虽然对现实这是象征性的超越，但对于人性却是真实性的复归。可见，在审美活动中，不论是艺术的创造还是欣赏，都是对世界的一种理解和解释，进而构建一个全新的意义世界。

潘知常对艺术审美的研究，除了《红楼梦》和《水浒传》《三国演义》《聊斋志异》《西游记》《金瓶梅》这类中国古典文学外，还在《我爱故我在——生命美学的视界》和《头顶的星空：美学与终极关怀》等著作里，对鲁迅的文学和海子的诗歌、对安徒生的童话和冯小刚的电影等中外文学艺术经典，进行了广泛的考察，均留下了不少的真知灼见。如他在鲁迅《狂人日记》里"发现了人性自身所蕴含那种'无缘无故'的罪恶。鲁迅的作品，显然是借着曹雪芹讲的。而鲁迅说，有吃人的，有被吃的，被吃的也在吃人，谈的就是'共同犯罪'"[37]。

置身于"上帝死了"以后的虚无世界，为了建构人类有意义的生命，徜徉在一个美丽的新世界，潘知常不仅像鲁迅一样"肩住黑暗的闸门"，而且如李大钊那样"铁肩担道义"，首倡生命美学。

回望历史，生命美学出现于1985年，在国内改革开放新时期中出现的美学的各家各派中，应该是最早的；生命美学在中国美学的历史上第一次有了自己的命名："生命美学"，而且汇集在这四个字旗帜下的学人越来越多，著述愈加丰硕。其间，尽管潘知常有近20年没有出席国内美学界的活动，但是"桃李不言下自成蹊"，生命美学实现了中国美学尤其是中国当代美学诸多重大问题的重新建构。

生命美学完成了生命本体论的建构，代表着中国美学的生命美学传统的最终成熟与完成；生命美学在当代美学史上第一个完成了范式革命，使得美学从立足于"实践"转向了立足于"生命"，从"启蒙现代性"移步于"审美现代性"，从"认识—真理"的地平线"乾坤大挪移"到了"情感—价值"的地平线。就历史渊源而言，实践美学来自北京的《新青年》和启蒙现代性，生命美学来自南京的《学衡》和审美现代性。

生命美学继承并发扬了王阳明的"知行合一"的优秀传统，尽管当代美学崇奉"述而不作"的纸上谈兵，一般都是"知先行后"，甚至"只知不行"，但是生命美学30多年来坚持了"知行合一"，潘知常更是言传身教，身体力行，做了数以百计的咨询策划工作，做了数以千计的美学普及讲座，而且还自筹资金举办了两届"全国高校美学教师高级研修班"。

生命美学推出了自己的代著作和代表人物，也形成了在师生传承之外的广泛的学术团队，将陆续推出"西方生命美学经典名著导读丛书"和《中国当代美学史》《当代中国生命美学40年》《西方生命美学研究》《大陆与台湾当代生命美学研究的比较》《百年中国美学名著导读》。尤其难能可贵的是，潘知常教授还主编了一套"中国当代美学前沿丛书"，汇聚了当今国内美学研究的顶级学者的最新研究成果，除他自己的《生命美学引论》外，还有朱立元的《略说实践存在论美学》、张玉能的《新实践美学的崛起》、杨春时的《主体间性超越论美学》和徐碧辉的《实践美学引论》。

总之，生命美学不是关注人类文学艺术的小美学，而是关注人类美学时代的美学文明、关注人类解放的大美学。它不但是西方"康德以后"和"尼采以后"美学的生命思考，而且是中国传统美学从《山海经》开创直至《红楼梦》高峰"因审美而生命"和"因生命而审美"的生命美学的延续和光大，因此它可以称为"情本境界论"生命美学或者"情本境界生命论"美学，其中的"情本"（"兴"）、"境界"（"境"）、"生命"（"生"），就正是源自中国传统美学的核心范畴——"兴"（"情本"）、"境"（"境界"）、"生"（"生命"）。因此，生命美学是中国美学传统的传承与弘扬。相对于实践美学，生命美学立足于"万物一体仁爱"的生命哲学，坚持"生命视界""情感为本""境界取向"，并且从四个方面根本区别于实践美学：一是，"爱者优存"，实践美学却是"适者生存"。二是，"自然界生成为人"实践美学却是"自然的人化"。三是，"我审美故我在"，实践美学却是"我实践故我在"。四是，审美活动是生命活动的必然与必需，实践美学却认为审美活动是实践活动的附属品、奢侈品。生命美学的基本特征是："万物一体仁爱"的生命哲学+"情本境界论"生命美学+"知行合一"的美学实践传统。

注释：

1.尼采：《偶像的黄昏》，周国平译，光明日报出版社1996年版，第67、199页。

2.潘知常：《生命美学》，河南人民出版社1991年版，第13页。

3.潘知常：《诗与思的对话》，上海三联书店1997年版，第5页。

4.潘知常：《生命美学论稿》，郑州大学出版社2002年版，第40页。

5.潘知常：《没有美万万不能：美学导论》，人民出版社2012年版，第51页。

6.尼采：《快乐的知识》，黄明嘉译，中央编译出版社1999年版，第126页。

7.转引自范藻：《信仰的重建，是为了重建的信仰——兼及新世纪中国文化建设的美学选择》，《上海文化》2016年第2期，第14页。

8.潘知常：《"日常生活审美化"问题的美学困局》，《中州学刊》2017年第6期，第160页。

9.潘知常：《信仰建构中的审美救赎》，人民出版社2019年版，第414页。

10.潘知常：《生命美学》，河南人民出版社1991年版，第153页。

11.加缪：《西西弗的神话》，杜小真译，生活·读书·新知三联书店1987年版，第6页。

12.转引自伍蠡甫主编：《西方文论选》（下册），人民文学出版社1964年版，第358页。

13.潘知常：《生命美学》，河南人民出版社1991年版，第159页。

14.卡西尔：《人论》，甘阳译，上海译文出版社1985年版，第191—192页。

15.《马克思恩格斯选集》第1卷，人民出版社1972年版，第5页。

16.亚里士多德：《诗学·诗艺》，罗念生译，人民文学出版社1962年版，第16页。

17.黑格尔：《美学》第三卷（下册），朱光潜译，商务印书馆1981年版，第

293页。

18.潘知常：《生命美学》，河南人民出版社1991年版，第167—168页。

19.潘知常：《诗与思的对话》，上海三联书店1997年版，第273页。

20.潘知常：《没有美万万不能——美学导论》，人民出版社2012年版，第80页。

21.潘知常：《信仰建构中的审美救赎》，人民出版社2019年版，第376页。

22.潘知常：《信仰建构中的审美救赎》，人民出版社2019年版，第394页。

23.马克思：《1844年经济学—哲学手稿》，刘丕坤译，人民出版社1979年版，第84页。

24.潘知常：《生命美学：归来仍旧少年》，《美与时代》（下）2018年第12期，第43页。

25.潘知常：《生命美学：从"本质"到"意义"》，《中华书画家》2020年第5期，第112、116页。

26.潘知常：《生命美学》，河南人民出版社1991年版，第191页。

27.潘知常：《诗与思的对话》，上海三联书店1997年版，第246页。

28.潘知常：《信仰建构中的审美救赎》，人民出版社2019年版，第180页。

29.潘知常：《诗与思的对话》，上海三联书店1997年版，第257页。

30.康德：《判断力批判》（上），宗白华译，商务印书馆1964年版，第46页。

31.潘知常：《没有美万万不能：美学导论》，人民出版社2012年版，第84页。

32.潘知常：《没有美万万不能：美学导论》，人民出版社2012年版，第376页。

33.朱立元主编：《美学大辞典》，上海辞书出版社2014年版，第439页。

34.潘知常：《诗与思的对话》，上海三联书店1997年版，第298页。

35.潘知常：《生态问题的美学困局——关于生命美学的思考》，《郑州大学学报》2015年第6期，第100页。

36.潘知常：《诗与思的对话》，上海三联书店1997年版，第290页。

37.潘知常：《我爱故我在——生命美学的视界》，江西人民出版社2009年版，第138页。

第七章　现实的反思：审美文化的意义

　　潘知常的生命美学一直关注着改革开放的火热现实，他在2020年12月12日河南焦作市修武县举行的"首届中国美学经济论坛暨县域美学经济发展经验研讨会"上提出了"审美也是生产力"。它具体展示为：新的生产力要素与劳动对象结合而形成的"美是竞争力"，新的生产力要素与劳动资料结合而形成的"美感是创造力"，新的生产力要素与劳动者结合而形成的"审美力是软实力"。

　　1980年代末和1990年代初是一个大动荡和大分化的时期，国际上是军备竞赛和冷战结束而代之以和平与发展，国内是以江泽民总书记为核心的党的第三代领导集体的形成和以中国特色社会主义理论为指导的社会主义市场经济体制的建立。根据毛泽东《新民主主义论》的"一定形态的政治和经济是首先决定那一定形态的文化的"的著名论断，如果说此前的文化更多的是以政治追求为本位，以国家利益为目标的宏大视野的文化，那么这以后的文化就转向为以经济建设为本位，既有国家利益追求，又有个体利益诉求，还有复杂的利益折中的多元文化。呈现出传统文化、革命文化和现代文化既碰撞又交融的百家争鸣，精英文化、主流文化和流行文化既交锋又兼容的百花齐放的局面。

　　历经新时期1980年代振衰起敝的高歌猛进，再到1990年代市场经济的洪波涌起，直至21世纪应对复杂多变的国际形势，反复承受地震病毒的灾难考验，继之开启中华民族的伟大复兴，生命美学不但见证，而且参与，更是高扬思想解放的旗帜，促推了这场"千年未有之大变局"。潘知常说道："生命美学是改革开放四十年的产物，同时，也是改革开放四十年的见证。具体来说，没有改革开放四十年的思想解放、'冲破牢笼'，就没有生命美学。"[1]从1980年代的前卫美术、实验剧场的悄然兴起到1990年代的新写实主义小说、通俗文艺的泛滥成灾，再到21世纪流行文化和大众传媒的甚嚣尘上，不论是市场经济时代"文学失却了轰动效应"而带来的对"人文精神"的呼唤，还是全民娱乐时代"日常生活审美化"后面临的"美学的边缘"境况，潘知常的生命美学研究虽然小心翼翼地谋划着宏伟体系的建构、孜孜以求地进行着美学历史的总结，但是，他活跃的思维、敏锐的目光一刻也没有离开苦难与希望同在、丑陋与美好并存的现实，这主要集中在《反美学——在阐释中理解当代审美文化》和《美学的边缘——在阐释中理解当代审美观念》，以及他和林玮副教授合著的《大众传媒与大众文化》，还有他们主编的《传媒批判理论》，更在《信仰建构中的审美救赎》的"中国的救赎"一章里，指陈了"日常生活审美化"的美学困局，还在《走向生命美学——后美学时代的美学建构》中分析了"生活问题""身体问题""生态问题"和"环境问题"的美学困局。

　　置身于流行文化、现代艺术和大众传媒现实的裹挟并反思，围绕的都是美学，当然属于生命美学表征的审美文化意义的思考。潘知常在这样一个物欲横流、精神委顿的时代，与其说是努力回答美学何谓的问题，不如说是在掂量生命何为的意义；的确，身体的舒畅反而令我们找不到生命的存在和价值，"也许最沉重的负担同时也是一种生活最为充实的象征，负担越沉，我们的生活也就越贴近大地，越趋近真切和实在。相反，完全没有负担，人变得比大气还轻，会高高地飞起，离别大地亦即离别真实的生活。他将变得似真非真，运动自由而毫无意义"[2]。潘知常和米兰·昆德拉一样深陷"沉重还是轻松"的无尽烦恼中。

一、通俗文化，是一种审美生活吗？

一切都是中规中矩的生活秩序。

一切都是有礼有节的文化仪式。

一切都是合情合理的艺术表演。

当这些由来已久的传统一旦贴上反对封建主义的"进步"、反对资产阶级的"革命"和反对帝国主义的"红色"标签后，改革开放以前的中国社会的主调便只有"伟光正"的正统，中国人民的形象就只能是"高大全"的正经，中国百姓的衣着也只会有"黑灰蓝"的正色。但是，当它们一旦经受20世纪80年代思想解放潮水的猛烈冲刷，受到国门打开西风的强劲吹拂，在人道主义的旗帜下，高举人性解放的大旗，压抑多年的生活欲望、爱美天性如火山爆发猛烈喷出，如江河决堤势不可挡。

潘知常在《反美学——在阐释中理解当代审美文化》一书的第二章，列举了通俗文化的七大表现："流行歌曲、摇滚音乐、电影奇观、电视节目、商业广告、MTV、游戏机和人体艺术。"在《大众传媒与大众文化》里又增加了"报刊书籍和网络"。这些文化种类从生活到艺术、从物质到精神，乃至从衣食住行到喜怒哀乐等，覆盖了当代社会以流行艺术为代表的所有领域和以青年群体为代表的所有人群，而变成了一种近乎审美式的艺术生活、一种似乎高雅式的精神生活和一种能涵盖人们丰富多彩的情感生活。他在《反美学》里用"文化溃败时代的寓言"对上述"文本"进行考察前，首先指出"在进入当代社会之后，当人类的'自我迷信'被日益消解，人类终于更为深刻地意识到：人虽然有思想，但仍然是动物；人虽然发现了类，但仍然是自己。于是，人类不再吃力地生活在多少有些虚假的深度中，而是回过头来生活在难免有些过分轻松的平面里了"。借助文化"祛魅"的思潮和革命"告别"的季风，由曾经似乎有深度的生活沉重奋力挣脱为平面的生活舒适，由曾经确实很严肃的生活苦难悄然蜕变为轻松的生活享乐。

在这物欲横流的世道，人们开始疯狂地找乐子，寻找让身体轻盈的消遣方式，追求让心灵惬意的生活内容。他们追寻有趣的娱乐，关注情感的消费，尽可能体验生活中的感性成分，促使感官快感化和生活艺术化；他们崇尚快乐，尽可能享受人生的轻松、自由和幸福，远离厌烦和困惑，使生活游戏化；他们解放感性，尽可能地恢复到自然，充分地调动起人的视觉、听觉、嗅觉、味觉、触觉等感官，使生活感性化。"我是人、我追求着做人的快乐"，彰显人性，否定神性，否定崇高价值，远离深度体验，回归世俗生活。这一时期的通俗文化将消遣性娱乐性置于首位，在快餐速溶的文化读物中，在轻松休闲的影视欣赏中，在震耳欲聋的感官视听刺激中，在具有快乐奖赏性的电子游戏中，消解现代社会工作中的紧张心理与忧虑情绪，达到消遣娱乐的目的。虽然大众文化的文化品位与审美格调亟须提高，但它在一定程度上改变了长期以来文化的政治功能、道德说教作用占主导地位的局面。

诚如北岛所言："在一个没有英雄的时代，我只想做一个人。"那么，生命美学依然要质询的是：通俗文化，真的能成为一种审美生活吗？

1. "日常生活审美化"的质疑

日常生活是什么？是一地鸡毛，还是精品小屋，其实都不是的；它本来就是寻常生活的"开门七件事"：油盐酱醋柴米茶。然而，改革开放前的日常生活却是"阶级斗争天天讲"的每日功课，"狠斗私字一闪念"的随时警惕，甚至连最应该审美化的春节，也是以革命的名义而被霸占，就是进入1980年代后，我们的日常生活还是被不断的"改革"、持久的"开放"、时髦的"下海"、新潮的"口号"、各种花样的"建设"和层出不穷的"工程"所占据，就在人们远离神圣理念、告别崇高精神，转而追求当下的幸福、注重个人的体验的时候，2002年一个漂洋过海来的说法——"日常生活审美化"，立马引起了人们尤其是学术界的兴趣。

日常生活审美化这一命题是英国诺丁汉特伦特大学社会学与传播学教授迈克·费瑟斯通1988年4月在新奥尔良"大众文化协会大会"上作的《日常生活审美化》演讲提出的概念，他认为这是审美活动超出所谓纯艺术、文学的范围，渗透到大众的日常生活中的一种文化现象——日常生活的"审美化"正在消弭艺术和生活之间的距离，在把"生活转换成艺术"的同时也把"艺术转换成生活"。我国学者以陶东风、童庆炳、陆扬等为代表从2002年起开始介绍这个观点，并在国内学术界引起广泛的讨论。陶东风认为："审美活动已经超出所谓纯艺术/文学的范围，渗透到大众的日常生活中，艺术活动的场所也已经远远逸出与大众的日常生活严重隔离的高雅艺术场馆，深入到大众的日常生活空间，如城市广场、购物中心、超级市场、街心花园等与其他社会活动没有严格界限的社会空间与生活场所。在这些场所中，文化活动、审美活动、商业活动、社交活动之间不存在严格的界限。"[3]的确，世纪之交的中国随着社会生产力的提高和人们审美力的提升，艺术和审美"昔日王谢堂前燕，飞入寻常百姓家"，日益进入大众的日常生活，同时，日常生活的一切从衣食住行到工作学习的环境、物品等通过工业生产、艺术包装和传媒渲染都被审美化了。

潘知常经过多年的深思熟虑在2017第6期的《中州学刊》上发表了《"日常生活审美化"问题的美学困局》。他认为"日常生活审美化"是一个伪命题，至少也是一个"只见树木不见森林"的偏见和浅见，真正存在并值得讨论的是"日常生活非审美化"或"日常生活伪审美化"。"日常生活审美化"，究其实质，只是一种审美与艺术的自我放逐和自我贬损，它以逃向理想的日常生活的方式重返虚假的日常生活，它以审美化的方式来消解审美性的价值，不但没有解决美学所面对的虚无主义的内在焦虑，也没能拯救艺术面临的商品经济的无情侵蚀，反而加剧了这一焦虑和侵蚀。"日常生活审美化"体现的是期望掩饰虚无灵魂的努力，错误地以"拟象化"置换"审美化"，虚妄地以"物质化"替代"精神性"，天真地以为"普及化"能抹平"深度性"，而且在反对"唯美为尊"的同时，也反对"以美为宗"，最终使得美学研究陷入困局。为此，生命美学应予以深刻的美学反思。

为此，潘知常认为要走出这一美学困局，则必须一方面重构日常生活，另一方面重构审美与艺术，以审美与艺术作为日常生活的救赎——在生命美学的视域下从这两个方面解释生命与日常生活、生命与审美活动，特别是作为审美活动的艺术创造，在这两个方面或两种关系上来验证在日常生活中通过反美学和反艺术的壮举能否完成生命的悲壮救赎。

其一，生命在日常生活的存在意义。

生命的意义是什么，或思考追问生命的意义，是美学与生俱来的神圣使命。在我们用是否"值得过"为标准，将生活划分为高尚的有价值和平庸的无价值的时代，高尚的生活是充满意义的，反之则不然。在曾经的某个时代，一切拥有政治权力、经济地位、学术资源、技术优势、道德模范、艺术造诣，甚至是年龄优势的人，用孔子话说他们是治理人的"劳心者"，用苏格拉底的话说他们是高于人的"思想者"，于是，他们的生活不一定像帝王一样可以呼风唤雨，像富豪一样能够锦衣玉食，但他们是精神的贵族阶层、文化的统治阶级，至少也是某一方面的优越者，他们追求的生活是"君子食无求饱，居无求安，敏于事而慎于言，就有道而正焉"。生命在这样的日常生活中，肯定是有意义的。但是，这些"身在福中"而又"不知福"的他们，却常常陷入"忧端齐终南"的巨大烦恼中，因为他们"处江湖之远则忧其君，居庙堂之高则忧其民，是进亦忧，退亦忧"。

由此引出一个话题，就是生命存在意义的"悖论"，即日常生活中的生命究竟应该是"沉重"还是"轻盈"。刘小枫在《沉重的肉身》里讲述了一个遥远的"十字路口上的赫拉克勒斯"的故事：一天有两个女人向坐在树下读书的赫拉克勒斯走来，叫卡吉娅的女子顾盼生辉、摇曳多姿又性感十足，而另一个叫阿蕾特的女子则仪态端庄、质朴恬美而性情温和。这两个女人是他将要面对的两条不同的人生道路，一条通向邪恶，一条通向美德，尽管两条路的名称都叫幸福。看见赫拉克勒斯犹豫不决的眼神，阿蕾特说："卡吉娅只会使你的身体脆弱不堪，心灵没有智慧。她带给你的生活虽然轻逸，但只是享乐，我带给你的生活虽然沉重，却很美好。享乐和美好尽管都是幸福，质地完全不同。"很显然，人们在转述这个故事时，叙事的重心已经倾向于赫拉克勒斯应该放弃卡吉娅而选择阿蕾特。这种文化叙事和叙事文化的引导功能，也体现在孔子的宣谕："君子谋道不谋食。耕也，馁在其中矣；学也，禄在其中矣。君子忧道不忧贫。"后世陶渊明也说："先师有遗训，忧道不忧贫。"

可见，中国传统文化视"轻盈"为醉生梦死、骄奢淫逸、行尸走肉的低俗生活，而视"沉重"为家国情怀、鞠躬尽瘁、舍生取义的高尚生活。

在从生命的道德意义上升为政治意义上，奥斯特洛夫斯基的名言几乎影响了几代中国人："人最宝贵的东西是生命，生命对于每一个人只有一次。人的一生应该这样度过：当他回首往事的时候，不因虚度年华而悔恨，也不会因碌碌无为而羞耻；这样在临死的时候，他才能够说：'我的生命和全部的精力，都献给世界上最壮丽的事业——为人类的解放而斗争'。"进入1980年代后，当解放人类的使命悄然置换为拯救个体的义务，那么作为庸庸大众的绝大多数的我们是否都应该过"忧道不忧贫"的生活？这时的日常生活已经由解放全人类的宏大叙事转为追求个人性的微观叙事，党中央提出"让一部人先富起来"，成为最有吸引力的召唤；邓小平说的"贫穷不是社会主义"，成为全社会的共识。潘知常说道："在这里，对于日常生活的理解，当然已经不再是昔日的'平凡而伟大''拒绝平凡'，但也并非简单地回到日常生活中的平庸，更不是以'为日常生活而日常生活'那种借日常生活来脱离意义的方式。这意味着：丧失意义的生活与丧失生活的意义都是无法令人忍受的，都是一种美学的误区。"[4]生活的意义一定程度上就是生命的意义，丧失是绝对不能容忍的，而拥有却是毋庸置疑的，关键是拥有什么样的意义，是吃饱喝足后爱因斯坦嘲笑的"猪圈式的理想"，还是温饱之后诗哲北岛企及的"形而上的理想"？

由此，又引出另一个问题。

其二，生命在审美活动体现的意义。

"进亦忧，退亦忧"体现的是现实的两难选择，之所以会这样，是因为它们都过于"执着"感性和当下的日常生活而执迷不悟于功名利禄和恩怨情仇的羁绊和缠绕，这是一种受名缰利锁绑缚而不自由的生活，但"日常生活审美化"使得当代人进入了恣情肆意和随心所欲的自由生活后，反而失去了自由的感觉。潘知常在《"日常生活审美化"问题的美学困局》指陈道："由此，自由本身进入一种极致状态，但自由一旦发展到极致，反而会陷入一种前所未有的不自由。从对于必然性的服膺到对于超越性的呈现，人类对生命、世界的发现把自身大大地向前推进了一步，但与此同时，人类也把自己逐出了赖以安身立命的伊甸乐园。没有了上帝、神祇、万有引力的统治，没有了绝对精神、绝对理念的支撑，没有了祖先世世代代都赖以存身的种种庇护，人不但不再是上帝的影子，而且也不再是亚当的后代，结果只能孤独而又寂寞地走在自由之路上。"于是，如何克服这种"自由"的悲剧境况和走出如此"解放"的悖论处境，看来还得求助于审美，席勒说过："若要把感性的人变为理性的人，唯一的路径是先使他成为审美的人。"这正是黑格尔强调的"审美带有令人解放的性质"。

对人类审美活动的看重一直是潘知常生命美学不变的主题，要走出人类重返生活而带来的"生活在别处"的异化、拥抱自由而导致的"自由成枷锁"的悖谬，关键是要对所谓的"生活"与"自由"进行必要的甄别。潘知常指出："在当代社会，物质的极大丰富并没有带来预期的精神愉悦。这是因为，物质的极大丰富，使得人类所服膺的自由有史以来第一次成为超出于必然性的东西。"

我们就以通俗文化最典型表征的有关爱情的流行歌曲为例，看看美妙的情感是如何被娱乐和践踏的。本来在资讯发达、交通便捷时代老是没完没了的离愁别恨，是典型的"为赋新词强说愁"的审美矫情，都市青年的小资情调不能代表整个时代的爱情吟唱；在已无需"父母之命媒妁之言"的内在要求，在已没有"门必相当户必相对"的外在约束下，自由恋爱、自由结婚，乃至自由离婚，都予以了人们充分的自由，唯一能制约人们的是法律层面上的权利与义务。而现在呢，坚守与背叛、热恋与失恋、离异与复归、肉欲与心灵交织一体，难分彼此，"两情若是久长时，又岂在朝朝暮暮"的旷达情怀没有了，"天长地久有时尽，此恨绵绵无绝期"的忠贞意志消逝了，"身无彩凤双飞翼，心有灵犀一点通"的默契心境不再了，对此反爱情的爱情，潘知常在《反美学》里一语道破玄机："情歌响彻世界，无意中泄露了一个时代的秘密：'集体失恋'。"

我们还可以比较沈从文《边城》里小姑娘翠翠的"爱情"与当今大城市丽人的爱情，它提出的依然是一个古老而年轻的问题：何谓爱情？这与其说是文学课堂老师给学生提出的一个不是问题的问题，倒不如说是沈从文给读者悬置的解读疑问。作为京派作家的沈从文由于经历了两个迥然不同的生存空间，故他虽然写的是湘西的自然情爱，然而逻辑上抑或潜意识中对应的是都市的文化爱情。前者为天真烂漫之情、自然欲念之爱，有着独一无二的原创性，如果说那是爱情的话，那么它重在爱情本身；后者为理性现实之恋，文化观念之爱，有着千篇一律的重复性，是在电视言情剧、街头广告语、歌厅流行曲和抒情诗歌、情爱散文、言情小说的熏陶下先入为主的爱情，用迦达默尔的解释学理论说就是，都市少男少女们还未体验爱情为何物时，他们已经在思维和情感中置入了爱情文化的"前理解"或"前结构"，原欲性、个人性的爱情已被文化消解、遮蔽或改写，她们和他们在制造、享受、表达爱情时，已经"哑口无言"，没有了自己的"爱情语言"。一切都是按部就班，一切都是例行公事，纯情的火焰骤然升起，又转瞬即逝，因为被"文化"包装后的爱情很难激活浪漫的想象、痴心的守望和美妙的诗情画意，那就放纵吧，彻底蜕变为自然状态的人。难怪品尝禁果已无须小心翼翼地"偷"，难怪未婚同居已不是个人的所谓"隐私"，这就是当今的"都市版本"的爱情，和"湘西版本"的翠翠爱情比较，都市版本之爱正在演化成滚滚红尘的男欢女爱、萍水相逢的逢场作戏和矫揉造作的虚情假意，其最后的结局就是："爱"的过早退位导致"性"的提前介入。

呜呼，这是一个爱情漫天飞舞而又没有爱情的时代！爱情如此，生活亦如此，爱情是一个时代物质生活与精神生活的真实"聚焦"。那么，真正有意义的生命能够承受这种文化浸染下的"轻"吗？看来，日常生活不但没有"审美化"，反而是"非审美化"格外触目惊心。的确，日常生活审美化打着追求自由、释放天性的旗号而导致的为所欲为和随心所欲，是人类千百年也是中国上百年为之争取到的，"自由成为对一切价值的否定，这固然是一件好事，然而在否定了一切价值之后，人们又必须自己出面去解决生命的困惑。于是，当真的想做什么就可以做什么之时，一切也就同时失去了意义，反而会产生一种已经没有什么可以去为之奋斗的苦恼，变得浮躁、空虚与无聊"。无疑，自由是"日常生活审美化"的核心概念，而潘知常将它抽取出来并公之于众，接受理性法庭的审判，顿时"自由"与它的母体"日常生活审美化"一样体无完肤，用潘知常的话说就是："衣服下面根本就没有国王！"

包括流行歌曲、摇滚音乐、热门影视和广告传媒、网络媒介等在内的通俗文化，要说它们是"审美""生活"真的是勉为其难的。

2．"我的病就是没有感觉"的尴尬

"春色满园关不住"，改革开放多元化将长期积聚的社会能量演变得五彩缤纷。

"一枝红杏出墙来"，日常生活审美化将压抑已久的生命活力释放得如火如荼。

这是一次感性的狂欢，再一次将"食必常饱，然后求美，衣必常暖，然后求丽"的古训演绎得真真切切：山珍海味的美食遍布大街小巷，青年男女多爱奇异华服，各种风格的音乐响彻酒肆歌楼，赤橙黄绿的美视呈现于小屏大幕，壮阔秀丽的美景尽收眼帘镜头……但是，很快地，审美疲劳接踵而至，1991年被誉为"中国摇滚之父"的崔健扯着嘶哑的喉咙吼出了：

> 快让我在这雪地上撒点儿野，
>
> YiYe YiYe，
>
> 因为我的病就是没有感觉。

的确，感觉可以成为生命的起点但是不能成为生命的终点，可以成为生存的体验形式但是不能成为生存的领悟内容，可以成为生活的表象但是不能成为生活的意义。然而，通俗文化制造的令感觉狂欢的美，就是将起点和终点合二为一，甚至以起点代替终点；把形式与内容混为一谈，甚至以形式置换内容；表象与意义互相替换，甚至以表象覆盖意义，这样导致的结果是有感觉的起点而无感悟的终点，有形式的体验而无内容的领会，有表象的把玩而无意义的发掘。每个人都可以在这里"过把瘾就吐""只要爽就行"，因为他们追求的就是"玩的就是心跳"的新鲜和刺激。于是尽管吃遍了山珍海味还是没有好吃的感觉，穿够了奇装异服还是没有满意，听尽了港腔台调还是没有好听的音乐，看惯了炫目耀眼还是没有视觉刺激，游遍了奇山异水还是不会欣赏风景；最后，吃美食变成了品特色和讲档次，听音乐和看影视变成了看明星，旅游变成了匆忙地拍照。

在审美活动中，我们面对和接受的是一个个鲜明而生动的形象，不论是艺术形象还是生活形象，它们都是具体的形象，而大众传媒将形象变成走马灯似的变幻的表象，工业生产将形象降级为实用消费的品牌，流行文化将形象抽象为空洞漂浮的符号，用潘知常的话说就是形象变成了"拟象"，他说"形象是对原本的'模仿'，拟象则只是没有原本的'模拟'"。既然是"拟"，那么是不是这个"象"或像或不像那个"象"则无关紧要，重要的是大众都戏拟了一次"象"、消费了一回"象"、想象了一种"象"，形式依然在而内容没有了，形象还是那个形象而意义已消失，买椟还珠，人去楼空，唯有涛声依旧，人类文明千百年积聚起来的意义和价值等形而上的"老船票"，还能否登上流行文化这艘"新的客船"？"我的病就是没有感觉"成了新时代的"文明病"，它是如何在"审美化"的过程中消解真实的"日常生活"的呢？

首先是感觉的强化导致生活乏味。

众所周知，不论是日常生活中，还是审美活动中，都是不能没有感觉的，尤其是艺术感觉的存在最直接而快捷地引领我们进入艺术殿堂领略艺术魅力，因为这种艺术感觉看似属于感性存在，但它的背后是积淀了丰厚的审美经验和美学素养而形成的具有先天性或灵感式的直觉认知和直感判断。对于真正的艺术家或真正的艺术爱好者而言，艺术感觉的强化是通过长期的艺术创作和大量的艺术鉴赏而形成的。而在通俗文化时代，大众已经没有了对艺术的持久性关注和长期性欣赏的热情，充斥在日常生活空间的非艺术品、假艺术品和低劣的作品甚至赝品，消磨了原本还有那么一点点的美感和一丝丝如本雅明所谓的"灵韵"，甚至以丑为美了，长此以往就会造成"伪劣替代真品"的结局，出现"劣币驱逐良币"的现象。这令人想起了王蒙在1950年代发表的《组织部新来的青年人》里面有一个自恃老成、自认为看透了一切的刘世吾，以及那句挂在嘴边的一句"就那么回事"。如果说王蒙笔下的刘世吾身上体现的是革命热情减退后而产生的倦怠情绪，那么今天现实主义环境中的消费者则是生活激情退却后而出现的厌倦心态。

关于感觉，马克思说过："人的感觉、感觉的人类性——都只是由于相应的对象的存在，由于存在着人化了的自然界，才产生出来的。五官感觉的形成是以往全部世界史的产物。"[5]如果仅有"对象的存在"，而没有形成感觉的"世界史"，那么这样的感觉就是动物式的本能性感觉，或原始人低级的感受。而现在的问题是，在通俗文化时代大众以娱乐和轻松为满足，没有时间，也来不及，甚至压根就不愿意驻足品味和回头反思，一方面随着大众文化的浪潮而随波逐流，今天追张学友，明天追周杰伦；另一方面试图引领潮流而追新猎奇，今天看西部片，明天看室内剧，连究竟什么是潮流，什么是时髦都一头雾水而不知所云，最后就干脆什么也不追，什么也不看，对周遭发生的一切已经没有感觉了，因为所有的生活都"就那么回事"，所有的艺术也"不过如此嘛"。在这种情况下连"日常生活"都消解了，还会有"审美化"吗？

其次是感觉的固化导致审美疲劳。

感觉长期在某一个方面的强化而形成了感觉的固化，在通俗文化甚嚣尘上和流行艺术畅通无阻的时代，受众的分类细化而容易形成审美感觉的固化，如有的就只看金庸的或古龙的小说，有的就只喜欢高仓健的或史泰龙的电影，也有的除了看NBA其他篮球赛都不看，等等，有个人的审美与娱乐的偏好倒也无可非议，一定意义上，能够形成自己相对稳定的艺术审美类型和种类、风格和流派，能够有着自己比较成熟的审美文化领域和范围、指向和倾向，也未尝不是好事。但是，值得我们警惕的是，在一个政治开明、经济发展和文化多元的时代，作为普通大众所能接受和喜爱的审美究竟处于哪个层次，恐怕钟情阳春白雪只是极少数，而偏好下里巴人却是大多数，由此导致整个社会审美水平不高，甚至会因为远离经典和优秀、拒绝高雅和高尚而使得审美的平均线下移、文化的品位性阙如。近年来，国家主流媒体对流行艺术的限制、通俗节目的整顿和娱乐市场的规范，就充分说明了艺术、审美和文化绝不是唱唱跳跳、嘻嘻哈哈和热热闹闹，它的精神意义和价值引导是一刻也不能放松和忽视的。

但是，正如潘知常在论述"日常生活审美化"的这篇文章中指出的："当代的审美与艺术沦为一种'挡不住的感觉'，这无疑是审美的颓败、艺术的颓败。因为'善'的虚伪，人们学会了嘲弄一切的善；因为真假的颠倒，人们干脆拒绝一切的真假评判；因为无法达到乌托邦，人们就义无反顾地抛弃了乌托邦。审美与艺术丧失了问题与深度，曾经赋予很多的美学家的那种非凡的精神力量突然变得软弱无力，发出的声音如同呓语，也不再'言之有物'。"由于曾经经历了太多的审美说教和艺术训导，现在又走向了另一个极端，那些没有价值倾向、没有主题指向、没有立意方向的审美与艺术，能吸引人的就只有高难度的造型、高饱和的色调、高分贝的声音等形式技巧，再加上"悬疑加美女"的题材、"拳头加枕头"的场景这些直接刺激人的感官和激起人的欲望，而人的感觉阈值又是有限的，长期的打打杀杀的场面、轰轰烈烈的情节、风风火火的事件和平平淡淡的人物，终有一天人们审美疲劳了，从此对一切的"审美"都麻木不仁而无动于衷。

最后是感觉的异化导致生命萎靡。

形象的狂轰滥炸而使感觉过分餍足，仿象的无孔不入而使得感觉真假混淆，拟象的铺天盖地而导致感觉空空如也，最终促使"我的感觉就是没有感觉"的虚无主义登场盛行，潘知常分析道："拟象制作现实，驾驭现实，甚至不惜以'感觉的幸福'替代'幸福的感觉'，以虚幻的满足凌驾现实的满足，以自己的为所欲为掩饰自己的无所作为……拟象所消解的往往是人本身，而并非现实的矛盾、痛苦、悲剧、异化，这样，一种作为'奇观'的文化、一种扭曲了的病态文化也就应运而生。"用鲁迅的诗句说，这不仅是"躲进小楼成一统，哪管春夏与秋冬"的鸵鸟姿态，而且是"岂有豪情似旧时，花开花落两由之"的燕雀心态。

而真正的有识之士能容忍这种现象长此以往存在吗？当然是不能容忍的。但是，包括流行艺术、市民情趣和小资情调在内的通俗文化犹如一匹脱缰的野马，仅仅依靠思想教育、道德说教和行政手段是很难阻止它疯狂乱窜的，而市场经济和人的本能又是有着"青山遮不住，毕竟东流去"的发展逻辑和历史理性。也就是说资本为了扩大市场，政府为了促进消费，百姓为了享受生活，这三点都是天经地义，尤其是当它们形成了"利益共同体"的联盟后，最后为之"买单"的个体是要付出生命颓唐的审美迷失代价的。

这个看不见也摸不着，甚至还乐在其中的生命萎靡代价犹如温水煮青蛙缓慢而后果不堪设想，它以生命之丑来激发生命之美的渴望。比如流行歌曲中的靡靡之音消沉了我们的意志、淡淡之忧掏空了我们的情感、浅浅之乐掩盖了生活的深度，可通俗文化中大量充斥着这类靡靡之音、淡淡之忧和浅浅之乐，可以说没有它们就没有通俗文化，成长中的少男少女可以终日沉浸其间，生活中的善男信女也可以流连忘返；但是作为有担当和情怀的美学学者是不能随波逐流而放任不管的，潘知常以独到的眼光发现："审美从来不是生活的直接表现，而是生活的对立，是我们的心理在日常生活中找不到出路的某个方面在艺术中的消耗。生活之中的恐怖、悲哀，我们避之唯恐不及，置身审美活动之中的我们却对此津津有味。"[6]可见，艺术在本质上是反生活的，反抗生活的浅薄和无聊，美学也在本质上也是反优美的，反抗优美的轻松和愉悦，它不是清晨歌吟的百灵鸟而是夜半起飞的猫头鹰。

在"上帝死了"之后，以寻找感觉为目的的非审美和伪审美在我们的日常生活领域里呼风唤雨、招摇撞骗，让芸芸众生获得了虚假的自由感觉，而当"真正地面对自由、真正地对自由负责，就必然带来一种无法摆脱的生命的困惑：没有不选择的自由，而只有选择的自由，自由之为自由反而成为一种重负，成为自我生命之中的不可承受之轻"[7]。正如爱因斯坦在《我的世界观》书里"记自由"一文中感叹的那样："照亮我的道路，并且不断地给我新的勇气去愉快地正视生活的理想，是善、美和真。要是没有志同道合者之间的亲切感情，要不是全神贯注于客观世界——那个在艺术和科学工作领域里永远达不到的对象，那末在我看来，生活就会是空虚的。人们所努力追求的庸俗的目标——财产、虚荣、奢侈的生活——我总觉得都是可鄙的。"对日常生活审美化的批判，让我们由生命的道义价值又引出了生命的伦理价值，难怪康德晚年要将美归结于"道德的象征"。

3. "生命不能承受之轻"的反思

由文化、审美和产业构成的日常生活是平淡而平静的，就像一条缓缓流淌的河，也许在一个不经意的时刻会泛起阵阵涟漪。

由市场、传媒和娱乐凑成的日常生活是充实而充沛的，就像一场淅淅沥沥的春雨，或许在一次很偶然的时节会出现弯弯彩虹。

是的，我们每日经历着自然意义上的日常生活，又借助文化的作用赋予平淡而平静、充实而充沛的日常生活诗意的光辉。那么，什么是日常生活审美化呢？不论费瑟斯通怎么说，还是沃尔夫冈如何论，著名文化批评家周宪是这样认识的："第一，艺术家们摆弄日常生活的物品，并把它们变成艺术对象；第二，人们也在将他们自己的日常生活转变为某种审美规则，旨在从他们的服饰、外观、家居物品中营造出某种一致的风格。"[8]的确，就现象而言，日常生活"审美化"了。

对此，潘知常说"日常生活审美化"是一个审美的"伪命题"，但它一定意义上也是生活的真实呈现：一个真实展示"皇帝新装"的盛大节日，一场真实观看"钦差大臣"的喜剧表演，更是一部真实表现"范进中举"的文化作秀。当人们关掉神奇的电视机和游戏机，离开有趣的游乐场和选秀场，走出造梦的电影院和美容院、精致的咖啡厅和陈列厅，以及琳琅满目的精品屋、装修豪华的样板房、灯光闪烁的歌舞厅，猛然发现外面的世界已经不太精彩，更有诸多无奈，刚才还是轻盈飘浮的身体，顿时格外地身心疲惫而步履沉重。原来构成我们"日常生活"的真实声音是锅碗瓢盆的交响曲、真实场景是吃喝拉撒的室内剧、真实体验是喜怒哀乐的心灵史，如果说这也是一种审美的话，那审的一定是生活之烦恼、生存之无奈和生命之沉重的悲喜剧。那么，审美与艺术之于我们的日常生活应该是一种什么样的态度和情怀呢？潘知常在《"日常生活审美化"问题的美学困局》中深刻而真切地告诫我们：

> 作为人生意义蕴含之域，审美与艺术对生命本真意义满怀着一种至深至纯之情，关注着人类灵性境界诞生的剧痛，而现在我们在"日常生活审美化"中看到的却是完全相反的一幕。它往往会以虚无主义的方式表现出来，既不表现出对某种生存方式的解构，也没有对存在可能性的探索与构造。然而，一旦失去形而上的意向性，"日常生活审美化"剩下的只是"消费"和"享乐"，所能提供的也只是一种形而下的自娱和快感，人文精神从此荡然无存。

在走过"日常生活审美化"的一地鸡毛之后，我们还必须重构日常生活与艺术审美的巍峨大厦，以此安放日渐慵懒的身躯和将要沉沦的灵魂。

一方面，重构日常生活，为生命奠定坚实的地基。

本来日常生活是无须重构的，它该怎么样就是怎么样的，不会因为有艺术家为它"审美化"命名而成为人间天堂，也不会因为有法西斯将它"污名化"而变成人间地狱。其实这里谈论的不是日常的生活，而是寻常的生命，即在一个像空气一样无法离开的日常生活里，我们的生命应该如何作为。在传统中国文人心里，置身日常生活的芸芸众生是需要被拯救的对象，因此才有了像杜甫那样"穷年忧黎元，叹息肠内热"和艾青一般"眼里常含泪水，因为我对这土地爱得深沉"的忧国忧民。但经历了近现代战争与革命的漫长煎熬，人们已经厌倦了以牺牲平凡的物质享受来维护崇高的精神世界的日常生活，"宁为太平犬，不做离乱人"的观念伴随着中国改革开放进程而换成了"致富光荣""消费高尚"，此时的日常生活犹如打开了的潘多拉魔盒，每一个人都被五光十色的景象所迷惑，生活本来就有的眼泪和叹息，很快就被声色犬马的高分贝音响和暖色调场景所淹没和遮盖。学者们提倡的日常生活审美化，用潘知常的话说"是用一种故作轻松的姿态来掩饰内在的空虚。这当然是一种'聪明'之举，但也是某种以生活为借口的有步骤、有预谋的'胜利大逃亡'。至于生活中的艰难困苦，则根本无须顾及"[9]。这种以逃离曾经的神圣生活的方式来重返今天的世俗生活，不是虚无主义的技巧，就是犬儒主义的做派，直接让真实而平凡的生命处于一种梦幻般的"失重感"，而如桃花源中人一样"乃不知有汉，无论魏晋"。

于是，只有重构日常生活才能为生命奠定坚实的基础。的确，我们不能改变生活的环境，但我们可以改变生活的心境，我们不能预料生活的结果，但我们可以充实生活的过程，因此所谓的"重构"就是重建生活的态度、重建生活的理解和重启生活的意义。潘知常开出的"药方"是："真正的走向日常生活并非一场虚无主义的冲动，也并非对于人生的价值与意义的否定。它所展现的不是出世空心，而是入世决心；不是逍遥顺世，而是逆世进取；不是以无为求得无不为，而是以无不为求得无为。"[10]这里既没有"看破红尘"的虚无，也没有"改造世界"的雄心，而是平凡中的坚韧、平淡中的坚实和平静中的坚守。

最能说明问题的是汪国真1988年发表的这首《热爱生命》：

我不去想，是否能够成功，既然选择了远方，便只顾风雨兼程。

我不去想，能否赢得爱情，既然钟情于玫瑰，就勇敢地吐露真诚。

我不去想，身后会不会袭来寒风冷雨，既然目标是地平线，留给世界的只能是背影。

我不去想，未来是平坦还是泥泞，只要热爱生命，一切，都在意料之中。

热爱生命，意味着什么？这是诗人在诗歌中反复追问的一个问题。它意味着"成功""爱情"，还是"地平线"象征的远方和泥泞与平坦构成的"未来"？诗人在连续四个"我不去想"的否定之后，直抒胸臆，揭示主题："只要热爱生命，一切，都在意料之中。"的确，这个主题应该是一个有关生命的"实话实说"。和朦胧诗歌的主题刻意隐晦、第三代诗歌的主题故弄玄虚不同是，汪国真的诗歌常常采用浅显明白的语言、司空见惯的意象、朗朗上口的节奏和卒章显志的结构，这些我们非常熟悉的方式揭示主题，这也是汪国真诗歌能够赢得众多读者喜爱的真正原因，一定意义上可以说他的诗歌多少还带有"十七年时期"政治抒情诗的痕迹，既能让成长中的青年在关于人生问题上有所收获，又能为前进中的国家营造良好的意识形态氛围，这也是他能够迅速走红的原因，汪国真用诗歌构筑的"日常生活"，在1990年代初由文化启蒙时代向市场经济转型的阵痛期中，起到了心灵润滑剂的作用；进而言之，所有的艺术审美构筑的日常生活"第二场景"，无不是对真实日常生活"第一场景"的诗意处理，对于普通生命而言，不但让沉重之身躯得以解放，而且让沉重之灵魂得以拯救。

另一方面，重构艺术审美，为生命开辟升华的天空。

潘知常指出："要走出'日常生活审美化'所导致的美学困局，还必须重构审美、重构艺术。"

纵观人类艺术审美的历史，就可以发现一条规律，那就是"否定中的创新和创新中的否定"，古体诗是对离骚体的否定，格律诗又是对古体诗的否定，长短句又是对格律诗的否定，现实主义是在古典主义基础上的创新，浪漫主义是在现实主义基础上的创新，现代主义又是在浪漫主义基础上的创新，因此，每一个时代的审美和艺术都面临一个重构的问题。所谓"日常生活审美化"是对理想主义情怀的消解而兴起的消费主义理念时代的艺术审美，这是一个崇尚个性解放、追求标新立异的时代，"玩的就是心跳""找的就是感觉"，至于其中的艺术性、思想性早就被人弃如敝屣了。如果说曾经的政治生活审美化是宏大叙事的"大时代"，那么，日常生活审美化就是微观叙事的"小时代"。这里的审美成了感觉游戏的娱乐，此时的艺术成了感官刺激的愉悦，流行歌曲飘荡在大街小巷，青春偶像充斥于电视网络，手机游戏风行在大小屏幕，美颜靓照呈现在各种空间，文学经典不断被翻拍，红色文艺屡遭戏说。通俗文化企图在解构神圣和反叛崇高中，建构个人主义和享乐主义的艺术原则和审美标准，生活与艺术的无缝对接，不但扭曲了生活，而且杀死了艺术；生命与审美的背道而驰，不但玷污了审美，而且丑化了生命。

最典型的艺术审美和通俗文化对接的事件，莫过于湖南卫视从2004年开始直至2016年，一共举办了5届的"超级女声"的真人秀演唱大赛。这项活动每到一个地方举办，都要震撼一个地方，除了大型体育比赛活动，我们已多年难得看见这样万人空巷的场面了，除了当红明星的演唱会，我们很难见到这样人头攒动的场景了，何况这是一群女性——20岁左右的少女——渴望一举成名的集体狂欢。毫无疑问，当今的大众文化实质上就是追求一个"乐"字：玩得要高兴，看得要高兴，吃得要高兴，游得要高兴，唱得要高兴，跳得要高兴。它极大地消解了传统意义上文艺的深度诉求和厚度要求，于是浅薄和媚俗、怪诞和奇异、妖艳和奢华，就成了部分人群竞相追逐和普遍效仿的东西。如果说，以前人们看演唱会的标准是艺术的美，那么现在人们看演唱会的目的就是好玩的乐。因此，"超级女声"迅速被追捧和走红的现象，大概说明了以"娱乐"为核心的"乐"的演变。

那么，真正的艺术审美是什么呢？它必须从醉生梦死的"娱乐"里醒来，从光鲜亮丽的"美化"中挣脱，虽然不必像鲁迅那样"直面惨淡的人生和淋漓的鲜血"和荷尔德林那样"在神圣之夜走遍大地"，但应该像余华那样"在细雨中呼喊"和海子那样"面朝大海，春暖花开"，体验白岩松一样"痛并快乐着"的人生。这就是茨威格说的："自从我们的世界外表上变得越来越单调，生活变得越来越机械的时候起，（文学——作者注）就应当在灵魂深处发掘绝然相反的东西。"[11]因为"艺术作品的伟大，仅仅在于它们有某种力量，能使意识形态所掩饰的那些东西昭示于人"[12]。在这样一个日常生活审美化盛行的时代，因为社会转型的调整、生存压力的加剧、各种竞争的激烈，将人的本能暴露无遗、人的欲望呼之欲出，加之法制的不健全和各种制度的不完善；那么，置身阴暗和面对丑恶，我们是与狼共舞、为虎作伥，甚至助纣为虐，还是愤然退席或悄然离去？当然最好的办法是转过身去，面对光明和拥抱美好。"二战"期间，英国小说家西雪尔·罗伯斯在伦敦郊外的一个墓地，意外地看到了一个死于德军轰炸的10岁小孩的墓碑，上面写道："全世界的黑暗，也不能使一支蜡烛失去光辉。"

潘知常剀切直言："须知，美和艺术从来都只是作为丑恶、堕落的对立物而诞生的。"这也是他一直提倡的"审美救赎"的根本立意和重要内容。从真实的生活里起步，在泥泞的现实中崛起，借助重构的艺术审美，为每一个平凡生命开辟升华的万里晴空。

二、现代艺术，美学的边界在哪里？

这是艺术的反叛者？为传统艺术设置清规戒律的鲁四老爷在这里无能为力。

还是艺术的解放者？为经典艺术修建戒备森严的巴士底狱在这里土崩瓦解。

这是艺术历史长河中一股翻涌不息的滔天巨浪。

也是审美精彩世界里一处奇幻无穷的海市蜃楼。

这就是现代艺术，又称现代派艺术，是指20世纪以来包括了后现代艺术在内的区别于传统的，带有前卫和先锋色彩的各种艺术思潮和流派的总称。其标志性事件是，1917年旅美的法国艺术家杜尚将从瓷器店买的一件男性小便器取名为《泉》作为艺术品去参展。这个现成品向人们提出了这样的疑问：到底什么是艺术品，什么是艺术？艺术与生活的距离有多远？这与其说思考的是艺术的观念究竟是什么，不如说划分的是美学的边界到底在哪里。对此，潘知常在1998年出版的《美学的边缘——在阐释中理解当代审美观念》中说道："从此以后，每一个美学家就都要面对这一事件，而且都要以对于这一事件的回答作为自己的美学思考的开始。"[13]是的，这是人类艺术史上一座里程碑式的事件，它开启的不仅是艺术之于美学的边界辨析，而且还有艺术之于生命的意义思考；质言之，现代艺术已经不完全是一个美学如何予以解说的对象了，而且是一个现代生命如何放置的问题了。

艺术与人类生命的关系，而不是艺术与现实政治的关系，一直是潘知常思索的问题，他早就超越了诸如"再现""表现"、"典型""意境"和"现实主义""浪漫主义"等传统艺术理论，在1990年代就指出："艺术同样出于对生命意义的深刻体验。艺术的存在是为了恢复人对生活的感觉。……艺术把心灵从现实的重负下解放出来，激发起心灵对生命的把握。"[14]他这段论述分明就是针对现代艺术的一次发声，尽管那时这种全新的艺术，刚刚闯入中国大门。1970年代末中国大陆"文革"结束，随着思想解放的时代洪流，似乎一夜之间，星星美展、朦胧诗、意识流小说、新潮音乐、第五代电影、实验话剧、85美术思潮、太空霹雳舞、现代摇滚等等，在中国这块满目疮痍又充满生机的广袤大地上登台亮相。继而1989年2月5日，首届中国现代艺术展竟堂而皇之地展出于中国美术馆。不由得让人惊呼："丑"居然堂而皇之地替代了美，荒诞竟然肆无忌惮地嘲笑着崇高，喜剧如此横冲直撞地碾压着悲剧……

现代艺术以其世界性潮流的趋势和姿态，不但给艺术本身带来翻天覆地的巨变，而且向美学理论发起了史无前例的挑战，更是为生命存在炸响了暴风骤雨的惊叹：难道这就是艺术？艺术竟然可以这样吗？艺术到底怎样了？

面对人们的瞠目结舌和评论的莫衷一是，潘知常在1995年、1998年推出的两部专著《反美学——在阐释中理解当代审美文化》和《美学的边缘——在阐释中理解当代审美观念》中，没有隔靴搔痒的评说，没有口诛笔伐的声讨，也没有盲目乐观的颂扬，而是借助现代艺术带来的新的尺度，在内心深处默默地丈量着艺术与生活的距离、作品与文本的距离和作家与读者的距离。通过对现代艺术及其创作的分析，凸现作者的非理性、文本的非创作和接受的非定向，进而暗示和昭示当代中国人，乃至世界人再一次掂量自我生命或沉重或轻微的分量。

在如何理解当代审美文化和审美观念的重大问题上，潘知常发出了一个与时俱进而又有责任担当的中国美学家的声音。

1. 生活与艺术的距离

艺术与生活究竟是一种什么样的关系？传统的艺术理论有两种截然不同的理解。一是"来源说"，认为艺术源于生活又高于生活，这是柏拉图"影子的影子"、普洛丁的"理式先存在于艺术家心里"、达·芬奇的"美感的根源在于事物本身"、狄德罗的"艺术欣赏力由生活经验而获得"。二是"模仿说",认为艺术是对生活的模仿,苏格拉底的"艺术模仿美的形象"、亚里士多德的"艺术的模仿能引起人的快感"、布瓦罗的"艺术的模仿能供人悦目"、卢梭的"社会风气的败坏引起美学趣味的腐化"。到了18世纪德国美学家歌德在论及艺术与生活的关系时,呈现出了综合的倾向,"艺术家在个别细节上当然要忠实于自然,要恭顺地摹仿自然,他画一个动物,当然不能任意改变骨骼构造和筋络的部位。……但是,在艺术创造的较高境界里,一幅画要真正是一幅画,艺术家就可以挥洒自如,可以求助于虚构",因此"艺术家对于自然有着双重关系:他既是自然的主宰,又是自然的奴隶"。[15]不论是来源还是模仿,艺术与生活始终是"剪不断理还乱"的关系。

作为德国古典美学的奠基人和欧洲近代美学的开山祖康德,提出了"自由美"和"附庸美"的概念,前者"不以对象的概念为前提",是"为自身而存的"美,后者"以按照这个概念的对象底完满性为前提",是"有条件的美"。他说"花是自由的自然美","这美绝不属于依照着概念按它的目的而规定的对象,而是自由地自身给人以愉快的"。而"一个人的美""是以一个目的的概念为前提的,这概念规定这物应该是什么"。[16]康德的"附庸美"相当于艺术对生活的依赖,说明在人类的美苑里,艺术是附庸在生活上的美,离开了生活就无所谓艺术,诚然这个见解是平淡无奇的;而康德的"自由美"就非同小可了,说它开启了作为"观念性"而非"形象性"的现代艺术也是不为过的。

"上帝死了"之后,人获得了肆无忌惮的权力,于是艺术家借助"自由"的允诺,打着"自由"的旗号,扇动"自由"的翅膀。一个多世纪以来,能冠以"前卫"和"现代"的艺术不胜枚举:美术的野兽派、达达主义,音乐的新即兴演奏、事件作品主义,舞蹈的新先锋派、霹雳舞,戏剧的荒诞派、超现实主义,建筑的大都市主义、粗野主义,文学的存在主义、后现代主义,还有偶发艺术、装置艺术、表演艺术、大地艺术、行动艺术,等等,不一而足。艺术家们通过这些匪夷所思的构想、光怪陆离的外观、莫名其妙的方式和耸人听闻的效果,传达的是一个相同的声音:反叛传统;指向的是一个共同的主题:挑战秩序。正如当代美国观念艺术家约瑟夫·柯索斯说的，杜尚以后的所有美术（从性质上说）都是观念，因为美术只是以观念的方式而存在。美国著名的未来学家阿尔温·托夫勒的预言早已实现了："艺术和非艺术将可以互换，杰作将只是一卷磁带；艺术家将不通过艺术作品的内在价值来解释艺术，而只提供有新的生活风格和倾向的艺术概念。"[17]生活与艺术固有的天然鸿沟被填平了，艺术曾经具有的解释生活的功能变成了生活的本身；在"上帝死了"之前，如果艺术与生活相同或相似，那就是没有对生活进行提炼、加工并升华，因此自然主义和写实主义历来不被人们看好，而今艺术的"所指"消失殆尽，仅仅剩下一个空洞的"能指"。失去了生活支撑而自由了的艺术，反而没有了"自由"的精神，解放了形式限制后的艺术竟然没有了"解放"的意义，成了褪去了"新装"的皇帝。

艺术与生活距离的彻底消失，艺术就是生活的一种表现形式，而生活也成了艺术的一种存在方式，这究竟是祸还是福？都不是。我们不必过分担心如洪水猛兽般袭来的现代艺术对艺术本身的作用是倒退还是进步，是灾难还是福音。其实，艺术与生活的关系反映出来的是艺术与生命的关系。那么，现代艺术与人类生命究竟是一种什么样的关系，或它给我们的生命带来了什么——"它给予了我们一种生命的智慧"[18]，这是潘知常在《美学的边缘》中一句看似寻常却含义丰富的话。这是一种什么样的"生命智慧"呢？

这是一种"以非对非"的生命智慧。以追求金钱和物欲为目的的现代社会本来就是一个非艺术的社会，几乎所有的艺术，不论高雅的还是通俗的，不论经典的还是流行的，如果不能产生效益和愉悦感官，统统都失去了存在的价值，与其让艺术向着现实摇尾乞怜，不如让艺术对着生活离经叛道。现代艺术用两种方式来表现"生命智慧"：一是，一改过去"指点江山"的霸气而变为当下"混迹江湖"的痞气，正如"顽主"作家王朔在《玩的就是心跳》里说的那样"青春的岁月像条河，流着流着就成了浑汤了"。不能做拯救世界的英雄，就先做好适应生活的狗熊，"我是流氓我怕谁"的犬儒主义心态，也是一种"人在屋檐下不得不低头"的生存之道。二是，拒绝曾经"尽量闪光"的豪气而变为现在"彻底抹黑"的俗气，正如"童话"诗人顾城在《一代人》里写的那句"黑夜给了我黑色的眼睛，我却用它寻找光明"。不能做给世界带来光明的英雄，也要做向往光明的棕熊，因为英雄常常是从黑夜走向黎明的，而棕熊却是喜欢在白天活动。

这两种生命智慧不论是霸气、痞气，还是豪气、俗气，所体现的都是一种极高境界的"心气"，既然生活给予我们的是平静的河流和压抑的黑夜，与汹涌的大海和耀眼的光明相比，这可视为生活的"非"，而我们并没有勇敢地走向大海和更新自我，而是让岁月变成了"浑汤"和让眼睛依旧"黑色"，这可视为艺术的"非"，而最后尽管有两种截然不同的结局"成了浑汤"和"寻找光明"，但实质都是一样的，"不在沉默中爆发，就在沉默中灭亡"，而生活依然故我，艺术还是如旧。"否定之否定即为加强的肯定"。现代艺术所信奉的俄国形式主义大师什克洛夫斯基的"反常化"美学思维，也是中国老子的"反者道之动"美学智慧，当然更是在这个"一地鸡毛"的时代，艺术成了生命要活下去的全部理由。

2. 作品与文本的不同

生活与艺术边界的消融，创作者和接受者都同样面临"看不懂"的巨大疑惑：《等待戈多》里的两个流浪汉，生活中这样的人能成为戏剧的角色和典型的形象吗？杜尚1919年那幅《带胡须的蒙娜丽莎》，对达·芬奇的原作里那位贵妇意味着什么？我们是要在约翰·凯奇的《4分33秒》里欣赏美妙的音乐还是还原真实的噪音？我们猛然发现曾经熟悉"饥者歌其食，劳者歌其事"的创作动机、"经国之大业，不朽之盛事"的创作目的，"吟安一个字，捻断数茎须"的创作态度，全部轰然倒塌，荡然无存。现代艺术对生活不但没有指导和提升的义务，而且直接导致艺术思想的流失和情感的蒸发、主题的消解和技巧的多余。

由生活到艺术创作道路的阻断，即没有经历三灾八难的生活照样完成五光十色的艺术，直接导致从作品到文本之路的畅通无阻，即无须精雕细刻的作品而只需信手拈来的文本；说明作品与文本同少异多的两种截然不一的艺术呈现。潘知常在《美学的边缘》里一语道破：从作品到文本，"当然，从作品观念向文本观念的转型还有其过程。这就是：首先是作品观念本身的从内容向形式的转型，然后是从独尊形式的作品观念到文本观念的转型"[19]。作为文本呈现的现代艺术，给我们留下了三个必须回答的问题：作品为何要变成文本？我们应该如何看待文本？由作品到文本的美学意义何在？

首先，作品为何要变成文本？如前所述，要创造并成为具有审美价值的艺术作品，且不说作者是否具有天赋，他至少经过长期的专业训练，"达·芬奇画鸡蛋"的故事就是明证，而在这个过程中必然会给艺术家带来很多主题思想和艺术技巧，而本来就是生活的艺术就"高于生活"了。如诗歌、音乐、舞蹈最早是"言之不足故嗟叹之，嗟叹之不足故咏歌之，咏歌之不足，不知手之舞之足之蹈之"的酣畅淋漓和率性而为，原本是脱口之语的说出、天籁之声的发出和自然之躯的扭出，逐渐成了白居易在《与元九书》里说的"补察时政"和"泄导人情"的工具，甚至化为鲁迅笔下的"投枪""匕首"。

随着20世纪现代主义思潮的兴起和非理性主义哲学的兴盛，尤其是1960年代在法国产生的以德里达为代表的解构主义哲学，在艺术作品的认知上，特别看重语言的作用，主张对语言要用分解的观念和重构的手法，重视个体意义，反对总体统一，对语言进行打碎、叠加和重组，从而创造出支离破碎和不确定感的艺术对象，让它隔断与时代、社会和作家的任何联系，成为一个独立自主的存在，它说了"什么"不重要，而重要的是"如何"说，读者更不必去思考"为何"说，因为"文学作品既不是传达思想的工具、社会现实的反映，也不是某种先验真理的化身"。[20]原来，他们是要让艺术就是艺术，而不是负载了某种观念和传递上帝真理的艺术，恢复艺术本身的纯洁性和透明度。因为两次世界大战后全球政局动荡、生活变幻、信息爆炸、主义丛生的现实世界，既不可靠、不透明，又无规律、无理性，那么人类只好从创造这个远离物质世界和现实生活的艺术中寻找和发现一个能承载沉重情感和抚慰痛苦灵魂的"伊甸园"，在重新构筑的乌托邦中狂欢，那么，唯有这种玩弄技巧、放纵语言和游戏形式的艺术，方能承担审美救赎的使命。

其次，我们应如何看待文本？针对古典或经典的艺术，我们都是使用作品的概念，其中一个"作"就包含了作家创造性的劳作，而对现代主义或现代派的艺术，我们则称之为文本，这仅仅是一个文字或文案的本子或稿本而已。它们是呈现的语言和表现的形式，至于内容和意义不但不需要，而且要竭力"劝返"，甚至根本就没有内容和意义。对此潘知常在《美学的边缘》第四篇梳理了文本的"形成"过程：从叔本华的理念即"形式"一直到爱伦·坡、波德莱尔、马拉美等象征主义的"不是用观念写诗，而是用语言写诗"，还有戈蒂埃、王尔德等唯美主义的"不应该是从情感到形式，而应该是从形式到思想"，最后是俄国形式主义，"强调要根据文学使用语言的特殊方式来为作品下定义，并借此建立起自己的不受外在的非文学因素的影响的独立自主的新的作品观念"。可见，文本就是一个没有所指的能指，没有内容的形式，没有意义的语言，或者说它的最多所指就是能指，它的最好内容就是形式，它的最大意义就是语言。

这种文本就像杜尚将便器命名为《泉》、贝克特将胡言乱语演绎为《等待戈多》、约翰·凯奇把无声当成《4分33秒》，内容早已被掏空了，剩下的就只有形式了，甚至连符号都不是了，因为任何符号多少都具有象征性，而为了指称这个文本就只能随便安一个名字，就像给商品贴上一个标签一样。潘知常是这样解释它的："文本文本，顾文思义，就是并非以义为本，而是以文为本，亦即以作品中的文字、语词、句法通过组合而生出的意义为本，而不是以这些意义的固定含义为本。"在作者拒绝赋予意义和读者逃避解释意义的"共谋"下，创作变成了比生活还要随心所欲的自由，因为现实生活是不能没有起码的规矩和必要的意义的，而纯粹文本就成了一种无拘无束的游戏。可见后现代艺术在现代艺术与生活重叠的基础上，比生活走得还要远，真正成了一具没有灵魂而满街游荡的行尸走肉，甚至还不在地面游走，而是飞到夜空中游荡，以惊悚的外观和惊奇的叫声来刺激着已经失去感觉的现代人，让人们感觉到了它的存在而又无法抓住它的身躯，最后是"竹篮打水一场空"，一如朱自清《荷塘月色》里迷惘无助的心绪：尽管"这时候最热闹的，要数树上的蝉声与水里的蛙声；但热闹是它们的，我什么也没有"。原来，这个文本就是那蝉声与蛙声，与我们的生活、我们的存在都是没有任何关联的，尽管它也进入了作品的审美语境，但是是河水不犯井水。

最后，由作品到文本的美学意义何在？黑格尔说过"存在即合理"，现代艺术能够赢得众多受众，迅疾风靡全球，不断刷新拍卖价格，屡次获得市场荣光，尤其是明星演唱会、好莱坞大片、朦胧体诗歌、意识流小说、野兽派绘画、摇滚乐、霹霓舞等，让一代又一代青年趋之若鹜、沉醉其间。对于这种"反美学"的当代审美文化现象，潘知常予以了及时而足够的关注和思考，用了两本书共计70多万字来研究，由此说明这个现象不但是艺术呈现的文本，而且是美学思考的对象，不但是美学的现实问题，而且是生命美学的必然面对。那么，结合他的生命美学理论，由作品到文本的美学意义是什么呢？

一是，强调直觉，还原感性。比之于传统艺术对理性深度的过分开发而忽略了艺术的感性存在，作品动辄追求"史诗"效果，作家喜欢扮演人生"导师"，巴尔扎克就宣称自己是法国社会的"书记员"，白居易也大力提倡"文章合为时而著，歌诗合为事而作"，这时艺术无论有多么生动的情节、鲜明的人物和缤纷的色彩、悦耳的声音都会被视而不见并弃之不顾，而一头扎进它们的背后去寻找所谓的微言大义。这一切终于止步于现代艺术，那匪夷所思的创意、光怪陆离的模样、变化莫测的语言、支离破碎的结构，立马牢牢地抓住了我们的感觉，让人想刻意回避都不可能。这时我们猛然发现，身受和深受传统艺术裹挟的我们，感觉近乎麻木，思维早已僵化，而纯粹文本艺术的出现，用潘知常在《反美学》里的话说是首先让人在生理层面产生"应激反应"，进而实现用虚拟还原真实的情感"代偿机制"，即在现代艺术面前身体的每一个细胞都被激活，每一根神经都被拨动，尽管"看不懂"，但那些稀奇古怪的形式，可谓克莱夫·贝尔说的"有意味的形式"，依然令我们心醉神迷。

二是，转变观念，丰富知性。作品也罢，文本也罢，我们面对和纠结的终究是一个艺术品，尽管什么是艺术是一个仁者见仁智者见智的疑难问题。对此潘知常在《美学的边缘》一书"从作品到文本"一节里是这样认为的："任何一个现成物品，当我们只关心它的形式时，它就是作品。而当我们转而去关心它的功能时，则只是日常用品了。"看来由日常生活用品到包括文本在内的一般艺术作品，它们之间没有不可跨越的鸿沟，有的只是看对象的不同眼光，它们的确是一个"横看成岭侧成峰，远近高低各不同"的庐山，"我们之所以能把一件客观事物当作艺术作品去看待，是因为有一些观念在围绕着它。这些观念决定着我们对作品进行解释的方向。……一些哲学家在用同样的观点解释着达达主义、大众艺术以及艺术与非艺术的区别。因为，一件艺术作品可以看作为完全不是艺术的另一种东西，艺术状态不可能是一种事物固有的物质状态"[21]。这样不但开阔了我们的艺术视野，学会对艺术有更加宽泛的包容心态，而且教会了我们对对象"艺术状态"的感知，从理智上明白只有形态多样的艺术，而没有唯我独尊的艺术，只有多元并存的审美，而没有一枝独放的审美。

三是，归还自由，抗拒物性。虽然艺术以审美的方式极大地拓展了生活的空间和延展了生命的时间，让我们能够实现陆机所谓的"观古今于须臾，抚四海于一瞬"，可以"思接千载"和"视通万里"，但是由于千百年根深蒂固的理性主义观念，作家的创作选材和技法可以不受限制，但不能没有作品的规范和审美的思想，而读者的接受就更不能想当然了，而必须受制于作家和大众、时代和传统等因素，否则轻是"误读"重是"曲解"。这种艺术是自由的，而创作和接受是不自由的状况，自从现代艺术出现以后，就被消解了。现代艺术中不论是作家还是读者从根本上获得了自由，都不再屈从于与作品或文本无关的外在物性的限制。从此杜尚是用现成品还是新创艺术品，贝克特是让戈多等待还是下场，约翰·凯奇是要真正演奏还是模拟演奏，都是作者自己的事，即作者高兴怎么玩就怎么玩，而我们愿意怎样想就怎样想。潘知常说道："二元之间的那种原有的、固定的意义不再被关注，倒是通过碰撞而产生出的新的意义，即第三意义被格外地关注。作品因此进入了一个开放的新天地。"此时此刻，外在的生活环境、主流的意识形态、固有的艺术观念和作品的物质构成等"物性"和"他性"顿时烟消云散，唯有作者和读者在自由的天空尽情翱翔。

3. 创作与接受的影响

创作与接受是围绕文本而展开的一场对话，而现在的文本早已是没有所指的能指、失去意义的形式，甚至是一个不再需要创作的现成物品，那么这时候创作与接受的关系是否会变成"答非所问"的对话，或者是"隔袋买猫"的游戏，肯定是的。潘知常在《美学的边缘》用专节论述了"从写作到阅读"的嬗变及其关系："写作的时候，阅读并不在场，阅读的时候，写作也并不在场。两者之间依赖普遍同一的知识、共同经验和共同本质加以贯穿。而且，两者之间也并非一种平等的关系，而是一种不平等的关系。打个比方，假如说作家是诸葛亮，读者就全然是一个扶不起来的刘阿斗。"

创作与接受的关系，在任何时代两者之间也不是一种平等的关系。尤其是传统写作背景下的时代，作者拥有至高无上的话语权，读者就处于忽略不计的失语态；作者是无所不能的主动者，读者就是任人摆布的被动者；作者是全知全能的上帝，读者就是一知半解的臣民。然而，不平等的关系，并不意味着读者就会任人愚弄而不会奋起反抗，就会逆来顺受而不会发起进攻。在中国古代理论家就看到了读者介入诗歌的"诗无达诂"的意义，在中国近代更有不少的观众粉墨客串的"票友游戏"的存在，进入当代社会后，由于所谓的"日常生活审美化"造成的艺术泛滥成灾，加之非理性主义的甚嚣尘上导致文化失范后审美即随心所欲，接受者终于扬眉吐气地站起来了，阿尔都塞看重读者介入的"经典重读"、迦达默尔要求读者参与的"视界融合"，"阅读就是误读"的观念大行其道，潘知常说道："这样，阅读不再是领会作者原意，而是误读；解释也不再是构造，而是解构；理解不再是读者与作品的对峙，而是对话，从而作为文本的创造性活动的一个组成部分参与者意义的生产过程。"可以说现代艺术，既是对作者的解放，也是对读者的解放，当然为之做出牺牲的就是人类形成的"艺术"概念、付出代价的是人类积淀的"文化"理念。

这样不但解构了艺术作品本身，让所谓的艺术创作进入"梦游状态"而成为"痴人说梦"，当然作家也就"衣着不整"地出现在这个世界上，不是疯子就是傻子，至少也是"泯然于众"的常人；而且，让仅具有纯粹文本的作品成为一堆狗屎或一段朽木，如1989年中国首届现代艺术大展上，艺术家的现场孵蛋、售卖对虾、白布裹身和枪击电话亭、巨型避孕套，还有李亚伟的"干土上的小便，它的波涛随毕业时的被盖卷一叠叠地远去啦"的诗歌《中文系》，龚琳娜全部是"哦哦、嗯嗯、啊啊"嗓音的《忐忑》。的确，作品也罢，文本也罢，一旦离开作家创作就成为物品，并在读者接受后就成为历史，它们是否进入博物馆或垃圾场，是否永垂不朽或遗臭万年，都不重要了；可是它们对人类实践活动和文化意义的作家和读者是真实而具体的鲜活生命个体的代表和象征，是毋庸置疑的。于是，我们对现代艺术价值作用思考的立足点，就应从"艺术品"本身转为创作"艺术品"的作家和接受"艺术品"的读者，从此不再纠结于它们是否是艺术，而是回到诞生和赋予艺术以"生命"血脉和筋骨的原初，即有思维和情感、意志和行动的"人"本身。当我们从生命美学的立论和视域审思时，似乎就不难明白潘知常为何要在《反美学》里提出"生命不可承受之轻""生命的诱惑与死亡的阴影""诗人何为"，在《美学的边缘》里提到有关"认识、直觉、游戏"的"心理取向"，以及"何谓创造""从写作到阅读"等诸多直接与作者甚至读者相关的问题。

这里就不仅仅是创作与接受的"二人"关系，而是暂时"搁置"文本或作品，从文本或作品考察其对创作与接受的影响，即这"二人"因为文本或作品而引发的对生命的个体地位和主体意义的思考。

现代艺术对作者和读者都是一柄"双刃剑"。

一方面，它给予了作者和读者非凡的意力和自由的权力。怎么创作和如何欣赏都无需理性精神、时代观念和创作理论、艺术概念等先在、预设的干扰，创作主体和接受主体似乎都获得了彻底的解放，不论是李白面对黄河之水或我们面对李白的诗歌，这个黄河之水不仅可以天上来，还可以从任何地方来，甚至还可以把它当成一滴眼泪或一摊便溺；对此，我们应该完全尊重他们的创作和接受，但我们还必须问一句，如此天马行空般的恣意妄为和肆无忌惮，其动机究竟是什么？释放天性，还是哗众取宠？追求个性，还是挑战伦常？借用里尔克谈写作的话就是："只有一种办法，那就是深入你自己内心的最深处，坦白地问自己，如果不让你写作，你会不会痛不欲生。特别是首先要在更深夜静万籁俱寂的时候扪心自问：我非得写吗？""承受它带给你的负担和崇高，而不要追问可能来自外界的报酬。"[22]相应地，"我非得看（读、听）吗"？如果是发自真情、遵循良知和弘扬道义的"非如此不可"，顺乎生命伦理，满足生命需求，释放生命激情，那么这样的自由发挥和创意理解，就是值得肯定的。

另一方面，它又扼杀了作者和读者正常的理智和有限的权利。毋庸置疑，能够参与艺术创作或接受活动的作者和读者，且不说要有正确的世界观和价值观，要充满正能量和积极性，更不用说为了什么目的而参与艺术活动，至少得有着正常的思维能力、健康的身心状况、起码的价值判断和必要的艺术表现和接受的能力，就像马克思说的"对于不懂音乐的耳朵，最美的音乐也没有意义"一样。且不说这样缺乏起码文化素养和艺术修养的人能否从事创造性的艺术活动，能否进行作为现实美集中而典型、概括和提炼而呈现的艺术审美，仅就那些且不说违背人道的自杀表演、违反人伦的自虐行为和不合正常生活的异想天开和没有起码艺术要素莫名其妙的涂鸦、吼叫、呓语、梦幻等就已令人无法接受。这种靠透支创造力、消耗生命量的歇斯底里，是打着解放创造和归还自由的旗号，无情地扼杀了作者和读者正常的理智和有限的权利，这种借刀杀人的游戏在本质上是戕害生命的。潘知常对这种反美学和反艺术的作风，进行了美学与艺术方面的谴责："一旦越过艺术行为的边界，认为'任何人都是诗人'（杜卡斯）'所有事物都是艺术'（阿尔普），那么，艺术行为本身就不再存在了。这将使得当代艺术从丧失反思之维再沦落到退回生命的零度，成为随心所欲的戏耍，成为对生命的蓄意嘲笑，对生命的不负责任！"[23]这不但道出了正常人的心声，捍卫了艺术的基本权利，而且揭穿了皇帝新装的虚妄，捍卫了人类生命的起码尊严。

现代艺术，不能越过美学的边界，更不能突破生命的底线。

三、大众传媒，有"塔西佗陷阱"在吗？

大众意味着人口的统计数据还是人群的价值趋同？

传媒指陈着媒体的物质存在还是媒介的信息传播？

大众传媒呈现的是真实世界的感觉还是感觉的真实世界？

单纯地回答前两个问题是容易的，也是没有多少实际意义的，当我们把二者合起来，并且置之于网络时代和审美文化的背景下思考，发现"大众传媒"它的"传媒"内涵已经注入了意识形态、流行文化和品牌价值、经济效益等新的"附加值"，它的"大众"外延早已延伸到社会受众、政府主管和新闻业界、资讯服务等新的领域。潘知常说道："大众传播媒介再一次颠覆了文字的霸权，使文字沦为影象的附庸，恰似文字对于'文本'的颠覆。大众传播媒介更颠覆了现实与形象的关系，形象不再是现实的反映，它创造现实，驾驭现实，比'现实'更'现实'。"[24]为此，潘知常饶有兴味地提出了一个文字传媒与影像传媒如何面对、呈现现实的问题。而在传媒时代人与现实的关系由意蕴丰富和想象奇特的文字转向了含义直白而又貌似真实的图像。在信息传达看似谁更真实的比拼中，如果说文字的真实是建立在理性主义的基础上，那么图像传媒的真实则是非理性主义的拼凑，特别是碎片化、零散式的网络图像更是一种充满无尽真实的诱惑。

而这种诱惑是通向美好的坦途还是暗藏的陷阱？由于受众对真实性的企求，这涉及的是一个大众传媒的公信力的话题。

由此，笔者想到了潘知常提出的，被称为一个由中国美学家提出的源自古罗马历史学家塔西佗的政治学概念——"塔西佗陷阱"，它意指政府一旦失去了公信力，不论做什么都会得到人民的怀疑或否认。借用"塔西佗陷阱"的说法，大众传媒的图像化的最大弊端和危害是对信息真实性的挑战。不仅用视觉替代了情感和僭越了思考，而且培养了一大批满足视觉感官、沉醉视觉感受、痴迷视觉感性的"速食动物"。在走马灯式的图像浏览中，在MTV样的画面变幻中，人们只剩丰盛而豪华的视觉盛宴、只有浮浅而肤浅的感性认知、只能接受并妥协的思维弃权。在图像化时代，传媒政治的"塔西佗陷阱"极易导致"不论说的是真实的或虚假的，我都不相信你"，不拿你当一回事而仅仅是一种游戏的心态。那么，大众传媒的价值又何在呢，不论你呈现的是真实的还是虚幻的，难道仅仅是为了哗众取宠，收割粉丝和吸引眼球，赚取流量和增加人气吗？

在公信力问题上，大众传媒和地方政府稍有不慎，就会陷入危机。就传媒而言，这是因为我们正处于传媒由文字到图像的巨变时代。图像传媒的独步天下导致文字传媒的一落千丈，意味着海德格尔钟情的语言作为"存在家园"而被毁弃。没有了家园，也就没有了归宿和意义，人类开始了真正的"流浪地球"时代。在感性而具体、生动而丰富、直观而形象的图像里，人类在"一览无余"中"大饱眼福"，所有的视觉效果不但清晰而且高清，甚至超高清：从日常家居到艺术创造，从新闻传播到政治宣言，从外部言行到隐秘内心，一切都成了可视化的。海德格尔叹息道："从本质上看来，世界图象并非意指一幅关于世界的图象，而是指世界被把握为图象了。"[25]海德格尔发表这个观点是在1938年，那时的图像最先进和时髦的是电影和电视，而现在大屏和小屏无处不在的网络图像，加上手机的拍摄功能，不但活灵活现和应有尽有，而且信手拈来和选择多样，甚至还可以通过剪辑和加工，实现美颜和互动的视听奇观。

如何认识并合理规避图像化时代大众传媒的"塔西坨陷阱"呢？

1. 技术时代的神话

当传媒作为一种文化的时候，它就陷入了一种左右为难的苦恼：是应该作为手段的技术优先，还是作为目的的意蕴优先，简言之，是技术至上还是内容为王。如果仅有内容而技术跟不上，那么内容肯定大打折扣；如果仅有技术而内容一般化，那么技术也是可有可无。

但不论如何，大众需要传媒且传媒依靠大众，其"合理性"都是毋庸置疑，但它究竟在哪个层面上体现为"合理性"。因此我们借用德国社会学家马克斯·韦伯的观点，将"合理性"分为工具合理性和价值合理性。韦伯认为工具理性是"通过对外界事物的情况和其他人的举止的期待，并利用这种期待作为'条件'或者作为'手段'，以期实现自己合乎理性所争取和考虑的作为成果的目的"；与此相对的是价值理性，"通过有意识地对一个特定的举止的——伦理的、美学的、宗教的作或任何其他阐释的——无条件的固有价值的纯粹信仰，不管是否取得成绩"。[26]由此可见，工具理性看重的是效率和结果，即"成功即意味着手段的合理"，其评判标准是功效、利益和实用一类的现实原则，而价值理性看重的是正义和过程，即"心中的道德律是无上的崇高"，其评判标准是公平、道德和良知一类的理想原则。很显然，技术和意蕴就是大众传媒所分别具有的工具理性和价值理性，必须直面并做出抉择或排位。对于文化动物的人而言，工具理性是指行动只由追求功利的动机所驱使，行动借助理性达到自己需要的预期目的，行动者纯粹从效果最大化的角度考虑，而漠视人的情感和精神价值；而价值理性相信的是一定行为的无条件的价值，强调的是动机的纯正和选择恰当的手段去实现自己意欲达到的目的，而不管其结果如何。

两种理性的孰轻孰重或孰先孰后，在计划经济或前工业文明时代本来不是一个问题，也根本构不成选择的纠结，而在传媒支撑的大众文化无孔不入的今天则不一样了。"所谓大众文化，在一般的意义上与包括电子技术在内的现代技术有关，在特殊的意义上，则与以电子技术为核心的大众传媒有关。而无论现代技术抑或大众传媒，其中的核心都是一个，这就是：技术化对于文化的介入。"潘知常直言道："在当代社会，技术已经成为一种创世的力量。"²⁷一切包括艺术和审美的文化已经被技术化了，就像马克思在《1861—1863年经济学手稿》里分析19世纪资本主义的巨大进步是建立在火药、指南针、印刷术三大发明的基础上，它们最终"变成对精神发展创造必要前提的最强大的杠杆"。潘知常和林玮合著的《大众传媒与大众文化》第四章"为人类造梦：技术时代的神话"，逐一分析了"技术的介入导致了人类审美、文化"在对象、范围、形态和自身四个方面的"拓展"。这种技术至上的工具理性压倒、僭越，甚至取代内容为王的价值理性的"技术神话"，在为人类造梦的同时，又设下了哪些可怕的致命陷阱？

一是，置身人造现实而导致无情感的高情感。

现实本来比传媒技术制造的图像和声音更鲜活而生动、完整而详尽、具体而形象，但是由于诸如个人的经济和精力的限制、社会的物质和环境的有限等原因，尽管"春风得意马蹄疾"，但也很难做到"一日看遍长安花"，更不用说"可上九天揽月"和"可下五洋捉鳖"了。但是，人的欲望和想象又是看不到底和摸不到边的，例如古代文明借助神话传说和浪漫文艺，创造第一现实所没有的第二现实，可这些毕竟是"水中望月"和"雾里看花"，只能用文字的方式，可表现而不可再现，可呈现而不可触及。进入现代以后，随着光学技术的发达、电子科技的兴起和复制手段的先进而带来人造影像的异彩纷呈、大众传媒的花样翻新和传播途径的层出不穷。一句话，技术的赋能给我们带来的全新感觉和无限体验，让我们足不出户就可历览五洲风云、尽观五彩世界。还有，如果说现实世界是有缺陷而不完美的，那么打着艺术加工旗号的技术制作就能给我们呈现一个完美无缺的现实，就像时下手机设置的美颜功能一样，一个外貌平常的女性经过这种技术处理后，都会变成如花似玉的美女。调光和调频处理后的影像和声音，尽管千娇百媚和莺声燕语，但都是技术制造的效果和营造的氛围，表演者搔首弄姿、眉来眼去，欣赏者如痴如醉、流连忘返，甚至演唱者和观赏者还泪水涟涟，似乎真实的场景实现的却是逼真的效果，呈现出的是没有血肉的人造形象，表现出的是没有情感的饱和情感。

为何会出现这种"道是有情却无情"的悖反现象呢？潘知常引入奈斯比特在《大趋势》里提出的"高技术与高情感的平衡"观点，认为："无论何处都需要有补偿性的高情感。我们的社会里高技术越来越多，我们就越希望创造高情感的环境。""我们周围的高技术越多，就越需要人的情感。"[28]的确，现代技术尤其是生产技术是高度理性思维和硬度管理机构、强度劳动投入的产物，它不以人的意志为转移，有着自成一体的逻辑规则，就像有着一套程序严密的高科技收视设备，一步出错，步步皆错。它用人为加工的手段给我们带来了看似真实实则虚拟的情感，粘上睫毛让眼睛更显得楚楚动人，拿上话筒让声音更具有款款深情，亲临演唱会变幻的光影更让我们忘情投入，手握随身听呢喃的歌声更让我们情不自禁，原来让我们感动的不是生活，更不是艺术，而是被技术改造和美化后的生活和艺术。这里所表现出来的高饱和度的情感，其实与现实生活相去甚远，因为饱经风霜的人生，早已进入"欲说还休，却道天凉好个秋"的淡定境界了；与经典的艺术也是毫无关涉，如《红楼梦》里"黛玉葬花"里的"花谢花飞花满天，红消香断有谁怜"曾让多少人潸然泪下。这种无情感的高情感，其实是虚假的情感，起码也是虚拟的情感，是在一定环境和氛围中"秀"出来的情感，它通过传媒扩散出去赚取更多的少男少女的纯真和奋不顾身，而制造出虚假的"盛况空前"，真正受伤的不是科技介入后的艺术审美——因为靠着这个制片人和营销商已经赚得盆满钵满了，而是纯真的情谊被忽悠、真诚的行为被戏弄和美好的意义被践踏。摘下耳机、走出歌厅和离开演唱会，生活依然，日子照旧，而生活中和日子里那些真实的善良和伟大，已经不能感动任何人，因为他们的情感已经在技术提供的虚拟场景中被提前透支了。

二是，强化人为娱乐而导致无欲望的强欲望。

传统的传媒是以满足受众的资讯需求为要务，而随着当今信息爆炸，受众处于信息接收的盲区，不知道什么信息是最重要和最真实的，甚至都不知道自己究竟应该接受什么样的信息了，那就只能凭着个人喜好，接受那些最好玩和最有趣的信息。而什么是最好玩和最有趣的呢，那一定是刺激本能、满足好奇，甚至是填补情感空虚的信息了。因此当代传媒就借助收视率和点击量，更有网络时代的大数据，投其所好地搜集和制作当今政要的奇闻逸事、当红明星的绯闻故事和网络红人惊世骇俗的言行，以此更好地吸引眼球和收割流量，与其说是满足他们的好奇心理，不如说是满足他们的欲望本能。由于受到现行法律和传统道德的约束，现代传媒业不可能为所欲为和肆无忌惮，于是技术就挺身而出，用大数据和云计算提供的创意和信息，制作具有"穿越"效果和"玄幻"魅力的人神之爱和人鬼之恋，用AR和VR的加强现实和虚拟现实的技术，制造人间仙境的场面和魅力无穷的形象，用动漫手段呈现极度夸张的丰乳肥臀，用电声技法营造想入非非的莺声燕语，还有用广角镜头拍摄宏大而豪华的场面，用编辑软件营造奇幻而缤纷的视听效果。

以此制造虚假的狂欢和强化人为的娱乐，大众传媒传达资讯的及时性已经不重要了，重要的是要满足受众的娱乐需求，那么，如潘知常等言："大众传媒所关注的就只能是时尚话语（奇观）。也就是说，大众传媒所关注的，只能是'适时'，而不能是'合适'；只能是最新、最快、最刺激、最时髦、最有意思、最引人瞩目、最令人捧腹、最令人难忘、最令人震惊、最令人羡慕、最令人伤感、最令人沮丧……等等。最新、最快、最刺激、最时髦、最有意思、最引人瞩目、最令人捧腹、最令人难忘、最令人震惊、最令人羡慕、最令人伤感、最令人沮丧……的一切。诸如此类，都是一种在话语幻象中制造出自身的存在的意义幻象，但也是大众传媒所追逐的对象。"[29]娱乐在极度强化后，已经失去了娱乐的效果。其始作俑者，似乎是大众的欲望，其实是资本市场邀请了技术的加盟，对此，潘常在《美学的边缘——在阐释中理解当代审美观念》一书的"当代文化与审美观念"一节里指出："技术和人类天性的结合，将比任何的政治暴力、法律威胁的力量都要更加强大。""潘多拉的魔盒"又被现代技术打开了。

这种欲望本身由于过分的强化，得了厌食症，已经严重的审美疲劳，但技术手段依然在不断地更新升级，大众或许为了显示时尚，或许为了张扬个性，或许为了炫耀小资，甚至就是直接炫富和摆谱，还得继续和流行文化玩下去，直至掏空心灵、透支情感和麻木感觉，直到没有欲望为止。在这里，吃不是为了营养，而是为了口味；穿不是为了裹体，而是为了时髦；性不是为了爱情，而是为了刺激；游不是为了赏景，而是为了拍照。流行的文化和大众的娱乐，借助技术和金钱，看似摆脱了单纯的生存需要和陈旧的伦理规范，好像在运用科技革命的声光电化，实则是享受着娱乐文化的声色犬马，在放飞心情的同时也放逐身体，潘知常分析道："随着自由的被躲避，流行文化也就成为一种'找乐'与'刺激'的对应物。因此，流行文化就不同于作为'认识'的精英文化，而只是作为'体验'而存在。"[30]其最大的恶果就是借助娱乐而消解了娱乐，满足欲望而没有了欲望，而最令人难堪的是，潘多拉的魔盒已经打开了，可是，希望却不翼而飞了。

置身于人造现实而导致无情感的高情感，强化人为娱乐而导致无欲望的强欲望，这让个体生命存在的位置模糊，甚至形同虚设。说它在场，可是，因为没有情感和失去欲望而"人到心未到"或"心不在焉"；说它不在场，可是，由于情感饱和和欲望餍足而被"五马分尸"，审美变成了非审美，艺术蜕变为反艺术，唯有大众传媒依然在风风火火闯九州。

导致这种"种瓜得豆"的尴尬，依然是两种"理性"打架惹的祸。身为"大众"更倾向用工具思维去领略技术带来的神奇效果，而作为"传媒"则更注重价值理性蕴藏的深刻内容，或者，"大众"需要深刻内容的价值理性引导，而"传媒"提供神奇效果的技术理性支持。修复这个裂痕和弥补这道创伤，还是需要审美与艺术。我们长期深信知识就是力量，也曾经相信道德就是力量、金钱就是力量、武器就是力量，更信任艺术就是力量，可是马尔库塞冷静地告诉我们："艺术不能改变世界，但是，它能够致力于变革男人和女人的意识和冲动，而这些男人和女人是能够改变世界的。"[31]诚然，艺术不是赤膊上阵地改变世界，而是春风化雨地滋润人心。我们曾为推翻专制统治而赴汤蹈火，也为破除封建迷信而奔走呼号，还为摆脱金钱束缚而清心寡欲，看来今天更应该为远离技术神话而保持头脑清醒了，在运用技术而超越技术的境况里，用永恒的艺术实现生命的审美救赎，从而真正地像潘知常那样心醉地沉浸在"每一次被审美与艺术所打动的瞬间，无疑也就是自己被从动物性、自私本性中提升的瞬间、与他人共通、共享的瞬间、灵魂在我们的身体之中唤醒的瞬间"[32]。

正如一首歌曲《一瞬间》所唱的："就在这一瞬间，才发现，你就在我身边。"是的，美与爱永远都在我们的身旁，只是传媒技术提高了我们的感觉阈值，致使我们很难发现而已。

2. 传媒批判的视境

如果从价值理性的角度看，传播追求的是内容为王的意义，如果从工具理性的角度看，传媒依托的是技术至上的手段；并且由于技术对传媒的全面介入，传媒已经在技术神话的光照下演变成了技术与体制、技术与文化、技术与市场的全面联姻。当麦克卢汉提出了划时代的"媒介即信息"观点，联系随后兴起的技术革命，尤其是互联网的兴盛和大数据的到来，媒介对生活和社会的牵制力不断增强，如何充分利用这个技术含量高的形式，而又不会沦为技术主义和形式崇拜，确实值得每一个社会科学家和人文学者思考。

潘知常进入新世纪后又一次调整了自己的研究方向，一度将思维的触角伸到了传媒领域，先后在《新闻与传播研究》《现代传播》《东方论坛》《江苏行政学院学报》等知名刊物上发表了西方传媒批判、中国新闻传播研究和新闻报道实务、电视节目策划等十余篇研究文章，还出版了由他主编或撰写的《新意识形态与中国传媒》《传媒批判理论》《讲"好故事"与"讲好"故事　从电视叙事看电视节目的策划》《怎样与媒体打交道》《公务员与媒体打交道》《你也是新闻发言人》等。他对这个领域研究的具体内容，或许我们可以不必关注，但作为一个美学家为何要开辟新战场，传播学与生命美学究竟是一个什么样的关系，他站在生命关怀的高度，着眼大众传媒的广度，思考人文意义的厚度，是我们尤其不能忽视的。

他2006年发表在《江苏行政学院学报》第4期上的《新意识形态与中国传媒——新世纪新闻传播研究的一个前沿课题》提出了一个重要概念，即揭示当代传媒人独特的身份和作用——"特殊知识分子"的"真正作用不是在于为政府代言或者为民众代言，而是从自己所处的特殊位置，通过专业分析的方式，从专业的角度内行地、深入地为公众分析问题症结之所在，提示社会所应该采取的价值立场，从而与身临其中的权力形式做斗争，揭示知识话语与权力统治之间的隐蔽关系，揭示所谓的真理与权力的不可分割，在此基础上将对象重新问题化（以此来实现他的知识分子使命），并参与政治意愿的形成（完成他作为一个公民的角色）"。其实潘知常就是这样一位特殊的知识分子，他具备学术背景和专业知识，崇尚普遍价值和基本底线，保持个人独立和正义立场，具有强烈的批判精神和反思意识，更善于和敢于在学术期刊、电视访谈、网络传媒和各种讲堂发表自己对摇滚音乐、流行歌曲、春晚现象、人体审美、广告解读、城市文化、海湾战争、教育问题等公共事务的看法。他在《反美学》的第二章第五节里是这样分析广告、商品和生存活动与生命形象的："人们对商品的选择也不再是简单的消费活动，而成为一种生存活动，一种对于自身的生存方式、身分地位、社会形象的选择了。每个人都通过消费选择的方式来塑造自己的生命形象，从而将自己生命中的潜在的可能性予以实现。"他在"爱思想"等网站登载《最后的晚餐——春节联欢晚会与国族想象》，就这个被誉为中国新民俗的电视品牌节目为何越费力越不讨好的问题，他独具慧眼地发现了"春节""联欢""晚会"三个话语或诉求背后难以调和的矛盾："作为一个被篡改的民俗符号，'春节'是春节联欢晚会所提供的文化心理背景；作为一种特殊的身份象征，'联欢'是春节联欢晚会所喻示的意识形态指归；而'晚会'则是春节联欢晚会所提供的表演平台，意味着一个虚拟想象的空间。显然，只有由此入手，春节联欢晚会的庐山真面目才会真正大白于天下。"又如，针对2003年3月20日爆发的美伊战争，他和杜文娟刊载于《全球信息化时代的华人传播研究：力量汇聚与学术创新——2003中国传播学论坛暨CAC/CCA中华传播学术研讨会论文集》（上册）的《把战争带回中国——大陆传媒中的美伊战争形象》一针见血地指出："就中国人而言，美伊战争是一场发生在国土之外的战争，但是在大陆传媒之中，却是一场发生在国土之内的战争。大陆传媒对美伊战争成功地完成了意识形态话语置换与修辞，把一个它所再释义的美伊战争的形象完整地呈现给我们，从而为美伊战争附加了一个新的意识形态身份。"他在借鉴葛兰西和阿尔都塞意识形态理论的基础上，分析了传媒作为世界意识形态理论的视境，如阿尔都塞指出："在意识形态中再现的不是统治个体存在的真实关系的系统，而是那些个体对生活于其中的真实关系的想像性关系。"[33]对此，他提出了传媒批判的三个重要概念：新意识形态、想象现实、传媒镜像。

他在《新意识形态与中国传媒——新世纪新闻传播研究的一个前沿课题》里，精辟地指出进入1990年代后，中国传媒如何逐渐与国家政治、经济和文化在社会结构转型中联盟而形成的中国新意识形态，从阶级利益走向共同利益，在构造的传媒镜像里虚构现实，生产现实，想象现实，它"体现为政治上的国家主义，经济上的实用主义和文化上的消费主义，其叙事的核心是传媒镜像"。并且指出"传播的研究，则是与特殊知识分子的角色定位一致的，'新意识形态与中国传媒'是他们大显身手的学术舞台"。当一个新闻事件发生后，一是，普通的受众不可能亲临现场，于是传媒就利用便捷性的优势，将现场的事件作为一个能指而赋予它尽可能多的所指；二是，即使普通受众能够亲临现场，了解到的也是有限的真相，于是传媒就利用话语权优势，根据一定需要剪裁现实。最后受众看到的是一个"让人看"或只能"这样看"的现实。中国当代传媒处于转型时代多种话语的交织和包围中，有着充分的技术赋能和政治导向，不但突出了传媒形式本身的重要性，而且说明了传媒意义批判视境的深刻性，更是对公共知识分子用生命美学包含的"人"的主体意义的彰显，这说明仅有围观传媒"看热闹"的好奇是不够的，还必须有针砭传媒"看门道"的眼力、精神和情怀。

首先是熟悉传媒的独特眼力。潘知常作为美学教授而成为传媒领域闯入者，富有深邃的哲理思维和出众的文学才华，先后参与策划了蜚声全国的民生新闻——《南京零距离》《直播南京》《1860新闻眼》等品牌栏目，他还担任了海南广播电视总台业务顾问、海口广播电视总台业务顾问、江苏省广播电视总台新闻中心业务顾问等等。他与别人一起主编了《怎样与媒体打交道》《讲"好故事"与"讲好"故事：从电视叙事看电视节目的策划》《你也是"新闻发言人"》等作品。他在参与策划时特别强调："我们一定要坚持讲故事的方式，而屏弃宣传的方式，而且，在讲故事的时候我们不要简单地把这个故事讲出来，而是要倒过来看，要看这个故事最吸引人的东西是什么，而且有哪些最吸引人的东西，我们把最吸引人的亮点先策划出来，然后再去讲。"[34]他看重的是"讲'好'"故事的能力，让受众感兴趣，不但体现了尊重受众的传播理念的人文性，而且实现了重视质量的传播效益的最大化。

其次是精益求精的专业精神。如果仅仅满足于宣传，现代传媒就失去了广而告之的价值，而为了提高它的吸引力和亲和力、凝聚力和感召力，更有影响力，就不但要讲"好故事"，而且要"讲好"故事。在如何"讲好"故事的问题上，潘知常认真比较和分析了传统的文字传播的"读"与现代图像传播的"看"，他一方面肯定了大众文化传播中广播电视对文字单一性的突破，方便了受众接受信息的便捷，实现了信息传递的明快，扩大了受众参与传播的热情，正如他在《大众传媒与大众文化》书中阐述的这"无论如何都是一件好事。文字不再是生活方式，而只是谋生手段了，最为接近人的天性的视、听活动也又一次回到了人本身（文字离它何其远），收到了'以正视听'的效果"。另一方面，在广告形象、影视呈现、卡拉OK等流行文化中，尤其是MTV的音乐电视中，过分突出碎片叠加的图像轰炸和五光十色的视听奇观，又成为一种"视觉快餐"。如何用专业精神洞穿传媒文化背后的人类文明新现象，如他在《反美学》"后记"里宣称的："美学的使命并非是为文明作注，而是深入思考文明给人类带来的后果。"

最后是为民代言的道义情怀。潘知常绝不是一个"躲进小楼成一统，哪管春夏与秋冬"的读书人，而是一个有"文以载道"的追求和"学以致用"的目标的时代知识分子，用他的话说是"特殊知识分子"，而用更通常和准确的话说是"公共知识分子"。由于市场经济而导致唯利是图的倾向，面对当今被划分为各种"圈"和"层"的社会，这种缺乏理性的社会特别呼唤公共知识分子，需要知识分子承担理性的责任。正如康德说的知识分子就是"有勇气在一切公共事务上运用理性"的人。如1990年代，受到各方好评的宋祖英的真正魅力何在，他和李琪撰文《歌唱与政治——从宋祖英的演唱风格谈起》，指出"宋祖英获得社会的普遍认同，仅从她的歌唱实力，舞台经验，外在形象上探析是不够充分的。而从其发型、服饰、歌词内容，平民出身等维度来进行解读式的文本分析，借此从文化研究的角度则为宋祖英的成功原因提供一种新的解释路径。宋祖英是当代中国国家话语的一个文化符码，在其形象背后是国家意识形态缤纷景象折射出主流意识形态试图通过明星叙事对转型期日益分化的现实社会进行整合的努力。这有助于我们了解大众文化意识形态中所隐含的日趋复杂的主流形态的运作方式"[35]。这种传媒批判所体现出的道义情怀，是在信息资源分配不对等而成为无意识的意识形态的情况下，个体成为主体，进而为弱势群体争取话语权，让边缘人群不再被忽悠，从而发挥媒介信息自由传播的公共性功能。

潘知常眼中的传媒人是"特殊知识分子"也罢，是"公共知识分子"也罢，只有充分借助技术的赋能和人们对图像的迷恋，并处理好了意识形态、公众需求和真实传播的关系，那么危及传媒公信力的"塔西坨陷阱"就会被悄然填平。

3. 话语重构的艰难

根据福柯的"话语—权力"理论，任何一种话语都是一种权力的体现，当今中国社会能够引起广泛关注的政治、经济、社会和文化问题，没有一种是可以离开传媒平台的，而其中文化尤其是娱乐文化更是须臾不能离开传媒，因此传媒在成为媒介平台的同时，自己就成为一种新的话语权了。

以网络为例，就可略见一斑。

作为现代传媒的网络已不仅仅如电视一样只具有信息的功能了，而是囊括了新闻、科技、文艺、娱乐、知识、生活、体育、经济、政治等社会生活的方方面面，它像一个变幻无穷的魔盒容纳了大千世界的林林总总，演绎着人间万象的悲欢离合，倾诉着红尘男女的酸甜苦辣；它以人类社会"微缩景观"的传媒功能，再现历史的兴盛与衰亡，传达时代的光荣与梦想，诉说大众的希望与失落，就此意义而言，与其说网络是我们生活的一部分，不如说我们生活的一部分已经融入了网络。在"上网"已不是个人随意的选择中，在"冲浪"已成为整个社会的共同行为方式中，网络以电子时代的高科技为物质前提，以信息汇聚的大数据为内容支撑，以文化交流的共时空为传播手段，以再现社会生活的全方位为内容要求，以刺激大众的消费性为时代特征，以表达意识形态的多元化为价值取向，代表着时代文化的文化，换言之，时代的一切文化现象无一不在它的窗口上展露，极而言之，能说明时代文化的一切也能从这张网上捕捉到答案信息。就此而言，具有文化功能的网络正是以时代的风向标、社会的温度计和生活的晴雨表而一展它倾国倾城的绝代风华，它回眸一笑就令大众惊叹不已，它略施粉黛也令大众目不转睛，若它再搔首弄姿更令大众心旌摇曳。在当代同样具有文化功能的，如印刷传媒、文学艺术、广播电视，为什么一比起网络来就黯然失色？从网络对人的巨大诱惑中和人对网络的无比依赖中，确实让我们真切地感受到了人与网络的关系应构成传媒文化的核心问题。

正因为网络有着如此巨大的传播效应和传媒能量，所以它具有强大的话语权，但是网络绝不是一个不受约束的自由世界，而要使这个权力不遭旁落和不被架空、不被利用，就必须加强监管，就得有相应的意识形态介入。但是，由于行政管理者受制于现实体制和传统官本位习惯，加之不熟悉媒体，重宣传内容轻传播技能，重发号施令轻疏导劝慰，由此形成了意识形态影响力和大众传媒公信力的矛盾，而这个矛盾极易让传媒来"背锅"而产生"说什么都不相信"的"塔西佗陷阱"，如是，加重了传媒形象重塑和话语重构的艰难。如果说意识形态的影响力决定着大众传媒的公信力，那么大众传媒的公信力，须得以意识形态的影响力为保证，而一般受众都是通过传媒而接受或认可意识形态的。

为了有效地规避"塔西佗陷阱"，潘知常提出：从阶级利益走向共同利益，它具体表现于"和谐社会""共同致富""人民至上"等。新意识形态的介入，为塑造传媒的公信力形象提供了可靠的保证，但是传媒一旦大众化，甚至是娱乐化后，其与生俱来的吸引眼球的功能、追名逐利占领市场的目的和猎奇争艳满足欲望的诉求，依然存在着"歪嘴和尚念错经"的可能。比如说新意识形态倡导的司法公正、教育平等、政治清廉、住房福利、医疗保障等，完全可能会被大众传媒"正题歪解"，如司法公正成了揭秘"吃了原告吃被告"的黑幕，教育平等成了讲授"这边减负那边增负"的秘诀，政治清廉成了"十个官员九个贪"的爆料，等等。因为潘知常看到了大众传媒表达的"核心是'传媒镜像'。所谓'传媒镜像'，也就是我们所指出的'类像'：大众传媒所热衷的并非现实世界，而是虚拟世界，也并非现实世界的形象，而是现实世界的类象。"[36]大众传媒的传媒镜像，直接消解和解构了意识形态的思想和观点、倾向和价值，蜕变成消费主义的新闻娱乐，"新闻娱乐化和硬新闻软化，已经为人所共知。其表征是减少严肃新闻的比例，将名人趣事、日常事件及带煽情性、刺激性的犯罪新闻、暴力事件、灾害事件、体育新闻、花边新闻等软性内容作为新闻的重点，竭力从严肃的政治、经济变动中挖掘其娱乐价值。形式上，则强调故事性、情节性，从最初强调新闻写作中适度加入人情味因素，加强贴近性，衍变为一味片面追求趣味性和吸引力，强化事件的戏剧悬念或煽情、刺激的方面"[37]。传媒的大众化取向必然使得严肃内容娱乐化、深刻思想片面化，而这必将导致不管你说什么，我都既不肯定也不否定，一笑了之的传媒"塔西佗陷阱"。

由此可见，大众传媒因为"塔西佗陷阱"的存在而要完成与意识形态匹配的话语重构，依然是道阻且长。为此，我们可以从以下三个途径重构传媒的话语样态。

一是，做到传媒话语的真实性和有效性。

新闻的本质是追求事件的客观性和报道的及时性，如此才能做到信息的真实性和传媒的有效性。所谓"传媒话语"是传媒构造出来的符号，它是"横看成岭侧成峰"的语言，庐山是客观的存在，而庐山是什么模样，则是移步换景的语言效果，不同的人有不一样的庐山符号。借助潘知常传媒镜像的"类象"说法——"类象不是模仿现实的，也不是自我创造的，而是没有原本的摹本。"[38]很显然，那些一味挖掘官场黑幕、明星绯闻和普通人隐私的传媒套路所呈现的话语，是做不到新闻事实的真实性和新闻报道的有效性的。那就要像习近平总书记所要求的那样："要把握好时度效，抓住时机、把握节奏、讲究策略，从时度效着力，体现时度效要求。"[39]

二是，做实传媒效果的关注度和掌控度。

任何传媒都希望能引起受众的关注，甚至产生爆炸性效果，于是为了追求阅读量、收视率和点击率，不惜在话语使用上动不动就是"第一""最佳""空前"等极致性用词，还有被人们诟病多日的"标题党"。这时传媒犹如一匹脱缰的野马，那么究竟谁是"第一"，哪个是"最佳"，真的"空前"吗？谁也不知道，谁也说不清楚。这就告诉我们仅有关注是不够的，还得有一定"度"的把握；而仅有"度"的把握也是不够的，还必须有必要的掌控。就像真实的不一定是有效的，而有效的一定是真实的，那么只有被有效掌控的，才是正常而合理的关注。

三是，做好传媒意义的感召力和影响力。

如果既做到传媒话语的真实性和有效性，又做实传媒效果的关注度和掌控度，那么传媒意义的感召力和影响力的产生就是水到渠成的事。说到传媒的意义就必然牵扯出意识形态，潘知常在《新意识形态与中国传媒》一文中阐述道："传媒不是通道而是建构，不是反映现实而是建构现实。因此传媒与意义并非分离而是一体的，换言之，意义不是通过传播而传递的，而是在传播过程产生的，意义传播的过程也就是意义产生的过程。"用什么样的话语方式和符号建构，在传播过程中能得到正常关注和有效掌控，最后实现的"感召力"和"影响力"，严格说不是传媒自己的功劳，而是传媒背后意识形态"编剧"和"导演"的功劳，而传媒则必须按照这个剧本和听从导演来到前台演出。如潘知常提出的那样："新意识形态并不直接让人们做任何事情，而是让人们产生做事的愿望（犹如可口可乐不仅是为了解渴，而且是为了制造'渴望'）。"

由此可见，当代中国既要有效地规避政治的"塔西佗陷阱"，也要及时地防止传媒的"塔西佗陷阱"，由于这个陷阱实质上是一个执政党和媒体界的公信力问题，因此在我们进行政治体制建设的同时，传媒的问题亦应引起我们的高度重视。但是由于当今传媒早已不是封闭的"内循环"宣传了，而是开放的"外循环"传播了，而芸芸众生，既是亚里士多德所谓的"政治的动物"，也是尼尔·波兹曼所谓的"娱乐至死"的玩家。那么如何在大众传媒的平台上平衡政治与娱乐的关系，那就是潘知常贡献的"塔西佗陷阱"理论和"新意识形态"观点，它们不但是原创的，更是中国的；不但是他的美学思想的重要组成部分，更是他家国情怀的直接体现。而这正如意大利美学家马里奥·佩尼奥拉在《当代美学》指出的"生命美学获得了政治学意义"[40]。

综上所述，当我们着手现实的反思，开始质问通俗文化，是一种审美生活吗？现代艺术，美学的边界在哪里？大众传媒，有塔西佗陷阱在吗？难道思考的仅仅就是审美文化的意义？这里不能不提到潘知常1998年由上海人民出版社推出的43万字的《美学的边缘——在阐释中理解当代审美观念》。国内2002年才开始广泛引进并讨论"日常生活审美化"和2000年前后兴起的审美文化研究，就研究专著而言，有陈炎《当代中国审美文化》、周宪《中国当代审美文化研究》、夏之放《转型期的当代审美文化》、易存国的《中国审美文化》等。综观以上研究，他们几乎放弃了对美学基本理论的思考义务，而过多地纠缠于审美文化的现象；他们根本没有承担使中国美学走出困境的重建使命，而仅仅停留于时代文化的美学阐释。和潘知常的《美学的边缘——在阐释中理解当代审美观念》比较，这些研究专著确是紧扣了当代中国文化，但是远离了当代中国美学。

潘知常和他们一样清醒地看到了中国美学在1990年代的"胜利大逃亡"，美学家们纷纷以文化研究替代美学思考，的确，美学被严重地"边缘化"了。而潘知常的智慧与勇气就是"明知山有虎偏向虎山行"，在美学的绝地反击中让中国美学置之死地而后生，书名就堂而皇之地宣称"美学的边缘"，并且在副标题中超越现象性的审美文化而提升为思想性的"审美观念"，在导言中直言"在边缘处探索：审美观念的当代转型"，一至四篇分别是"本体视界的转换：审美活动与非审美活动的交融""价值定位的逆转：审美价值与非审美价值的碰撞""心理取向的重构：审美方式与非审美方式的会通""边界意识的拓展：艺术与非艺术的换位"。至此，"审美观念"的思考就是潘知常的目的吗？显然不是的，全书的结语是"美学的当代重建：从独白到对话"。我们不由得恍然大悟，潘知常没有在林林总总的审美文化面前而眼花缭乱、浅尝辄止，而是牢记初心，不忘使命，践行踏入美学研究的诺言，他在1991年推出的生命美学研究的奠基著作《生命美学》绪论"生命活动：美学的现代视界"中说道："本书正是从上述现代视界出发，对于美学的一次艰难探索。"还有2000年出版的《中西比较美学论稿》，开篇即是"在对话中重建中国美学"。

潘知常渴望重建的是一个与实践美学截然不同的生命美学。由于有了这样的"本体视界"，当然更是神圣使命，他才能够不仅剖析当代审美文化的现实表现，而且立足当代审美观念的理论思考，其真实意图是在与现实的对话中进行美学的重建，如他所言："美学之为美学，就并非美学家们津津乐道的那种所谓理论体系，而是一种较所谓理论体系更为根本、更为重大的理论智慧。这智慧，可以理解为美学的根本视界，也可以理解为美学的澄明之境。"[41]一旦我们拥有了如此"根本视界"，通俗文化、现代艺术、大众传媒背后的奥妙和玄机，就将豁然开朗，而生命美学将在豁然开朗中进入"澄明之境"。

注释：

1.潘知常、赵影：《生命美学：崛起的美学新学派》，郑州大学出版社2019年版，第7页。

2.米兰·昆德拉：《生命中不能承受之轻》，韩少功译，作家出版社1989年版，第3页。

3.陶东风：《日常生活的审美化与文化研究的兴起——兼论文艺学的学科反思》，《浙江社会科学》2002年第1期，第165页。

4.潘知常：《"日常生活审美化"问题的美学困局》，《中州学刊》2017年第6期，第165页。

5.马克思：《1844年经济学—哲学手稿》，刘丕坤译，人民出版社1979年版，第79页。

6.潘知常：《反美学——在阐释中理解当代审美文化》，学林版社1995年版，第338页。

7.潘知常：《流行文化与孤独的大众》，《东南大学学报》2002年第1期，第32页。

8.周宪编著：《文化研究关键词》，北京师范大学出版社2007年版，第1页。

9.潘知常：《"日常生活审美化"问题的美学困局》，《中州学刊》2017年第6期，第160页。

10.潘知常：《"日常生活审美化"问题的美学困局》，《中州学刊》2017年第6期，第160页。

11.《三人书简》，臧平安等译，湖南人民出版社1980年版，第169页。

12.转引自马丁·杰：《法兰克福学派的宗师——阿道尔诺》，胡湘译，湖南人民出版社1988年版，第198页。

13.潘知常：《美学的边缘——在阐释中理解当代审美观念》，上海人民出版社1998年版，第400页。

14.潘知常：《生命美学》，河南人民出版社1991年版，第186页。

15.爱克曼辑录：《歌德谈话录》，朱光潜译，人民文学出版社1978年版，第136—137页。

16.康德：《判断力批判》上卷，宗白华译，商务印书馆1964年版，第67—68页。

17.阿尔温·托夫勒编：《未来学家谈未来》，顾宏远等译，浙江人民出版社1987年版，第51页。

18.潘知常：《美学的边缘——在阐释中理解当代审美观念》，上海人民出版社1998年版，第434页。

19.潘知常：《美学的边缘——在阐释中理解当代审美观念》，上海人民出版社1998年版，第472页。

20.伊格尔顿：《文学原理引论》，刘峰译，文化艺术出版社1987年版，第3页。

21.转引自朱狄：《当代西方艺术哲学》，武汉大学出版社2007年版，第51页。

22.杨匡汉、刘福春编：《西方现代诗论》，花城出版社1988年版，第231、232—233页。

23.潘知常：《美学的边缘——在阐释中理解当代审美观念》，上海人民出版社1998年版，第471页。

24.潘知常：《大众传播媒介：当代的新赫尔墨斯之神》，《艺术广角》1995年第4期，第5页。

25.海德格尔：《世界图象的时代》，孙周兴选编：《海德格尔选集 下》，上海三联书店1996年版，第899页。

26.马克斯·韦伯：《经济与社会》上卷，林荣远译，商务印书馆1997年版，第56页。

27.潘知常、林玮：《大众传媒与大众文化》，上海人民出版社2002年版，第112页。

28.奈斯比特：《大趋势——改变我们生活的十个新方向》，梅艳译，中国社会科学出版社1984年版，第47、53页。

29.潘知常、林玮：《潘多拉的魔盒：大众传媒作为世界》，《新闻传播研究》2001年第4期，第16—17页。

30.潘知常：《流行文化与孤独的大众》，《东南大学学报》（哲学社会科学版）2002年第1期，第33页。

31.赫伯特·马尔库塞：《审美之维》，李小兵译，广西师范大学出版社2001年版，第212页。

32.潘知常：《审美救赎何以可能》，《文艺争鸣》2018年第7期，第103页。

33.转引自潘知常、林玮主编：《传媒批判理论》，新华出版社2002年版，第131页。

34.潘知常、孔德明主编：《讲"好故事"与"讲好"故事：从电视叙事看电视节目的策划》，中国广播电视出版社2007年版，第14页。

35.李琪、潘知常：《歌唱与政治——从宋祖英的演唱风格谈起》，《东方论坛》2006年第3期，第63页。

36.潘知常：《新意识形态与中国传媒——新世纪新闻传播研究的一个前沿课题》，《江苏行政学院学报》2006年第4期，第31页。

37.潘知常：《新意识形态与中国传媒——新世纪新闻传播研究的一个前沿课题》，《江苏行政学院学报》2006年第4期，第32页。

38.潘知常：《美学的边缘——在阐释中理解当代审美观念》，上海人民出版社1998年版，第286页。

39.新华通讯社课题组编：《习近平新闻舆论思想要论》，新华出版社2017年版，第13页。

40.马里奥·佩尼奥拉：《当代美学》，裴亚莉译，复旦大学出版社2017年版，第2页。

41.潘知常：《美学的边缘——在阐释中理解当代审美观念》，上海人民出版社1998年版，第563页。

第八章 理想的追寻：我审美故我在

"苦难没有认清，爱也没有学成，远在死乡的事物，没有揭开面幕。"

里尔克在《致奥尔弗斯的十四行》上卷第十九首哀叹的境况，不仅是上帝之城的"伊甸园"被技术之国的"互联网"置换，精神家园的《天鹅湖》被流行艺术的"迪斯科"替代，价值理性的"理想国"被工具理性的"GDP"压倒；而且是诗意栖居的风花雪月不敌物质世界的声色犬马，神圣境域的真善美信不及世俗生活的功名利禄，彼岸世界的终极关怀不如此岸人生的及时行乐。正如潘知常一针见血指出的："无信无求、无持无守、无敬无畏，就是中国所延绵不绝的某种精神状态；争夺地狱的统治权，'得者王侯败者贼'，更是某些中国人所信奉的价值关怀。"[1]这是鲁迅当年深恶痛绝的"做戏的虚无党"和"瞒和骗"的人生，也是柏杨先生痛斥的"酱缸文化"。

走出这段积重难返的泥淖，不但倡导崇尚实证的"赛先生"和反对专制的"德先生"无能为力，就连呼吁"以美育代宗教"的"蔡先生"都开错了药方。

尽管寒风吹灭了一盏盏烛光，但希望的灯火依然在闪耀。

"哪里有危险，哪里就有被救渡的希望。"荷尔德林如是说。

"我的灵魂，被那些卓越的默想所激发，上升到神的境界。"卢梭如是说。

"人的苦难是由于缺乏爱所引起的，从苦难中，将会滋长出对爱的新的和强烈的冲动，而这就是对生命的渴望。"弗洛姆如是说。[2]

正是肩负着如荷尔德林所期望的"在神圣之夜走遍大地"拯救使命，更是像鲁迅所嘱托的做一个"敢于直面惨淡的人生，敢于正视淋漓的鲜血"的哀痛者和幸福者，潘知常再一次冒着"资产阶级自由化"的政治倾向风险、"唯心主义"理论的哲学本体涉险，和"不信苍生信鬼神"的宗教导向的危险，毅然地在他的生命美学奠基作《生命美学》里找到了泰戈尔诗神降临之地："那是一个圣所，在那里，我生命中最深的真实得到了庇护。"终于在2003年变成了"为信仰而绝望，为爱而痛苦：美学新千年的追问"，到了2015年又演化成了"神圣之维的美学建构——关于'美的神圣性'的思考"，最后成为2019年"信仰建构中的审美救赎"的铁肩道义。

一言以蔽之：理想的追寻——我审美故我在。

从此，潘知常走上了一条通向未来的"自我超越之路"，正如他在2020年第2期《文艺争鸣》上发表的《生命美学的原创性格——再回应李泽厚先生的质疑》指出的："就以美学思考中的自我超越而论，其实，其中存在着三个维度，亦即：自由权利——行为的超越；自由意志——人格的超越；自由感觉——心态的超越。自由感觉提供了形而上的根据，但是又要通过自由意志和自由权利来加以实现。自由意志，是自由的内在保证。"这自我超越的三个维度，应该视为他生命美学的"原创性格"。

一、三重维度：人与自然、人与社会、人与意义

关于生命的维度有种种说法：

生命是一个立方：自然时间的长度，社会阅历的宽度，精神境界的高度。

生命是一场轮回：不可回溯的过去，可以把握的现在，难以预测的未来。

美学家封孝伦教授提出了"三重生命说"：生物生命，精神生命和社会生命。

以上说法不无道理，甚至深刻，但都犯了一个根本性的错误，就是不但将整体

性的生命拆解为孤立的片段，而且把人类性的生命在"拆分"中进行了不应有的价值淡化，尽管他们谈的依然是"人"的生命。

其实，生命是一个多棱镜，它呈现的不仅是生命本身，而且折射出生命存在的环境和处境、生命具有的价值和阈值、生命能够或应该达到的疆界和境界。为此，潘知常在2015年第4期《中州学刊》上发表了《神圣之维的美学建构——关于"美的神圣性"的思考》，正式提出了生命的"三重维度"说：

> 人与世界在三个维度上发生关系：一是"人与自然"维度，这一维度又可以称为第一进向，涉及的是"我—它"关系；二是"人与社会"维度，这一维度又可以称为第二进向，涉及的是"我—他"关系；三是"人与意义"维度，这一维度又可以称为第三进向，涉及的是"我—你"关系。

潘知常早在2009年就开始关注这个问题了，他在《我爱故我在——生命美学的视界》的前言"美学新千年的朝圣之路"中就指出："'五四'以来我们尽管取得了两大成功，这就是在人与自然的维度成功地引进了'科学'，在人与社会的维度成功地引进了'民主'。但是，我们却还有一大失败——在人生意义的维度，我们始终没有能够引进'信仰'。现在，我们必须引进'信仰'。"[3]有关人生意义的"信仰"，就这样被他明确而真切地提出来了，不但为美学理论引领下的生命搭建起了通天的"巴别塔"，而且为生命意义思考中的美学点亮了前行的"长明灯"。

在关于生命的维度上，潘知常和所有的理性思辨家一样，都先得从事分门别类的"拆分"工作，但是他高出他人的地方是"拆而不分"，或曰拆是为了不拆。他紧紧扣住"人"，或以"人"为圆心和中心这个关键，以"人"的思考和追求为半径，分别与"自然""社会"和"意义"不断发生交集而形成了一个圆形包围的全等三角形结构，其中的圆心是"人"，三个点分别是"自然""社会"和"意义"，如果竖立起来的话，那么"自然"和"社会"就是下面的两个支点，而"意义"则为三角形的顶点；如果说"自然"的最重要目的是"求真"，"社会"的最核心使命是"向善"；那么"意义"的最崇高理想是"爱美"，也可以理解为是

"爱与美"，而这"爱与美"的交织和融合必将升华为神圣的信仰。

潘知常的"三重维度"理论，给生命美学的建构带来了哪些新的启发呢？

1. 呵护天性：道家精神的意义

潘知常所说的"人与自然"维度，涉及的是"我—它"关系。这里的自然或"它"，不但是人类生长的自然世界和生活的自然环境，即它不是简单的物质存在，而且在数万年与人类相处的过程中，自然已经成为人类生命不可分割的一部分，其实人的生命从物质形态的意义而言就是如同风云、山水、土石、草木一样的自然之物，不以人的意志为转移是其最大的本质特征。也就说自然既独立于生命的存在而彰显出宇宙般的永恒意义，又依附于生命的存在而获得与人类一样的社会意义，就这个意义而言，自然对于生命既是矛盾的，又是统一的。于是就有了所谓的"自然的二重性"或"二重性的自然"，外在的独立于人的自然叫自然环境，如花红柳绿，这是"自然而然"；内在的依附于人的自然叫自然心态，如气定神闲，这是"顺其自然"。

正是因为"我"和"它"不是势不两立的矛盾关系，而是相辅相成的依存关系，因此，中国古代道家文化与其说是一种思想，不如说是一种文化的精神或思想的精神，其核心就是"道法自然"，它最早出自老子的《道德经》，"人法地，地法天，天法道，道法自然"，老子用了一气贯通的手法，将天、地、人乃至整个宇宙的生命规律精辟涵括、阐述出来。"道法自然"揭示了整个宇宙的特性，囊括了天地间所有事物的属性，宇宙天地间万事万物均效法或遵循"道"的"自然而然"规律，"道"以自己为法则。其实，这只能说是道家的一厢情愿，进入文明社会后的人类已经被文化"熏陶""规训"，甚至是"污染"了，人身上除了骨骼、脏器、毛发等遗传的东西是自然的外，人的很多器官，如四肢、皮肤、五官已经是"人化的自然"了，这深刻地象征着人类永远回不到混沌未开和鸿蒙未启的洪荒时代了，也回不到"小国寡民""老死不相往来"的封闭时代了，所以庄子才会发出"旧国旧都，望之怅然"的悲怆之慨。

潘知常深谙自然对于人类的重要和人类对于自然的无奈，才从时间的维度，就自然与文明的关系而言，更是着眼于人类生命与自然生命的根本区别上，指出了人类渴望返回自然之"乡"，但人类早已定居文明之"城"，这无可弥合的生命伤痛，仅仅靠一曲"田园牧歌"和数日"乡村之旅"是难以慰藉那刻骨铭心的"乡愁"的。的确，"在道家美学看来，人应重返自然。这个自然是天之自然，……但是，作为天之自然的产物，人类的独特秉性，诸如人的未完成性、无限可能性、自我超越性以及未定型性、开放性和创造性，不也是一种自然——人之自然吗？"人类为何会有如此的痛楚和无奈？是因为进入文明后的生命在本质上是与自然背道而驰的，似乎越远离自然越能显示自己的高贵，如潘知常所说的人的生命具有"未完成性、无限可能性、自我超越性以及未定型性、开放性和创造性"，人在根本意义上是面向未来的。那么，自然呢？周而复始的规律性、一叶知秋的可见性、物质结构的固定性、自成一体的封闭性等，它在本质意义上是朝着过去的。一个走向未来，一个走向过去；一个朝气蓬勃，一个死气沉沉；一个创造奇迹，一个墨守成规。这与其说是潘知常发现了道家思想的矛盾，不如说是以老庄为代表的道家发现了人类文明无法避免而又不能解除的矛盾：人类文明是前行、复杂、现实的，而生命天性却是保守、单纯、浪漫的。

天性本是自然的组成部分，却在文明时代受到巨大挑战。那么，小心翼翼地呵护天性，使其"自然而然"地"顺其自然"，亦是为生命在滚滚红尘中保留一方净土。潘知常为当代美学的建设，更是为普通生命的救度，提供了哪些富有启迪意义的思考呢？

一是心灵的"逍遥游"。

孔子曾说"父母在不远游"，这是因为孝心而束缚了身体的自由，他还说过"志于道，据于德，依于仁，游于艺"，这是在"道"的设定、"德"的规范、"仁"的要求下，自由的心灵只能依托于"艺"了。注重现实意义的儒家在"游"的问题上，总是迈不开艰难的步履，如此只有人性、理性，甚至是物性，何谈"天性"。如果说儒家思想更符合统治阶级的期冀，那么道家思想则更贴近普通百姓的期待，前者是"没有规矩不成方圆"的礼仪殿堂，后者是"鲲鹏展翅扶摇而上"的人间乐园，最后它们都上升为一种中国本土和中国特色的"宗教"文化或"宗教"

思想，而比较接地气的不是儒教而是道教。著名哲学家任继愈先生是这样阐述这种宗教观下的世俗生活的："道教远承巫咸，根植民间，宜此风土，适我民情，故能历经劫难，累世不替。上起朝廷，下及百姓，举凡大醮享祭典礼，婚丧宴集习俗，多受道教浸润。"[4]这种浸润的最大功效是心灵获得了极度的自由，可以远接神秘之天国，近即活跃之万物，最后归于鸢飞鱼跃的烟火之人间。

潘知常在探索中国美感深层结构的过程中发现了"逍遥游"所具有的"生命意识"："若夫乘天地之正，而御六气之辩，以游无穷者，彼且恶乎待哉！"庄子认为只有遵循宇宙万物的规律，知晓阴阳风雨晦明的变化，才能抵达神游九霄随心所欲的境界，拥有如此的人生还期待什么呢。与儒家文化所看重的功名利禄的人生和荣华富贵的生活，甚至"立德立功立言"的抱负相比，和"解衣磅礴""掉臂独行"的逍遥游，使生命保持住了本心，人生没有忘记初心。潘知常指出："'逍遥游'的美学真谛就在于，为宇宙人生确立生命意义，寻找永恒价值，挖掘无限诗情。换句话讲，'逍遥游'并非实体的，而是心理的"。潘知常进而激赞道："'逍遥游'的'与造物者为人，而游乎天地之一气'，就统统不是外在的奔波、流离、升天入地、跋山涉水，而是内在的审美态度的建立，是生命的沉醉，生命的祝福、生命的体味，生命的升华，生命的逍遥。"[5]有了如此潇洒出尘的心理，方能实现老子倡导的"返璞归真"。

在呵护生命的天性上，庄子所谓的"常因自然""顺物自然""物皆自然"的逍遥游思想，源于《老子》第五十一章"道之尊，德之贵，夫莫之命而常自然"的否认道德而顺其自然，如庄子在《应帝王》里说的"汝游心于淡，合气于漠，顺物自然而无容私焉，而天下治矣"。进而达到他在《天运》里所期待的至乐境界："夫至乐者，先应之以人事，顺之以天理，行之以五德，应之以自然。然后调理四时，太和万物。"和儒家积极有为的思想比，道家思想看似是消极无为的"退步"，可这并非历史的后退，而是性命的保全，"反者道之动"，退一步而进两步，是生命天性呵护上的进步。

二是心相的"如婴儿"。

所谓"心相"是内心情志呈现于外貌形神，这个概念源于五代时著名道教学者陈希夷的《心相篇》："心者貌之根，审心而善恶自见；行者心之表，观行而祸福可知。"心地是相貌的根本，审察一个人的心地，就可以了解他的善恶之性；行为是心性的外在表现，观察一个人的行为，就可以知道他的祸福吉凶。此言有多少的科学依据暂且不论，但它揭示出了内心世界与外貌呈现的关系，所谓"相由心生"，而儿童的面相与他的内心是高度吻合的，心地单纯相貌天真，表现出极高的自然状态，而人类进入文明后的"成年"，如要达到这种自然而然的真实情状，就只能退而求其次地表现出"大智若愚，大巧若拙，大辩若讷"。

如果说儒家文化要求的是"向前一步"的"成人"目标，如《论语·宪问》里孔子说"今之成人者"要"见利思义，见危授命，久要不忘平生之言，亦可以为成人矣"；那么，道家思想向往的却是"退后一步"的"儿童"状态，如老子在《道德经》第十章说"专气致柔，能婴儿乎"，第二十八章说道"为天下溪，常德不离，复归于婴儿"，又在第四十九章提出要让圣人变得像孩童一样的"圣人皆孩之"的见解。老子反复强调成长的生命要像婴孩那样在"致虚极，守静笃"的泯然无知状态中"复归其根"，以实现对社会人生的"观其妙"。潘知常非常清醒地看到了老子这种舍弃了孔子"成人"企图的自然美学的内在矛盾："假如离开了孔子的正面作用，老子的负面作用便很难彰显出来，反而会维护不住生命，并且失去生命的终极依靠，难免流于清谈、放纵，甚至流于纵横捭阖的阴谋权术。"[6]老子呵护天性肯定没有错，但他把天性当成是"婴儿"状态，这就不仅是一个两难性的选择，而且包含着的是一柄双刃剑的效应。它之所以有着"两难性"，是因为从自然趋势方面看生命是不可逆转的"正生长"，而从老子意图看生命应回过头去"逆生长"，于是老子所企求的"自然"就成了自然异化的"反自然"了；它之所以是"双刃剑"，是因为它在斩断生命通往文明的同时，连生命及其本身所依托的自然也被斩杀和放逐了。

而真正能体现呵护天性的美学追求，不是"竹林七贤"的佯狂，也不是"诗仙李白"的张狂，更不是"扬州八怪"的痴狂，而是明清时期启蒙美学大家李贽提倡的具有"真人"人格境界的"童心说"："夫童心者，绝假纯真，最初一念之本心也。若失却童心，便失却真心；失却真心，便失却真人。"这种"出淤泥而不染"

的纯洁和"濯清涟而不妖"的自然，才能让生命既成长又不失初心、既成熟又不失本心。潘知常称赞道："李贽的《童心说》，是一篇当之无愧人的发现的宣言书，他把作为人的'绝假纯真，最初一念之本心'的'童心'，作为与封建'天理'的'闻见''道理'势不两立的对立面。"[7]著名美学家叶朗高度评价《童心说》"在当时显然具有要求个性解放的进步意义"[8]。

三是，心态的"敢说不"。

天性不仅是与作为高等动物的人性对立的，也是与作为现实人生的物性矛盾的，但天性绝对不是肆意妄为的任性；它是一汪绝假纯真的心灵湖水，是一处远离尘世的世外桃源，更是一种傲睨万物的人格姿态和孤芳自赏的悠然心态。平心而论，置身红尘滚滚，面临诱惑多多，我们都无力抗争而随波逐流，甚至放弃抵抗而俯首称臣了，非有"初生牛犊不怕虎"的精神和"敢把皇帝拉下马"的勇毅，才敢于像北岛那样宣告："告诉你吧，世界，我——不——相——信！"

像北岛那样的宣告与其说是否定性思维，不如说是无欲式心态。这不仅是如尼采高呼"上帝死了"、福柯的"主体死了"、巴特的"作者死了"的西方文化的说明，也可以在中国文化中找到遥远而古老的呼应，那就是以老庄为代表的道家思想。道家思想立足于对孔子思想的精华"仁"的批判，如老子提倡"绝圣去智""绝仁弃义"和"绝巧弃利"的反异化，庄子倡导"无用大用""行而无迹""事而无传"的反文明。

老子甚至直接否定了正常生命必需的享受："五色令人目盲；五音令人耳聋；五味令人口爽；驰骋畋猎，令人心发狂；难得之货，令人行妨。"其实，老子并不是从现象上和感受中来确认什么是美和什么不是美，或否定美，就像儒家所专注的"里仁为美""中和为美""文质兼美"，而是在思考"如何实现美"。潘知常分析道："老子是在'如何是'的层次、实现方式的层次言之，是指的通过无心为之的方式，即不圣、不智、不仁、不义、不巧、不利的方式实现大圣、大智、大仁、大义、大巧、大利。而以不美为美，则只是指的通过无心为美的方式，即不美的方式去实现大美。"[9]在老子心目中要实现这种人间社会没有的"大美"，就得敢于走出成人的世界、放弃诱人的功名，甚至断然弃绝文明社会正常的智慧，回到"小国寡民"的时代，睁开"视之不见"的眼睛，张开"听之不闻"的耳朵，感受着这个红男绿女的喧嚣世界。

同样是"敢说不"的心态，老子心目中始终还有个只能纯粹之人才能企及的"大美"的存在，因为他采用的是"相对论"的辩证法，"天下皆知美之为美，斯恶已；皆知善之为善，斯不善已"，这是在同孔子的成人的仁义标准的小美比较而显示出的孩童的天性境界的大美，其思维方式是"有无相生，难易相成，长短相形，高下相倾，音声相和，前后相随"。而同为道家思想的另一个集大成者庄子则走得更远了，他将美视为一种非对象化的存在，变成为一种可意会而不可言传的存在，在《庖丁解牛》里，不但"牛"没有了，而且"以神遇而不以目视""官知止而神欲行"的"庖丁"，也不知道去哪里了。对象和主体都消失得一干二净。可见，他甚至根本不需要言传的"大美"，他所谓的"天地有大美而不言，四时有明法而不议，万物有成理而不说"，这些东西为何是"不言""不议""不说"呢，他运用否定性思维发现"道不可闻，闻而非也；道不可见，见而非也；道不可言，言而非也"。其实，最为根本的还是因为文明时代的人灵魂已经漂泊太久而无法回家了，心智成熟太快而不能还童了，正如他所谓的"终生役役而不见其成功，苶然疲役而不知其所归，可不哀邪"，其悲愤源于他"敢说不"的无功利心态，正如李泽厚激赞的："这是一种令人欢欣鼓舞、奋发昂扬的美，是一种明朗地肯定着人的自由和伟大的美。"[10]

心灵的"逍遥游"、心智的"如婴儿"、心态的"敢说不"的"真人""至人""神人"，这也是潘知常畅言道的："走在生命的还乡路上的，正是审美的人。这审美的人，意识到对象性思维造成的生命困局，意识到生命路向的东西南北束缚着人，使人不得解脱，因而大彻大悟，要从东西南北的路向中超越而出，使生命不断向上升华，去成就一个诗意化的人生、艺术化的人生。"[11]潘知常真是深得老庄美学精神三昧！

如此，天性得以如天性般顺其自然，人性得以如人性般自由生长，在理想的追寻中"我审美故我在"，不能不说这是道家精神最打动人心的地方。

2. 维护人性：儒家思想的价值

人性就像人的生命一样是一个人言人殊的概念，我们先看看西方文化是如何看待人性的，学者杨永明说道："古希腊文化张扬个性，放纵原欲；基督教文化在'原罪'与'救赎'中探求人性终极意义；理性主义和非理性主义的人性关怀则蕴涵着对意志自由的反思与批判精神。几个维度的错综延伸展示了由生命意识的统一和谐与分裂冲突所体现出的不同欲求，即自然欲求、理性欲求和形上欲求。这些欲求支撑起了西方文化的人性空间。"[12]的确，人性在本质意义上是生命的根本问题，在中国儒家文化中，孟子从善良本性的角度，指出"人皆有不忍人之心"的普遍人性；告子从自然本性的角度，提出了"食色"的基本人性；荀子从善恶比较的角度，指出"人之性恶明矣，其善者伪也"的社会人性；扬雄从善恶相混的角度，提出了"羡于初，后难正也"的初始人性。比较而言，他们的"先师"孔子不但从先天的秉性和后天的习性出发，认为人性是"性相近，习相远"，而且，结合他"仁者爱人"和"克己复礼"的"仁礼"一体的实践哲学思想，建立了由个体出发而推己及人的"己所不欲勿施于人"的人伦人性思想。潘知常对此高度评价道："孔子的所思所想，始终都是中国文化的'活的灵魂'、中国的良心。而孔子本人，也堪称华夏民族的价值承担者、'灵魂麦田'的守望者。"[13]

在人性问题的见解上，孔子及其儒家传承者们努力从个体与集体的结合、自然与社会的协调、本能与人伦的和谐上，全力维护既不是纯粹中的自我意志，也不是规训后的社会伦常的人性。这比之于西方思想家仅仅限于思辨意义上的人性，更具有现实而广泛的社会意义。在西方有关人性的探讨上，休谟从经验主义的角度论述人性："习惯就是人生的最大指导"；霍布斯从自然欲望的角度解读人性："人对人就是狼"；马克思从唯物主义的角度指出人性："一切社会关系的总和"。这些见解可谓精深而精辟，甚至是伟大。但是，不论如何看待人性，由于人的生命"一半是天使，一半是恶魔"的复杂构成，因此人性就是摆脱蒙昧状态而还未及天国理想"漫漫长路"而表现出来的种种生命情状，是超出动物本性而未及上帝神性之间的"人性"。就像儒家经典《中庸》所谓的"天命之谓性，率性之谓道，修道之谓教"，在这个由本能到人伦的过程中，人的自然禀赋叫作"性"，顺着本性行事叫作"道"，按照"道"的原则修为叫作"教"。一方面，"性"乃天命之生成，与生命如影随形，另一方面，"道"乃天性之宿命和使命，也是须臾不可离，要融合或吸取"性"与"道"的合理性而成就人性，让人性不至于被"教"所扭曲，从而显示出儒家"人性"与道家"天性"的不一样。那么，儒家思想是怎样地维护这个现实社会中具有理想性与合理性的"人性"的呢？

它是基于一个如何消弭"物欲"冲突和实现人性"天命"和"率性"协调的问题。

"物欲冲突"或社会物质与个人欲望的关系，是中华民族进入文明时代后面临的第一个具有生命伦理和社会进步意义的冲突，《尚书·大禹谟》以大禹治水为例，讲述了平衡个人的欲望与社会责任的关系，那就是"克勤于邦，克俭于家"，用俭朴的生活来成就伟大的事业，才有后来的"克己复礼""克己奉公"等，更有孔子赞赏的"箪食瓢饮"而"不改其乐"，以及欧阳修在《伶官传序》里总结的"忧劳可以兴国，逸豫可以亡身，自然之理也"。如果说这些大概属于政治学的先国后家、伦理学的先公后私，在本质意义上是压抑人性的，那么《国语·楚语上》的"伍举论美"，再一次流露出"物"与"欲"的不可兼得而产生的对人性的考验："夫美也者，上下、内外、小大、远近皆无害焉，故曰美。若于目观则美，缩于财用则匮，是聚民利以自封而瘠民也，胡美之为？"潘知常评说道："看来，强调美所具有的伦理道德的意义和价值，美即善，这就是中国美学对于物欲问题的回答。而且，从第一次脱离远古宗教思维的角度看，应该说，这确实是中国美学走出蒙昧性、野蛮性的弥足可贵的第一步。"[14]但是，潘知常只看到了为了调和物欲冲突的"美善合一"，而没有发现其中所蕴含的如《中庸》所提示的处理或融合"天命"与"率性"的关系，即儒家文化在物欲矛盾上，一方面，要满足人的"目观"所欲的"彤镂为美"，另一方面，要实现人的"无害"所求的"安民为乐"。的确，这两个方面都是"人性"的内容，舍弃一个必然伤害另一个，从而使得儒家思想"人性"的不完整或简单化。

两个方面就是"天命"和"率性"，如何实现二者的协调。

首先是如何处理"食"与"色"的关系。

　　告子有"食色，性也"的说法，这的确触及到了生命的本能，即认为这两个方面的需求是生命存在和延续的"悠悠万事唯此为大"。尽管这二者都有同等重要的地位，而有意思的是，中华民族并没有把"色"置于生命的首端，而是格外推崇"食"。《说文解字》说"美，甘也，从羊大，羊在六畜主给膳也，美与善同意"。这一定意义上反映了我们远古祖先更看重"民以食为天"，没有足够的食物支撑，就像没有健康一样，其余都是无稽之谈。由"吃什么"到"如何吃"折射的是由口腹之乐到宴享之礼的变化，固然"食不厌精脍不厌细"是人的吃和动物的吃的区别，而动物仅有纯粹的口腹之欲的满足，而人却有超越生理而进至心理的欲望，最后实现社交之礼和社会之仁的境界，从而将人性的维护异化为人伦的维持。潘知常在《众妙之门》里从中国文化美感心态的深层结构总结道："进入文明社会之后，中国似乎并未像其他民族（例如希腊民族）那样超越饮食心态，走向更高的心理需要，而是人为地让饮食需要横向发展，尽全力去提高其满足水平，甚至使饮食取代一切，成为一种社交、一种政治。"由于中国文化的社会性和道德性要求的根深蒂固和积重难返，因此，"色"和"食"一样将人性的内容悄悄置换为非人性的规范："压抑肉欲的文化是蔑视个体生命的文化，是窒息创造力的文化。"[15]"仓廪实而知礼节，衣食足而知荣辱"，《管子·牧民》提出的观点再一次证明了中国人的人性构成是一个充满着张力的自然之欲与社会之求的矛盾。而如何将个体单纯的人性提升至群体丰富的社会性，这又面临着另一个十分重要的中国文化特色的问题了。

　　其次是如何对待"礼"与"仁"的问题。

　　众所周知，"礼"与"仁"的出现是文明的产物，仅有个体的"食色"的人性，一定意义上还停留在野蛮时代，满足动物式的欲求，而一旦进入文明社会，就会主动或被动地符合人类式的要求。儒家文化的经典《礼记·礼运》："夫礼之初，始诸饮食。"揭示出饮食的分配事关社会和谐之"仁"，那么如何在讲礼中行仁呢？

　　《论语》里有一段精彩的对话：颜渊问仁。子曰："克己复礼为仁。一日克己复礼，天下归仁焉。为仁由己，而由人乎哉？"颜渊曰："请问其目。"子曰：

"非礼勿视，非礼勿听，非礼勿言，非礼勿动。"颜渊曰："回虽不敏，请事斯语矣。"这成功地将"礼"与"仁"进行了对接和融合，但成功的背后是人性的压抑和消灭，是以"克己"为前提而实现礼和仁；本来正常状态下一个人的"视""听""言""动"首先是按照自我愿望而产生，满足自我需求而实践，就像孔子惊叹的："已矣乎！吾未见好德如好色者也。""好色"应该永远先于"好德"。可是，当我们一旦为了实现"仁"的目的，就需要"以礼节情"的"非礼勿视，非礼勿听，非礼勿言，非礼勿动"。"礼"与"仁"互相勾结、共同发力，甚至是沆瀣一气地把"己"之个体人性，规训和演变为"人"之群体共性，并作为一种社会规范而延续下来。所谓"为仁由己，而由人乎哉？"，在一个重群体而轻个体、重共性而轻个性的传统中国社会，肯定是不能"由己"的，而必须"由人"。

但是，不管怎样地压抑、置换或扼杀，人性依然是"野火烧不尽，春风吹又生"。亚圣孟子在《孟子·告子上》就直接说道："口之于味也，有同嗜焉；耳之于声也，有同听焉；目之于色也，有同美焉。至于心，独无所同然乎？"这段话不仅从美学而且从人学的角度指出，美感的共同性来源于人的生理感官的共同性，这才是我们应该好好珍惜并牢牢维护的人性。

由此可见，人性的思考就是生命意义的探索，这是亘古不变的主题。中国传统美学执着于有限的现实关怀，《周易》提倡积极有为："天行健，君子以自强不息；地势坤，君子以厚德载物 。"《论语》盛赞孔颜乐处："饭疏食饮水，曲肱而枕之，乐亦在其中矣。不义而富且贵，于我如浮云。"《老子》讲究虚静无为：水至柔而至刚，水善利万物而不争。江海为百谷之王，善处其下也。上善若水。它们体现出来的是一种追求"尽善尽美"功效的生存智慧，而不是那种企及"尽信尽义"境界的生命智慧。看重的是"如何做一个人"，而不是"如何成为一个人"，于是就有了如孔孟儒家家国情怀的忧患意识，老庄道家清净无为的逍遥意识，慧能禅宗四大皆空的消解意识。由此而导致生命永远在此岸顽强地挣扎，千方百计地在想如何做一个"好人"，进而成为一个"圣人"，他们尽管在物质层面风光无限地活着，但精神世界早已岌岌可危、病入膏肓。

在消弭"由己"和"由人"的裂痕上，既要保证个体意欲的合法性和独立性，又要兼顾群体意志的现实性和功利性，儒家思想呈现出一定的矛盾性，"解铃还须系铃人"，孔子贡献出了一个震古烁今并广被中外认可的一个"中国方案"：樊迟问"仁"，子曰"爱人"——"仁者爱人"。是的，如潘知常所言："在孔子看来，要救世、救心，要挽狂澜于既倒，就必须找到一种根本的力量，这个根本的力量，如前所述，当然就是'仁'。'仁'，就是孔子为中华民族在世界的暗夜中追寻到的终极价值、根本价值。而'仁'所体现的，则是'无宗教而有道德'的救赎路径。"[16]跨越遥远的时空，潘知常提倡的"爱"与孔子信奉的"仁"有了这次成功的对话。这也是他与李泽厚的"人类学历史本体论"的哲学观的不同，潘知常从1991年开始就已经提出：生命美学是奠基于"万物一体仁爱"的生命哲学，万物秉承"仁"与"爱"的黄金法则，爱即生命、生命即爱，"因生而爱""因爱而生"，从而构成了个体生命的整体性和人类命运的共同体。

至此，信仰与神性，终于姗姗而来了。

3. 企及神性：基督文化的启示

潘知常说人的生命有三重维度。在人与自然的维度上，道家精神呵护着天性，儒家思想维护着人性，然而，不论是天性还是人性，都是立足于人自身的成仙或成圣。寄希望在现实社会中实现生命的超越价值和抵达生命的自由境界，就像人想摆脱重力离开地面一样不可能实现。于是，一不小心，成仙不成而成妖，成圣不成而成魔，最后是天性失却、人性失落。其根本失误或原因是生命指向的现实关怀，人生立足的有限天地，意义追寻的此岸世界，总是抱着"好人心理"而期望妖怪能变成仙女，魔鬼能放下屠刀，它源自孟子"人皆可以为尧舜"的仁德理想，最终成了陆游慨叹的"人皆可尧舜，身自有乾坤""千年道术裂，谁复见全浑"，人人都能脱胎换骨的理想必然破灭，现实中的每个人自有各自的生活方式和价值标准，在经历了礼崩乐坏道毁术损的动荡时代后，有谁还能保持住浑然一体的童心呢？既然现实天性和人性靠不住，那么，就只有从人与意义的维度上去寻求生命的真谛，这个真谛既不是"天上掉下来的"，也不是"自己头脑里固有的"，而是需要我们不断地创造，正如笔者在《叩问意义之门——生命美学论纲》里说的那样：

　　光照地球的太阳只有一个，它沿着预定的轨道东升西落；但是普照生命的太阳却有无数个，它从不沿着预设的路径运行，因为心中的太阳每天都是新的，这就是生命创造的人生观和创造生命的审美观。创造，这个生命内在的力量源泉，一旦我们把它纳入美育的视野后，就会发现，它从不给我们的生命以虚幻的许诺，而是给我们的生命指出无数个可能的方向和空间，让我们把有限的生命光阴投入到无限的人生意义之中，把狭隘的生活空间扩大为舒展的生命宇宙。[17]

　　为了体现这种无穷的创造，潘知常认为要获得生命的意义，"就只能转而去寻找他性的力量、外在的力量，并且借助于外在的力量来在心灵上认领自己，把自己从心灵的黑暗中解放出来，最大限度地拓展自己的心灵空间，同时也最大限度地提升自己的生命高度。"[18]这个"他性"的"外在"力量，不是天竺诞生的佛教，也不是中土改造后的禅宗，而是西洋世界的基督教所包含的彼岸性与理想性、神圣性和崇高性，为了避免歧义，我们尽量不用宗教学意义的基督教而使用文化学意义的基督文化。潘知常直言道"基督教文化是孕育美的神圣性的温床"，"孕育美的神圣性的温床，唯有西方的基督教文化。对此，笔者近三十年中已经反复做过讨论。张世英先生也指出：'这是我们从西方基督教文化遗产中所能得到的一点启发。'（《境界与文化：成人之道》，人民出版社2007年版，第246页。——原注）对此，笔者深表赞同。美的神圣性无疑属于西方基督教文化的一大珍贵馈赠。神性是上帝所具有的神圣属性，但是，因为上帝事实上只是人类的理想投影，因此，神性其实也是人类自身的理想属性。"[19]呼唤神圣就是呼唤人类生命的终极价值，守护神性就是守护我们的精神家园，我们将从基督文化中获得哪些新的启示呢？潘知常在《信仰建构中的审美救赎》第一章"欧洲的动力"为我们做了深刻而清晰的回答。

　　首先，基督教推动了现代历史。

　　基督教是奉耶稣为基督，他是基督教的创始和灵魂，耶稣为了拯救人类的罪恶而自愿被钉死在十字架上，因此而被称为"救世主"。他所创立的基督教有着20亿信徒，是世界第一大宗教，对人类文明产生了极大影响。潘知常引用了美国历史学家斯塔夫里阿诺斯的《全球通史》里的一个说法："塑造世界历史"的并不是向西航行的哥伦布，而是广布全球的基督教。

潘知常《信仰建构中的审美救赎》第一章的第一节"基督教与西方现代社会的崛起"指出，"基督教，是西方现代社会崛起的根本动力"，借用法国历史学家布罗代尔的"大历史观"和汤因比的"大文明观"，通过美国历史学家斯塔夫里阿诺斯的《全球通史》提供的以1500年作为一个考察的时间节点，在与伊斯兰教世界和基督教世界的比较中，《全球通史》指出，伊斯兰教世界"缺乏欧洲那样的动力"，公元1500年，只是在欧洲，而不是在中国或中东才出现了"一种新的充满活力、扩张性的文明——现代文明，从而开始了我们今天所说的现代化进程"，还"无情地使欧洲成为了世界的主宰"，它促使了"文艺复兴和宗教改革、经济扩张、资本主义的出现、国家建设和海外企业的兴起"，简言之，是"文艺复兴和宗教改革对西欧的现代化做出了贡献"。[20]如果说欧洲南部的文艺复兴只是让人挣脱了宗教的束缚而获得了人的世俗权力，那么北部的宗教改革则是让人拥有了宗教的庄严而开始了人的精神觉醒，难怪恩格斯要说宗教改革是"第一号资产阶级革命"，黑格尔也认为只有宗教改革才是"光照万物的太阳"。潘知常发现，公元1500年以后到公元1900年为止，世界公认的15个发达国家包括新西兰和澳大利亚的人竟然全部是欧洲人口，他结论式地指出："历史的铁律就是这样无情！'先基督教起来'的英国，在西方影响了美国，在东方影响了日本。后来的所谓'亚洲四小龙'，也或者是接受英美的影响，或者是接受日本的辐射，总之，都是跟'先基督教起来'有关。可见，真正影响了世界的，也是'先基督教起来'的国家。"

无产阶级导师马克思也相当认同基督及基督文化："由于我们对他满怀最崇高的爱，我们同时也就把自己的心向着我们的弟兄们，因为基督将他们和我们紧密联结在一起。"[21]把这种"崇高的爱"与"他们和我们"联系在一起，因而有着超越基督的神圣性意义。

其次，"自由"带来了现代价值。

基督教是一种扩张型的宗教，既要勇敢地探险外部世界的神奇，也要不断地探究心灵世界的奥秘。既然上帝是所谓的无所不能的自由意志的化身，那么如何赋予人以同样的自由呢？于是在伊甸园里种下了分别善恶的智慧树，不但告诉亚当和夏娃吃了树上果子的后果，而且给予他们自由选择的权利，也就是说人可以自由地为善，也可以自由地为恶，就像自由意识化身的"浮士德"，可以随心所欲地做一切喜欢做的事情，但不能因为满足自由追求和自由享乐而停下脚步，这意味着人类一旦穿上了上帝给予的"红舞鞋"就得一直不停歇地永远舞动——甘之如饴地舞下去。

这背后的力量源泉就是"自由"，这是一个高于美好爱情和宝贵生命的人类文明最大的"公约数"和全球畅行的"世界语"，它凝聚成了人类文明多样性中的共同价值，实现了不同文明的共同对话，也是潘知常说的："自由，是西方现代社会的崛起的根本价值，也是西方现代社会崛起的第一推手。"这也是黑格尔在《历史哲学》中说的"只有到日耳曼世界，才知道一切人都是自由的"（"日耳曼世界"即16世纪以德国为代表的新教国家），这更是马克思和恩格斯在《共产党宣言》里瞩望的"每个人的全面而自由的发展"的远景。这里的"自由"不是此岸世界人与人和人与自然的自由，但这是人类文明和个体生命高耸的、至高无上的参照物，即爱的信仰与信仰的爱，这是我们可以为之付出生与死、为之投入情与爱的"安琪儿"。人对自由的理解，就由人与人的关系变成了人与神的关系，人首先是要面对神，和神平起平坐而拥有神性，是自由者与自由者的关系，潘知常分析道："因此人也就如同神一样，先天地禀赋了自由的能力。""于是，也就顺理成章地导致了人类自由意识的幡然觉醒。人类内在的神性，也就是无限性，第一次被挖掘出来。"第一次将人的自由由有限延展到了无限自由所具有的崇高性与神圣性、理想性与纯洁性，一并也成了人最宝贵的财富和最美好的品质。

最后，"神性"促使了现代启蒙。

获得了和"上帝"一样的权利和地位、使命和道义的人类，因为拥有着彼岸似的绝对自由的荣耀和享受着终极关怀的温暖，而摆脱了有限的人生和世俗的羁绊，至真、大善和纯美般的"神性"，将歌德笔下的"浮士德"由迂腐的读书人变成了崇高的殉道者，因为有上帝的惠顾，耀斯（H. Jauβ）说"发生在他身上的一切最终都会变为善。这就为他自己的自我挽救之路证实了那一狂暴的、惊人的格言——歌德正是用这一格言为自我的审美感受重提神圣的属性：'没有谁应当反对上帝除非他自己是上帝'"[22]。虽然，基督文化的精髓是绝对的自由，不论是成为魔鬼还是天使，都是自由选择的结果，而生活伦理告诉我们只能成为天使，因此对此岸理想的追求、对彼岸神性的维护就成为此岸人类应尽的神圣使命。

歌德在《浮士德》里说"凡人不断努力，我们才能济度"。潘知常在《江苏行政学院学报》2017年第2期的《否定之维："灵魂转向的技巧"——基督教对于西方文化的一个贡献》文章里说道："这意味着坚守人类神性的存在，遇到任何一件事情，都不放弃对神圣信仰的追求，都不践踏神圣信仰的底线。"因为，现实中的每个人毕竟是天使与魔鬼的混合体，在企及无限自由的过程中"撒旦"用世俗之乐和本能之欲无时不诱惑着人类，那么如何摆脱"撒旦"的魔爪而投向上帝的怀抱，使人真正变成一个纯粹的人、高尚的人和境界高远的人，就成了人在此岸获得自由之后向着彼岸的"再出发"。

自从巴比伦塔坍塌之后，人类从苍茫大地迈向壮丽天堂的唯一而最大力量源泉就是"神性"的激励和昭示，这也是"再出发"上路前和路途中必须明白的道理和获得的启示。的确，人类本身就受制于天然的兽性，也局限于世俗的物性，或者说这个世界包括我们自己本来就不"干净"，我们的生存环境也充满物性的竞争，那么我们还需要神性吗？答案是毋庸置疑的，正因为人类渴望完美才更加需要神性。在通往理想境界的路途上，对于追求现代化的国家目标只有一百多年的中华民族而言，仅有物质文明的科学是不够的，仅有政治文明的民主也是不够的，还必须有充实并引领我们精神文明的神圣信仰，因为人的最后归宿是进入意义的王国，而最高、最好、最美的意义无疑就是拥有一颗圣洁而神性的自由心灵，从而领会潘知常在《否定之维："灵魂转向的技巧"——基督教对于西方文化的一个贡献》昭示的"神性"的现代启蒙："只有发扬人的神性，发扬人的理想本性的时候，人类才是在发展和壮大之中。"的确，波浪壮阔的"现代启蒙"，在两百多年的历程中，不乏"科学"启蒙的厥功至伟，不乏"民主"启蒙的丰功伟绩，也不乏"人性"启蒙的功不可没，但是，"信仰"启蒙随着文艺复兴的声势浩大和宗教改革的推波助澜，它在现代启蒙的路途上渐行渐远。

而潘知常呼唤"神圣的信仰"，就是要在当代现实中做一个具有神性而非圣徒的精神还乡者和灵魂皈依者。因为基督文化最为显著和宝贵的就是它至高无上的神性，此之谓"文化基督徒"。著名学者刘小枫在2003年出版的《圣灵降临的叙事》首次提出了这一概念，而后又在2007年出版《这一代人的怕和爱》里解说道："教会权威人士称这些采纳了某种基督神学思想立场的知识分子为'文化基督徒'，其含义似乎是指，他们并非真正的基督徒，只是把基督教作为一种文化思想来接受并为之辩护，或从事着一种基督教文化研究而已。"[23]很显然，潘知常虽然没有从事宗教文化研究，但他大胆地接受一切人类文化的精华，并坚定地笃信只要是对当代中国文化建设和美学建构有用的都要采取"拿来主义"的态度。因此，他在生命美学研究中屡次提及的"信仰""神性""救赎"，表明他是否是一个"文化基督徒"并不重要，重要的是他拥有一双信仰的眼睛，俯视苍茫大地，拥有一腔悲悯的情怀，关爱苦难众生。

这就是：勇敢地转过身来——"为爱转身、为信仰转身"，背对黑暗，面向光明，生命在意义中获得了永恒！

二、两个觉醒：个体的觉醒和信仰的觉醒

公元前278年的初夏，洞庭湖畔，草木葱茏，屈原颜色憔悴，形容枯槁，面对渔父的不解，诗人答道："举世皆浊我独清，众人皆醉我独醒。"遗憾的是，屈原的慨叹，仍然在中国文化的上空，犹如"'飞天'袖间，千百年未落到地面的花朵"。究其原因，屈原只完成了第一个觉醒：个体的觉醒，即他不再是没有个人意志的楚王之臣，而成为有着独立人格的大写的人——楚国之民和天地之人。更为遗憾的是，随着秦帝立国和大汉兴盛，"罢黜百家"而"独尊儒术"，中国人的个体生命昏睡千年，更遑论信仰的觉醒。

打破历史的一天，终于到来了，尽管来得似乎有些步履蹒跚。

2019年的杭州西湖，秋色明丽，思想荟萃。潘知常参加了这年的"西湖秋色高端学术雅聚"，围绕"新科技时代的信仰重建与价值传播"的话题，阐述了他最新的生命美学思考，即"万物一体仁爱"的生命哲学。在回答记者提问时，他再一次强调：当今中国应该来一次"美学的觉醒"——"信仰（爱）的觉醒"和"个体的觉醒"中的"信仰（爱）的觉醒"，也涉及生命美学频频强调的美学研究应该关注的信仰维度、爱的维度。

不管是自我的觉醒，还是信仰的觉醒，都是一个"舶来品"。它涉及的是一个人灵魂救赎的重大问题，基督教尤其是新教推崇经过上帝的救赎而让每一个人都能成为义人的"因信称义"，这样就"无需乎'事功'，单有信仰就能释罪、给人自由和拯救"[24]。在这种基督文化的浸润下，每个平凡的生命都是天空的星宿，每一个星座都有信仰与自由独立的位置和运行的轨道，而不必臣服尘世的皇权而进献唯一的个体，更不必面对世俗的诱惑而放弃高贵的信仰和自由。对此，美国当代基督教神学家和社会思想家莱茵霍尔德·尼布尔说道："正是基督信仰把个人从政治集团的暴政中解放出来，并使个人有一种信念：借此个人便能公然蔑视强权的命令，使国家企图将他纯粹当作工具的企图落空。"[25]正所谓，在灵魂面前人人平等，在法律面前人人平等，因个体觉醒而得以信仰觉醒，又因信仰觉醒而得以个体觉醒。

面对可能出现的误解，潘知常一直解释说：我们可以拒绝宗教，但不能拒绝宗教精神；我们可以拒绝信教，但不能拒绝信仰；我们可以拒绝神，但不能拒绝神性。在生命美学的探索中，他牢牢地坚持了"一个中心、两个基本点"。"一个中心"，即美学研究的逻辑起点：审美活动；"两个基本点"，即美学研究的两大前提："个体的觉醒"与"信仰的觉醒"。的确，对一个集体主义观念和求同从众思维根深蒂固的民族来说，"个体的觉醒"依然任重道远，对一群宗教意识全无和神圣价值阙如习以为常的国人而言，"信仰的觉醒"更加艰难险阻。好在生命美学已经开始清理这"奥吉亚斯牛圈"的积压，并给予了走出克里特岛洞穴的"阿里阿德涅"的线团，为此而进行着执着而坚定的理想追寻，再一次印证了生命与自由同在、自由与信仰伴随真理的颠扑不破，那就是"我审美故我在"的自豪与坚毅。

需要说明的是，本节的三个要点，是受到贵州大学刘剑教授发表在2016年第2

期《贵州大学学报》（社会科学版）上的《生命建基·信仰补缺·境界超越——潘知常生命美学思想述要》的启发，并增加了笔者的必要理解而拟定的。

1. 生命建基而高扬个体

生命意义的真正发现是一个漫长而艰难的过程，且不说远古时代生命受自然压迫，宗教时代生命被上帝褫夺，封建时代生命遭专制压抑，电子时代生命受物性裹挟；就说近代以来随着理性意识的发达、自然科学的进步、商品经济的活跃和享乐主义的兴起，哥白尼的日心说、达尔文的进化理论、马克思的唯物史观、尼采的酒神精神和弗洛伊德的无意识学说、爱因斯坦的相对论等，将人的生命一步步从地球、人种、历史、理性等神圣的宝座上拉下来了，还原为赤身裸体的生命存在。尽管这时的生命在自然科学方面更多地具有人类性意义，而没有完全获得人文哲学的个体性地位，但就世界背景而言，为西方生命哲学视域下的生命美学出场扫清了道路，进而就中国社会而言，生命美学的真正亮相仍然是云遮雾绕。

潘知常正是吸取西方文化精华，直面中国现实，挣脱极左思潮的束缚，高举思想解放的旗帜，在1980年代中期猛然发现："真正的美学应该是光明正大的人的美学、生命的美学。美学应该爆发一场真正的'哥白尼式的革命'，应该进行一场彻底的'人本学还原'，应该向人的生命活动还原，向感性还原，从而赋予美学以人类学的意义。"这一观点很快就刊载在了《美与当代人》（《美与时代》的前身）1985年第1期上，1990年《百科知识》第8期又发表了《生命活动：美学研究的现代视界》，再进一步明确指出："美学必须以人类自身的生命活动作为自己的现代视界，换言之，美学倘若不在人类自身的生命活动的地基上重新建构自身，它就永远是无根的美学，冷冰冰的美学，它就休想真正有所作为。"那么，潘知常眼中的美学应该如何作为呢？他在1991年出版的生命美学奠基作《生命美学》绪论里写道："美学即生命的最高阐释，即关于人类生命的存在及其超越如何可能的冥思。"生命建基，个体萌动，已经发出了第一声"胎音"。他在1997年出版的《诗与思的对话》一书的绪论里明确指出："美学的从实践活动原则扩展为人类生命活动原则，又必然导致美学的研究中心的转移。"审美活动应当被理解为"以实践活动为基础同时又超越于实践活动的超越性的生命活动"。这个生命活动与生命美学之间是一个什么样的关系呢？潘知常将思考的进尺再掘进了一步，他在2002年出版的《生命美学论稿》第五章"美学的重建"最后激情澎湃地宣称："美学即生命的宣言、生命的自白。美学即人类精神家园的拳拳忧心——清醒地守望着世界，是它永恒的圣职。"终于宣告："在人类生命活动的地基上，我们开始了美学的历史性重建。"在美学的土地上，潘知常让曾经播下的生命种子破土而出，进而茁壮成长。

在这重新夯实的地基上，如何建造起以生命命名的美学大厦，还有待于包括潘知常在内的生命美学的学者搭建结构、添砖加瓦，毕竟生命是一个内涵丰富而外延宽泛的概念。这就意味着必须将抽象、宏大而共性的生命共名落实到具体、微小而个性的生命实在上，否则生命美学依然是水中望月和雾里看花。进入1990年代，随着市场经济的全面推开和商品意识的真正觉醒，潘知常从大众文化的观察和思考中，发现精英文化的"我们"已悄然被世俗文化的"我"替代，他在2002年出版的《大众传媒与大众文化》的"结束语"里说道，这个"我"借助技术手段和传媒方式变成了"镜像"的"我"——"人的自我异化的神圣形象"，尽管作为"我"的"自我"变成了"非我"，但说明他开始抓住了生命中的"我"或"自我"了。2002年他在《汕头大学学报》第4期发表了《为爱作证——从王国维、鲁迅看新世纪美学的信仰启蒙》，加上他2005年出版的《王国维　独上高楼》，可见，他已经把似乎抽象的"我们"的"我"化为具体的"我"了，特别是他2008年出版的《我爱故我在——生命美学的视界》，赫然将"我"反复摆在书名上；尤其是2012年出版的《没有美万万不能：美学导论》书中，除了第三讲继续用"我审美　故我在"做标题外，还在第四讲阐述了审美就是"以自我为对象"来"创造一个非我的世界的办法来证明自己"，"于是，人类就不断地把自我当做一个非我的世界，这，当然就是审美活动之所以与生俱来的全部理由了"。他在2015年第4期《中州学刊》上发表的《神圣之维的美学建构——关于"美的神圣性"的思考》，指出人在与自然、社会、意义的三个维度上分别都是以"我"为中心的"我—它""我—他"和"我—你"的三重关系，在这篇文章中再一次看到了潘知常对个体的高度重视和清醒认识。最后在2019年出版的《信仰建构中的审美救赎》里，潘知常通过对马克思主义美学经典理论的阐述，表现出对马克思强调的"任何人类历史的第一个前提无疑是有生命的个人的存在"这一精辟论述的由衷赞佩。

从1984年岁末"为生命建基"到新世纪前后"为个体复位"，可见"建基"是为了"复位"，更是为生命美学之生命充实具体而感性的内容，予以鲜活而生动的赋能，如此方能在这块充满希望的生命大地上，让每一个有意义的个体，盛开出一簇交织着主体性、独立性、创造性的娇艳花朵。

考量一个生命的个体或个体的生命是否具有美学的意义，主体性、独立性和创造性是三个不可或缺的标准。

首先，主体性是核心。在索福克勒斯的《俄狄浦斯王》中，俄狄浦斯成年后，知道了自己命中注定要杀父娶母时，为了躲避神示的厄运降临，在逃离科林斯的路上在不知情的状况下杀死了他的亲生父亲，后来他又以非凡的聪明才智解答了斯芬克斯的谜语，被忒拜人民拥戴为王并与母亲成婚。不久忒拜国内瘟疫流行，国王下令追查元凶，结果发现要找的凶手就是自己，最后他刺瞎了自己的双眼，自我放逐来惩罚自己的弥天大罪。尽管这是一出神谕的命运悲剧，但主人公仍然拥有高度自主和充分自足的主体性。

就我们国家而言，如何让历史上占据统治地位的"以人为本"的思想具有现代普世性价值的人道主义、人本主义和人文主义的主体意义，是一个重大课题。相对于中国而言，西方文化语境中的以人为本的逻辑前提是以非人的"神"为本和以反人的"物"为本，这个命题最早源于古希腊哲学家普罗塔哥拉的"人是万物的尺度"，公元前2世纪拉丁诗人特伦斯也说道："我是人，人的一切特性我无所不有。"更有广为人知的文艺复兴时期莎士比亚在《哈姆雷特》里那段著名的"人的赞歌"：宇宙的精华，万物的灵长。其后还有19世纪德国的费尔巴哈，他认为"意识和理智的光辉只在人注视人的视线中才呈现出来"[26]，强调的是人对人的关注和尊重，马克思在对费尔巴哈"抽象的人"批判的基础上，一针见血地指出："从前的一切唯物主义——包括费尔巴哈的唯物主义——的主要缺点是：对事物、现实、感性，只是从客体的或者直观的形式去理解，而不是把它们当作人的感性活动，当作实践去理解，不是从主观方面去理解。"[27]马克思的以人为本是把人实实在在地当成感性与理性、对象与主体、理念与实践等诸多统一的当下情形里和具体环境中的人。

其次，独立性是前提。在权势的威严下我们只能人身依附，在迷信的麻醉中我们只好心灵托付，在利益的诱惑中我们只会人格沦丧，如此种种，使独一无二的生命变成了统一意志的工具。那么，美学能解放我们吗？黑格尔说过"审美带有令人解放的性质"，其实也不尽然。中国传统的伦理美学演化成了道德说教，欧洲大陆的理性美学变成了哲学教条，而当代中国的生命美学能否还个体生命以独立性呢？

潘知常借助阐释康德审美判断的"无功利说"，将美还原为纯粹的生命感受，使其获得了人本学意义上的独立性，他说康德"找到了'趣味判断'，并且用四个二律背反确定了它的独立性。这其实就是找到了'感性生命'的独立性，无异于石破天惊！"[28]因为在康德的《纯粹理性批判》里，我们局限于"我能知道什么"的问题，在《实践理性批判》里，我们受制于"我应该做什么"的问题，只有在《判断力批判》里，我们仅凭借感官就能知道和对象的关系是无利害的而充满着愉悦和自由，康德将审美判断与理性认识和实践活动做了严格的区别，从而让审美真正拥有了属于自己的"独立王国"。潘知常说道："假如说康德是以第一批判为求真活动划定界限，从而确定其独立性，以第二批判为向善活动划定界限，从而确定其独立性，那么第三批判就是为审美活动划定界限，从而确定其独立性。因此，与其说它是美学的，毋宁说它是哲学的。"[29]的确，潘知常"为生命建基而高扬个体"的思想，与其说是美学的，不如说是哲学的，因为它谈的话题的深度和广度，都早已超过美学的理性层面和感性边界了，或者说他为生命美学建立的是一个厚实而坚固的哲学基础，在此基础上谈论"个体"，才会因散发出感性光芒和充满着人性温度而真实可信。

最后，创造性是表现。何谓创造性？潘知常从"人之初"发现了它的源头，就是通过人与动物的最本质的不同来揭示人类生命创造性的起始，为此他用了一个专门的概念"赌"，即用人类最宝贵的生命来与自然环境和上天旨意来大胆猜想并奋力实现一个胜负几率各占一半的结果的"赌博"游戏。第一是赌人与动物的不同，如果赢了则人类就由动物变成了人，如果输了那么人类又被打回原形；第二次是赌人与上帝的相同，如果赢了则人类就获得了神性，如果输了则人类又回到了人的状态。他在《没有美万万不能：美学导论》里不但赋予了"赌"以新奇的理解，而且阐释了一个对"赌"之意义崭新的见解："赌与创造的过程相同"，因为所有世俗的赌都是指向结果的，而人类由物性到人性再由人性到神性的赌，本质上是精神豪赌，因此注重的是赌的过程，"也就逐渐被赌与创新、进化、牺牲、奉献同在取代了。……与创新、进化、牺牲、奉献相同，也就是去赌与创造的过程相同"。

这种看重创造的过程而不是结果，是人类与生俱来的本质力量。说到创造，我们知道动物如大猩猩群里，领头的大猩猩就有较强的组织能力，遭到侵扰时，它会合理地分配力量，它也多少具有创造的能力。但是它绝对没有人类独有的"创造性"，它的创造只有唯一的目的，就是结果导向，因为任何创造对于非人类而言，没有结果就等于"零"；而人类则不一样了，创造的结果当然重要，但不是唯一的目标，而这个过程中所体现出来的精神性的东西，如爱、意志、信仰等，才是人类格外珍视的东西。于是，就由目的意义的"创造"变成了过程意义的"创造性"，因此像艺术这类对人类没有物质意义的附属品，成了精神意义的珍藏品，潘知常说道："审美活动事实上就是在赌理想的人生存在。"真是切中肯綮之言！

同样是"赌"生命的创造性，神性尽管为创造性设立了最美妙的境界，理性尽管为创造性提供了最文明的标准，然而神性毕竟因凌空蹈虚而遁入"乌托邦"了，理性终究因义理考据而变为"异托邦"，它们最后都不免成了米兰·昆德拉的"生活在别处"。潘知常早在1985年那篇生命美学的开山之作《美学何处去》的最后说道："歌德对德国古典美学有着一种深刻的不满，他在临终前曾表示过自己的遗憾：'在我们德国哲学，要做的大事还有两件。康德已经写了《纯粹理性批判》，这是一项极大的成就，但是还没有把一个圆圈画成，还有缺陷。现在还待写的是一部更有重要意义的感觉和人类知解力的批判。如果这项工作做得好，德国哲学就差不多了。'"的确，康德美学虽然已经开启了人本学的主体性立意，但他浓郁而固执的哲学思辨和理性笔触，毕竟还没有真正做到美学的生命表述，以后的尼采做到了，但他太"天马行空"而激情浪漫了，海德格尔做到了，但他太"大象无形"而晦涩艰深了；当然中国的王国维也做到了，但他因执着"烦恼"而背离了生命的宗旨，宗白华也做到了，但他因沉醉"散步"而忽略了系统性的思辨。潘知常正是站在了这些巨人的肩头而洞若观火地发现：

> 我们应该深刻地回味这位老人的洞察。他是熟识并推誉康德《判断力批判》一书的，但却并未给以较高的历史评价。这是为什么？或许他不满意此书中过分浓烈的理性色彩？或许他瞩目于建立在现代文明基础上的马克思美学的诞生？没有人能够回答。
>
> 但无论如何，歌德已经有意无意地揭示了美学的历史道路。确实，这条道路经过马克思的彻底的美学改造，在21世纪，将成为人类文明的希望！

离开神性的和理性的讨论方式，回到生命的讨论方式，这正是潘知常一进入美学领域，就发现并感觉到的"生命"存在及其魅力；因为，美学的救世主不是"神性"，也不是"理性"，而是"感性"的人类自己的生命本身——马克思在《1844年经济学—哲学手稿》里所理解的"感性的存在物"。

2. 信仰补缺而弘扬博爱

1984年12月12日是潘知常28岁的生日，恰恰就在这一天，他终于明白了真正的美学必须为生命建基而高扬个体，于是提笔写下了生命美学的开山之作《美学何处去》，指出"歌德对德国古典美学有着一种深刻的不满"，其实，这不仅是歌德的不满，更是潘知常的期待，他已经感觉到了，如果美学要有所作为的话，曾经的理性思辨方式和神性讨论的方式，已经无能为力了，只有回到现实的感性世界和生命本身，才能重建美学的巴别塔。

2001年初春的一天也是潘知常生命中极不寻常的一天，他在美国纽约的圣巴特里克大教堂里顿悟到了还必须为生命补信仰、补爱，这就是他后来的一篇文章的题目——《为信仰而绝望，为爱而痛苦：美学新千年的追问》。在文章的结尾，他剀切地指出："跨入21世纪的门槛，要在美学研究中拿到通向未来的通行证，就务必要为美学补上素所缺乏的信仰之维、爱之维，必须为美学找到那些我们值得去为之生、为之死、为之受难的东西。它们就是生命本身。"不久他又接受了采访，和邓天颖共同发表在2005年《学术月刊》第3期上的《叩问美学新千年的现代思路——潘知常教授访谈》，再一次谈到了："个体的诞生必然以信仰与爱作为必要的对应，因此，必须为美学补上信仰的维度、爱的维度。在我看来，这就是美学所必须面对的问题。"

我们似乎可以这样说：1984年是生命美学的天启之年，意味着个体的诞生，而2001年则是生命美学的转折之年，意味着信仰的诞生。

潘知常为何特别关注这个并非"中国特色"的问题呢？

首先，从中国古代的旧文化，也就是传统文化看，普通的中国人有着现实而功利的"信"，信神又信鬼、信天还信地，求神拜佛，临时抱佛脚的现象比比皆是，这些都是心态向下的"迷信"，却从未有过精神向上的"信仰"。儒家文化奠定的基础是一种人与人之间的诚"信"和守"信"的关系，孔子的四教即"文、行、忠、信"，他的职业精神是"敬事而信"，他为人处世的教条是"谨而信"，他的最高境界是"信近于义"。由于没有"仰望上苍"一类更高的价值准则和人生立意，这些"信"都是相对的和灵活的，甚至是靠不住的，如屈原就身处"信而见疑，忠而被谤"的困顿，他创作的《天问》都是带着生活的创伤质问自然、神灵、圣人，关注的是有限之问的现实拯救，就是没有超越有限而进入无限之问的神圣拯救。于是，潘知常在那篇生命美学转折之作《为信仰而绝望，为爱而痛苦：美学新千年的追问》中直言："中国自古以来就没有终极信仰的维度。""凡是在需要灵魂的时候就以'内在超越'来取代，以'天下'与'汗青'来取代。"

其次，从中国现代的新文化看，也就是立足20世纪的现代文化来考察，潘知常在《神圣之维的美学建构——关于"美的神圣性"的思考》一文中阐述道："百年前被引进到中国的'科学'与'民主'，我们就仅仅学到皮毛，甚至自负地以为自己古已有之，却忽视了在'科学'与'民主'背后，存在着的是'信仰'。"由于没有终极信仰的存在，或把信仰赋予了政治意义而等同于理想，而只能启迪和激发先知先觉者的道义情怀，而无法启发或激励广大民众基于普世价值的共同理想，最后先知先觉者也悲壮地变成了"砍头不要紧，只要主义真"的热血义士。就连20世纪初叶的两位文化大师王国维和鲁迅都未能从生命苦难而进至生命美学，他们和那个时代的民众一样经历前途无望的精神痛苦，王国维以自沉昆明湖、鲁迅以砸碎铁屋子的方式来抗争苦难，潘知常在《为爱作证——从王国维、鲁迅看新世纪美学的信仰启蒙》一文中，一针见血地指出他们悲剧"最为关键的，就是对于人的世界之外的更高存在的维度的无视"。在一个没有宗教信仰的国度，蔡元培要提出"以美育代宗教"，不但误读了宗教，而且贻误了美学。

最后，从中国当代的文化建设看，尤其是社会主义精神文明建设，更需要来一场落实到每一个个体身上的"灵魂深处爆发"的革命。王国维和鲁迅留下的遗憾，并没有引起国人的注意，为何"科学"与"民主"两位尊神很难与中国的文化大地"水土相服"，也没有谁人认真思考过，我们在引进了"德先生"和"赛先生"后，还需要引进什么呢？潘知常通过对王国维和鲁迅两颗未成熟的"生命之果"的研究，还有对近百年来，特别是近40年改革开放历史的回顾，发现新世纪的美学更需要"信仰启蒙"，"美学应该被补上的极为重要的也是唯一正确的新的一维至此也就呼之欲出，这就是：信仰之维、爱之维"。不能不佩服潘知常在中国当代文化建设上精深而敏锐的眼光，鞭辟入里、一语中的地抓住了问题的关键和要害。其实，他早在1980年代后期，中国改革开放后不久就敏锐地发现了，一味强调"科学技术是第一生产力"所带来的弊端，在《美的冲突》一书的最后提出了"怎样才能将科学与道德、物质文明与精神文明、集体强硬的约束与个体'沉睡着的'潜能和谐地统一起来"的思考。联想到他2007年在《谁劫持了我们的美感：潘知常揭秘四大奇书》里创造的一个与"民主"有密切关系的政治美学概念"塔西佗陷阱"。由此可见，文化建设是科学、民主、信仰的"三位一体"。

纵观中国整个文化的历史，那种无须证明而又的确存在的终极信仰一直是缺位的，即我们只有现实而有限的功利性的信奉，而没有理想而无限的超越性的信仰，导致文化建设中重物质和重制度而轻视甚至是忽略了灵魂。为此，21世纪以来，潘知常通过著书立说、学术会议、采访和访谈等方式，痛彻心扉地开始了"为信仰而绝望，为爱而痛苦：美学新千年的追问"，并一针见血地指出："面对21世纪，中国美学应以生命、以爱为信仰，从而真正提升人的审美品位。"通过王国维和鲁迅的失误，潘知常认为21世纪美学的信仰启蒙是"为爱作证"。终于，他在2015年开始了"美的神圣性"的思考，并大力倡导"神圣之维的美学建构"，提出"美的神圣性与终极价值、绝对价值密切相关，是终极之美、绝对之美，揭示了美之为美的根源"。在这一系列的论述中，稍用心思的读者就能感受到和发现，他已经为这种绝对性、终极性的信仰，赋予了一个全新而简明的含义——"爱"！

他倡导信仰与爱合二为一的关系，他反复提倡"为爱转身，为信仰转身"，特别是在《信仰建构中的审美救赎》书里进行了多次的阐述，如"'让一部分人在中国先信仰起来'，就是要'让一部分人在中国先爱起来'"，"将自己交到信仰的手中、爱的手中"。最精彩是结合马克思在《1844年经济学—哲学手稿》最后阐述的"用爱来交换爱"，在这本书的最后，他深情倾诉道："显然，这种用爱来交换爱，其实就是无限性、信仰的具体表现。所以，无限性、信仰的最集中的体现，就是：爱。"是的，爱——绝对性而无条件的由物及人、由己及人、由有缘有故到无缘无故的博爱，毫无疑问地浇筑起了信仰的巍峨宫殿，更是当之无愧地成了这座宫殿顶端熠熠生辉的明灯。

如何为信仰补缺而弘扬博爱，我审美故我在，让博爱与信仰携手共建生命美学的理论殿堂，进而缩短生命之美的现实与理想的距离，那么，潘知常是如何用思维的脚步来走完这段生命意义的"万里长征"的。

其一，面对有限性而进至无限性。众所周知，生命的存在时空是有限的，即生命的物理存在和物理时空的确是有限的，但这并不意味着它可以或必须、一定要安于现状、逆来顺受，甚至坐以待毙，如果生命仅有这些就是动物的生命了，而人类的生命尽管自然年龄和生理年龄是有限的，但是它的心理年龄和精神年龄却是无限的，所谓"生年不满百，常怀千岁忧"，所谓"心比天高，命比纸薄"。然而，不得不承认，生命的有限性太强大而无情了，比如自然维度的疾病和死亡是人类不能克服的，社会维度的事业和地位也是稀缺资源，但人类依然要在意义维度上追求生命的无限性，从而让有限的人生充满无限的魅力，更让信仰与爱永葆青春。

其二，置身现实性而抵近理想性。生命之所以是有限的，是因为它是现实的；放眼大千世界，所有有限性的存在都是现实性的存在，尤其是人类生命在时间和空间上是绝对有限的，为了维持这个有限性局面，它只能也必须采取现实性的策略才能生存下去，生存下来后才能进而谈到发展，如鲁迅在《忽然想到（六）》中说的"一要生存，二要温饱，三要发展"。但是，如果生命——有意义的生命仅有现实性，局限于眼前的所见，受制于当下的利益，那和动物状态就没有两样了，因此，我们的生命不仅应该瞩目于餐桌上的"牛奶和面包"，还应该瞩望着窗户外的"诗和远方"，这就是生命中的理想性。潘知常在2016年出版的一部美学著作的名字就是"头顶的星空：美学与终极关怀"，书里"开讲"篇的最后一句话是："确实，人类不仅需要埋头勤奋耕耘，而且更需要昂首向头顶的星空致敬。"

其三，反抗悲剧性而走向神圣性。生命的有限性迫使它做出现实性选择，而现实性选择又必然导致它的悲剧性宿命。由于人生常常处于"不如意者八九"的境地，更由于生命要走向"终有一死"的最后结局，因此悲剧性就具有了本体性的意义，即悲剧性总是如影随形伴随着我们终生。既然如此，那么我们不但要接受悲剧更要反抗悲剧，让生活意义的悲剧变成生命意义的悲剧。为此潘知常引入雅斯贝斯的"边缘情境"概念："是否心悦诚服地接受生命'边缘情境'的无缘无故，是否为爱转身、为信仰转身，全然把自己的所作所为倾注于对于爱和信仰的奉献，是一个人在置身生命的'边缘情境'之时最终是否可以实现'根本转换'、是否可以实现'化蛹为蝶'的关键。"[30]于是，悲剧就悄然置换为悲壮，人性就自然变成神性。

由有限性而进至无限性，由现实性而抵达理想性，由悲剧性而走向神圣性，不但是实现个体生命之爱的华丽转身，而且是企及人类生命博爱的凤凰涅槃。潘知常启动的"美学新千年的追问"，还需要"为信仰而绝望"吗？还需要"为爱而痛苦"吗？也许不需要了吧，如果有的话，那一定是为"神圣之维的美学建构"而进行的"美的神圣性"的思考。

3. 境界超越而获得自由

因生命建基而高扬个体，这里的生命是单人称的个体的生命，进而促使个体意识的觉醒；因信仰补缺而弘扬博爱，这里的信仰是普世性相伴随的爱的信仰，从而带来爱之信仰的觉醒。于是，这两个伟大的觉醒将会产生何等神奇的"芝麻开门"效应呢？这于美学而言是实现了境界的超越，即再也不是没有人的、冷冰冰的美学，再也不是拘泥于物质实践和外在自然的美学，再也不是局限于现实世界和有限人生的美学，而是让美学如有神助般地飞升至理想的境界。这于生命而言更是获得了自由的承诺，即再也不是为衣食而奔波，也不仅仅是争取"财务自主"，而是憧憬着"诗与远方"；也不再是满足于走出自然界的藩篱，再突破社会性的约束；而是进入生命美的天地，从而让生命与自由融为一体"任鸟飞"和"凭鱼跃"。所以，美学的超越境界和生命的自由境界，就顺理成章地组合为以境界为目标和以自由为动力的生命美学，由此进入了潘知常瞩望的人生："当一个人把人生的目标提高到自身的现实本性之上，当一个人不再为现实的苦难而是为人类的终极目标而受难、而追求、而生活，他也就进入了一种真正的人的生活。此时此刻，他已经神奇地把自己塑造而为一个真正的人。"³¹生命美学的最大愿望不就是渴望、期待并促使每一个人都能成为"真正的人"吗？

何谓"真正的人"？我们看看潘知常寻觅和思考的过程吧。

他在那篇被喻为生命美学"开山之作"的写于1984年底的《美学何处去》里，首先，完成了人的根本还原。把人界定为"感性存在的人、个体存在的人、一次性存在的人"，尽管这样的"人"还处于哲学思维的领域，但相比于长期以来我们熟悉的伟大的革命机器上的"螺丝钉"、宏伟的理想大厦中的"一块砖"，"真正的人"艰难地开始了的真正还原，特别是"一次性存在"的楬橥彻底破灭了"永远性存在"的梦幻；这在今天看来是何等地平常和正常，但对于刚刚走出"阶级斗争"思维和"集体主义"生活的中国人而言，无疑有着石破天惊的启蒙意义。其次，回到了人的最初状态。这就是把人理解为思维与感觉的"复合"存在，借用马克思的说法就是"人在对象世界中，不仅通过思维，而且通过一切感觉来确立自己"。这时的人，不仅从哲学上奠定了存在的合法性，而且从美学上划定了存在的合理性，他的思维品质属于哲学的范畴，而他的感觉特质才属于美学的疆域；为此，马克思在《1844年经济学—哲学手稿》反复强调的"五官感觉""人的感觉""音乐感""能感受形式美的眼睛"，这不仅是"以往全部世界历史的产物"，而且是

"人的本质的客观地展开的丰富性"。最后，提出了人的美学目标。将美与人紧密联系，指出"美，是以人的自由的理想实现为特征的"，而审美"是人生的最高境界——超知识、超道德的审美本体境界"，这里人的理解就是美的思考，人学的探索就是美学的建构，作为以反思人的意义为鹄的的生命美学两个最为重要的关键词"自由"与"境界"呼之欲出，为他日后形成有关生命美学的美的本体论定义——"美是自由的境界"，展示了理论的雏形，也是为生命美学大厦的奠基打下了两根坚实的地桩，更是为"真正的人"的诞生注入了两个鲜活的基因。

他在生命美学的奠基之作《生命美学》第一章"美丽的人生地平线"里，痛苦地发现寻找"真正的人"，何其艰难："寻找真实的生命又绝非一件垂手可得的事情。它是灵魂的探险，是生命的分娩，是以带血的头去撞击世纪之门，是跋涉者危立于深渊边际的舞蹈。"但是，潘知常并没有像很多人那样"我思故我在"，而是"我在故我思"，更是"我爱故我在"，在"真正的人"的问题思考中，他没有穿上"皇帝的新装"，而是发现"真实的生命始终是一片遥不可及的风景"，而开始了漫漫人生路上下而求索的伟大征程。到了第四章着力于美的本质问题的思考，在这一章的第三节的小标题就是"美是自由的境界"，他说："在我看来，自由的境界体现着人与世界的一种更为源初、更为本真的关系。"的确，如果说自由还多少有着形而下的含义，但是一进入境界——让自由进入或成为一种进入神圣般的境界，这时的自由就获得了形而上的升华，由人与自然的物理关系和人与社会的伦理关系，进入到人与自我精神境界的意义关系，潘知常在这一节还说道："它是一个意义的世界。""真正使人区别于动物的，是对于生命意义的追寻。人无法容忍没有意义的生命，虚无的生命，他必须不断为生命创造出某种意义，不断为生命命名。"要找到"真正的人"的前提是要知道什么是"真正的人"的标准和含义，那么这样一个"真正的人"，不仅是一个感性的人、个体的人和一次性的人，而且是一个心灵是自由的和人格有境界的人。

在《没有美万万不能：美学导论》一书的第四讲，他又特地设立了"美在境界"的专题，将一般意义的爱美行为演变成了审美活动，还增加了对"超越"的阐述，以期真正实现"境界超越而获得自由"。为此，他说道："所谓审美活动，无非就是以超越性和境界性来满足人类的未特定性和无限性的需要"。因为这时更注重的是"人要在精神上站立起来",寻求生命的意义。潘知常以艺术家眼中的"树"为例,如《世说新语》里"木犹如此,人何以堪"、韦苏州的"窗里人将老,门前树已秋"等,来阐述人类在审美的对象化中追求生命的象征意义,也就是他多次引用里尔克的"一棵树长得超过了它自己"所蕴含的生命在超越中企及自由的境界。接着,又通过"自然山水其实就是我们所找到的'对象'""文学艺术其实也是我们所找到的'对象'""不是因为美丽而可爱,而是因为可爱而美丽"等著名案例,自然引出一个审美创造的经典说法:"境由心造",这里的"境"起初是环境,进而是对象,最后才是境界,要实现这样的递进效果,须得由"心"来完成,他说:"这个'心',就是审美活动。""不是因为世界上有美",而是"我们永远需要'美'这样一个对象","因为它是我们生命中不可或缺的另一半",通过这一半所谓的"美",来超越境界而获得、实现生命自由。

最后,他在《信仰建构中的审美救赎》一书里实现了将"境界超越"和"获得自由"的逻辑论证后的有机统一。

"境界"一词源于印度佛教,是释迦牟尼在菩提树下"觉"后,由现实、个体、有限的生存状态一跃而进入到了理想、人类、无限的生命境界,当然实现这一飞跃的是他对"爱"的坚定笃信。这里就涉及了生命的意义究竟是什么的大问题和元问题了。哲学家认为人与动物的最大不同就在于人有意识,不仅能够实践,而且还能反思实践的意义,正是在各种诸如生活的、劳作的、艺术的、爱恋的、精神的等实践中,人不但进入相应而不同的境界,并能意识更能反思这些活动的意义。这也是著名哲学家冯友兰所谓的人生境界四个等级:自然境界,功利境界,道德境界,天地境界。前三个境界都是我们摸得着和看得见的,而只有"天地境界"似乎不着边际,这是人们用功利眼光看待生命的结果,其实这个境界弥漫着生命中最宝贵、最神圣、最纯洁的爱,就像天地之间充塞着的空气一样,尽管摸不着也看不见,但是它是人类须臾不可离开的;就生命的诞生、成长而言,"爱"是没有功利的功利,是最大的生命功利。哲学家张世英依据"万有相通"的审美哲学理论,直截了当地将"审美境界"作为"欲求""求实""道德"这三个境界之上的最高境界，它借助思维与想象超越在场而走向天地万物的自由境界，也是审美境界，从而审美主体获得了他所谓的"无神论的宗教感情"。

释迦牟尼是从地上"圣灵"的站位出发，憧憬的是爱能"普度众生"；而耶稣则是从天上的"神灵"位置立意，相信的是爱能"拯救人类"。相比较就能看出，前者的爱是一种生活的信念，而后者的爱是一种生命的信仰。潘知常在《信仰建构中的审美救赎》第四章第二节认为"境界的最大贡献则在于：为信仰建构提供了本体存在的根据"。而境界超越是对中国文化中孔孟的"仁"、老庄的"道"和慧能的"禅"诸种生活信念境界的超越而进入耶稣的"爱"的生命信仰境界，从而获得潘知常生命美学所期待和憧憬的生命之美的终极关怀。

接下来，又该如何理解"获得自由"呢？尽管自由是一个比境界更众说纷纭而莫衷一是的概念，而潘知常的高明就在于将自由与信仰联系在一起，还是在《信仰建构中的审美救赎》一书的第一章，认为"信仰的自由"是基于基督教而又超越基督教的，"使人真正获得精神上的自由和灵魂得救的自主权"；而"'自由的信仰'就是对于自由的固守与呵护"。二者虽然语序上不同，语义重点不同，但是其实质都是一样的，即真正的自由不能没有信仰作为灵魂，而真正的信仰也不能没有自由作为保证，连接二者的当然是出于上帝的恩宠降临和人间的苦难救赎的爱——神圣而圣洁的无条件、无缘故、不求回报的爱。

这个时候我们再来回到"因境界超越而获得自由"的命题上，发现"超越"一词似乎被我们忽略，就其本意来说超越不但是从有限向无限、从现实向理想的突破和进步，而且是从信念到信仰、从人性到神性的扩容和丰富，由于人是意义的动物，因此境界的超越必然获得的是自由——自由的选择、自由的承担、自由的意志、自由的使命、自由的期待。也正是由于超越将境界与自由，进而将信仰和爱联系在一起，才使生命真正找到了拯救的起点和应该的归宿，诚如潘知常在《信仰建构中的审美救赎》第四章最后所言的："因此，在境界中的生存其实也就是在信仰中的生存。并且，人的境界才是真实存在。因此，自觉地去创造审美境界才是人之为人的天命。"毫无疑问，这个人类命中注定的天命还是要感恩生命的两个伟大觉醒：个体的觉醒和信仰的觉醒！

三、一种活动：审美活动

"芝麻，开门！芝麻，开门！"在神奇的咒语中，竟然山门洞开，展现在阿里巴巴面前的是数不清的金银财宝，这是一个出自《一千零一夜》的故事。对于求真的科学活动而言，这的确是"天方夜谭"；对于向善的道德活动而言，这真正是"无稽之谈"；而对于爱美的审美活动而言，这肯定是"妙不可言"，它妙就妙在充满着艺术创造"化腐朽为神奇"的异想天开和"寄至情于妙理"的脑洞大开。

与其说这是文学的想象，不如说是生命的理想，其实这就是源于生命又高于生命的审美活动。置身于这个神奇而美妙的世界，可以不受地理的约束，毛泽东和中国人民一道"坐地日行八万里，巡天遥看一千河"，也可以超越伦理的限制，唐明皇和杨贵妃一起"在天愿作比翼鸟，在地愿为连理枝"，然而我们并不觉得它们违背了现实和颠覆了伦理，依然成为诗词艺术的经典。能够置求真和向善而不顾，或超越求真和向善的，肯定也只能是审美活动，那么它为何具有如此大的魅力和能量呢，其中的奥秘又何在呢？

"审美活动是使我们在这个世界上永远难以安分的诱惑。"好一个"诱惑"！这是潘知常在《生命美学》第一章"美丽的人生地平线"里的一句话。四两拨千斤，运斤如神助。

"诱惑"，如鲁迅所说的"纠缠如毒蛇，执着如怨鬼"，如李清照笔下的"才下眉头，却上心头"，如《关雎》所叹的"悠哉悠哉，辗转反侧"。这不仅是周树人渴望重返战阵的诱惑，李清照走出人生低迷的诱惑，唐明皇享受美好爱情的诱惑，而且，审美活动之于人的诱惑是别无选择的宿命般的诱惑，是命中注定的生死般的诱惑——生命的诱惑。潘知常接着用诗意的语言描述到这种诱惑：

> 竟会眺望到那若隐若现地逗引着你的人生地平线，竟会突然展示出你全部的瑰丽与神奇。
>
> 一切都是如此，地上没有路，你就是路；天上没有神，你就是神，世上没有光，你就是光。你以全新的生命重返伊甸乐园，无论在什么意义上，你都可以无愧地被称之为——"还乡者"。

在历经攀登科学顶峰和崇尚道德完人的漂泊后，审美活动终于让我们有了家的温馨。

这不仅是潘知常在《生命美学》全书里，而且是他整个生命美学研究中，由既往的美、美感、艺术的"审美对象"的解剖到人、美学、审美的"审美主体"的介入而确立的"一个中心"，即美学研究的逻辑起点：审美活动。他还在《生命美学》的绪论"生命活动：美学的现代视界"里反复强调："审美活动是作为活动之活动的根本活动"，"审美活动作为美学的核心"，"审美活动不但是人的存在方式，而且同时也是作为自由境界的美的存在方式"。至此，审美活动因为爱与自由和信仰的介入而彻底决裂于单纯的科学活动和伦理活动，而走上了独立自主的发展道路，开拓了傲然屹立的生存空间。

围绕这个生命美学的中心问题——审美活动，潘知常开始了艰难而愉悦并有所成就的探索。

1991年《生命美学》："追问的是审美活动与人类生存方式的关系即生命的存在与超越如何可能这一根本问题。"[32]

1997年《诗与思的对话》："美学是对于人类理想的生存状态——审美活动的反思。"[33]

2002年《生命美学论稿：在阐释中理解当代生命美学》："既然生命的真实是个体，那么审美活动无疑就大有用武之地。"[34]

2009年《我爱故我在——生命美学的视界》："审美活动是把自我当成对象，并且充分展现自我的无限性，所以我们说它是终极关怀。"[35]

2012年《没有美万万不能：美学导论》："生命美学——就是从人类生命活动的角度去研究美学，它从'人之为人'看'人为什么需要审美活动'和'审美活动为什么能满足人'。"[36]

2019年《信仰建构中的审美救赎》："审美活动对于生命活动的意义，就成为了生命美学所亟待回应的第一位的问题。"[37]

1. 缘起：证明人与动物的差异性

人与动物有差异吗？都要经历生老病死的历程，一样具有吃喝拉撒的需求，更不用说生物学上的相似构造了，就这个意义而言，人与动物没有差别。但是，人有悲欢离合的感慨，人有兴亡沉浮的反思；同样为喜怒哀乐，动物是本能的发泄，而人则是情感的倾诉，因为人是有意义和追求意义的动物，人能将性欲升华为爱情，也能将食欲包装成文化，更能将死亡视为"或重于泰山""或轻于鸿毛"，就这个意义而言，人与动物的差别不只是量的多少之别，而且是质的霄壤之别。

对此，毛泽东高屋建瓴，雄视千古，一笔轻轻荡过："人猿相揖别，只几个石头磨过。"诚然，毛泽东是充满浪漫情怀的战略家，而潘知常则是一位富有睿智哲思的学问家，他从美学的角度指出："动物甚至也能在某些方面与生命的有限抗争，但却永远没有办法让生命澄明起来，意义彰显。能够做到这一点的，只有人。"[38]也就说同样是生命活动，尽管动物也受趋光性和力量性的吸引，如雌性孔雀更喜欢与色彩斑斓、羽毛丰满的雄性孔雀亲近，雌性狮子也更愿意和身材硕大、声音洪亮的雄性狮子交配，但是这种行为的目的十分清晰，从当下看，更能带来或许是生理的愉悦感受，从长远看，还能让后代生存得更好，而孔雀和狮子永远不会思考，更不能知晓这背后的意义。马克思在《1844年经济学—哲学手稿》里精辟地阐述了人和动物的区别：

> 动物只生产它自己或它的幼仔所直接需要的东西；动物的生产是片面的，而人的生产是全面的；动物只是在直接的肉体需要的支配下生产，而人甚至不受肉体需要的支配也进行生产，并且只有不受这种需要的支配时才进行真正的生产；动物只生产自身，而人再生产整个自然界；动物的产品直接同它的肉体相联系，而人则自由地对待自己的产品。动物只是按照它所属的那个种的尺度和需要来建造，而人却懂得按照任何一个种的尺度来进行生产，并且懂得怎样处处都把内在的尺度运用到对象上去；因此，人也按照美的规律来建造。[39]

在所有尺度中，"美的规律"这把尺度无疑是划分人与动物的"分水岭"，

"真"的尺度和"善"的尺度都是非常有实际功能和功效的尺度，对于原始人或野蛮人等生存或安全以及温饱没有保障的人而言，他们只有生命活动，而没有审美活动。为何只有人——进入初级文明时代和满足起码物质条件的人才会有审美活动呢？潘知常还是从人与动物的区别比较中发现了"'未完成性'、'无限可能性'、'自我超越性'、'不确定性'、'开放性'、'创造性'，就成为人之为人的根本属性"[40]。借助美学家封孝伦教授的生物生命、精神生命和社会生命的"三重性说"，潘知常究竟阐释了人与动物生命有哪些不一样呢？整合潘知常的见解，我们可以看出人的生命具有这样三个根本性的不同。

首先，生物生命的"独立性"。

任何生命都要经历诞生、成熟、衰亡的过程，就这个意义而言，作为物质形态的生命是注定不变的，即它逃不脱新陈代谢这个宇宙的普遍规律，所以人与动物的生命是一样的。如果说这是生命的内在规定性的话，那么作为地球上任何一个地方的生物生命还有一个外在的环境性问题，即它的存在离不开一定环境因素制约。恐龙之所以在6500万年前的白垩纪就灭绝了，其原因不论是气候变迁说，还是火山爆发说，或是造山运动说等，都证明了它对环境的依赖性；还有候鸟迁徙、鱼儿离不开水、蛇蚓喜好洞穴，很多动物如企鹅、棕熊一离开它生长的环境就不能存活，说的都是它们对环境的高度依赖性。

而人则不一样了，人不但像其他动物一样依赖环境，而且还能适应环境，甚至改变环境，以实现对生物遗传生命的独立性。人类生存的大环境就是"生物圈"，生物圈包括大气圈的底部，水圈的大部和岩石圈的表面。千百万年来，人类为了自己的生存和发展，改变甚至破坏了很多"生物圈"，形成的所谓人造环境的"温室效应"，这尽管破坏了环境，但也从相反的方面说明了人类生命的独立性。还有，海拔和气候是影响人类最重要的两个环境因素，最早从非洲大陆诞生的人类，在适应低海拔平原和湿热型气候后，逐渐向世界各地迁徙，其中一支在"喜马拉雅运动"中，迁徙来到这片平均海拔4000米的青藏高原生活，因纽特人能常年居住在寒冷的北极圈。还有以居住环境与人类的关系来说，远古时代人类为了生存安全而穴居野处，后来人类避免生命危险而修房造屋，再后来人类享受生命舒适而高堂华屋，杜甫的《茅屋为秋风所破歌》，实在是文明时代人类对居住条件的适应性说明。

其次，精神生命的"无限性"。

有关生命的解读，一般排除了动物的精神生命，其实不然。如果我们把精神一般性地理解为物质体的生命受到外界的刺激后的超越生理的心理反应，低级的为情绪，高级的为情感。饥饿了，会到处觅食，受到攻击了，会发出尖叫，特别是长期宠养的猫狗会在主人身边上蹿下跳、摇尾摆头，尤其是狗对人的忠诚和服从，有时超过了人类自己。著名作家冯骥才笔下的《珍珠鸟》就似乎通人性一样："白天，它这样淘气地陪伴我；天色入暮，它就在父母再三的呼唤声中，飞向笼子，扭动滚圆的身子，挤开那些绿叶钻进去。"也许有人说这是人类赋予动物的情感，但至少说明了动物的生命不都是生物性的和有限性的，一定意义上存在着"通人性"。

人类生命的构成除了有物质的肉体生命外，还有意识的精神生命，这是人的情感和思想的体现，封孝伦说道："艺术使得人的审美与动物的审美有了本质的不同，成了真正的人的审美。没有艺术的审美不是审美，而与动物一样是快感的对象化。动物不可能创造艺术，因为动物没有精神生命活动。"[41]封孝伦用具有无限性意义的艺术这个人类特有的精神现象来说明精神生命，无疑抓住了问题的关键，但动物是否有精神生命，仍然是一个有待深入探讨的问题。潘知常在《没有美万万不能：美学导论》里比较了两首诗歌，一首是德国戏剧大师布莱希特的《抵抗诱惑》，另一首是瑞士天主教思想家汉斯·昆的《拥有的远不止这些》，并据此讨论：面对死亡，我们应该怎么办呢？潘知常分析到："汉斯·昆却对人提出了更高的要求，因为'我们不会和动物同死'，所以我们要赌自己要像神一样地存在。因此，布莱希特的诗实际上是所有动物的宣言，也是布莱希特眼中的人的誓与'动物同死'的宣言。汉斯·昆的诗不同，他说：我们一定要坚信：'美好的清晨还会再来'。"肉体消亡了，但精神永远，虽死犹生，这就是人类高于动物生命无限性的体现。

最后，社会生命的"创造性"。

如果说人在生物生命的向度上追求生理刺激的感官享乐，在精神生命的向度上追求情感体验的意义实现，那么在社会生命的向度上追求的是什么呢？为此，我们必须首先判明一个问题：动物是否具有社会性？动物具有社会性。这种社会性是指少部分动物间有社会分工，如蚂蚁和蜜蜂，就有分工，有蚁王、蜂王，有蚁后、蜂后负责繁殖，还有工蚁、工蜂负责干活，蚂蚁还有兵蚁专门负责保卫。达尔文在《物种的起源》里提出了一个"道德性动物"的命题，他还在《人类的由来》中提出了"动物道德"的概念。他说："不论任何动物，只要在天赋上有一些显著的社会性本能，包括亲慈子爱的感情在内，而同时，又只要一些理智的能力有了足够的发展，或接近于足够的发展，就不可避免地会取得一种道德感，也就是良心，人就是这样。"[42]很显然，动物的社会生命依然是阈于生物性的群居意义的。

而人类生命的社会性或人的社会生命，不但要维持个体的生命存在和成长，而且要维护群体生命的和谐和发展，亚里士多德在《政治学》一书中说过"从本质上讲人是一种社会性（政治）动物"，达尔文说"人是进化了的猿猴"，笛卡尔说"人是高等动物"，马克思说"人是一切社会关系的总和"，等等。种种说法都是要阐明人已经不是自然意义上亘古不变的定型的生命，而是具有伟大创造力和创造性的社会生命，这就是社会生命向度追求的意义。由于我们这里不是一般性地讨论生命，而是从动物与人的生命活动的比较中证明人类生命的最高境界和最大意义是审美活动，那么，还是潘知常的见解更加入木三分："在生命美学看来，真正使人超出动物的，是对于生命理想的追寻。人无法容忍没有理想的生命、虚无的生命，他必须不断为生命创造出某种理想。不断为生命命名，而且正是对生命的理想创造，而不是对于外在物质世界的占有，才是人之为人的终极根据，也才使人最终超出动物的水平，或者说，超出野蛮人的水平。"[43]正是创造性的理想和理想性的创造，不但让生命活动，而且让审美活动获得了汩汩流淌的源头活水。

2. 本质：追问生命存在的超越性

审美活动是人类精神高地的瞭望塔，它高瞻远瞩，"会当凌绝顶，一览众山小"。

审美活动是人类自我解放的宣言书，它家喻户晓，"俏也不争春，只把春来报"。

不论是瞭望塔，还是宣言书，都是一种超越，瞭望塔是对大地的超越，宣言书是对过去的超越。

超越之于生命美学意味着什么呢？潘知常在《生命美学》第二章"'再死一次'"的第三节"终极关怀"里比较详细论述了超越、生命和审美三者之间的关系。

他首先阐述了超越与生命活动的关系，指出"超越是人类的神圣权力""生命的诞生就是超越的诞生""超越使生命成为可能""人即超越"。为此特地划分或厘清了三种片面的超越，即对社会生活否定的"出世的超越"、对物质生活否定的"精神的超越"和对自我生活否定的"自杀的超越"。到了第四章"'美是难的'"的第三节"美是自由的境界"里，直言："审美活动的本质是什么呢？审美活动不仅是一种操作意义上的把握世界的方式，而且首先是一种本体意义上的生命存在的最高方式。"如果结合潘知常的"美是自由的境界"的见解，那么不论是美的本质，还是审美活动的本质，"自由"都一定是这面旗帜上最为醒目的两个大字，更是人类生命意义的灵魂聚焦。

潘知常近年来逐渐浮出水面并日渐成熟的信仰建构中的审美救赎思想，其实在1991年的《生命美学》中已经播种了，最早提出了"生命世界是一个虚无的世界"，联系耶稣诞生于马槽的传说，结合坦达努斯遭受惩罚的悲剧，引用陀思妥耶夫斯基对苦难的洞见，述说朋霍费尔主动承受苦难的案例，潘知常深情地说道："因此，超越就意味着十字架上的受害，意味着流着热泪狂吻苦难的大地。超越之路就是含着隐秘的泪水进入羞涩的虔敬之路，就是承担重负不屈跋涉之路，就是横遭弃绝而又祈望救赎之路。"毋庸置疑，这就是一条背对黑暗而面朝光明的希望之路，这就是一条浴火重生后华丽转身的救赎之路，这更是一条战胜物性、恢复人性和企近神性的理想之路。

其次他阐述了超越与审美活动的关系。因为生命活动充满着超越，超越与生命如影随形，是超越让人走出动物世界，进入文明社会，置身于"上帝死了"后的虚无世界，其中生存的丛林法则、生活的工具理性和生命的现实诉求，让人如履薄冰而战战兢兢。如何走出这荆棘丛生的小路踏平坎坷成大道，陀思妥耶夫斯基说过"美能拯救世界"。潘知常接着论述说："进而言之，审美活动对于生命的超越，意味着使有限的生命企达无限的生命，成为自由生命或审美生命。"他递进式地阐述了"审美活动是生命的创造""审美活动是生命意义的创造""审美活动是对生命的独特意义的创造"。审美活动不仅仅限于艺术创作，还包括赏心悦目的社会实践或刻骨铭心的伦理活动，正是通过这些活动彰显出生命意义的大美创造，更是人类独特的生命意义的能动性和原发性的创造，在创造中触及生命的本质，实现审美的意义，从而超越物质而进入精神，超越自我而走向人类，超越人性而企近神性。正所谓如孟德斯鸠说的："女人只有一种方式使自己美丽，可是有十万种方式让自己可爱。"也是19世纪美国伟大的思想家诗人爱默生说："一个伟大的灵魂，会强化思想和生命。"如果没有超越，女人只有一种美丽，那就是天生丽质；如果没有超越，人的生命就是短暂而平庸的。

在《诗与思的对话》里潘知常提出了"'生命活动如何可能'即人类生命活动的自我超越如何可能"的质询，说明这种超越绝不是宏大而空泛的超越，而是具体而实在的超越，如《国际歌》所唱的："从来就没有什么救世主，也不靠神仙皇帝，要创造人类幸福，全靠我们自己。"潘知常不但比较了现实超越、宗教超越和审美超越的三条路径，而且通过比较证明了审美超越大于和高于前两种超越。

现实超越是因为生命首先是现实的灵肉一体的存在，这个现实存在具有三个两位一体特征：物质与精神的两位一体、主体与对象的两位一体、思维与行动的两位一体。这些"两位"呈现出"二律背反"的奇观，它们既相互对立又相互依存，各自以对方的存在为自己的存在，二者缺一不可，似乎水火不相容，但实则又是一个整体。那"一体"之"体"在何处呢？那就是生命的诞生和死亡构成的生命过程，必须由生命之"身体"来承受，我们不能感受诞生，但我们能体会死亡。在这个过程的两头中，如果说生命的诞生是一件不可思议的偶然现象，那么生命的死亡就是一件能够思量的必然现象。在这个过程的两头——诞生和死亡——都是无法经验的，但死亡是可以预见的，潘知常在《生命美学》第一章开篇不久说道："对于死亡的恐惧，作为一切生命的内心痛苦和自我折磨的最初和最后之源，缓缓地从过去流向未来，负载着生命之舟，驶向令人为之怵然的尽头。"由此可见，现实超越的最大超越就对死亡的超越。为了超越这座横亘在人类生命途中的黑色障碍，人类用艺术让生命永恒，用功业让生命延续，用宗教让生命解脱。

于是如何应对和战胜死亡，就引出了宗教超越，潘知常在《诗与思的对话》第三章里说："所谓宗教的超越是以一种虚幻的价值关怀的生命存在方式对生命的终极追问、终极意义、终极价值的回答。"它将如影随形的死亡恐惧化解为西天净土的欢愉、来世世界的憧憬和彼岸乐园的诱惑，让有限的、物质的、痛苦的现实生命在想象中进入无限的、精神的、欢乐的人间天堂。尽管人终有一死，物质的躯壳将成为一抔黄土，化为一缕烟尘，但是我们的灵魂不朽、精神永存。这是我们此世无法体验和享受到的美妙，而只能寄希望于来世，因此潘知常说宗教超越是"虚幻"的。潘知常在经过2000年出版的《中西比较美学论稿》对本土化的禅宗比较后，尤其是2006年以来对蔡元培"以美育代宗教"的批判后，对宗教有了全新的理解，在2019年出版的《信仰建构中的审美救赎》中，他将以前泛泛而谈的宗教逐渐归结到了基督教，并着力开发和阐述了其中蕴含的"信仰"和"救赎"两个关键词，"所谓基督教精神，其实就是指基督教背后所蕴含的信仰"。他在论及基督教对西方现代社会的崛起时，还借用了法国思想家让·博泰罗的观点："起拯救作用的，并不是宗教本身，而是宗教信仰所提倡推行的仁爱与正义。"[44]

在分析了现实超越和宗教超越的基础上，潘知常在《诗与思的对话》第三章里认为"超越之为超越的根本内涵，是生命超越和超越生命，或者说，是出世而又居世。正因此，审美超越才区别于宗教超越与现实超越"。的确，现实超越仅有"居世"，它可以超越一切功名利禄，但身体的死亡是无法超越的；宗教超越也仅有"出世"，它也可以超越所有的生老病死，但此在的身体是无法超越的。这二者都不能证明超越后的"我在"，然而审美超越则不一样了，它借助艺术既能"入乎其内"，也能"出乎其外"，让主体和对象保持若即若离的状态，让心灵拥有充分的自由，给精神赋予丰富的内涵，在这一章论述的基础上潘知常总结道："因此，自由的自我超越的本性和自由度的最高表现，这就是本书所说的审美超越。"由此可见，审美活动的本质就是追求生命存在的超越性。

联系潘知常将美的本质界定为"生命自由的境界"，那么，审美活动的本质就不仅是自由，也不仅是境界，而是"生命存在的超越性"后抵达的自由境界，因为没有对有限的超越就没有自由，没有对平庸的超越就没有境界。那么，"所谓审美活动，无非就是生命的超越性活动，它以生命为对象，调节生命、运转生命、安顿生命、提升生命，纵观中国美学的全部历程，审美活动之为审美活动，无非就是在'生命'这个范围内打转"[45]，并且是紧扣生命活动，通过生命的审美活动让生命获得海阔天空的自由，进入登堂入室的境界。不论是现实超越，还是宗教超越，乃至高于二者的审美超越，都是个体生命的自我超越，进入自由境界的生命活动就是审美活动，这三种超越分别体现为"我占有，故我在"，"我信仰，故我在"，"我审美，故我在"。从1997年《诗与思的对话》里关于这三种超越活动的分析和比较，到2019年《信仰建构中的审美救赎》，潘知常终于一语道破实质，那就是"审美活动不再被看作人的生命活动中的一种，而是被看作人的活动的根本维度"[46]。至此，生命、审美、生命美学的核心概念，终于因"超越"一词的引入，把个体的生命活动上升到了本体性意义的审美活动。

3. 意义：展示精神世界的丰富性

"自由"不仅是生命活动更是审美活动的本质，在审美活动中为人类精神世界提供了永不枯竭的力量源泉，也搭设了广阔无边的表演舞台。如果仅有生命活动，那么人类就与动物相差无几，生命存在的意义就是满足吃喝拉撒和繁殖后代的本能欲望，尽管这个过程中有快感，但仅仅是身体形式的愉悦感，它对为何要吃喝，为何要交配是没有能动意识的，一切都是受生命本能的无意识引导的行为，所以马克思在《1844年经济学—哲学手稿》里一针见血地指出："有意识的生命活动把人同动物的生命活动直接区别开来。"如果说"有意识"是人的生命活动的本质特性，它是自由意识，也是超越意识，那么"有意义"就是人的审美活动的根本属性，它是救赎的意义，更是信仰的意义，尤其是爱的意义。"有意义"是建立在"有意识"的基础上，其本质意义是指向未来的理想性的。潘知常在《信仰建构中的审美救赎》第三章"到信仰之路"的第一节"作为信仰的审美与艺术"的最后指出：

审美活动就因为在创造一个非我的世界的过程中显示出了自己所禀赋的人的意义、人的未来、人的理想、人所向往的一切的全部丰富性而愉悦，同样，也因为在那个自己所创造的非我的世界中体悟到了自己所禀赋的人的意义、人的未来、人的理想、人所向往的一切的全部丰富性而愉悦。结果，审美活动因此而成为人之为人的自由的体验，美，则因此而成为人之为人的自由的境界。由此，人之为人的无限之维得以充分敞开，人之为人的终极根据也得以充分敞开。最终，审美活动的全部奥秘也就同样得以充分敞开。

展示人的精神世界的丰富性就是"审美活动的全部奥秘"，当然也是生命活动的全部意义。那么，这个奥秘背后的意义是怎么来的呢？只有弄明白了这个问题，才能进入审美活动的意义领域。人分别与自然、社会和自我的关系构成了生命的三重的递进维度，前两个维度是保证生命生存的现实维度，最后一个维度是在前两个维度的基础上证明生命存在的意义维度。诚然，人与自然的求真展现了科学技术的美，人与社会的向善表现了伦理道德的美，但真正能够最集中而充分、最直观而形象、最典型而生动地体现人与自我的关系的审美活动的还是艺术的美，它才能最为全面而完整地展示意义维度的生命，也才能做到真正超越自然的求真和社会的向善的功利羁绊，让人类生命的精神家园碧水蓝天，草长莺飞。因为正如罗曼·罗兰说的"一个艺术家的基本品质：感觉的敏锐，情感的深沉，心灵的丰满"[47]，人内心世界的丰富性程度大大超越了他的现实生活世界。

于是，审美活动借助艺术在以下两个方面展示人类精神世界的丰富性。

首先是"有意味的形式"。潘知常在《头顶的星空：美学与终极关怀》第一讲"从终极关怀看中国艺术"，将克莱夫·贝尔的艺术定义改为"有形式的意味"，如何理解这含义不尽的"意味"，卡西尔说过："我们可能会一千次地遇见一个普通感觉经验的对象而却从未'看见'它的形式。"[48]说明优秀艺术的形式已经消隐于它的内容之中了，形式与内容达到了盐溶于水的完美状态，唯有艺术的韵味所蕴藉的意味，艺术的意味所潜藏的意义，通过艺术的创造和鉴赏停留并盘桓在我们心里，这应该是超越时代与社会、民族与国家、阶级与政党所具有的人类文化的最大公理和文明的普世价值，如在直线与曲线的选择上，人类为何都偏爱曲线，因为这不仅是大自然里太阳和月亮的轮廓、山脉和河流的状貌、植物和动物的外观，而且是人类身体外形与五官轮廓的显著特征、脉搏与呼吸的运动轨迹，这不仅是曲线之于艺术的意味，而且是曲线之于生命的意义。为此，他分别比较了西方艺术"有形式的神性"和中国艺术"有形式的人性"。

何谓"有形式的神性"，潘知常在《头顶的星空：美学与终极关怀》第一讲的第二个大问题中通过"有形式的神性"与"有形式的人性"的比较说明，同样是艺术的形式，而中西方艺术价值的取向呈现出"人性"与"神性"的截然不同。以建筑为例，人性表现的是人面对宇宙和自然的有限性，是人与大地的亲和关系，古代中国的庙宇和皇宫是"与地面垂直或平行的建筑"，如天坛。而最能体现西方艺术"神性"的是哥特式建筑，如米兰大教堂、巴黎圣母院等，潘知常说教堂"不是让人回到地面，而是一个向'神性'生命敞开的'天国的窗口'、一个灵肉剥离器，意在把人的灵魂从肉体里剥离出来，让它长得超出自己"。这个"超出"部分，不但是对象的生命向力，而且是艺术的神奇魔力。

他还分析了里尔克的"一棵树长得超出了它自己"的形式意象、西方芭蕾舞的足尖形态，还有雕塑《米罗的维纳斯》《胜利女神》和绘画《蒙娜丽莎》，这些艺术要么如里尔克诗歌里的"树"超过了自己的"形式反常"，要么像芭蕾舞舞蹈聚焦足尖的"形式夸张"，还有如三位美女没有丰乳肥臀的"形式淡化"，将欣赏者引向精神的高贵和心灵的伟大的神圣境域和理想境界，就像七个音阶发出平平无奇的声音，经过一定形式的组合后，竟然能发出美妙的旋律，此之谓形式背后的"神性"。潘知常说道："透过'有形式的神性'中的'神性'，我们看到的，正是对于'做一个（理想的）人'的预期，对于无限性的预期这一艺术的价值取向中的最大公约数与公理。"由此实现并证明了康德的审美判断的"无功利关系"，使曾经雄霸人类几千年的"社会必然"和"伦理应然"的设定和铁律让位于"审美生存"和"爱美优存"。的确，天地人生，审美为大。审美与艺术成为生命的必然与必需，人生也无非是一次审美与艺术的实验，是"重力的精灵"与"神圣的舞蹈"，人在审美与艺术中享受了生命，也生成了生命。这样，不但"康德之后"，而且"尼采之后"，审美与艺术也就突破了传统的藩篱，成为人类的生存本身。我审美故我在，审美、艺术与生命成为一个可以互换的概念。换言之，在潘知常那里，审美—艺术—生命的三位一体，已经完全改写了美学与哲学的等级秩序。生命因此而重塑，美学也因此而重建。

审美活动是生命的最高境界，生命美学迥然有异于实践美学而立足于生命，紧扣着生命，更是为了生命，不是为了生命现实的生存性，而是瞩目于生命未来的理想性，从而为未来生命的发展建立起了神圣的信仰维度、确立了伟大的终极关怀，因此，"美学之为美学，不但应该是对于人类的审美活动与人类个体生命之间的对应的阐释，而且还应该是对于人类的审美活动与人类的信仰维度、爱的维度的对应的阐释"[49]。这也是潘知常长期以来一直强调的：所谓审美活动，说起来也很简单，无非就是把无限性、信仰等变成对人生、对世界的一种可见可触及的具体的爱。

所谓审美活动，无非就是：为爱作证。

注释：

1.潘知常：《信仰建构中的审美救赎》，人民出版社2019年版，第27页。

2.转引自潘知常：《生命美学》，河南人民出版社1991年版，第276、277、278页。

3.潘知常：《我爱故我在——生命美学的视界》，江西人民出版社2009年版，前言第5页。

4.任继愈：《皓首学术随笔·任继愈卷》，中华书局2006年版，第205页。

5.潘知常：《众妙之门——中国美感心态的深层结构》，黄河文艺出版社1989年版，第94页。

6.潘知常：《中国美学精神》，江苏人民出版社2017年版，第72页。

7.潘知常：《中国美学精神》，江苏人民出版社2017年版，第495页。

8.叶朗：《中国美学史大纲》，上海人民出版社1985年版，第337页。

9.潘知常：《中西比较美学论稿》，百花洲文艺出版社2000年版，第275页。

10.李泽厚、刘纲纪主编：《中国美学史》第1卷，社会科学出版社1984年版，第255页。

11.潘知常：《中西比较美学论稿》，百花洲文艺出版社2000年版，第292页。

12.杨永明：《论西方文化中的人性维度》，《学术论坛》2007年第10期，第10页。

13.潘知常：《孔子美学的生命智慧》，《中国政法大学学报》2020年第1期，第169页。

14.潘知常：《中西比较美学论稿》，百花洲文艺出版社2000年版，第258页。

15.潘知常：《众妙之门——中国美感心态的深层结构》，黄河文艺出版社1989年版，第35、41页。

16.潘知常：《信仰建构中的审美救赎》，人民出版社2019年版，第267页。

17.范藻：《叩问意义之门——生命美学论纲》，四川文艺出版社2002年版，第322页。

18.潘知常：《否定之维："灵魂转向的技巧"——基督教对于西方文化的一个贡献》，《江苏行政学院学报》2017年第2期，第42页。

19.潘知常：《神圣之维的美学建构——关于"美的神圣性"的思考》，《中州学刊》2015年第4期，第158页。

20.斯塔夫里阿诺斯：《全球通史：从史前史到21世纪》下册，董书慧、王昶、徐正源译，北京师范大学出版社2005年版，第354、369、370、385页。

21.《马克思恩格斯全集》第1卷，人民出版社1995年版，第452页。

22.转引自刘小枫主编：《人类困境中的审美精神——哲人、诗人论美文选》，魏育青、罗悌伦、吴裕康等译，东方出版中心1994年版，第695页。

23.刘小枫：《这一代人的怕和爱》，华夏出版社2007年版，第173页。

24.周辅成编：《西方伦理学名著选辑》上卷，商务印书馆1964年版，第444页。

25.转引自刘小枫：《走向十字架上的真——20世纪基督教神学引论》，生活·读书·新知三联书店上海分店1995年版，第238页。

26.费尔巴哈：《费尔巴哈哲学著作选集》上卷，荣震华、李金山等译，商务印书馆1984年版，第173页。

27.《马克思恩格斯选集》第1卷，人民出版社1995年版，第16页。

28.潘知常：《生命美学：归来仍旧少年》，《美与时代（下）》2018年第12期，第41页。

29.潘知常：《美学的边缘——在阐释中理解当代审美观念》，上海人民出版社1998年版，第374页。

30.潘知常：《华丽的转身："用爱获得世界"——审美救赎在中国美学中的出场（上）》，《上海文化》2018年第6期，第37页。

31.潘知常：《信仰建构中的审美救赎》，人民出版社2019年版，第118页。

32.潘知常：《生命美学》，河南人民出版社1991年版，第13页。

33.潘知常：《诗与思的对话——审美活动的本体论内涵及其现代阐释》，上海三联书店1997年版，第4页。

34.潘知常：《生命美学论稿：在阐释中理解当代生命美学》，郑州大学出版社2002年版，第9页。

35.潘知常：《我爱故我在——生命美学的视界》，江西人民出版社2009年版，第16页。

36.潘知常：《没有美万万不能：美学导论》，人民出版社2012年版，第51页。

37.潘知常：《信仰建构中的审美救赎》，人民出版社2019年版，第446页。

38.潘知常：《生命美学》，河南人民出版社1991年版，第84页。

39.《马克思恩格斯全集》第42卷，人民出版社1979年版，第96—97页。

40.潘知常：《没有美万万不能：美学导论》，人民出版社2012年版，第91页。

41.封孝伦：《论生命与美学的关系》，《首都师范大学大学学报》（社会科学版）2019年第2期，第84页。

42.达尔文：《人类的由来》，潘光旦、胡寿文译，商务印书馆1983年版，第149页。

43.潘知常：《生命美学论稿：在阐释中理解当代生命美学》，郑州大学出版社2002年版，第49页。

44.让·博泰罗等：《上帝是谁》，万祖秋译，中国文学出版社1999年版，第161页。

45.潘知常：《中西比较美学论稿》，百花洲文艺出版社2000年版，第181页。

46.潘知常：《信仰建构中的审美救赎》，人民出版社2019年版，第449页。

47.江河编：《名人的信》，时代文艺出版社2006年版，第365页。

48.卡西尔：《人论》，甘阳译，上海译文出版社1985年版，第183页。

49.潘知常、邓天颖：《叩问美学新千年的现代思路——潘知常教授访谈》，《学术月刊》2005年第3期，第109页。

第九章　体系的建构：成长中的生命美学

如果说体系是人类认识世界的框架，那么问题就是我们走进世界的向导。

如果说哲学是人类认识自我的视角，那么美学就是我们走进生命的路标。

正如马克思深信的"哲学家们只是用不同的方式解释世界，而问题在于改变世界"。他建立了伟大的唯物主义哲学、政治经济学和科学社会主义。

又如康德认为"理性"企图达到最完整、最高的统一体：灵魂、世界和上帝。他建立了著名的三大批判理论体系：纯粹理性批判、实践理性批判、判断力批判。

潘知常在《重要的不是美学的问题，而是美学问题——关于生命美学的思考》一文里回忆道：1980年代李泽厚曾谆谆告诫年轻人"不要再去建立美学的体系，而要先去研究美学的具体问题"。此言非耶？不过是一个"以子之矛攻子之盾"的"戏说"。如果没有思维体系，那么具体问题又如何搁置；如果只有具体问题，那么思维体系就形同虚设。没有思维体系则具体问题如空穴来风，只有具体问题则思维体系如天马行空。诚如康德所说，在没有体系的情况下，可以获得历史知识、数学知识，但是却永远不能获得哲学知识，因为在思想的领域，"整体的轮廓应当先于局部"。

幸运的是，潘知常初生牛犊不怕虎，没有对大师的忠告言听计从，在思考生命美学的征途上，围绕"人是什么"并非人的起源研究的元问题所表现出来的"美是什么"并非美的本质思考的大问题，一如康德那样不断地追问：我能知道什么？我应做什么？我能期望什么？他的生命美学研究除了涵盖了美学的基本理论、美学的历史总结和审美的现状反思三个方面外，还建构起了从文艺美学到生命美学、从生命美学到生命哲学、从生命哲学到审美哲学的学术体系。

由于他采用的是"大历史""大文化""大美学"的角度展开生命美学研究，具体的探索是：美学研究与宗教学研究协同，框架预设与观念史解读结合，义理阐释与文本辨析兼顾，理论探索与个案剖析一体。因此，他的理论体系就是沿着生活的体验到文艺的创作，再由生命的感悟到审美的哲学而形成的。潘知常在2021年2月举办的"第一届全国高校美学教师高级研修班"上慨然宣布：以"神性"为视界的美学终结了，以"理性"为视界的美学也终结了，以"生命"为视界的美学开始了。潘知常总结了中外美学研究历史，指出：到尼采为止，出现过神学的、理性的和生命的三种美学追问方式。前两种追问方式，要么以"耶和华"为最神圣的旨意而漠视芸芸众生，要么以"逻各斯"为最标准的尺度而忽略真实生活，潘知常指出，在"人是目的"的问题上，尽管康德看出了"应然"，但没有揭示出"必然"。这就是康德美学的矛盾：徘徊在自然人与自由人之间，游弋在唯智论美学的独断论与感性论美学的怀疑论之间，如他的"美是形式的自律"与"美是道德的象征"，"愉悦感先于对对象的判断"与"判断先于愉悦感"，就是他美学心路历程的写照。

也只有到了"尼采以后"，美学才发现在审美与艺术之外没有任何的理由，例如神性的或者理性的，审美与艺术本身就是审美与艺术的理由。因此，潘知常毅然从审美与艺术本身去解释审美与艺术的合理性，并且把审美与艺术作为生命本身，把生命本身看作审美存在、看作艺术品。真正的艺术就是生命本身。

潘知常为美学研究指出了全新的第三条路径：生命即审美、审美即生命，从生命出发而不是从神性或者理性出发去解释生命，以生命阐释生命。

他体现了延续美学研究的历史而走向未来的生命美学的学术视野。

他表现出突破美学研究的封闭而实现开放的生命美学的学理胸襟。

他具有着坚守美学研究的本体而企及广远的生命美学的学人品格。

一、作为前奏的文艺美学

考察中外美学家，我们发现了两个独特的现象。

一是，几乎所有的中外美学家都要涉足艺术领域，进行文艺美学的思考，从柏拉图、亚里士多德到康德、黑格尔，再到叔本华、尼采和海德格尔，而中国的美学家几乎都是文艺理论家，其中绝大多数还是文学艺术家，从孔子、庄子到刘勰、李渔、曹雪芹，再到王国维、朱光潜、宗白华和李泽厚等，这一串名字或许还更长。

二是，当今活跃的中国美学家大都出身文学专业，如"后实践美学"的代表杨春时，"新实践美学"的领军人物张玉能，"实践存在论美学"的代表朱立元，现任中华美学会会长的高建平，生态美学的代表曾繁仁，身体美学的领军王晓华，生活美学的研究者陶东风，和谐美学的中坚人周来祥，更不用说生命美学研究方阵里的封孝伦、范藻、陈伯海、黎启全、雷体沛、熊芳芳、肖祥彪、向杰等。

当然，潘知常是集两个现象于一身的美学家。

他在从事生命美学创建和研究之前他创作过诗歌和散文，可以说是那个时代的文学青年，他大学毕业留校任教一方面讲授"文学原理"和"美学概论"课程，一方面致力于中国古典文学和古代美学的研究，而且对当下的美学现状、文艺创作和文化传媒都倾注了极大的热情。可以说，潘知常最初并不是一个美学家，思考的也不是美学的问题，而是中国古典美学理论，由此而逐步进入美学领域。当然，或许这些都不一定能归入他的生命美学研究范围，但不可否认这些对生命美学的形成所起到的先导性作用和奠基性意义，更是他生命美学不可或缺的组成部分。

1. 文学笔法的真切体悟

"纸上得来终觉浅，绝知此事要躬行。"是否有文学艺术创作的实践，对于一个美学家来说太重要了，尤其是从事生命美学研究的美学家。宗白华早年出版过诗集《流云小诗》；蔡仪早年也创作过短篇小说，并发表；王朝闻是著名的雕塑家，还创作过连环画；蒋孔阳年轻时也创作过诗歌，并发表；高尔泰是著名的画家，创作过油画、连环画，还写过小说。

潘知常就读的郑州大学中文系就走出了这样一批美学家：翟墨曾任中国艺术研究院美术研究所美术理论研究室主任，能写散文，还能绘画和摄影，其原创理论成果有"创生悠存主义"和"大一美学体系"。供职于海南大学，任文学院教授的耿占春曾发表过诗歌《时间的土壤》和《新疆组诗》等，其代表著作是《叙事美学》。现为中国作协创研部主任的何向阳，则是诗歌与散文创作的高手。现为北京师范大学哲学院教授的刘成纪曾出版过纪实性散文《成长手记系列：读懂童心》，其美学代表著作为《物象美学：自然的再发现》。现为上海交通大学城市科学研究院教授的刘士林，读大学时就出版诗集《太阳雨》，其美学代表著作是《苦难美学》。

潘知常在1990年代中期写的一篇随笔《我的文学梦》，就真实而生动地记录了这位文学少年是如何痴情文学，而文学又给他带来了什么：

> 少年时代，是一个多梦的季节。古往今来，形形色色、瑰丽无比的梦想展开了多少少男、少女的人生道路？又为多少人的人生留下了美好的回忆？
>
> 在少年时代，我也有一个美好的梦想——一个文学梦。

文学艺术的创作，让他们和美有了最亲密的接触，真切感受了其中的歌声与微笑、眼泪和心跳。

文学艺术的实践，让他们和爱有了最直接的拥抱，明确体验到其中的光荣与梦想、崇高和卑微。

当他们走进美学神圣宫殿后，竟然发现与其说是美学成就了生命的意义，不如说是生命造就了美学的品格，鲜活生动的感性生命与严谨庄严的理性学问，并不是"盈盈一水间，脉脉不得语"，而是"芳心已暗许"；更不是"我住长江头，君住长江尾"，而是"共饮一江水"。于是，包括潘知常在内的这些学者的美学研究，再也不是隔岸观火式的坐而论道，而是身体力行的生命投入。

这里，我们可以把潘知常和20世纪中国生命美学大师宗白华做一个简单的比较或参照，虽然宗先生没有建构体系完备的美学理论，但是，他以宇宙意识、人生情怀及其艺术展示为对象的体悟式的审美，和潘知常的审美何其相似，他们都是在艺术创作和鉴赏、美学思考和总结的过程中不时地将主体心灵的律动、情感的绸缪，乃至人格的化身创造性地融入其中，"以追光蹑影之笔，写通天尽人之怀"，正是这种"心事浩茫连广宇"的哲人胸怀和气度，铸成了宗白华和潘知常风姿独秀的体悟式的审美哲学和风格独异的融入式的生命美学，还有相应的审美艺术和诗意人生。它一端发生于生物的高级属类——人——的波涛起伏的情感世界和秩序并然的理智世界，另一端直通浩瀚无垠的浑然太一——宇宙——的天人合一的时空，他们以体悟式的方式感受和感应这广漠宇宙中不息的生灵。在体悟式的艺术创作和审美观照中，无尽的宇宙时空、浩繁的艺术品类和深邃的主体心灵，在一刹那间，电光石火，风驰电掣，如宗白华说的那样："这微渺的心和那遥远的自然，和那茫茫的广大的人类，打通了一道地下的深沉的神秘的暗道，在绝对的静寂里获得自然人生最亲密的接触。"[1]这与其说是诗人式的美学家宗白华秋夜里个人的心灵独白，不如说是体悟式的生命美学丽日下的共同感受。

我们还可以把潘知常与李泽厚再做一次简单的比较或参照。李泽厚有着活跃的思维、丰富的情感和灵动的文笔，他的《美的历程》完全可以当成一部精美的散文，其实准确地讲就是学术散文或以散文的手法表达学术的见解，该书结尾的最后一段是这样写的：

美作为感性与理性，形式与内容，真与善、合规律性与合目的性的统一（参阅拙著《批判哲学的批判》第10章），与人性一样，是人类历史的伟大成果，那末尽管如此匆忙的历史巡礼，如此粗糙的随笔札记，对于领会和把握这个巨大而重要的成果，该不只是一件闲情逸致或毫无意义的事情吧？

俱往矣。然而，美的历程却是指向未来的。[2]

潘知常的语言风格与之很近似，且不说他生命美学奠基著作《生命美学》随处可见的诗意文笔，就说2002年出版的《生命美学论稿：在阐释中理解当代生命美学》第二章开篇是这样写道：

美学是一种神奇，美学也是一种诱惑。而且，当数不清的学子在美学殿堂外徘徊流连，怅然而返时，甚至还可以说，美学是一座迷宫。

…………

"也许我们的心声总是没有读者，也许路开始已错，结果还是错，也许我们点起一个个灯笼，又被大风一个个吹灭，也许燃尽生命烛照黑暗，身边却没有取暖之火（舒婷）。"

我知道，我是误入了美学的迷宫。

那么，阿丽安娜的线团安在？

对此行文风格或文学笔法的问题，易中天是这样认为的："文体决不仅仅只是一个表述问题。为人生而学术，就要讲自己的话，走自己的路，用自己的头脑想问题，而不在乎别人怎么说，怎么看。总之，你完全可以不必顾忌任何成规陋见，不必死守某种模式套路，信马由缰，另辟蹊径，走出一条前人没有走过的道路来，这就看你有没有足够的才气和知识准备了。"[3]

潘知常的文学创作，狭义的是指他创作的诗歌，也包括他为自己的学术著作或他人的学术著作写的序或跋，如《我爱故我在——生命美学的视界》的前言《美学新千年的朝圣之路》，仅看这个题目就是非常文学式的表达。还有2013年由中央电视台摄制的百集大型纪录片《中华百寺》，第一集《南华寺》（该文已收入2022年江苏凤凰文艺出版社出版的《潘知常美学随笔》）的脚本就是潘知常撰写的。我们看看他是这样开头的：

开场镜头：绿树掩映，曲径通幽。

一位老人，时而神情凝重，时而面容舒展，精神矍铄，缓步而行，循迹至一古寺前，安然伫立。

忽然间，只见他神态飞扬，锦绣华章，脱口吟诵：

"云何见祖师，要识本来面。

亭亭塔中人，问我何所见……"

真是形神兼备，"形"者，极富画面感，"神"者，太有蕴藉味。

广义的文学创作是指他学术著述里行云流水的文笔、信手拈来的诗句、神采飞扬的阐述。

不论是潘知常本人，还是潘知常生命美学的研究者，从他们的文学笔法中我们体悟到了些什么呢？

一是，文学与美学都是生命的不同存在样态。众所周知，文学是人学，是人的生命的感性存在，美学尤其是生命美学更是以生命意义的探询为其崇高使命，前者以形象思维的方式而存在，而后者却以抽象思维的方式而存在；也正是因为有了文学创作的体验和经验，方能在美学研究中更能体察和体会、感知和感悟到生命的独特魅力。文学更多地表现为人的情感生命，而美学则是人的思想生命，有了情感生命的注入，生命美学的研究充满着活跃而灵动的生命力量，可谓"问渠那得清如许，为有源头活水来"。

二是，创作与研究都是生命的不同展示形态。如果说文学创作需要激情和想象的话，那么学术研究就需要思想和逻辑，可见感性与理性是一个生命不可或缺的两个部分，犹如车之两轮和鸟之双翼。并且，持之以恒和坚持不懈地学术研究，更需要对学术的"众里寻他千百度"的热情和"咬定青山不放松"的执着，这其实也是从文学创作那里获得的生命之爱。这也就是俄国著名的文学批评家别林斯基说的："哲学家用三段论法，诗人则用形象和图画说话，然而他们说的都是同一件事。"[4]

三是，诗人与学者都是生命的不同表现情态。对于很多诗人或学者而言，要么是诗人，要么是学者，似乎这两个身份双峰对峙，二水分流，井水不犯河水，这样不是不可以；但如果仅仅是这样泾渭分明的话，那么生命的色彩也未免太单调了，阿尔温·托夫勒在著名的《第三次浪潮》里认为，随着社会分工的精细，为了有效地避免马尔库塞所说的"单面人"的出现，一个人的社会角色越多，他的社会意义越大，而生命质量也就越高。潘知常是集诗人与学者于一身的美学家，因为诗人的身份而使得他的生命美学更富有灵性和充满灵气，因为文学笔法而让生命美学理论更有感性魅力且诗意盎然。

翟墨主编了一套"美学新眺望书系"，这套书系的作者分别是刘士林、刘成纪、耿占春、翟墨、潘知常，翟墨在主编寄语里说这套书"是郑州大学校友交给母校的一份美学答卷"，最后他献上了他创作的一首小诗，颇能说明诗意文学与生命美学的内在关联：

> 看得见的链环，我们叫它"规律"
>
> 看不见的联系，我们称作"神秘"
>
> 每一种存在，都是多因网上绾纽的一个网结
>
> 每一种道理，只是未知海里捕来的一条小鱼

2，古典美学的深入研究

以古鉴今，以古喻今，古为今用，历史不是静止的海岸线，而是向着未来时间海洋延伸的半岛。

记得黑格尔在其著名的《哲学史讲演录》第一卷第一部《希腊哲学》的引言中开宗明义说道："一提到希腊这个名字，在有教养的欧洲人心中，尤其在我们德国人心中，自然会引起一种家园之感。"这与其说是历史文化的传统，不如说是古典精神的魅力，其实这更是一种生命美学或美学生命的诱惑。

每当人类文明面临重大转型前夜，我们都不由自主地回到过去，不但从历史中寻求经验，而且要让历史告诉未来。例如发源于14世纪意大利的文艺复兴，是一场新兴资产阶级在复兴希腊罗马古典文化的名义下发起的弘扬资产阶级思想文化的反封建的新文化运动；17世纪肇始于法国的古典主义文学思潮，也是以古代的希腊、罗马文学艺术为典范而得名的，打着学习古代、崇尚古代、效仿古代的旗号为新兴的资产阶级张目。

潘知常在1980年代初并不是一开始就涉足生命美学研究的，而是起步于中国古

典文艺理论和古典文艺美学的。彼时的潘知常还未正式提出生命美学或刚刚构建生命美学，那么他起步于中国古典文艺和美学，在其整个美学体系尤其是生命美学的建设上，意味着什么呢？

我们先看看潘知常在文艺美学构建过程中，中国古典美学扮演了一个什么样的角色。从论文发表看，《郑州大学学报》（哲学社会科学版）1984年第3期刊发的《陆王心学与明清文艺思潮——明清文艺思潮札记》，到2020年第5期《三峡论坛》（三峡文学·理论版）刊发的《从美学看明式家具之美——关于中国美学精神研究的一则札记》，前后36年共发表这方面的文章36篇；出版专著看，1989年上海学林出版社出版了《美的冲突》、黄河文艺出版社出版了《众妙之门——中国美感心态的深层结构》，1993年出版了《中国美学精神》，后又于2017年再版，并由45.4万字扩容到58.5万字，期间还出版了关于《红楼梦》《聊斋志异》《三国演义》《水浒传》《金瓶梅》《西游记》的研究著作；此外，还出版了禅宗美学研究的小册子，2019年出版的《信仰建构中的审美救赎》第四章就是研究中国古典美学的专章。

综观潘知常的中国古典美学研究，呈现出"一二三"的理论格局和研究特色。

其一，一种有效的思维：由"照着讲"到"接着讲"。

潘知常一进入美学研究领域就高度注意研究方法的重要性，在1984年第7期《学术月刊》上提出《关于中国美学史的研究方法问题》，诸如"形神""风骨""气韵""虚静""意境""趣味"等，抓住这些如列宁说的"思维的纽结"，探讨范畴的展开、演变、扬弃，倡导"运用历史与逻辑统一的研究方法，抓住美学和文学理论的范畴的发展演进这个中心环节，去研究中国美学和文学理论史"。[5]继而又在1986年第6期《江汉论坛》上发表了《试论中国古典美学的思维机制》，认为"中国古典美学的思维机制，可以称之为'宏观直析思维'"。[6]最具有代表性的是发表在1991年第2期《天津社会科学》上的《从"照着讲"到"接着讲"——中国美学研究的两种运思心态》，这本是借用哲学家冯友兰的说法，但潘知常赋予了全新的含义，如果说"照着讲"是一种回到历史和还原历史的继承方式的话，那么"接着讲"就是一种阐发历史和延续历史的创新方式，因为如潘知常所说"中国美学是一种'效应的历史'，它真实地生存于后人的解释之中"。那么，"'接着讲'，就是研究者与中国美学应建立起一种内在关系，直接参与其中，与其对话、交流，互相阐发，从而在'过去'与'现在'的不断碰撞、冲突、遭遇、融合中，把中国美学的意义世界抉发出来"。[7]他此后的研究证明，不论是美学流派研究，还是历史人物评说，或是文学经典阐释，都是"六经注我"而不是"我注六经"，努力发掘出这些文化遗产和历史传统对当今的美学研究，尤其是生命美学建设的启发意义和借鉴价值。

其二，两个典型的时段：春秋战国时期和明朝中叶以来。

潘知常对整个中国古代美学的历史，特别是美学思想的历史都有"通史"式的研究，前后两本《中国美学精神》就是明证，但他更关注春秋战国时期和明朝中叶以来这两个中国古代美学精华最集中和能体现中国古典美学精神的时代。如第一个时期是雅斯贝斯所谓的人类文明的"轴心时期"，已经完全走出原始蒙昧的华夏民族，传统的血缘关系被当下的经济关系取代，社会生产力的极大提高，导致礼崩乐坏局面的形成，不畏天命和不信神祇，学说蜂起，思想极度解放，百家争鸣，文化空前繁荣。潘知常在1985年第2期《信阳师范学院学报》（哲学社会科学版）上发表的《中国美学史上第一个认识圆圈的完成——中国美学史札记》，指出："我国美学思想孕育于西周末年，诞生于战国初年。从西周末到战国初，阴阳、儒、墨、道诸家蜂起，互相攻讦，对'美'作了各自会心的反思。"并说道："应当指出，我国美学思想发展的第一个认识圆圈，给我们许多方法论上的启示。其中最重要的一点就是，倘若不把一个美学家的美学思想放到人类审美认识的圆圈之中，放到审美范畴的发展、演进过程中，就不可能真正把握它的价值所在。"[8]

第二个典型时段，就是他在《美的冲突》一书里对明朝中叶启蒙美学的阐释。随着最早的资本主义经济形式在中国的萌芽，这也是一个"天崩地解"的时代，数千年的中国美学开始了"别开生面"的美学进程，其哲学先导是有别于程朱理学的"陆王心学"，尊崇"心本体"而推崇"心外无物""知行合一"，其美学表现是李贽的"童心说"、汤显祖的"唯情说"和公安派的"性灵说"。潘知常虽然用了"片面的深刻""戛然而止的最强音"来评价它，但依然认为这是中国美学"新的起点"，它"一反古典美学标举的空言'为生民立极，为天地立心'的理想人格（'醇儒'），启蒙美学以能'经纬天地、建功立业'的豪杰作为心目中理想人格的楷模"[9]。遵循"接着讲"的思维，潘知常的研究一直延续到20世纪的鲁迅，探讨"中华民族三百年的美学追求"的得失和经验教训，在"西化""俄化"和"本位"的比较中，引出"中国美学何处去"的世纪之问。

其三，三类独特的表现：历史人物、美感心态、文学经典。

潘知常的文艺美学具有生命美学的特色，也可以说是生命美学视域下的文艺美学，从横向看，主要表现在这三大类型或三大块上：历史人物的生命个体、美感心态的生命活动和文学经典的生命形象。

首先是历史人物的生命个体。

潘知常选取的历史人物都是彪炳千古的，他们是儒家文化的代表孔子、道家文化的符号老庄和禅宗文化的集大成者慧能。为了阐述方便，就从潘知常2000年江西百花洲文艺出版社出版的《中西比较美学论稿》中择要而阐述之。

说到孔子，他在多个地方都引用了朱熹对孔子"天不生仲尼，万古长如夜"的赞誉，孔子在中国文化乃至世界文化发展历史上的重要性毋庸赘述，孔子非常看重个体的生命状态，他的"里仁为美"，他的"君子五美"，他的"尽善尽美"等，尤其是孔子对人格美的推崇，如对于"三军可夺帅，匹夫不可夺志""士不可不弘毅，任重而道远"，潘知常评说道："在孔子看来，这一切都是本于人性、人情，不是外出自什么对象，而是内出自人的生命自身。而孔子之所以能够结束'万古长如夜'的精神状态，也无非是由此打开了中国人生命的价值之源。"[10]

如果说老子的美学思想更倾向于哲学，那么庄子的美学思想则更富于艺术，就像儒家更注重生命美的善一样，道家更讲究生命美的真。"道"是老子和庄子美学的核心范畴，它是说不清楚的，因此"道之为物，唯恍唯惚"。老子说："天下皆知美之为美，斯恶矣；皆知善之为善，斯不善矣。"潘知常说从"美"的"反方向去思考美学问题，进而揭露那些正面的范畴的背后的自相矛盾、相对性、有限性并加以否定，从而使人类的精神境界借以从物质的束缚中提升出来，其在美学史上的重要意义，无论怎样估价也不为过高"[11]。庄子最令人称赞的是"独与天地精神往来，而不傲倪于万物"的生命气度和境界，潘知常肯定他的"庖丁解牛""解衣磅礴""运斤成风"，潘知常说："这就意味着，'道'实际上已并非实体的、外在的存在，而成为一种从人的审美生命、艺术生命中拓展出来的最高的人生境界。"[12]

如果说道家美学讲究"虚实生辉"的"无"，那么禅宗美学就追求"本无一物"的"空"。从北方大师神秀的"身是菩提树，心为明镜台。时时勤拂拭，勿使惹尘埃"到南方祖师慧能的"菩提本无树，明镜亦非台，本来无一物，何处惹尘埃"，境界的高下已泾渭分明，潘知常对此评道："人类重新回到了'直指本心，见性成佛'的最为根本、最为源初的非对象性思维，回到了思，即妙悟。"[13]这直接开启了严羽《沧浪诗话》阐述的"大抵禅道唯在妙悟，诗道亦在妙悟"。禅宗的妙悟为日后中国文艺美学的境界说，提供直接的思想资源。

其次是美感心态的生命活动。

富有意义的生命活动一定包含着审美活动，那么其中必定有着丰富而强烈的审美心理活动。这集中体现在他1989年由黄河文艺出版社出版的《众妙之门——中国美感心态的深层结构》一书里。该书运用文化人类学、无意识心理学和神话学、历史学等学术资源和成果，在中国文化心态的背景下将华夏民族的集体感知、记忆表象、情感方式作为研究对象，从远古无意识状态的"孩提之梦"说起，分别考察了原始心态、文化心态和美感心态，集中到"生命意识"的揭橥，即"审美追求是对生存之道的直接领悟，而生存之道正是审美追求所展现的人的自由本质和自由世界、意义境界"[14]。他还结合中国古典文艺特有的"空灵时空""水月意象""妙观逸想""诗言回忆"等，说明中国文艺美学的"心性"特征，由是说明："美感心态和文学艺术传统不是别的什么，而是一个永远有待完成的无穷扩展无限深入的有机系统，向未来敞开着不可限量的可能性，然而要使它成为现实的存在，却要靠我们主动参与、限定、占有、破坏。"因为它的"立足点就是中国美感心态的现代化"，进而实现"中国美感心态的深层结构在当代的重建"。[15]

最后是文学经典的生命形象。

文学是人学，优秀的文学作品中的文学形象就是作家、作品和读者三位一体的生命形象。这方面潘知常也有广泛而精深的研究，不必说2016年出版的《头顶的星空：美学与终极关怀》一书中涉及的杜甫、李煜、王国维、鲁迅和《水浒传》《三国演义》《金瓶梅》，还有安徒生和《哈姆雷特》《悲惨世界》《日瓦戈医生》等中外著名的文学大师和文学经典，也不必说他对《红楼梦》的独特研究，仅就他2007年和2016年两次都在学林出版社出版的《谁劫持了我们的美感：潘知常揭秘四大奇书》，即以《三国演义》《水浒传》《西游记》《金瓶梅》为例的审美文化分析就可略知潘知常的文艺审美观了。关于中国几部最有影响的文学名著，著名文学理论家刘再复说过，《三国演义》透露的是中国人的"机心"，《水浒传》透露的是中国人的"凶心"，《西游记》透露的是中国人的"童心"，《红楼梦》透露的是中国人的"爱心"，潘知常认为《金瓶梅》透露的是中国人的"人心"，他还分别为这四部文学经典题了一句话：《三国演义》是"问天下谁是英雄"，《水浒传》是"谁劫持了我们的美感"，《西游记》是"逃避自由"，《金瓶梅》是"裸体的中国"。他在2007年出版的这部《谁劫持了我们的美感：潘知常揭秘四大奇书》一书的附录《文学的理由：我爱故我在》，针对"文学是什么"的问题，他的回答是："爱。我觉得，文学得以存在的最大的理由就是因为：它与爱同在。换一句话说，文学之为文学，你可以说它存在的理由有很多很多，而且，这些理由或许还都很重要，但是，有一个理由却是最最重要的，那就是：文学是人类的爱的见证，它与爱同在。"[16]也就是说，是否称得上是真正的经典，可以不看历史的悠久、作者的名气、评论的捧场、发行的数量和改编的种类，而要看它是否具有爱的信仰和信仰的爱，这无疑是生命美学最关键而紧要的"硬核"，也是潘知常对什么是"经典"的精辟见解。

3. 文艺评论的广泛涉猎

"生活中不是缺少美，而是缺少发现美的眼睛。"罗丹这句脍炙人口的金句，真切地说明了文艺评论就是审美活动，它不仅满足"看热闹"的效果，而且要实现"看门道"的价值；它不仅要"发现美"，而且要"思考美"；它不仅要评出"是什么"，而且要论出"为什么"；总之，它是针对当下发生的或正在发生的文学、艺术和文化，所进行的及时而务实、专业而准确的评论，借用"中国文艺评论网"

的16字封面语"引导创作，推出精品，提高审美，引领风尚"也能说明文艺评论的任务和作用。

当我们用这样的理念要求潘知常时，发现文艺评论在他那里有两个层面的意思：狭义的是指针对文学艺术的审美评论，广义的是指对一切包含审美因素的文化评论。于潘知常而言，他的传媒文化、文化产业和文化建设也能够纳入到文艺评论的范畴，以此体现凡是有生活的地方一定有美学介入，一定有文艺评论的用武之地，进而证明凡是有热爱生活的激情就一定有对生活美的发现。在潘知常的美学世界里文艺评论不仅仅局限于书本和文本，更是包括丰富的社会现实生活和火热的变革时代，唯一需要他做的工作就是思考，思考，再思考。让生命的诗与思穿透和开垦这片文艺评论——更是审美发现的处女地。潘知常的文艺评论，按内容可划分为以下四个方面。

一是，当代艺术评论，呼唤生命之爱。

潘知常涉及了绘画评论，如《十年一剑——读林逸鹏教授新作有感》《我看华拓先生的青绿山水画作品》《"坐绝乾坤气独清"——再看华拓先生的青绿山水画作品》《觉者——林逸鹏杨培江双个展〈各造其极〉序》《"无路是赵州"——观〈大墨南京——赵绪成师友心作〉有感》《黑白木刻中的记忆与梦想——张宜银先生版画作品印象》等。就像他在《纵浪大化——杨彦画观后》一文中说到的这些都是"真能以艺术为生命为灵魂的人"，"意在从更深的生命源头探幽寻奇，捕捉那在宇宙中最幽深玄远而又弥沦万物的生命本体"。[17]他还对陆川导演的《南京！南京！》和冯小刚导演的《夜宴》进行了评说，他多次在河南大学、澳门大学等讲演《"我的爱永没有改变"——从莎士比亚〈哈姆雷特〉看冯小刚的〈夜宴〉》，还联系到了陈凯歌的《无极》和张艺谋的《英雄》，他讲道："我觉得，冯小刚、陈凯歌、张艺谋这三大导演最明显的共同特征就是他们都没有遵循莎士比亚所开创的美学道路。莎士比亚已经开始意识到了人和爱的对话。"同样是复仇故事，莎翁是终止报仇而回归爱，"但是，我们这三大导演却还是与仇恨对话"。[18]因此，潘知常竭力呼吁真正的艺术一定是背对黑暗、面向光明而回归神圣的爱。

二是，流行文化评论，开启生命之智。

潘知常在《反美学——在阐释中理解当代审美文化》一书里，是这样评论1990年代以来十分火爆的流行艺术的："流行歌曲：当代青年的心理魔杖""MTV：当代人的'视觉快餐'""人体之美：辉煌的复归与错位的游戏"。如针对那时十分火爆的"选美"，他一针见血地指出了其中的"奥妙"："女性只有成功地被人观看，才有价值，是男性的目光的认可她们才有了成功感觉，所谓女性的自由自主也只是依赖于他人的存在，并非一个主动的主体，……其主要的功能就是作为男性欲望承载者。真实的女性身份就这样篡改了。"[19]他还在2000年第3期《粤海风》发表了《高雅的赝品：所谓"中产阶级趣味"》，指出："所谓'中产阶级趣味'，无非就是强迫文化必须向平庸的生活认同，例如要求艺术必须被稀释为'交往的艺术'、'讲演的艺术'、'生活的艺术'、'爱情的艺术'等等，而在这一切背后的，则是人类创造能力的迅速衰退和人类文化精神的胜利大逃亡。"[20]他又和李琪在2006年第3期《东方论坛》发表了《歌唱与政治——从宋祖英的演唱风格谈起》，指出"宋祖英是当代中国国家话语的一个文化符码，在其形象背后是国家意识形态缤纷景象折射出主流意识形态试图通过明星叙事对转型期日益分化的现实社会进行整合的努力。这有助于我们了解大众文化意识形态中所隐含的日趋复杂的主流形态的运作方式"。[21]

三是，传媒文化评论，提醒生命之忧。

在这方面，他除了对电影、电视和广告的评论外，还涉及对央视著名主持人、中国传媒的专题传播、如何看待网络传播等的评论。如他和彭海涛在2006年第2期《东方论坛》上发表了《一种声音系统的权力实践——从赵忠祥、倪萍、李咏谈起》，对被喻为"中国新民俗"的中央电视台的"春节联欢晚会"上这三位知名主持人，做了精彩的点评，赵忠祥是男性父亲的象征，倪萍是女性母亲的象征，李咏是消费主义的象征，"声音，在这个现代场域，使用的武器是口腔，弥漫的硝烟是四处飞溅的唾沫，至于它的内涵，则无疑关乎着国家、社会和个体权力的'争霸'。"[22]因为李咏更符合消费意识和流行文化，而对赵忠祥和倪萍表示出"担忧"。他还与范江波在2003年第6期的《粤海风》上发表了《透明的网络》，指出这个极度自由和丰富的公共空间，是天使与魔鬼的混合体，"就在人们漫谈网络的优越、网络的便捷和透明的喜悦的背后，一种对于网络、对于人类自身、对于文化的焦虑开始款款袭来，成为网络世界里不可逃避的命题"。[23]

表面看这些虽然与美学研究没有直接关联，但是他"把它看做在失去新时期以来曾经拥有的文化建设权、政治参与权、社会精英权之后的当代中国知识分子面对社会发言时的一个阵地、一个场域、一个契机。作为区别于传统知识分子和有机知识分子的特殊知识分子的传播研究，正是我为自己选择的一个介入现实的角色定位"。[24]又一次显示出潘知常作为美学家敏捷的思维和独到的见解，和作为文化人强烈的使命意识和沉重的社会责任。

四是，地方文化评论，投入生命之情。

潘知常1990年从郑州来到南京，这里的自然风光和人文底蕴，给他的学术研究带来了灵气和灵感，他在这里和他的美学一样获得了成长。

带着美学的睿智和生命的激情，他多次参与地方文化建设的策划，先后为广东文化的现代化、产业化和媒介化，澳门的文化产业战略等贡献了"金点子"。当然他最用心的还是为南京——他的第二故乡——的文化建设出谋划策，于2004年第1期《江苏政协》上发表《塑长江魂 打长江牌 从"内河时代"跨入"长江时代"》，"强调经营意识、品牌意识，进行全方位的立体策划，在点、面、线的融贯与过去、现在、未来的打通中唱响长江，唱响南京"。[25]他还在这一年第5期的《现代城市研究》发表了《南京城市形象研究》，指出它的形象定位是历史文化和博爱之都，文章最后提出了："海纳百川，兼容并蓄，热爱和平"是南京城市形象建设的"十二字方针"。[26]他又在2020年第4期的《青春》上发表了《从"南京文学"到"文学南京"——在文学中重新发现南京》，呼吁南京要"文学立城，文学建城，文学强城，文学筑城，文学兴城，让文学南京成为城市提升的新资源要素，成为城市高附加值增长的内在灵魂，成为城市可持续性发展的强大支撑，成为城市创意文化的'孵化器'；让文学南京'秀发江山''名重宇宙'，昂首进入'独有名'的世界名城"。[27]

二、不断完善的理论美学

一个学问家建构一种理论基本成熟的标志，往往需要一部概论式或原理性的著作予以说明，包括生命美学在内的美学理论概莫能外。

从王朝闻1960年代初主编新中国第一部《美学概论》以来，标以"美学概论"的著作多如牛毛，但内容大多是美的本质、审美感受和艺术美老三大块。

从杨辛、甘霖主编新时期颇有影响的《美学原理》以来，标以"美学原理"的著作如过江之鲫，内容不外乎都是什么是美、美的表现和美育新三大件。

"概论"也罢，"原理"也罢，它们都是实践美学的产物，围绕美是人的本质力量对象化的核心观点来建设美学大厦的，潘知常视之为"无根的美学，冷冰冰的美学"。

而他1985年开始倡导生命美学，从1991年推出了《生命美学》以来，就致力于理论体系的建构，1995年推出了《反美学——在阐释中理解当代审美文化》，1997年推出了《诗与思的对话——审美活动的本体论内涵及其现代阐释》，接着1998年推出了《美学的边缘——在阐释中理解当代审美观念》，2002年又推出《生命美学论稿：在阐释中理解当代生命美学》，2009年还出版了《我爱故我在——生命美学的视界》，2012年出版了《没有美万万不能：美学导论》，2019年12月出版了《信仰建构中的审美救赎》，2021年8月和10月，又推出《生命美学引论》和《走向生命美学：后美学时代的美学建构》，总计10部著作，371.7万字，尽管从构架上接近理论体系的只有7部，但它们呈现出三大特点：

由美学的概论演绎到生命美学的理论阐释。

由美学的原理说明到生命美学的缘由揭示。

由美学的封闭式结构到生命美学的开放性样态。

1. 围绕审美活动，从《生命美学》到《诗与思的对话》

审美活动是人类生命活动的过程与目的的合二为一。

生命活动是人类审美活动的起始与载体的二位一体。

审美活动是潘知常生命美学建立或生命美学得以成立的一个基本点或中心点，

这在他的生命美学奠基作《生命美学》和雏形作《诗与思的对话》里得到了详尽的阐释和系统的论述，书中的理论框架可以视为他生命美学早期的理论体系或学理框架。这两部著作的共同性是紧紧围绕生命活动中的"审美活动"或审美活动中的"生命活动"来展开，他在《生命美学》绪论的第四小节里说道："本书要追问的是审美活动与人类生存方式的关系即生命的存在与超越如何可能这一根本问题。"[28]又在《诗与思的对话》绪论有关"美学的对象、内容、范围"里指出："美学的基本问题从对于美或者美感的研究转化为对于审美活动的研究。美学本身也转而出现一种全新的形态。……而这就必然导致把审美活动合乎逻辑地理解为一种以实践活动为基础同时又超越于实践活动的超越性的生命活动。"[29]为此，著名美学家王世德在《潘知常生命美学体系试论》里评说道："只有审美活动是以超越生命的有限性为特征的理想活动，它能象征性地消除生命活动的有限性。它是对人类最高目的的理想实现的超越维度的活动，它能让生命、自由、情感实现理想，灵府朗然，诗意地栖居于在大地之上。"[30]可谓慧眼识真金！

围绕审美活动，《生命美学》和《诗与思的对话》在论述上有哪些不一样呢？

首先，阅读感受的不一样，《生命美学》诗意盎然，《诗与思的对话》哲理严谨。

从书名看《生命美学》应该是一部学理严谨而逻辑缜密，甚至还会显得艰深晦涩，但是一浏览目录，眼前为之一亮："第一章　美丽的人生地平线"，"第二章'再死一次'"，直至"第六章　守望精神家园"。这哪里是学术著作，分明就是散文佳作。再进入第一页，开篇第一段就强烈地震动着阅读的心灵：

美学是一种神奇，美学也是一种诱惑。而且，当数之不清的学子在美学殿堂外徘徊流连，怅然而返时，甚至还可以说，美学——是一座迷宫。

一直读到全书末尾，作者的诗情依然难以抑制：

只有一个上帝能够救渡我们，这就是：审美活动。

　　既然如此，那么，亲爱的读者，在放下本书之后，让我们互相道一声"珍重"。然后，就分别去进入审美活动吧。[31]

　　诸如此类激情荡漾、诗意盎然，充满着诗情画意哲理交织的文字，在书中比比皆是，如散落在沙滩上的粒粒珍珠，晶莹闪烁。

　　关于《诗与思的对话》一书，他在2018年第12期《美与时代》上发表的《生命美学：归来仍旧少年》说："现在有些人一说起生命美学，往往就要说起我的所谓的'诗意的文笔'，个别人甚至对此还不乏贬义，觉得有点不够学术。其实，这都是因为《生命美学》一书留给他的印象太深刻了，因为在《诗与思的对话——审美活动的本体论内涵及其现代阐释》里，我就已经回归到严谨的理论语言、学术表达了。"[32]除了标题"诗与思的对话"有文学性外，副标题"审美活动的本体论内涵及其现代阐释"就是相当标准而严谨的学术表达了，这从绪论"学科定位：美学的当代问题"及该篇三个二级标题——"美学何为""诗与思的对话""美学的对象、内容、范围"——就可见一斑了。

　　其次，论证逻辑的不一样，《生命美学》是从"是什么"到"为什么"，《诗与思的对话》是从"为什么"到"怎么样"。

　　诚如潘知常自己在《生命美学》序言里说的，该书的第一部分讨论的是"审美活动是什么"，思考审美活动的性质、起点、内容和标准；第二部分讨论的是"审美活动怎么样"，探讨审美活动的分类、审美主体与审美客体、哲学活动与艺术活动美的本质、审美体验等；第三部分讨论的是"审美活动为什么"，探讨审美活动的意义、功能。在《诗与思的对话——审美活动的本体论内涵及其现代阐释》里，第一篇考察的是审美活动根源层面的"为什么"，考察了审美活动的历史发生和逻辑发生；第二篇解释的是审美活动性质视界的"是什么"，从基础、手段、理想和向善、求真、审美，还有现实超越、宗教超越、审美超越三个方面进行了外在辨析，从共时和历时两个维度对审美活动进行了内在描述；第三篇思考的是审美活动形态取向的"怎么样"，分别从中西和古今的历史形态，纵向展开、横向拓展和剖向转换的逻辑形态两个方面进行了考察；第四篇分析的是审美活动方式维度的"如何是"，分别从生成方式和结构方式阐释了审美活动的体验问题。

有意思的是，审美活动的"为什么"成了连接这两部书的逻辑桥梁，如果说《生命美学》回答的是生命在现实层面上为何要审美，那么《诗与思的对话》回答的就是生命在历史层面、逻辑层面上为何要审美，很显然，后者的思考更具有历史的深度和逻辑的精度。又如果说《生命美学》开篇思考的"审美活动是什么"，严格讲是属于知识性的科普，而《诗与思的对话》开篇直探审美活动的根源"为什么"，则属于学理性的探讨了。

最后，思维立意的不一样，《生命美学》的主旨是何谓美学，《诗与思的对话》的主题是美学何为。

实践美学秉承了古典哲学透过现象看看本质的传统，试图努力从知识论层面回答世界、生命和美究竟是什么，于是几乎所有的古典主义美学家都有一个"美是什么"的本质界定。而近代以来，正如马克思在《关于费尔巴哈的提纲》里说的那样"哲学家们只是用不同的方式解释世界，而问题在于改造世界"。尼采也惊呼"上帝死了"人类该怎么办，以存在主义为代表的现代主义哲学和美学则转向了思考生命应该"如何为"，尼采、海德格尔、马尔库塞等哲学家也一直认为艺术与审美能够拯救人类和解放世界。于是，潘知常就在《生命美学》的美学何谓的基础上，在《诗与思的对话》里提出了美学何为，即美学尤其是生命美学的当代使命究竟应该是什么，那就是："真正的美学应该是也必然是生命的宣言、生命的自白，应该是也必然是人类精神家园的守望者。""美学不是起源于对于世界的惊奇，而是起源于为什么会对世界惊奇。美学不能使我们多知，却能使我们多思，不能告诉我们世界是什么样的，但是能告诉我们应以什么样的眼光来看待世界。"[33]从而让美学在获得人学理论的武装后，勇敢地承担起了解放人类的神圣使命。

2. 阐释当代美学，从《美学的边缘》到《生命美学论稿》

任何有意义的美学都是指向现实的，尽管它也需要从"向后看"中汲取历史的经验和教训，如欧洲文艺复兴美学从古希腊的柏拉图的"理式"和亚里士多德的"形式"中找到借鉴。众所周知，由著名的"三大批判"构成的康德美学，一直被人们视为"玄学",但是他提倡的"批判意识""理性精神"和"自由思想",尤其是"独立思考""人非工具""主权在民"等,无不为当时风起云涌的资产阶级启蒙运动输送强有力的思想武器。1980年代中国大陆蔚为大观的"美学热",也是紧密呼应了声势浩大的改革开放运动和巨浪滔天的思想解放潮流的。

由此观之,潘知常的生命美学尽管涵盖了理论、历史和现状,但21世纪前后的中国社会处于急速的变动和迅猛的发展之中,无不需要美学为躁动、困惑和失意的生命找到现实的答案和指出未来的路径。因此,他的生命美学不仅是历史更是现状的理论思考,大而言之是"为生民立命,为往圣继绝学",小而言之是为生命的现实和现实的生命寻求现实的价值和思考现实的意义,因为只有活在当下的生命才是真实而鲜活的生命。

《美学的边缘》副标题是《在阐释中理解当代审美观念》,进入21世纪后,尤其是世纪之交,"当代审美观念"处于审美活动与非审美活动的交融、审美价值与非审美价值的碰撞、审美方式与非审美方式的会通、艺术与非艺术的换位境地中,正如他在导言中说的:"对于审美观念的当代转型的考察事实上也就意味着对于美学的当代重建的考察。"[34]在结语中,他明确提出美学的当代重建的路径和方式是,结束既往美学研究的"独白"而开启不断提出问题的当代美学"异质性"思维的"对话",这是一种极富美学智慧的言说,摒弃照着讲的"思维的说"而进入不仅是接着讲,而且是"想着讲"的"让语言自由地说"的"诗意的说"。

4年后,即2002年他出版了《生命美学论稿:在阐释中理解当代生命美学》,第一次亮出了"当代生命美学"的旗号,并作为与实践美学迥然不同的"非主流美学"纳入了翟墨主编的"美学新眺望书系"。该书的第一篇是"从'美学'到美学:生命美学叩击世纪之门",第二篇是"从东方到西方:生命美学的双重变奏",第三篇是"从传统到当代:为什么一定是生命美学"。显示出了潘知常生命美学的最新思考和走向的成熟水平,其美学重建的使命更甚,从古典美学到当代美学,生命美学叩击世纪之门;其思维视野更广,至此,生命美学"一大事姻缘出现于世",这姻缘既是新时期社会变革的风云际会,也是潘知常学术研究的生命体验;而且如他在该书的跋里说的:"中国20世纪从王国维、鲁迅开始的生命美学思潮无疑也属'一大事姻缘'。而且，我越来越强烈地意识到：只有由此入手，美学才有可能真正找到只属于自己的问题，也才有可能真正完成学科自身的美学定位。"[35]这个定位无疑是他在《诗与思的对话》绪论里阐释的"美学的当代问题"的四个主题词：生命、超越、体验、审美。

生命——存在之光，历史之始，学问之基，地球之美。

超越——生命之欲，人生之悲，力量之源，自由之魂。

体验——超越之由，身体之真，生活之实，学问之源。

审美——体验之乐，艺术之妙，生命之思，美学之核。

如果说《美学的边缘》是提问的话，提出了"当代审美观念"的现实问题，那么《生命美学论稿》就是对这一重大的现实问题在理论上的初步回答——第一次亮出"当代生命美学"，以此有别于西方19世纪以来叔本华、尼采和海德格尔的生命美学，和中国现代王国维、鲁迅和宗白华，还有同时代的高尔泰的萌芽状态的生命美学。还有从《生命美学论稿》副标题中的"当代"看，更能看出潘知常生命美学的人文担当和公共学人的学术使命；或许是由于第一次提出"当代"的生命美学，因此从正标题"论稿"二字也可见著者谦虚的人品，治学的严谨。

3. 走向生命现实，从《我爱故我在》到《没有美万万不能》

如果说一切历史都是"当代史"的话，那么一切生命都在"进行时"。

如果说"理论是灰色的"，它也只是不接地气的理论，那么"生活之树常绿"，它一定是如里尔克笔下"长得超出了自己"的那棵树，毫无疑问，这是一颗扎根中国大地、放眼五洲风云和沉思现实人生的树。从《生命美学》到《生命美学论稿》，这棵树虽然还没有成为参天大树，但一定正在茁壮成长。

尽管潘知常不是"以追光蹑影之笔，写通天尽人之怀"的诗人，但他是一个"风声雨声读书声声声入耳，家事国事天下事事事关心"的学者，当然，生命美学就是所有事情中的"一桩大事"，之所以是"大事"，是因为它只围绕"爱"与"美"讲述老百姓的故事，谱写他们的交响曲乐章。这生动地呈现在2009年出版的《我爱故我在——生命美学的视界》和2012年推出的《没有美万万不能：美学导论》两部著作里。饶有趣味的是,正副标题的含义和位置,和前面《反美学——在阐释中理解当代审美文化》《诗与思的对话——审美活动的本体论内涵及其现代阐释》《美学的边缘——在阐释中理解当代审美观念》《生命美学论稿:在阐释中理解当代生命美学》不一样的是,副标题有着"概论"或"原理"的体系意味,而正标题却是生命美学的主旨和立意所在:"我爱故我在""没有美万万不能"。

为何如此,从建立体系的角度看,生命美学在1991年的《生命美学》中是一个具有大概轮廓的自我体系,而到了1997年的《诗与思的对话》则初步形成了一个完整而有深度的学问体系,再到2002年的《生命美学论稿》就基本上建立起了一个翔实而有创新的开放体系,而今,更需要的是理论联系实际,让生命美学真正体现它的当代价值和现实意义,于是,从《我爱故我在》到《没有美万万不能》,生命美学理论走向生活的现场,走向时代的现状,更走向生命的现实。

《我爱故我在》严格地说不是一部体系严密的学术专著,而是对呈现在"生命美学视界"里的生命之表现的文学和文化的思考,整部书由11篇独立成篇而又有内在关联的文章和演讲稿组成。该书在以下四个方面体现出了潘知常的"生命的诗与思":

一是,以信仰为核心的精神现象。如《美学新千年的朝圣之路》《为爱作证——从信仰维度看美学的终极关怀》等。他将《美学新千年的朝圣之路》作为全书的"前言",认为:"我们存在的全部理由,无非也就是:为爱作证。'信仰'与'爱',就是我们真正值得为之生、为之死、为之受难的所在。因此,新世纪新千年的中国,必须走上爱的朝圣之路。新的历史,必须从爱开始。这,就是我们的天路历程。"[36]是的,我们每一个普通生命的精神世界,不仅有诗与远方,而且还要有爱和信仰;换言之,爱和信仰正是诗与远方的内容和动力。

二是,以大爱为宗旨的文学现象。如《文学的理由:我爱故我在》是一次给中小学语文老师的演讲内容,他依次阐述了"文学的理由是什么""人类为什么需要文学",指出"所有的书都是一本书"——"爱的大书",在对收入中小学语文书里的安徒生的童话进行批判性的分析后,提出了要"回归爱的教育"和做一个有爱的老师。在《失败的鲁迅与鲁迅的失败》一文中,潘知常一针见血地指出"鲁迅的

'失败'在于信仰维度的缺席"[37]，他仅仅做到了直面黑暗，而未能完成面向光明的"华丽转身"。这些都充分体现了生命美学的核心和主旨——爱！爱的呼唤、爱的建构、爱的追寻和爱的向往。

三是，以圣爱为追求的西方文艺。这里的圣爱即神圣的爱和博大的爱。既有《爱的审判——帕斯捷尔纳克与他的〈日瓦戈医生〉》，也有《"我的爱永没有改变"——从莎士比亚的〈哈姆雷特〉看冯小刚的〈夜宴〉》。前者分析了被喻为20世纪俄罗斯精神史记和心灵史诗的《日瓦戈医生》，潘知常对其中的红色暴力进行了人性的反诘，对秉持的宗教文化进行了神圣的讴歌，由此反观20世纪中国作家和文学的美学缺陷。后者以《哈姆雷特》来反观《夜宴》，如何面对"复仇"，冯小刚和莎士比亚的文学处理何止天壤之别，进而高倡"美的尊严"和"爱的尊严"的无比神圣。

四是，中西宽恕文化的比较。这集中体现在他的《没有宽恕就没有未来——中西文化传统中的"宽恕"》一文里，以1991年11月1日发生在美国爱荷华大学的"卢刚事件"为例证，着重分析了事件里无辜死于卢刚枪口下的副校长安·柯莱瑞的三位弟弟"致卢刚家人的一封信"，他们愿意和卢刚的家人一道分担失去亲人的悲伤，"希望我们大家的心都充满同情、宽容和爱的"。[38]以此指出中国文化的"慈悲"，无法抵近"无缘无故的爱"。通过比较发现了我们民族文化血脉中，仅有现实的、有限的此岸之爱，而缺乏理想的、无限的彼岸之爱。难怪鲁迅的最大失败就是"一个也不宽恕"。

总之，潘知常这种"生命美学的视界"，不论是新千年的憧憬，还是百年的迷途反思，不论是美学的终极关怀，还是美育的宗教缺席，目的只有一个，那就是在文学和艺术审美活动中"为爱作证"，在信仰和救赎的终极关怀里"我爱故我在"。

与之相比，《没有美万万不能：美学导论》就显得更有体系了，包括开篇在内一共五讲，从提问到解答，从现象到本质，从艺术到人生，从审美到做人，从美学到哲学，潘知常旁征博引而信手拈来，口若悬河而谈笑风生，在出神入化的遣词造句里，让读者如沐春风，如饮醇蜜，再一次建构出了一个富有人生哲理的当代生活智慧型的生命美学体系。

开篇"为什么要学习美学",指出了美学让人生更有美学的智慧。潘知常在提出美学是一门聪明之学和智慧之学后,接着辨析了为人类、为人生、为知识和作为一种生活方式的四类美学,得出了"美学就是生命美学,生命美学也就是美学"的结论。最后回答了为什么要学习美学:"你过去看待世界的眼光是黑白两色的,而学习美学之后你看待世界的眼光如果开始变成了彩色的,那,就是你学有所成的标志。"[39]

第一讲论述了爱美之心人才有之,人类的赌与动物的赌有什么不同。从人类的直立到灵魂的诞生,从动物的快感到人类的美感,从生活的丑到生命的美,这些说明进化的过程就是创造的过程。潘知常说:"对于这种生命过程的关注,就使得人类开始关注到了人类在动物身上永远找不到的创造的属性、开放的属性、创新的属性、面向未来的属性和追求完美的属性。"[40]这才是人类"爱美之心"的真正奥秘。

第二讲论述了爱美之心人皆有之,而这是生命成长的特殊礼物。在人类生命的成长过程中,依然是要经历"赌"理想的人生状态和"向死而生"的结局、"无缘无故"的苦难,还有约伯、浮士德、帕斯卡尔的"人性豪赌",然后借助宗教文化,建立"信仰的温床",最后是"用爱去获得世界和自由"。这就是在书中"用爱去获得世界"一节中说的,由爱美之心的阐释到美学内涵的揭示:"'无缘无故的痛苦'和'无缘无故的爱'是我对于美学内涵的最简单的提示。"

第三讲论述了我审美故我在,人要背对黑暗而面向光明。他认为"审美活动就是以'超越性'和'境界性'来满足人类的'未特定性'和'无限性'的特定需要的"。在这个过程中生命既在共时维度上突破了同一性、永恒性、直觉性,也在历时维度上经历了表现性,在超越丑与恶的审美活动中获得终极关怀,那就是"对恶的真正否定和超越,是不再像恶那样存在"。即帕斯卡尔所说的"哪里有堕落,哪里就有拯救"。[41]

第四讲强调美在境界,发现美丽灵魂的新大陆。在引入"境界"的命题后,审美活动豁然开朗,从自然山水的对象化到文学艺术的对象化再到自我生命的对象化，恰如王国维说的"有境界则自成高格"，由此潘知常得出对美是什么的界定："美是自由的境界。"充分印证了托尔斯泰的名言：人不是因为美丽而可爱，而是因为可爱而美丽，即康德揭示的"主观的普遍必然性"。为何要学美学，为何要爱美，因为美在境界。

如果说《生命美学》是潘知常的生命美学的奠基之作，那么《生命美学论稿》就是潘知常生命美学的成熟之作，而《没有美万万不能》则是潘知常围绕审美活动、阐释当代美学、走向生命现实的不断完善的理论建构。

三、走向哲学的生命美学

体系的建构真是一柄双刃剑，理论成熟的同时也意味着体系建构光荣地落下帷幕。

建构的体系又是一块试金石，实践检验之后又开启了建构体系面向未来的新征程。

潘知常建构的生命美学体系属于正在走向成熟的开放体系，是一种成长中的美学。

生命美学永远处于开放性的建构过程之中。

正如他在2020年第2期《文艺争鸣》里发表的《生命美学的原创性格——再回应李泽厚先生的质疑》一文里说到的："'生命视界''情感为本''境界取向'又并不是生命美学的全部，而只是生命美学中鼎立的三足。……无论生命还是情感、境界，都是指向人的，而且也都是三而一、一而三的关系：生命是情感的生命、境界的生命；情感是生命的情感、境界的情感。境界是生命的境界、情感的境界。"[42]如果说这是他生命美学的学理结构的完成的话，那么如前所述，在生命美学体系的建构过程中，他还完成了两个结构。第一个是作为前奏的文艺美学，这属于生命美学的"前结构"，因为文艺学是距离美学最近的学科理论，它形成了他从实践到理论、从古典到现代、从文艺到文化的"空间形态"。第二个是不断完善的作为理论形态的"显结构"，这是属于生命美学的"小结构"，一定意义上也就是浓缩版的生命美学体系，突出了他从审美到美学、从美学到生命、从生命到现实的"线性构成"。既然是成长中的生命美学，那就必定还有一个更宏大的背景、更高远的目标、更深厚的学理的"大结构"，那就是走向哲学的生命美学。

前结构的空间形态和小结构的线性构成，一潜隐一显在，一空间一时间，交织而成坐标性的交点和原点，便是我们认识或建设生命美学的逻辑起点，它意味着其间逻辑不是从哲学走向美学，而是从美学走向哲学，不是从生命哲学走向生命美学，而是从生命美学走向生命哲学——走向哲学的生命美学。这就是2019年在杭州举行的"西湖秋色"高端学术雅聚期间，潘知常接受学术人物专访时提出的"从生命美学到生命哲学"的最新命题。面对这样一个宏大的结构，他还敏锐地发现了"生命美学的不足，在我看来，主要是在生命哲学方面开掘得还不够，还有较大的提升空间"。[43]要完善这个结构，除了我们熟悉的人文科学外，还需要自然科学、社会科学，乃至技术科学的加盟和支持。

严格说，这不是潘知常一时兴起的提法或自我谦虚的说辞，早在1991年的《生命美学》中，他已经明确提出：我们所从事的研究工作，应该隶属于"生命哲学"或"审美哲学"。[44]严格说，这并非潘知常的原创说法，最能体现潘知常审美哲学思想的当数2019年出版的《信仰建构中的审美救赎》，那我们先看看其中第五章第三节"从审美哲学、审美形而上学到审美救赎诗学"里，有关审美哲学的"金句"：

> 黑格尔曾说过："精神的哲学是一种审美的哲学。"
>
> 阿多诺也提示过："这些问题需要审美哲学介入。"
>
> 尼采毕生关注的悲剧问题，就是他的审美哲学观。
>
> 李泽厚一直思考的主体性，也就是他的审美哲学。

1. 本体，从生命活动到审美活动

所谓"本体"，在不同的语境中有不一样的含义：在物理学中是物质类型；在现象学中是个体显现；在心理学中是事实真相；在社会学中是实践主体；在哲学中的本体是存在的终极和宇宙的本源，如中国先秦哲学老子的"道"，西方早期哲

学泰勒斯的"水"。柏拉图在《理想国》里通过对理念的讨论来说明世界的本体性存在；亚里士多德在《范畴篇》中则通过对范畴的时间和空间、数量和性质等的区分来建立一个实体性的本体世界；康德哲学的"哥白尼式革命"却从范畴在人与存在的关系的思考，从人类的认识论角度来探讨本体究竟是什么，"要评判美，就要有一颗有修养的心灵"，崇高就是认识到了"头顶的灿烂星空"与"心中的道德法则"，"美是道德的象征"等都是康德通过对美的认识，建立起来的人类心灵对个体生命的主体世界存在的感知。这都说明本体不存在于世界的彼岸，只能显现于世界的此岸，不在此岸的物理世界，而在此岸的认知世界；不在此岸认知的最后结果，而在此岸认知的真实过程。在这充满生命酸甜苦辣的体验中就体现出了人类"求真、向善、爱美"的生命本能意愿。这样的生命本体就是世界本体，反之亦然，它们完整地体现出了自然、社会、生命的"天地大德"。在超越中外哲学家的"实体本体""概念本体""逻辑本体""道德本体"后，生命本体彰显出以人类生命为核心的自然体系和社会体系和谐共生的感性个体和理性主体的本体的存在和意义。

其实，生命的本体既不是死寂形态的某一"物"，也不是静止状态的某种"思"，而是承接过去、活在当下、走向未来的鲜活个体存在，它体现在生命的活动过程中，也可以视为对人的本质的理解。潘知常根据马克思《1844年经济学—哲学手稿》阐述的"生命活动的性质包含着一个物种的全部特性、它的类的特性，而自由自觉的活动恰恰就是人的类的特性"[45]；还有《关于费尔巴哈的提纲》里的"人的本质并不是单个人所固有的抽象物，实际上，它是一切社会关系的总和"[46]；他说道："准确地说，马克思是从历史性、现实性、可能性三个方面来强调人的本质的。在历史性上，人是以往全部世界史的产物；在现实性上，人是一切社会关系的总和；在可能性上，人是自由生命的理想实现。"[47]既然生命具有历史性、现实性和可能性，那么，我们应该如何理解"生命"，或怎样界定"生命"呢？潘知常在2018年第12期的《美与时代》上刊发的《生命美学：归来仍旧少年》回忆道：

我在《生命美学》中详细论证了，生命美学之所谓"生命"，或者说，所"基于"的"生命",是作为"理性本性的理想生命",它体现的是"内在需要的最高需要",达成的则是"个体自我的自由个性"。而且,与动物的生命不同,生命美学之所谓"生命"意味着:"从超验而不是经验的角度来规定人";"从未来而不是过去的角度来规定人";"从自我而不是对象的角度来规定人"。[48]

可见,超验、未来、自我就是生命本体的三要素。

具体而言,就是法国后印象派大师高更,在遥远的南太平洋塔希提岛上,站在19世纪与20世纪之交的门槛上,提出的三大质询:我们从何处来?我们是谁?我们往何处去?这与其说是人类命运的三问,不如说是生命本体的三问,它是终极意义上的质询,虽然答案"永远在路上",但生命活动中的审美活动或审美活动中的生命活动却是毋庸置疑的,那么,本体论视域下的生命活动是如何变成审美活动的呢?

如果说单纯的生命活动仅仅是一种本能的"生",正如很多中国人都信奉的"好死不如赖活着",那么有意义的生命活动一定表现为审美活动,这与人是否从事艺术活动或观光活动无关,人一定要通过"爱"来证明自己是那颗"长得超出了自己的树"。对于进入文明时代的人而言,单纯的生命活动对人来说是"虽然活着,他已经死了",而审美活动对人来说则是"尽管死了,但他还活着"。不但懂得"受爱"而且知道如何"施爱"的生命才是真正的审美生命,也就是人由生命活动进入到了审美活动。在雨果的《巴黎圣母院》里,真正进入了审美活动的是哪一个男人呢?尽管他们都爱着吉卜赛女郎爱斯梅拉尔德,不是相貌堂堂和威严无比的皇宫卫士法比斯,也不是知识渊博和勤奋好学的副主教克洛德·弗洛罗,而是丑陋的敲钟人加西莫多。他时刻保护着吉卜赛女郎的安全,还想方设法地哄她开心,每当女郎在他身边的时候,就是他最快乐的时候,最后他依偎在已经死去的女郎身旁,幸福地闭上了眼睛。正是因为加西莫多懂得爱,他的生命真正进入了审美活动。

为何说"爱"是最能彰显生命活动进入了审美活动的本体表征呢?因为"爱"

不论是对于个体生命还是人类生命来说都构成了两个"二位一体"。

对个体而言，爱是原欲与升华的二位一体。孟子基于"人兽之辨"，认为"人之所以异于禽兽者几希"，这个"异"即不同或差别，孟子的理解是"恻隐之心，仁之端也；羞恶之心，义之端也；辞让之心，礼之端也；是非之心，智之端也"。这种先秦儒家伦理思想，指的就是每个人身上都存在本能式的"恻隐""羞恶"一类的原欲，但随着社会交往的增加和人际关系的复杂，又会产生"辞让"和"是非"一类的带有理性判断的高级情感。这种原欲与升华皆集中统一于一身，也就是西方文化认为的人是魔鬼与天使的二位一体。潘知常总结为："爱是对于无限性、'人是目的'和'人是终极价值'、绝对尊严、绝对权利、绝对责任、'成为人''人样''人味'等坚定不移的'信'、毫无怀疑的'信'。"[49]

对人类而言，爱是输出与接受的二位一体。这是潘知常一直提倡的"我们必须假设我们所置身的世界是一个'爱'的世界。……这样，以爱的名义去关照世界，就是美学的唯一选择"[50]。孔子说"仁者爱人"，由于爱不但有利己性更有利他性，需要在一个人数大于等于二的世界中实现它的意义，可见，如果没有将爱施之于人，爱处于除了自己无人知晓的状态，爱是没有意义，只有将爱授之于人，让爱产生效果，这个爱才具有意义。如弗洛姆所言："只有一种感情既能满足人与世界成为一体的需要，同时又不使个人失去他的完整和独立意识，这就是爱。"[51]就像你有一个苹果，我也有一个苹果，交换后我们还是只有一个苹果，而爱交换后，我们都拥有了两倍的爱。

有关爱的两个二位一体，与其说第一个"一体"是个人的身体、第二个"一体"是社会的本体，不如说它们都是生命的本体，没有你我他的生命存在，这些都将是"皮之不存毛将焉附"。

柏拉图说："谁若不从爱开始，也将无法理解哲学。"若如此，当然也就无法理解美学。

达·芬奇说："只有爱才是世界的钥匙。"爱更是美学的钥匙。

陀思妥耶夫斯基说："用爱去获得世界。"获得爱也就获得了生命。

潘知常说："爱就是生命的全部意义。"拥有爱，生命才获得了意义。

2. 认识，从本质追问到意义追问

本体是"是什么"，而认识就是"如何"认识本体。

高更提出了人生三大终极问题：我们从何处来？我们是谁？我们将往何处去？应该说这些终极问题源于古希腊德尔菲神庙门楣上镌刻的这样一个神谕："人啊！认识你自己。"据说这是苏格拉底题写的。苏格拉底的伟大在于"我所知便是我无知"，他有自知之明，能够清楚地认识自己。这也是中国先哲老子推崇的"知人者智，自知者明"。

李泽厚在《人类学历史本体论》一书的开篇也提出了三个问题：人类如何可能？什么是人性？何谓命运的哲学？第一问是问人与动物的区别，第二问就是回答，第三问是对第二问的学理归纳，即哲学视域下的人类学历史本体论。为此，李泽厚从经验变先验、历史建理性、心理成本体的人类文明经历说明："文化心理结构说更重视文明、文化对人类心理的塑造、构筑的建设性方面，即：人类不同于动物，除理性、语言、思维、逻辑外，也包括情感、欲望，例如使性变成爱，使动物的快乐感觉变为人的审美需要，如此等等。"[52]这不但是历史的"积淀"，而且是走向未来的"生成"。

在如何认识生命的本体这一问题上，如果说李泽厚的关键词是"积淀"，那么潘知常的主题语就是"自由"，他说："关于自由，古今中外的定义固然很多，但是从最根本的内涵来看，则无非是两个方面，其一是强调自由的主观性、超越性，例如古希腊的伊壁鸠鲁就曾经从原子的偏斜运动来描述自由。其二是强调自由的必然性、客观性。"[53]结合生命美学的哲学精神，或走向哲学的生命美学，"积淀"说是向后看的，旨在从人类文明发展的历史中总结出来有关生命的本质认识论，而"自由"说无疑是向前看的，充满着不可知的必然如此的理想性和将可知的一定如此的超越性。是的，着眼于审美哲学的生命美学，认识生命的本质早已成为历史，进入了文明的博物馆，而生命的意义正在召唤着我们，带领我们走进文明的规划馆，憧憬未来，畅想明天。那就是如何做一个真正而有意义的人。

人们都知道卢梭的这句话："人生而自由但无往而不在枷锁之中。"但他还有一句更精彩的话："即使把我关进巴士底狱，我也要在镣铐上绣出自由的花朵。"

真可谓"生命诚可贵，爱情价更高；若为自由故，二者皆可抛"。自由的生命永远是走向未来的。如潘知常说的那样：

> 当一个人把人生的目标提高到自身的现实本性之上，不再为现实的苦难而是为人类的终极目标而受难、而追求、而生活，他也就进入了一种真正的人的生活。此时此刻，他已经神奇地把自己塑造成为一个真正的人，并且意味深长地发现：人就是人自己所塑造的东西；为了这一切，人必须从自己的终极目标走向自己。[54]

这就是美学给予生命——必须是自由意义上的生命——的庄严应答，正如马克思所言："任何人类历史的第一个前提无疑是有生命的个人的存在。"[55]就个体生命而言，它具体表现在这样三个方面：

首先是生命的历史理性。生命的意识是意识到的生命，没有自我意识的生命是自然意义的生命，而自我意识的核心是自我反思的意识，反思是表现于当下着眼于过去而瞩目于未来的精神活动，由此形成了个体生命的历史理性。其中包含着人类文明的丰富内容，通过后天的习得和规训渐渐融入进了生命的成长过程。在所有的教育经验中唯有作为第一哲学的美学，既包含着感性的生成体验，又充满着理性的思辨意识，并且它从最高层面和终极关怀上，给予生命求真、向善、爱美的熏陶和感悟、引领和启迪，它让一个普通的生命在如李泽厚说的"经验变先验，历史建理性"的积淀后，成为毛泽东称赞著名国际主义战士白求恩那样的"一个高尚的人，一个纯粹的人，一个有道德的人，一个脱离了低级趣味的人，一个有益于人民的人"。这种历史建立的理性是没有脱离感性的理性，也就是美学，尤其是生命美学对每一个个体生命的本质规定，使个体生命完成了由蒙昧到文明的"华丽转身"。

其次是生命的现实本性。历史积淀和规定的理性让人类更加完善得像天使一般，实现莎士比亚的人文主义理想："人是一件多么了不起的杰作，多么高贵的理性，多么伟大的力量……宇宙的精华，万物的灵长。"这或许会让一个普通的生命分外沉重而格外谨慎，而现实生活中的绝大多数人都是凡夫俗子，按照弗洛伊德的说法，他是按照"现实原则"行事的自我，哈姆雷特式的"重振乾坤"固然神圣，但如马克思主义哲学阐释的"人们首先必须吃、喝、住、穿，然后才能从事政治、科学、艺术、宗教等等"。因此，高贵而神圣的个体生命还有绕不开，而又必须经历"现实本性"。如果不承认这一点，那么美学将成为神学，生命美学也将成为宗教美学。因为，通常被置于道德法庭审判和政治讲坛批判的，如贪生怕死、好逸恶劳、喜新厌旧这些属于个体生命本性和本能、原欲和原罪的成分，在维护社会和人伦底线的前提下都应当得到生命美学的包容和承认。

最后是生命的未来诗性。与动物生命相比，人的生命具有不确定性、可塑造性和向未来性。相比较而言，人的形体、肤色和容貌这些外部生命特征，受遗传的制约极大，后来的变化不大；而人的才能、品质和情感这些内部生命特征，更多受社会和环境的影响，其变数不可预料，也正因此我们的生命才蕴藏着无穷的奥秘与能量，蕴含着无尽的魅力与智慧，更充满着情感和想象的无限空间。这与其说是来自社会环境的影响，不如说是人类生命向力所致，它不仅隐藏于生命体内的DNA中，而且表现在人类生命开始直立行走而促使人类发现了"诗与远方"，人类才生发出"抬望眼，仰长天啸"的天问思索与胸中悲情，由此促进了人类智商的开发和情商的激发。就这个意义而言，不论是从社会的进步看，还是从个体的成长看，明天总是更加美好的，未来总会是值得期待的。"面包会有的，牛奶也会有的。""冬天到了，春天还远吗？"

由本质追问到意义追问，在"自由"女神的引导下，寻常的生命终于——

有了"意义"，才能够让人得以看到苦难背后的坚持，仇恨之外的挚爱，也让人得以看到绝望之上的希望。因此，正是"意义"，才让人跨越了有限，默认了无限，融入了无限，结果，也就得以真实地触摸到了生命的尊严、生命的美丽、生命的神圣。[56]

3. 价值，从现实关怀到终极关怀

马克思说："任何真正的哲学都是自己时代的精神上的精华。"这就是哲学的价值。

如果说本体是回答世界"是什么"，认识是回答我们如何知道这个世界的"是"，那么价值就是回答这个世界"为什么"是"是"。这个"为什么"分别在物质和现实、精神和理想两个领域满足我们的需求，物质的能够直接带来实际效益的就是所谓的现实关怀，精神的能够产生意义效应的就是所谓的终极关怀。可见，所谓价值就是对象是否或在多大程度上满足主体需求的一种判断世界的尺度，由于人类主体与对象之间或主体与主体之间建立的社会关系是多种多样的，尽管有"是非"的法理关系、"真假"的逻辑关系、"善恶"的伦理关系、"美丑"的感受关系，但最根本的关系是利害关系，尤其是经济上的利害即利益关系，其他社会关系都是这个关系所派生出来的，并在本质上都是为利益关系服务的。因此，价值关系是人类一切社会关系的基础和核心。

在我们习惯了的教育理念里，甚至包括哲学教育，一直强调"学以致用""知行合一"的"理论联系实际"，它源于中国文化传统的"实用理性"。如果美学不能解决涂脂抹粉的美容、巧夺天工的美景、绫罗绸缎的美服、山珍海味的美食、高堂华屋的美居等诸多技术层面和操作程序方面的困惑，就会怀疑美学的价值，由此导致1980年代"实践美学"的一统天下和1990年代"生活美学"的大行其道，乃至于各种艺术门类美学热火朝天，到了21世纪居然"日常生活审美化"大有取代基础美学之势头，美学理论研究转为文化现象研究，美学原理思考退化为审美技能训练，美学领域怪相丛生：在有用美学嘲笑无用美学的闹剧中，实践美学排挤生命美学，生活美学挤兑生命美学，身体美学僭越生命美学。

潘知常坚持"美学也是一门聪明之学和智慧之学"，是"学以致智"而不是"学以致用"。他说："美学之为美学，无非也就是要赌'美的意义'存在，无非也就是关于人类审美活动的意义与价值之学。……美学要想有所成就，要想真正说出几句令人信服的话来，只有一个办法，那就是，至关重要的不是急于去研究什么具体的问题，而是——首先把自己真正安置在人文学科的立场之上，而且，将学以

致智作为自己的根本目标。"[57]真正的美学，尤其是生命美学不但要脚踏大地，而且要仰望星空，也只有在"抬望眼，仰长天啸"的唏嘘中，才能知晓生命的价值不仅是"三十功名尘与土"的现实关怀，更有"八千里路云和月"的终极关怀。

终极关怀作为潘知常生命美学体系中的最高价值，也是最大意义和最后建构，那么，终极关怀是什么呢？"在美学领域，终极关怀的视角，就集中代表着西方的基督教文化精神的馈赠。美学问题的解决，其实也就是价值取向问题的解决；价值取向问题的解决，其实就是终极关怀问题的解决；而终极关怀问题的解决，则是中国文化与西方基督教文化的对话的问题的解决。"[58]看来，源自西方文化的"终极关怀"就是守护必须与应当的"不得不如此"的东西，而它就是基督教文化的"信仰"，唯有它是区分现实关怀与终极关怀的分水岭，同时也是终极关怀的最大"关怀"、最后"关怀"和最美"关怀"。

生命美学为什么需要和提倡作为和现实关怀相对应的终极关怀，要弄清楚这一点，还得明白我们当今处于一个什么样的"现实"，以及我们应该有什么样的作为。

首先，这是一个市场经济乘风破浪的时代，我们应该擦亮人文的眼睛，警惕经济的肆虐蚕食。

自从党的十一届三中全会将中国的发展重心转移到经济建设以来，如鱼得水的市场经济犹如一只无形的巨手，推动着中国社会经济的全面进步和繁荣，特别是经济建设的巨大成就令世界瞩目。但是，毋庸讳言，市场经济也是一柄双刃剑，既有行为短期化的急功近利、利益最大化的唯利是图、人文虚无化的理想失落等弊端，也有机遇平等化的优胜劣汰、心态务实化的脚踏实地、竞争自由化的发展环境等优点。面对这个犹如希腊神话里的双面人雅努斯，或许市场经济的现实作用太巨大和神奇了，以至于我们忽略了它凶神恶煞的另一面将会给我们带来的负面影响，而当代中国的生命美学就应承担起一个重要的工作，那就是研判和预判如何应对经济诉求对精神世界的冲击。

其次，这是一个科技革命日新月异的时代，我们应该扬起理性的头颅，防止科技的负面影响肆意膨胀。

中国社会的全面转型，不但刺激着市场经济的空前繁盛，而且促进了科技的迅猛前进，以互联网为标志的当代科技正影响、改变，甚至颠覆传统的生产关系、人们的思想意识和经济的增长模式，尤其是人工智能的异军突起，大有重构经济发展、社会格局和人类精神世界的咄咄逼人态势，特别是2020年12月4日公布的中国量子计算原型机"九章"的问世，它的运算速度比目前最快的超级计算机快一百万亿倍，这意味着科技的又一次前进，也许，在将来，人类的精神世界和艺术创作都是可以原封不动的"复制"、随心所欲的"生成"，直至拥有原创性的生命"意义"。

就在人们为市场经济和科技革命而摇旗呐喊的时候，在1990年代，人类开始憧憬新世纪曙光的时候，学者们敏锐感到了人文精神已经开始的失落。

1993年第6期的《上海文学》发表了华东师范大学王晓明等的《旷野上的废墟——文学和人文精神的危机》，指出："今天的文学危机是一个触目的标志，不但标志了公众文化素质的普遍下降，更标志着整整几代人精神素质的持续恶化。文学的危机实际上暴露了当代中国人人文精神的危机，整个社会对文学的冷淡，正从一个侧面证实了，我们已经对发展自己的精神生活丧失了兴趣。"[59]近20年后，潘知常又主持了一次"中国当下文化与人文精神的反思"专题研究，指出："经过多年的摸索，人们终于逐渐取得了共识：尽管发展确实是硬道理，可是，发展也要讲道理。否则，用损害良心的方式挣钱，用损害健康的方式花钱，最终的结果，就必然是'精神溃败'。而'精神溃败'又必然大大增加社会运行的成本，使得我们的社会成为成本运行最为昂贵的社会，也使得我们的社会发展成为'坏的社会发展'。"[60]

如此岌岌可危的"现实"，固然需要振衰起敝的制度改革，但作为一介书生的潘知常唯有思想的利器是他克敌制胜的法宝，面对和置身这样的现实，潘知常再一次祭起了信仰的大旗：

> 人借助信仰，不仅可以超越短暂、有限的人生，实现对无限、永恒的价值追求，而且可以从信仰中获得激励、鼓舞。因为终极关怀的"终极"并非目

标，因此信仰的终极价值其实并不在于无限与超越的实现，而在于对于它的虽不能至，心向往之，在于它所给予人的那种极大的心灵慰藉，也在于在追求无限与超越的跃迁中获得洪荒之力。[61]

至此，审美是生命的最高境界的审美哲学，终于呱呱坠地。

注释：

1.宗白华：《美学散步》，上海人民出版社1981年版，第242页。

2.李泽厚：《美的历程》，中国社会科学出版社1984年版，第267页。

3.易中天：《书生意气》，云南人民出版社2001年版，第149页。

4.《别林斯基选集》第2卷，满涛译，时代出版社1953年版，第429页。

5.潘知常：《关于中国美学史的研究方法问题》，《学术月刊》1984年第7期，第54页。

6.潘知常：《试论中国古典美学的思维机制》，《江汉论坛》1986年第6期，第44页。

7.潘知常：《从"照着讲"到"接着讲"——中国美学研究的两种运思心态》，《天津社会科学》1991年第2期，第50—51页。

8.潘知常：《中国美学史上第一个认识圆圈的完成——中国美学史札记》，《信阳师范学院学报》（哲学社会科学版）1985年第2期，第69、73页。

9.潘知常：《美的冲突》，学林出版社1989年版，第100页。

10.潘知常：《中西比较美学论稿》，百花洲文艺出版社2000年版，第255页。

11.潘知常：《中西比较美学论稿》，百花洲文艺出版社2000年版，第277页。

12.潘知常：《中西比较美学论稿》，百花洲文艺出版社2000年版，第284页。

13.潘知常：《中西比较美学论稿》，百花洲文艺出版社2000年版，第335页。

14.潘知常：《众妙之门——中国美感心态的深层结构》，黄河文艺出版社1989年版，第79页。

15.潘知常：《众妙之门——中国美感心态的深层结构》，黄河文艺出版社1989

年版，第329、325、317页。

16.潘知常：《谁劫持了我们的美感——潘知常揭秘四大奇书》，学林出版社2007年版，第288页。

17.潘知常：《纵浪大化——杨彦画观后》，《科技潮》1997年第7期，第156、157页。

18.潘知常：《我爱故我在——生命美学的视界》，江西人民出版社2009年版，第284页。

19.潘知常：《反美学——在阐释理解当代审美文化》，学林出版社1995年版，第142页。

20.潘知常：《高雅的赝品：所谓"中产阶级趣味"》，《粤海风》2000年第3期，第40页。

21.李琪、潘知常：《歌唱与政治——从宋祖英的演唱风格谈起》，《东方论坛》2006年第3期，第63页。

22.彭海涛、潘知常：《一种声音系统的权力实践——从赵忠祥、倪萍、李咏谈起》，《东方论坛》2006年第2期，第46页。

23.潘知常、范江波：《透明的网络》，《粤海风》2003年第6期，第39页。

24.潘知常、邓天颖：《叩问美学新千年的现代思路——潘知常教授访谈》，《学术月刊》2005年第3期，第114页。

25.潘知常：《塑长江魂 打长江牌 从"内河时代"跨入"长江时代"》，《江苏政协》2004年第1期，第35页。

26.潘知常：《南京城市形象研究》，《现代城市研究》2004年第5期，第20页。

27.潘知常：《从"南京文学"到"文学南京"——在文学中重新发现南京》，《青春》2020年第4期，第5页。

28.潘知常：《生命美学》，河南人民出版社1991年版，第13页。

29.潘知常：《诗与思的对话——审美活动的本体论内涵及其现代阐释》，上海三联书店1997年版，第37、39页。

30.王世德：《潘知常生命美学体系试论》，《上海文化》2017年第6期，第73页。

31.潘知常：《生命美学》，河南人民出版社1991年版，第1、308页。

32.潘知常：《生命美学：归来仍旧少年》，《美与时代》2018年第12期，第36页。

33.潘知常：《诗与思的对话——审美活动的本体论内涵及其现代仪式阐释》，上海三联书店1997年版，第4、6页。

34.潘知常：《美学的边缘——在阐释中理解当代审美观念》，上海人民出版社1998年版，第14页。

35.潘知常：《生命美学论稿：在阐释中理解当代生命美学》，郑州大学出版社2002年版，第405页。

36.潘知常：《我爱故我在——生命美学的视界》，江西人民出版社2009年版，前言第6页。

37.潘知常：《我爱故我在——生命美学的视界》，江西人民出版社2009年版，第179页。

38.潘知常：《我爱故我在——生命美学的视界》，江西人民出版社2009年版，第95—96页。

39.潘知常：《没有美万万不能：美学导论》，人民出版社2012年版，第52页。

40.潘知常：《我爱故我在——生命美学的视界》，江西人民出版社2009年版，第98页。

41.潘知常：《没有美万万不能：美学导论》，人民出版社2012年版，第196、298页。

42.潘知常：《生命美学的原创性格——再回应李泽厚先生的质疑》，《文艺争鸣》2020年第2期，第93页。

43.https://www.thepaper.cn/newsDetail_forward_5349983

44.潘知常：《生命美学》，河南人民出版社1991年版，第12页。

45.马克思：《1844年经济学—哲学手稿》，刘丕坤译，人民出版社1979年版，第50页。

46.《马克思恩格斯全集》第3卷，人民出版社1960年版，第5页。

47.潘知常：《生命美学论稿：在阐释中理解当代生命美学》，郑州大学出版社2002年版，第273页。

48.潘知常：《生命美学：归来仍旧少年》，《美与时代》（下）2018年第12期，第35页。

49.潘知常：《信仰建构中的审美救赎》，人民出版社2019年版，第369页。

50.潘知常：《信仰建构中的审美救赎》，人民出版社2019年版，第503页。

51.弗洛姆：《健全的社会》，欧阳谦译，中国文联出版公司1988年版，第29页。

52.李泽厚：《人类学历史本体论》，青岛出版社2016年版，第12页。

53.潘知常：《信仰建构中的审美救赎》，人民出版社2019年版，第461页。

54.潘知常：《美学的重构：以超越维度和终极关怀为视域——关于生命美学的思考》，《西北师大学报》（社会科学版）2016年第6期，第51页。

55.《马克思恩格斯全集》第3卷，人民出版社1960年版，第23页。

56.潘知常：《信仰建构中的审美救赎》，人民出版社2019年版，第174页。

57.潘知常：《没有美万万不能：美学导论》，人民出版社2012年版，第27、30页。

58.潘知常：《头顶的星空：美学与终极关怀》，广西师范大学出版社2016年版，第75页。

59.王晓明等：《旷野上的废墟——文学和人文精神的危机》，《上海文学》1993年第6期，第64页。

60.潘知常：《"中国当下文化与人文精神的反思"专题研究》，《湘潭大学学报》（哲学社会科学版）2012年第5期，第76页。

61.潘知常：《信仰建构中的审美救赎》，人民出版社2019年版，第139-140页。

第十章 未来的走向：美美与共，天下大同

走向未来的生命美学，一定是热切呼唤着"让世界充满爱"的美学。

只要生命不死，人类存在，美学就永远"在路上"，可是，有一种声音却不时传来：美学终结。记得当年黑格尔在《美学》里也说过"艺术终结"，但他的意思不是说艺术要消亡，而是艺术将开始"扬弃"和"转化"。以此观之，潘知常认为："所谓的'美学终结'，其实也仍旧是在坚持一种关于审美的思考，而且也必然是有其具体的针对性——必然只是针对过去的对于审美问题的种种非审美的理解。"[1]美学应该如何面向未来呢？潘知常始终坚持生命美学研究的两个"重要"思考：重要的不是美学思考中的"集中意识"，而是"支援意识"；重要的不是"何为美学"，而是"美学何为"。

不论是当代英籍哲学家波兰尼提出的"支援意识"，即科学家研究的价值取向，而不是研究能力的"集中意识"，还是潘知常提出的"美学何为"，即美学学科对于人类的意义，而不是回答美是什么的"美学为何"，都启示当代中国的生命美学研究在走向未来的征途上，必须要有更为宽广的视野、更加深远的意识和更高阶的思维站位。这不但是一种体现"支援意识"的研究思路，而且是一种"美学何为"的未来担当。从这个意义而言，"美拯救人类"，才不是一句虚妄之言，而是

一腔道义情怀。

为此，潘知常于2020年提出了全新的生命美学思想，那是"万物一体仁爱"的生命哲学，而其中的"人，则是其中的'万物灵长''万物之心'，既通万物生生之理，又与万物生命相通，既与天地万物的生命协同共进，更以天地之道的实现作为自己的生命之道"[2]。相对于李泽厚的"人类学历史本体论"的哲学观，1991年潘知常就提出了"万物一体仁爱"的生命哲学，"我爱故我在"，是其中的主旋律。为此，他甚至以"我爱故我在"作为一部美学专著的书名。在"万物一体仁爱"的生命哲学中，爱即生命、生命即爱与"因生而爱""因爱而生"是它的主题，而且，它并非西方所谓的"爱智慧"与智之爱，而是"爱的智慧"与爱之智。其中，核心的见解和贡献是将本属于伦理道德范畴的"仁爱"引入了美学。

走向未来的生命美学，就是通过美学本体的重建而走向生命哲学和审美哲学，那就要从中国传统美学中吸取营养而获得"广生——宇宙大视野"，从西方人文主义传统尤其是马克思主义美学中得到指导而拥有"仁爱——人类大情怀"，从当今生态美学、生活美学和身体美学中寻求启发而建立"大美——生命大境界"的生命美学，从而实现著名文化人类学家费孝通先生提倡的"各美其美，美人之美，美美与共，天下大同"。

一、广生——宇宙大视野

大宇宙，一个似乎远离我们的广漠时空，波诡云谲，气象万千。

小宇宙，一个就是我们自己的奇妙身心，荡气回肠，幽眇无比。

连接二者的是什么呢？气——宇宙流衍之元气和生命演化之生气。先秦属于黄老思想的哲学著作《鹖冠子》《泰录》篇认为"天地成于元气，万物乘于天地"，《鹖冠子》《泰录》篇又有"天者，气之所总出也"，说明元气是天地万物的本原，宇宙万物归结为气。《孟子·公孙丑上》指出"元气"是人的一种生命状态："夫志，气之帅也；气，体之充也。夫志至焉，气次焉。"意思是，心志是意气的主帅，意气是充满体内的。心志关注到哪里，意气就停留到哪里。于此，"元气"

为美学注入了生命的元气，从而使得美学更成为生命美学了。

中国现代生命美学的大家方东美说道："天地之大美即在普遍生命之流行变化，创造不息。我们若要原天地之美，则直透之道，也就在协和宇宙，参赞化育，深体天人合一之道，相与浃而俱化，以显露同样的创造，宣泄同样的生香活意，换句话说，天地之美寄于生命，在于盎然生意与灿然活力，而生命之美形于创造，在于浩然生气与醉然创意。"[3]方东美的生命美学不是局限于有限的个体的生活境域，而是联通万物、协和宇宙，将生物意义的生命与宇宙视域的生命合而为一，"天人合一"，可见，方东美的生命是"广大和谐"的生命，他的生命美学是大宇宙观的生命美学。

潘知常通过中西文明形态的比较得出"法自然"与"立文明"的不同。"'法自然'即所谓化世界为境界。这里的'自然'不是自然界，而是自然而然，不是世界，而是境界，是对文明的僵化状态的消解。"不论是人生体验，还是艺术呈现，"都被视若'道'的显现，'天地之美'鼓鼓泊泊地从中自行显现出来"[4]作为中国文化精髓的"道"，在当代中国生命美学的建设中的作用，恰如鲁迅先生在《华盖集·忽然想到（四）》中说的"历史上都写着中国的灵魂，指示着将来的命运"。古为今用，让历史告诉未来。

正如老子哲学思想所表达的："道生一，一生二，二生三，三生万物。"

正是程颢用诗歌语言所描绘的："道通天地有形外，思入风云变态中。"

1. 宇宙意识

如果说"一切历史都是当代史"的呈现，那么"一切当代史都是历史"的延续。

中国当代生命美学要想得到更大的成长空间和赢得更好的发展前景，就首先必须回到五千年灿烂辉煌的中华文明历史。这是潘知常在2018年第4期《学术研究》发表的《生命美学：从"新时期"到"新时代"》提出的洞见：

在今后的探索中，生命美学亟待更加主动地回到中国传统美学。因为在中国传统美学中潜藏着丰富的审美形而上学+审美救赎诗学的资源，对于"诗与哲学"、"诗与人生"以及"诗化哲学"、"诗性人生"的思考也是一座富矿。

走向未来的前提是回到历史，那么中国传统美学能够给中国当代生命美学输送哪些精神营养和学术资源呢？潘知常提出了中国美学历史"忧生"和"忧世"的两大传统，"忧生"的发展是从《山海经》到庄子美学再到魏晋文学再到李煜诗歌再到晚明启蒙美学直至《红楼梦》，"它意味着一个'忧生'的美学传统，一个终极关怀的美学传统，一个按照王国维的话说是'为文学为生活'的美学传统。而且，这才是中国美学的'精华'，也才代表中国美学的方向"[5]。毫无疑问，"忧生"美学代表着中国美学未来的方向。

最早记载中国古代生命美学思想的一本书，既不是作为历史文献总集的《尚书》，也不是作为地方诗歌汇编的《诗经》，而是被喻为包罗万象的远古中国文化"百科全书"的《山海经》，里面的女娲造人、夸父逐日、精卫填海、羿射九日、鲧禹治水、愚公移山等神奇的人物和传奇的故事，表达了生命不息，奋斗不止，代表了一种积极向上的生命意识，表现了人类勇敢顽强和自然恶劣环境做斗争的生命之美。潘知常说道："《山海经》写了对生命的热爱和愤恨，欢欣和恐惧，反抗和膺服，它是中华民族真正的血性之源。""而今千年回望，我认为，中国美学的真正源头应该是《山海经》。"[6]这些英雄人物，没有生与死的概念，因而具有永恒的意义，也没有大与小的空间意识，因而体现出无限的意蕴，这就是我们民族富有生命活力的最古老而浪漫的宇宙意识。

尤其是《山海经》塑造了一个名曰"帝江"的神怪形象，他不仅象征着生命意力，而且蕴含着宇宙意识。《山海经·西山经》记载了一个"其状如黄囊，赤如丹火，六足四翼，浑敦无面目，是识歌舞，实惟帝江也"的神怪形象。"浑敦"即混沌。这里，名曰帝江的神怪，它的形象其实就是神话中的混沌。混沌也作混沦，指宇宙形成前气、形、质三者浑然一体而未分离的迷蒙状态，是中国古代最早的宇宙意识，也即时空观念的说法。关于此最著名的莫过于盘古于混沌中开天辟地的神话，三国时期吴国的徐整的《三五历纪》："天地浑沌如鸡子，盘古生其中。万八千岁，天地开辟，阳清为天，阴浊为地。盘古在其中，一日九变，神于天，圣于地。天日高一丈，地日厚一丈，盘古日长一丈，如此万八千岁。"混沌的时空观中的空间渐渐淡出了，其淡出的原因恐怕与"杞人忧天"的空间恐惧有关吧，于是只剩下了时间的"如此万八千岁"。"相比之下，时间感知或许更为复杂，同时也更为饶具兴味。人类心灵深处，潜存着对'时间——存在'的亘古的忧患与恐惧。"[7]从《诗经》征战老兵的"昔我往矣，杨柳依依。今我来思，雨雪霏霏"到魏晋田园诗人的"误落尘网中，一去三十年。羁鸟恋旧林，池鱼思故渊"。"杨柳""雨雪"和"尘网"等空间里的形态都成了"昔我"与"今我"、"恋旧"与"思故"的时间变化的衬托和感悟。更有李白的"高堂明镜悲白发，朝如青丝暮成雪"，苏轼的"谁道人生无再少，门前流水尚能西"。"高堂明镜"和"门前流水"的空间只是作为一个陪衬，而真正要表达的是"朝如青丝暮成雪"和"谁道人生无再少"的时间感慨，因为时间有着不可逆转的特性，它不像空间那样是立体的，就像中国画本来是二维空间，却可以变成"高远""深远"和"平远"的"三远"三维空间。《山海经》里的如"生日月"的羲和、"化万物"的女娲、舞干戚的刑天、触不周的共工、衔木堙海的精卫、布土堙水的鲧禹父子，他们的生存空间和故事发生环境已经不重要了，重要的是他们作为反抗命运的悲剧英雄成为千古流芳永恒时间之象征。

中国美学历史中原本时空一体的宇宙意识变成仅有时间概念的宇宙意识，潘知常在《生命美学》第五章第二节"在时间中征服时间"提出了三种类型的时间：作为认识论意义的"现实时间"，它是"衡量人类征服外在世界的价值尺度"；作为原初性意义的"宇宙时间"，它"存在于人类活动之外，不受人类活动的影响"；作为本体论意义的"审美时间"，它是意味着"生命如何可能"的唯一真实的时间。借助这个时间，我们不但完成了生命的整个过程，而且赋予了生命的全部意义，从而让有限的人生变成无限的生命，让吃喝拉撒的生活变成兴观群怨的诗意。潘知常说道："因此，审美时间是时间的拯救者。审美，就意味着在无比完美而又极度浓缩的时间中生存。它使时间的长度感转化为强度感，使最为美好的瞬间从现实时间的线性之流中解放出来，不再是绝对地前后相续的时间链条中的一环。"[8]沉浸于如此美妙的时间河流里，既有如《礼记·大学》"苟日新，日日新，又日新"的胸襟，更有王羲之《兰亭诗》"群籁虽参差，适我无非新"的境界。

走向未来的生命美学或生命美学的走向未来，这个说法本身就蕴含着一种时间意识。20世纪西方很多学者都有对时间的哲学冥思的著作：胡塞尔的《内在时间意识的现象学》、海德格尔的《存在与时间》、施泰格尔的《时间是诗人的想象力》、普莱的《人类时间研究》等。这是为什么呢？著名学者刘小枫说道："有限与无限的关系问题，其核心点就是时间。作为感性个体，人正是由于感到时间的驱迫、生命的短暂，才拼命追求价值生成。""因此，关键问题在于如何理解时间，如何把握时间，如何诗化时间。时间既然是人的生存情状，诗化时间，也就是诗化人生。"[9]正如19世纪德国著名的文学家希勒格尔所说的："过去的爱，在一个永在的回溯所形成的永不消失的真实之中，重新开花，而现在的生命也就挟有未来希望和踵事增华的幼芽了。"[10]

西班牙学者加塞尔在《什么是哲学》（商梓书等译，商务印书馆，1994年版，第14—15页）说得好："在历史的每一刻中都总是并存着三个世代——年轻的一代、成长的一代、年老的一代。也就是说，每一个'今天'实际都包含着三个不同的'今天'：要看这是二十来岁的今天、四十来岁的今天，还是六十来岁的今天。"是的，拥有了今天，诗化了今天，就是拥有了明天，诗化了明天——立足今天瞩望中国生命美学的灿烂明天。

2. 天人合一

生命美学告诉我们，人的一生始终要面对两个世界：内在的情理世界和外在的天地世界，二者究竟是一个什么样的关系，一直是先哲们苦苦思索的问题。

潘知常一直关注人与自然关系的问题，他用马克思的美学思想创造性地阐述了"天人合一"。他依据马克思《1844年经济学—哲学手稿》"自由的有意识的活动恰恰就是人的类特性"和"有意识的生命活动把人同动物的生命活动直接区别开来"的自由意识主体论思想，认为人与自然的关系不仅仅有实践美学所看到的"自然的人化",更应该有生命美学所发现的"自然界生成为人"。在2021年2月举办的"第一届全国高校美学教师高级研修班"上,潘知常既从人类历史的宏观视角,又从个体生命的生长体验,反复强调了马克思说的"历史本身是自然史的即自然界生成为人这一过程的一个现实部分","全部所谓世界历史不外是人通过人的劳动的诞生,是自然界对人说来的生成"。[11]

传统哲学将之解释为"天人合一",这种天道价值观不仅深刻地影响了中华民族的宇宙观和人生观,而且也根本地规定了中国文化的独特性和方向性,其中蕴含的美学思想自不待言,它不仅意味着"天人交感"的自然审美意识,如孔子阐述的"智者乐水,仁者乐山";而且说明了"天意启示"的艺术审美原理,如张璪提出的"外师造化,中得心源";还揭示了"天人合德"的伦理审美意义,如司空图憧憬的"与道适往,着手成春"。不论是自然的、艺术的,还是社会的,围绕的核心都是一个普通的生命如何谐和外在物理世界和谐调内在心理世界。

诚然,"天人合一"的哲学思想和美学意义不是潘知常生命美学的重要范畴,但也不能说他没有涉及或思考过这个问题,他在《中国美学的基本范式》一文中说:"中国美学的背景性假设出之于中国美学的最高价值追求:天人合一。中国美学并不把宇宙看作一个实然状态的世界,而是不断地加以点化、超迈,最终使之臻于一个理想状态的价值世界。"[12]要了解潘知常思想中"自然界生成为人"的"天人合一"与生命美学的关系,还得明白他所谓的"中国美学的背景性假设"是什么。他在这篇文章里提出了三个"背景性假设":一是"内在性",强调"为仁由己"的主体意识,这种内在性体现为孔子的"天道远,人道迩"的状态,《宋史》的"运用之妙,存乎一心"的心态。二是"两极性",这是依据对立统一的矛盾规律而构成的一个"共生体",体现为生与死、阴与阳、情与景、虚与实、形与神等的动态过程关系。三是"消解性",这生动地体现在道家美学和禅宗美学依次消解了"有""无",最后对"消解"的消解,庄子的"大美不言"和"大象无形",司空图的"不着一字,尽得风流",严羽的"羚羊挂角,无迹可寻",慧能的"本来无一物,何处惹尘埃"都体现了这种消解。经过这三个背景性假设后,我们的生命才能达到庄子所期待的"判天地之美,析万物之理,察古人之全,寡能备于天地之美，称神明之容"的境界。

理解了如此三个中国美学的背景性假设，让我们对"天人合一"的理解有了一个全新的视域和重新的认识。尽管"天人合一"是一个古老的哲学思想，但是依然给予了当代中国生命美学重要的智慧启迪和鲜活的理论资源。具体表现在以下三个方面。

首先，"以天为宗"的信仰建构。

殷人"率民以事神"，周人"尊礼而崇德"，《尚书》释"德"："奉答天命，和恒四方民。""德"成了连接"天"与"人"的中介，《周书》里就有"天德"一词，它既是上天的意志体现，也是人事的行为规范，民间至今依然相信"人在做，天在看"中蕴含的"天人相应"效应，还有"信天命，尽人事"所期待的"天人互动"效果。潘知常说："无疑，'以天为宗'并非一种宗教，但却是一种信仰。""'天'毕竟是一种信仰。因为正是它的存在，才导致了'德'的向前向上，导致了'德'的不断提升。因此，'天'的出现，意味着中国的'无宗教而有信仰'的特色的形成。"[13]

的确，没有宗教是中国文化的一大特色，但是没有信仰却是中国文化所不能容忍的，所谓"见个土地磕个头"，尤其是置身物欲横流和人心不古的当今，我们不必请回鬼神，也不必引入上帝，但应该有"天命"的敬畏、"天道"的规定、"天意"的律令和"天理"的正义。潘知常着眼于21世纪中西文化的碰撞和交汇，针对中国文化传统的信仰缺失，提出了："信仰的建构并不必须由宗教来达成，道德救赎乃至审美救赎也同样可行，由此，中国独有的'无宗教而有道德'，尤其是中国独有的'无宗教而有审美'，也就因此而得以立足于中国的特定语境，更也就因此而在世界文化史、世界美学史中有了自己的不可取代的一席之地。"[14]让遥远的"天"降为身边的"神"，具有人格化的魅力和法无边的魔力。

其次，"以天为法"的价值选择。

这里的"天"，指的就是大自然，以天为法就是师法自然，以大自然为学习对象，告诫人们做人行事要顺应自然，不可违背大自然的规律。它来源于《墨子·法仪》："以天为法，动作有为，必度于天。天之所欲则为之，天所不欲则止。"以墨翟为代表的墨家学派把自然之天视为最公正和最仁慈的、凌驾于万物之上、可以赏善罚恶的神，主张人的活动必须服从天的好恶意志。"天必欲人之相爱相利，而不欲人之相恶相贼也"，为他们提出的"兼相爱、交相利"的理想披上"天意"的外衣，并以此来批判和否定统治者的人定法，使自然成为衡量一切是非曲直、善恶功过的统一的客观标准。

"以天为法"就是"人法于天"，也即是"道法自然"。在至高无上的"天意"下，儒家的"人原于天"和道家的"人本于天"，甚至包括法家的"人法于天"，所有的人只能"顺乎天"而不能"顺乎己"，主体地位的存在感荡然无存。潘知常批判道：中国美学"不去主动设立最高价值理想，而是把此权拱手让给苍天，不是'顺乎己'而是'顺乎天'，这就不能不导致'天人合一'的根本失误"。[15]由于大自然的最高代表"天"有着广大无私的特性，那么人与人之间的人道也应该像天道一样，于是墨家的"兼相爱"，与生命美学提倡的"没有爱是万万不能"，有着一脉相承的传统。窃以为潘知常的生命美学尽管对儒道美学有着深入的研究，但对墨家美学思想也应该投入更多的关注。

最后，"以天为心"的自由境界。

如果说前面的"以天为宗"和"以天为法"，"天"都成了中国文化中最高的人格神，而"人"却在"天命"的威严下和"天意"的要求下战战兢兢，那么这里的"以天为心"就开始走出了"天神"的疆域而进入艺术的领域。魏晋竹林七贤的刘伶放言"以天地为栋宇"以彰显洒脱不羁，苏东坡流放岭南途中写下了"浩然天地间，唯我独也正"以表明旷达刚毅，文天祥身陷囹圄时写下了"天地有正气，杂然赋流形"，以展示豪迈无畏，张载有着"为天地立心，为生民立命，为往圣继绝学，为万世开太平"的崇高情怀，还有中国现代著名作家柯灵留下了"以天地为心，造化为师，以真为骨，美为神，以宇宙万物为友，人间哀乐为怀，崇高宏远为理想"的座右铭，这些都是以天地广阔浩大的自由存在比附人格崇高伟岸的自由境界。

雨果说"比天空宽广的是心灵"，其实二者都有着无边无际的"自由"特性，"天"是看得见的广袤无垠，"心"是看不见的广阔无边。潘知常论述中国美感心态的深层结构的《众妙之门》的第五章用"浑沌世界"来比喻中国传统艺术的"天地世界"，它"成了中国人拥抱自然、跃身大化、天人合一的感知抽象的态度的内在动因"。于诗歌而言，"正是由于有了'道可道，非常道'的深刻苦恼，才会在舍弃自我后进入天人合一万物归怀的自由世界和意义境界"。于书法而言，"正是追寻着这'天地生物'的'一气运化'，虚空中传出动荡，神明里透出幽深，墨气所射，四表无穷，直臻艺术的极境"。于建筑园林而言，"步移换景、情随境遇，……感知着在线外'有灵气空中行'的'空白'"。中国的古典艺术就"成为表征'天地之心'这一自由境界、意义境界的符号世界"。[16]

在马克思美学"自然界生成为人"的思想启发下，潘知常从《易经》"易，所以会天道，人道也"，到《庄子》"天地与我并生，万物与我为一"；又到《春秋繁露》"天地人，万物之本也。天生之，地养之，人成之"；最后隆重推出了《二程遗书》"仁者，以天地万物为一体"。尽管"天人合一"容易导致"天"的凸显而"人"的消隐，但"人"毕竟取得了"天"的地位而上升到了"天"的高度，其中所包含的积极意义，如《中庸》中的"赞天地之化育，则可以与天地参矣"的生命的极高明、致辽远、尽精微的积极意义，推动着走向未来的生命美学进入"广生——宇宙大视野"。

3. 美学智慧

如果说哲学瞩目的是智慧之爱，那么美学追求的就是生命之爱。

如果说美的最高境界就是"爱"：懂得爱、理解爱、发现爱、创造爱和享受爱，那么美学的最大意义就是让我们学会了如何去懂得爱、理解爱、发现爱、创造爱和享受爱。

潘知常倡导并建立的生命美学体现的就是爱智慧的生命和生命的智慧之爱，这首先来源于他对中国传统美学的长期关注和研究，并指出："中国的美学智慧诞生于儒家美学，成熟于道家美学，禅宗美学的问世，则标志着它的最终走向成熟。"[17]东汉年间进入中国的佛教因其普度众生的情怀、善恶有报的因果和修行尽善的理念，为动荡战乱中朝不保夕的人们提供了心灵的慰藉和精神的寄托，直至中唐六祖慧能的出现，宣扬"明心见性""顿悟成佛"，认为"一切般若智慧，皆从自性而生，不从外入，若识自性"。提倡"灵魂深处爆发革命"的佛性智慧，也是"禅宗的美学智慧"，更是生命美学和美学生命的美学智慧和生命智慧。为此，潘知常发表在2000年第3期《南京大学学报》（哲学·人文科学·社会科学版）上的《禅宗的美学智慧——中国美学传统与西方现象学美学》，比较翔实地阐述了中国式的美学智慧。

一方面，禅宗美学"从外在世界的角度，是导致了中国美学从对于'取象'的追问转向了对于'取境'的追问"。"象"重在外在的"物"，与"形""器""景"相关，属于生命的对象化存在。而"境"源于刘禹锡提出的"境生于象外"，《俱舍论颂疏》中如此释"境"："心之所游履攀援者，故称为境。"它源于"心境""胸境"，属于生命的主体性存在。因此，潘知常说："与'象'相比，'境'显然更具生命意味。假如'象'令人可敬可亲，那么'境'则使人可游可居，它转实成虚，灵心流荡，生命的生香、清新、鲜活、湿润无不充盈其中。其结果，就是整个世界的真正打通、真正共通，万事万物之间的相通性、相关性、相融性的呈现，在场者与未在场者之间的互补，总之，就是真正的精神空间、心理空间进入中国美学的视野。"如此，外境与心境相融无碍，境遇与境界共生无间，进而达到主体与客体的高度融合，自我与环境的亲密接触，顺境与逆境的悄然转换，美则至也！如董其昌《话禅室随笔》所云："大都诗以山川为境，山川亦以诗为境。名山遇赋客，何异士遇知己，一入品题，情貌都尽。"艺道通人道，艺境即人境。

另一方面，禅宗美学"从内在世界的角度，是导致了中国美学从对于'无心'的追问转向了对于'平常心'的追问。这是一种对于真正的无待、绝对的自由的追问。""无心"是道家的理想人格，老子说"圣人无心"，庄子谓"至人无己"，这都源于"道法自然"的哲学思想，追求"大美无言"的美学理想，崇奉"齐生死""等是非"和"无高下"的价值观，很显然这是只有"圣人"和"至人"才能达到的境界。由于禅宗将佛教思想中国化的同时也将佛教思想平民化和大众化了，如汪曾祺小说《受戒》所描写的，没有烦琐的"修行"，只讲瞬间的"顿悟"，没有严格的"戒律"，只有简单的"法事"，即便"酒肉穿肠过"，仍然"佛祖心中留"。潘知常说道："因此，普通人也可以做到'无待'，而不必走庄子美学的那条'不假于物'的'无待'的绝境。显然，这是以禅宗的'空'的美学智慧取消了一切价值差异的必然结果，个体因此而得以获得'心灵的超然'、真正的无待、绝对的自由。"按照慧能的旨意，悟道成佛不要去故意做作，要在平常生活中自然见道，就像"云在青天水在瓶"那样，自自然然，平平常常。所谓"春有百花秋有月，夏有凉风冬有雪；若无闲事挂心头，便是人间好时节"。

不论是唐代诗人白居易"月出鸟栖尽，寂然坐空林；是时心境闲，可以弹素琴"以物观我的心灵取境，还是明代画家陈眉公"宠辱不惊，看庭前花开花落；去留无意，望天空云卷云舒"的以我观物的平常心态，它们其实都是一种人生智慧的体现。自然而然的心态，顺其自然的行为，不但是老庄哲学企及的人生理想，而且是禅宗美学追求的生命智慧，潘知常在《禅宗的美学智慧——中国美学传统与西方现象学美学》一文中还指出："禅宗美学为中国美学所带来的新的美学智慧，恰恰就在于：真正揭示出审美活动的纯粹性、自由性，真正把审美活动与自由之为自由完全等同起来。"参禅即审美，悟道即启智。在禅宗为中国美学带来的美学智慧的见解里，潘知常发现了两个特别有意义的关键词：纯粹性、自由性。

审美活动的"纯粹性"，即康德相对于依存美提出的纯粹美，在审美活动中是"凭借完全无利害观念的快感和不快感对某一对象或其表现方法的一种判断力"。[18]说明审美有不涉利害而愉快、不涉概念而有普遍性、无目的的合目的性特点。中国民间评一个女孩很少说"美丽"而说"漂亮"，即漂除杂质而亮出本色，学者刘士林说："审美教育的真正目的：既不是把人培养成无所不知的智者，也不是意志刚强的战士，而是使人恢复它本来的样子。"[19]为快乐而快乐、为兴趣而兴趣、为审美而审美——为爱而爱，这不只是对急功近利的中国教育，而且是对追赶跨越的中国社会，开出的一剂"醒世"良药。

审美活动的"自由性"就好理解了。这里，我们还是有必要回到问题的焦点，即应该如何理解禅宗之"禅"，日本当代著名的佛教学家铃木大拙在1927年写的《何谓禅》中，就从"自由"的角度给禅下了一个明确的定义："禅是什么？要言之，禅是认识自我存在本质的方法，并给我们指出挣脱桎梏走向自由的道路。我们这有限的存在，在这个世界上经受着种种束缚并为此苦恼，禅则教给我们啜饮生命的泉源，让我们从一切束缚中解脱出来。"[20]可见，禅宗认识世界和感受对象的独特的方式的"棒喝""现量""妙悟"，都是在"拈花微笑"和"应物心会"中大彻大悟，其自由的表达和自由的理解，主客双方"心有灵犀一点通"，真是"妙处难与君说"。

生命美学一旦拥有了宇宙意识、天人合一和美学智慧的"广生——宇宙大视野"，就从中国传统文化的历史深处发掘出了走向未来的思想资源，正如习近平总书记在党的十九大报告中提出的，要"推动中华优秀传统文化创造性转化、创新性发展"，这句话为今后我国文化建设事业的发展指明了方向，也为中国美学的发展明确了路径，这也启示着生命美学的未来走向是"中国特色、世界眼光、人类情怀"。

二、仁爱——人类大情怀

诞生于法国大革命时期的三大口号：自由、平等、博爱。潘知常从生命美学的意义角度对这三个口号阐述了哪些新的理解呢？

自由："就是人类在艰难困苦中孜孜不倦地寻找的最为核心的共同价值。"如他在《生命美学》第四章第三节里说的那样："自由的境界体现着人与世界更为原初、更为本质的关系。"自由是生命美学的灵魂，真可谓"不自由毋宁死！"

平等："在灵魂面前人人平等""在法律面前人人平等"。在潘知常的生命美学体系里，有一个"一点两面"的说法，"一点"即审美活动，"两面"即灵魂的平等和法律的平等，没有这"两面"做保证，那"一点"将形同虚设。

博爱："华丽的转身：'用爱获得世界'。"如果没有自由的追求和平等的保证，有着审美意义的博爱也会同审美活动一样，形同虚设。尽管我们历经三灾八难，置身悲惨世界，已是遍体鳞伤和心力憔悴，但是为了拥有自由和获得平等，依然要背对黑暗，面向光明。"转身，让人们意外地发现了平等、自由、博爱等价值的更加重要、法制社会的重要。这样一来，人们也就不再可能回过头来再次置身那些低级的和低俗的东西之中了。由此，人们被有效地从动物的生命里剥离出来。"[21] 看来，划出人与动物最根本的一根分界线的不是理性，也不是语言，更不是人能制造工具，而是爱——无条件和无缘由的爱之所爱的博爱，由此彰显人类的伟大情怀和崇高精神。这对走向"美美与共，天下大同"的未来的人类社会发展和美学建设，无不具有深刻的启示和浪漫的指引。

这不由得令笔者想起了2019年潘知常教授参加"西湖秋色"学术雅聚期间接受的学术人物专访，《我爱故我在：从生命美学到生命哲学——"西湖秋色"学术雅聚的学术人物专访》，在回答记者时说的一段话：

> 我们应该从基督教的"博爱"、印度教的"慈悲"与中国传统的"仁爱"基础上加以提升。它意味着"以人的方式理解人"，意味着维护自由而且让人自由。一方面，它体现为"你要别人怎样待你，你就要怎样待人"的肯定性的"爱的黄金法则"，另一方面，它体现为"己所不欲，勿施于人"的否定性的"爱的黄金法则"。总之，它们不再是人们熟知的所谓"爱智"与"智之爱"，而是"爱的智慧"与"爱之智"。[22]

在此基础上，他又提炼出"万物一体仁爱"，以"仁爱"为核心的生命美学思想。尽管它源于王阳明的"万物一体之仁"，但是潘知常又进行了创造性的提升，其中的关键是：以现代意义上的"爱"去重新释仁，将"仁"扩充为"仁爱"，实现这一思想的凤凰涅槃与脱胎换骨。从而为古老的"仁"，从王阳明的"万物一体之仁"进而走向潘知常的"万物一体之仁爱"，所谓"天下归于仁爱"。它意味着：从自在走向自由，从无自由的意志（儒）或无意志的自由（道）走向自由意志；而且从以人为本进而明确地转向"以人人为本""以所有人为本"。

爱的号角一旦吹响，生命美学的巨轮又开始了新的扬帆远航。是的，"长风破浪会有时，直挂云帆济沧海"。

1. 希伯来文化的启示

一般而言，学者们普遍认同西方文化有两大来源：古希腊的理性精神和希伯来的信仰意识。19世纪英国牛津大学教授马修·阿诺德在《文化与无政府状态》一书的第四章"希伯来精神和希腊精神"里就曾指出："希伯来精神和希腊精神，整个世界就在它们的影响下运转。"公元前3世纪以来，作为人类文明中心的中东，产生了对人类有着重大影响的犹太教，公元1世纪又发展出了基督教，《圣经》是它们的文化经典。以基督教为代表的希伯来文化，两千多年来绵延不绝，生生不息，催生了伟大的文艺复兴和宗教改革两大运动，所形成的基督文化是目前世界上影响最广泛和效力最巨大的文化传统。所以潘知常说"这个伟大的传统，就是西方的希伯来文化传统"，它引导我们"思入'神性'，为信仰而绝望，为爱而痛苦，这是最后的希望。生命之树因此而生根、发芽、开花、结果"。[23]生命之树之所以能茁壮成长并"长得超过了它自己"，是因为其最宝贵的精神营养包含着信仰与神性，更有博爱的希伯来宗教文化。

结合我们的论题，基督教神学和美学是一个什么样的关系呢？著名美学家阎国忠教授说道："如果没有基督教神学的荡涤，美学将像一切人类童年时代的梦幻一样永远与自然的鬼魂纠缠在一起。基督教神学给了美学以新的契机，新的生命，美学在神学的庇护下进入了历史发展的第二个时期——以神学方式完善和展现自身的时期。"[24]潘知常直言道："基督教文化是孕育美的神圣性的温床。""美的神圣性无疑属于西方基督教文化的一大珍贵馈赠。"[25]美犹如上帝一样不仅至高无上，而且神圣无比。上帝或美的"神性"是如何在现实生活中体现出来的呢？中世纪神秘主义哲学的始祖普洛丁说："物体美是由分享一种来自神明的理式而得到的。""一切人都须先变成神圣的和美的，才能观照神和美。"[26]的确，神性是希伯来文化贡献给美学的精神养料，而要感受和领略神性，进而进入神性，让生命获得神性，真挚而虔诚地正视痛苦并甘之若饴、执着而执拗地承受牺牲，乃至九死不悔。公元11世纪曾做过美国坎特伯雷大主教的安瑟尔谟深情地说道：

我却切望在某种程度上能够理解你的那个为我所信仰所爱的真理。因为我绝不是理解了才能信仰，而是信仰了才能理解。因为我相信："除非我信仰了，我决不会理解。"[27]

也许它弥漫着强烈的非理性情绪和反逻辑思维，也正是因为超越了知识和意志，才将基督教所信奉的真理变成了神圣性的信仰之爱和神性般的爱的信仰。那么，以此为代表的希伯来文化，对当代中国的生命美学建设有着哪些有意义的启发价值呢？

首先，"爱是最高诫命"。由于这种爱是从上帝那里传导给人的神圣使命，或者说是上帝洒向人间的爱的旨意，因此这种爱就具有了上帝一样的普世性和广泛性。中国儒家文化的"仁者爱人"，是建立在"二人关系"上的有限的爱，并且还要符合"仁"的标准；"老吾老以及人之老，幼吾幼以及人之幼"，虽然儒家文化让爱走出了血亲关系和熟人圈子，但是它还是以"有所待"为依据，即爱的对象要么是耄耋老人，要么是黄发稚童，而很难有无差别和无等级的人类之爱。还有1986年唱遍中国的《让世界充满爱》，在"轻轻地捧着你的脸""深深地凝望你的眼"和"紧紧地握住你的手"的亲密无间中，"这颗心永远属于你"，与其说是"让世界充满爱"，不如说是"我们珍存同一样的爱"。

其次，"我们因信而爱上帝"。信，即相信爱是战无不胜的信念、深信爱是人类终极关怀的信仰"。阎国忠说："当人皈依上帝之后，更认识了上帝那'超越一切的爱'，从而摆脱了情欲的纠缠，接受了上帝的两条诫命——爱上帝与爱邻居，而'这两条诫命是律法和先知一切道理的总纲'。"[28]圣·奥古斯丁为何要把爱上帝和爱邻居相提并论，上帝代表的是最美好、最广大、最纯洁和最普遍的理想的爱，而邻居代表的是最丑陋、最狭窄、最复杂和最个别的现实之爱，如果我们能用爱上帝的要求和标准去爱邻居的话，这个世界上还有什么不能爱的呢。这是为什么呢？潘知常说道："因为人与神的关系先于人与人的关系，为爱转身，为信仰转身，不去计较尘世的恩怨，而去倾尽全力地为爱和信仰而奉献，也就被赋予了深刻的意义。受苦，因此也有了意义，更有了重量。"[29]比较中国文化中的爱值得所爱之爱，如英雄爱美女、君王爱平民、强者爱弱者，甚至包括父母爱子女一类血亲之爱，都是一种居高临下的爱，这也是折射出小农经济背景下形成的"嫌贫爱富"的功利主义之爱。

最后，"爱呼唤出自由"。神性之爱首先是上帝禀有再传递给人类的，他拥有无所不在的自由和无以伦比的爱，他就是爱与自由的化身，于是自由与爱就具有了前世姻缘的"合法性"，它们的强强联合催生出信仰。而有了信仰的人类，自然就会怀揣着爱，在自由女神的引导下踏上审美救赎的漫漫长路，潘知常说道："无疑，这也就是在救赎中为爱转身、为信仰转身的意义：为爱转身、为信仰转身的作用，不在于制造奇迹，而在于让人类感受到美好未来的存在，美好未来的注视，美好未来的陪伴。"[30]很显然，生命美学意义上的美好未来的人生，绝对不是水浒好汉、三国英雄、取经妖猴的人生，而应该是哈姆雷特、海的女儿、米里哀主教的人生，也不是杜甫和鲁迅的人生，而应该是李煜和王国维那样的人生。他们之所以"不是"，是因为他们没有爱而未能获得自由；他们之所以"是"，是因为他们拥有了爱而获得了自由。"人是爱的，更是自由的。"阎国忠让我们从响彻西方世界数千年的声音中感悟到："但更要珍惜这自由，要向往新世界，追求一切美的、善的事物，热情投入生活，创作生活，这是自由所留给人们的启示。"[31]

2. 马克思主义的指导

出身于犹太教家庭背景的马克思对宗教有着自己独特的理解，青年马克思在论及《约翰福音》里面的道德神学时说道："在和基督一致中，我们首先是用爱的眼神注视上帝，感到对他有一种最热忱的感激之情，心悦诚服地拜倒在他的面前。"[32]但这并未影响他成为一个伟大的无产阶级革命领袖，反而促使他普世的博爱关怀劳苦大众，让他的青年时代就充满着远大的志向和崇高的情怀，他在选择未来职业时说道："历史承认那些为共同目标劳动因而自己变得高尚的人是伟大人物；经验赞美那些为大多数人带来幸福的人是最幸福的人；宗教本身也教诲我们，人人敬仰的理想人物，就曾为人类牺牲了自己——有谁敢否定这类教诲呢？"[33]尽管对青年马克思的评价是一个严肃的学术问题，但从他对宗教、对职业的理解中不难看出他年轻的活力和青春的热情，更能看出一个成长的生命对神圣与恩惠、对信仰与理想、对爱与美发自内心的热切呼唤。因此，完整的马克思主义理论在有关人类解放和生命自由的美学思考中，无不闪耀着睿智的理论光芒和深邃的思想火花，对当代中国的生命美学建设，依然具有十分重要的思想引领价值和理论建设意义。

在生命美学建设过程中，潘知常具体是怎样重视并吸取马克思主义美学的营养，从他的很多论述中，尤其是他主编、已陆续出版的《西方生命美学经典名著导读》将马克思《〈1844年经济学—哲学手稿〉导读》作为第一本首先推出，就可见一斑；问题的关键是，马克思主义理论对中国生命美学未来的发展还有哪些重要的启发意义，才是我们应该关注的。

一是通过"感觉"和世界建立真实的关系。

"眼耳鼻舌身"的感觉是我们每个人正常的生命状态，是个体生命通向世界的起点，也正是我们通过感觉运动，依次产生了知觉、情感、想象、回忆、意志和认知等一系列心理活动，也逐渐形成对世界由浅入深、由表及里和去粗取精、去伪存真的理解，人类的感觉器官和感觉能力不但是物质世界长期演化的结果，而且是如马克思说的人的"五官感觉的形成是以往全部世界史的产物"。可以说，本来属于身体范畴的感觉在长期的社会实践尤其是审美活动中，变成了与人的生活经历，特别是艺术创作和欣赏经验有直接关系的生命美学的重要概念。马克思在《1844年经济学—哲学手稿》里充分阐述了感觉的意义："人同世界的任何一种属人的关系——视觉、听觉、嗅觉、味觉、触觉、思维、直观、感觉、愿望、活动、爱——总之，他的个体的一切官能"的感觉，使人拥有了"感受音乐的耳朵，感受形式美的眼睛"。因此，"人不仅在思维中，而且以全部感觉在对象世界中肯定自己"。[34]如此才能和世界建立起真实的关系，让生命存在找到愉悦而美好的感觉。

在审美活动中，感觉的重要性毋庸置疑，正像马克思《1844年经济学—哲学手稿》里说的那样："对象如何对他说来成为他的对象，这取决于对象的性质以及与其相适应的本质力量的性质；因为正是这种关系的规定性造成了一种特殊的、现实的肯定方式。"[35]愉悦的感觉一定是主体对现实对象的一种肯定性的回馈，这与其说是主体的审美能动性，不如说是客体的审美规定性，潘知常说这是"客体中所蕴含着的秘密"，"这秘密是对客体加以超越的结果，是自我与客体在体验过程中所建构起来的成果，……它'视之不见'，'听之不闻'，'搏之不得'，是'无状之状，无象之象'，是'天地之心'，'太虚之体'，是人的自身价值的意义显现"。[36]这体现了他坚持的是马克思主义哲学"存在决定意识"的唯物主义观点。未来时代随着人工智能技术的普及，虚拟空间的扩大和线上交流的增多，更有增强现实的AR和虚拟现实的VA技术的广泛运用，生命美学如何保持人类个体生命的感兴体验，在理论的引导和启迪上是大有作为的。

二是经过"自由"让生命获得真正的解放。

"人生而自由，却无往不在枷锁之中。"这是卢梭在《社会契约论》开篇的第一句话。人之所以不自由，或是生产力水平的低下，或是社会性的制约，或是个体性的缺陷等，但对自由的向往却伴随着人类从远古到现在以至于未来，一刻不曾停息。那么什么是真正的自由呢？一定比较鉴别才有结论。马克思通过对包括资本主义在内的一切奴役制度下的"异化"劳动的批判，指出"劳动者在自己的劳动中并不肯定自己，而是否定自己，并不是感到幸福，而是感到不幸，并不自由地发挥自己的肉体力量和精神力量，而是使自己的肉体受到损伤、精神遭到摧残"[37]。也只有到了未来共产主义社会，"代替那存在着阶级和阶级对立的资产阶级旧社会的，将是这样一个联合体，在那里，每个人的自由发展是一切人的自由发展的条件"[38]，真正的自由才能实现。那样，"人以一种全面的方式，也就是说，作为一个完整的人，占有自己的全面的本质"[39]。"全面的""完整的"人就是自由的人，从而让生命获得了真正的解放。

潘知常在《信仰建构中的审美救赎》第五章第二节认为自由有着四个基本特性：主观性、超越性、必然性和客观性。他还通过对西方现代社会崛起的历史考察，发现自由是其"根本价值""共同价值"所规定的必然路径，也是其发展的深层原因，而在贸易自由、言论自由、迁徙自由、结社自由、身份自由、思想自由等种种自由中，最大而最根本的是信仰自由，也只有拥有了信仰的自由或自由的信仰，人类解放的最后一块疆域——精神世界——才能得到彻底的解放，这时的生命活动与审美活动互为表里，潘知常说道："'自由的信仰'就是对于自由的固守与呵护。既然关注的不是人与理性的关系，而是人与信仰的关系，既然人已经不是理性的人，而是信仰的人。因此，人也就如同上帝，不再以自然本性而是以超越本性为天命，不再以有限而是以无限为天命，不再以过去而是以未来为天命。"[40] "自由的信仰"让被遮蔽已久的生命真正通过自由的康庄大道而获得解放。这就是马克思瞩望的："任何一种解放都是把人的世界和人的关系还给人自己。"[41]如前所述"人的世界"和"人的关系"分别指人的内在世界和外在世界，而禀有自由气质的审美活动的效用就是让人类生命的这两个世界丰富与和谐，从而实现个体生命的解放。

三是弘扬"爱"让世界充满博大的爱。

毕生致力于人类解放伟大事业的马克思，在写下230万字皇皇巨著《资本论》的同时，也留下了由百花文艺出版社2012年编辑出版的110首表现他对生活、爱情和社会的积极态度和乐观精神的《马克思诗集》，在他一生经历了如恩格斯说的"各国政府——无论专制政府或共和政府，都驱逐他；资产者——无论保守派或极端民主派，都竞相诽谤他，诅咒他"的遭遇的同时，他终身爱恋着燕妮，写过《致燕妮》一类的荡气回肠的情书，并和恩格斯保持了四十多年的战斗情谊。这不但说明了伟大的革命导师也充满着七情六欲的真人情怀，而且印证了"纸上得来终觉浅，绝知此事要躬行"的身体力行之于生命美学的重要意义。对马克思所表现出来的生命大爱，潘知常敬佩有加，赞美有加，他多次引用《1844年经济学—哲学手稿》里的一段话：

> 我们现在假定人就是人，而人跟世界的关系是一种合乎人的本性的关系：那么，你就只能用爱来交换爱，只能用信任来交换信任，等等。……如果你的爱没有引起对方的反应，也就是说，如果你的爱作为爱没有引起对方对你的爱，如果你作为爱者用自己的生命表现没有使自己成为被爱者，那么你的爱就是无力的，而这种爱就是不幸。[42]

这种包含着平等、真诚和直白的爱的追求，显示了马克思高尚的人格和坦荡的情怀，这就是孟子看重的"行有不得，反求诸己"的自我品格，能够勇敢面对真实自我、如此一致的人格形象，虽然可能只是一个理想化的爱的信念，但令人体验到一股由坦然和纯粹带来的力量。它具体表现在三个方面。

首先是事业的挚爱。作为全世界无产阶级和劳动人民的革命导师，马克思和恩格斯共同创立的马克思主义学说，被认为是指引全世界劳动人民为实现社会主义和共产主义理想而进行斗争的理论纲领和行动指南。马克思17岁中学毕业在面临职业选择时，他说：

> 如果我们选择了最能为人类福利而劳动的职业，那么，重担就不能把我们压倒，因为这是为大家而献身；那时我们所感到的就不是可怜的、有限的、自私的乐趣，我们的幸福将属于千百万人，我们的事业将默默地、但是永恒发挥作用地存在下去，而面对我们的骨灰，高尚的人们将洒下热泪。[43]

可见，马克思首先是一个全身心投入人类解放事业的忠勇战士，就像恩格斯在他墓前讲话指出的那样："他毕生的真正使命，就是以这种或那种方式参加推翻资本主义社会及其所建立的国家设施的事业，参加现代无产阶级的解放事业，正是他第一次使现代无产阶级意识到自身的地位和需要，意识到自身解放的条件。斗争是他的生命要素。很少有人像他那样满腔热情、坚韧不拔和卓有成效地进行斗争。"[44]在他一生的革命生涯中，不仅要面对饥寒交迫的考验，还要战胜驱逐和攻击、诽谤和嘲笑，没有火一般的热情和铁一样的意志都是难以承受的。

其次是对"人"的真爱。马克思是在和动物的比较中说明爱美是人的天性，"爱美之心人皆有之"，这就是我们耳熟能详的精辟见解："动物只是按照它所属的那个物种的尺度和需要来进行塑造，而人则懂得按照任何物种的尺度来进行生产，并且随时随地都能用内在固有的尺度来衡量对象；所以，人也按照美的规律来塑造物体。"[45]这里涉及了马克思对人的"自由自觉的生命活动"的理解，即马克思的人学理论，就是承认每个人是自然性和社会性、现实性和理想性、平等性和互助性的组合，都要用"爱来交换爱"，用"信任来交换信任"。我们再看看马克思回答燕妮的要求填写的一份"自白"：

您喜爱的优点：

一般人…………纯朴。

男人…………刚强。

女人…………柔弱。[46]

可以看出马克思在对人的美的理解上，既有人类一般性的要求，也有男女有别的个别性的倾向和特征，这是一种不假伪饰和袒露性情的真实的爱。

最后是个人的恋爱。马克思的恋爱婚姻观是建立在如他所说的"男女之间的关系是人与人之间的直接的、自然的、必然的关系"[47]基础上的，这句话揭示了爱情发生的生命本性，所表现出来的强烈感情的指向性。青年时代的马克思在《致燕妮》为题的十四行诗中写道："这时我全身迸发火光/感到有种永恒的力量/我要拥抱万里长空/把你紧搂在怀中/把理想珍藏在心上/把尘世的污浊扫荡。"[48]在诗中，马克思向亲爱的燕妮倾诉衷肠，但马克思所表达的情感并不是个人主义的狭隘感情的寄托，而是把对纯洁真挚的爱情追求，化为激励自己在理想的海洋里展翅飞翔的力量。正像马克思致燕妮的一封信中说的那样："然而爱情，不是对费尔巴哈的'人'的爱，不是对摩莱肖特的'物质的交换'的爱，不是对无产阶级的爱，而是对亲爱的，即对你的爱，使一个人成为真正意义上的人。"好一个"成为真正意义上的人"！这正是舒婷在《致橡树》里所憧憬的"我们分担寒潮、风雷、霹雳；我们共享雾霭、流岚、虹霓。仿佛永远分离，却又终身相依"。是的，真正的爱情是成全另一半为真正的人，任何利用物质来表达的爱情都将使爱异化。联系今天，随着物质的丰富，在消费社会中，我们极易陷入用物质来交换爱情的处境，玫瑰与钻戒似乎成了爱情，其实它们无非是消费主义文化所附加的符号价值。

马克思对爱的态度和追求，再一次印证了潘知常在《信仰建构中的审美救赎》里说的："爱，则应该表述为生存论意义上的情感判断。""情感的最高境界是爱。"

411

3. 高科技时代的人文

科技与人文似乎是一对水火不相容的"冤家"，因为科技代表的是创新意识，是物质丰裕，是生活便捷，是身体享乐；而人文代表的是传统观念，是精神愉悦，是生存价值，是心灵陶冶。其实这是在时间轴上呈现的矛盾，它们一个固执地一往无前，一个执拗地不断回望。针对这一困惑，科技革命带来的"物质的极大繁荣，生活条件的改善究竟能否必然为人类提供安身立命的根据？……孤苦无告的灵魂在渴望什么、追寻什么、呼唤什么，在命运车轮下承受碾压的人生在诅咒什么、悲叹什么、哀告什么，难道可以不屑一顾？"潘知常一连提出了十个疑问，接着他自然而又习惯性地给出了"潘氏"标准答案：审美活动。"审美活动正是作为人类改造自然推进文明的必不可少的补充而出现的。"[49]当然这一回答不无道理，给我们留下了深刻的启迪。

也就是当我们从空间的角度看时，科技革命与人文精神是能够同处一片蓝天下而和谐共生，事实上，西方自18世纪中叶英国工业革命以来，以18世纪的蒸汽机、19世纪的无线电、20世纪的计算机和当今的互联网、大数据、云计算等为时代引擎的现代科技，不但没有消减、影响和取代人文学科和文学艺术，反而带来、促进和推动了人文精神的自我革新、不断完善和与时俱进，西方文化从丰富多彩的现代主义到眼花缭乱的后现代主义，中国美学从唯我独尊的实践美学到兼容并包的生命美学，就是有力证明。可以这样说，高科技的确给人文精神带来了强劲的挑战，曾一度让人文精神陷入惶惶不可终日的危险，但是挑战也是机遇，何况从西方中世纪彼岸上帝神谕的至高无上，到中国新时期此岸市场经济的魔力无边，人文精神一直都是在打压和排挤中顽强生长的。

如果说高扬"审美"，进行的是"启蒙的批判"，那么提倡"救赎"，实施的就是"对于启蒙的批判"。那么，如何走出古典主义和现代主义奉若神明的"审美活动"，而进入伴随后工业文明时代而出现的后现代主义，潘知常开出的药方是以爱为动力和以信仰为核心的"审美救赎"，而当我们把这个药方用于诊治伴随高科技而诞生的高科技文明时，我们不由得惊讶地发现"心病还须心药医"，人文学者对科技革命的恐惧也罢、排斥也罢、谴责也罢，似乎显得有些神经过敏或言过其实，多少有些小题大做。原来他们只看到科技革命产生的"饱暖思淫欲"的负面效应，没有发现它产生的因身体解放而带来的心灵自由，因闲暇增多而带来的艺术情趣，因效率提高而带来的生活便捷。一言以蔽之，高科技能够为人类的生命带来更多的内容、赋予更多的意义，它就是人文的。那么，它的人文性将为丰富和充实生命美学带来哪些新的启发？

其一，增加生命自信的主体意识。

远古时代，面对变幻莫测的大自然，人类只能小心翼翼地匍匐在它的脚下，任其摆布和蹂躏；随着科技的进步，特别是在"知识就是力量"的鼓舞下，不但自然逐渐被"人化"了，而且人类也日益被"神化"了，人类成了"宇宙的精华，万物的灵长"；人类生命不但体格越发强壮了，而且精神和情感更加深刻而丰富，特别是借助现代科技，人类实现了"可上九天揽月，可下五洋捉鳖"的梦想。曾经洪荒的世界，正在变成理想的乐园；曾经虎狼出没的洪荒世界，而今已是花果飘香的人间天堂。曾经只是幻想的嫦娥奔月、神行太保、千里眼和顺风耳，还有孙悟空的七十二变，已经走出文学的殿堂成为社会的现实。可以说，正是因为科技革命的强力推进，人类由大自然的"弃儿"一跃而成大自然的"主人"，人类不但雄视古今，而且傲睨万物，进而因生命的高度自信而主体意识极度"爆棚"。

为了防止从"一个极端走向另一个极端"，人类主体借助高科技的武器而肆意糟践我们的生命环境，潘知常在《信仰建构中的审美救赎》第五章提出了需要"美学批判的后现代化"，既要在精神领域维护科学技术腐蚀了的"人文理性、价值理性"，也要在社会领域发展造就了现代性的工具理性、科技理性。这其实就是美学批判视域下的审美救赎的方式，这一方式回应奈斯比特在《大趋势》里呼吁的"高技术与高情感的平衡"。由此看出包括潘知常在内的学者在警惕社会物化和人性异化上的深刻洞见。

其二，发掘生命潜能的自由精神。

不论何时，人类生命都是极为有限的，年龄大不过如杜甫说的"人生七十古来稀"，体力强不过如"鲁智深倒拔垂杨柳"，在奔跑速度上，人永远不及羚羊，在适应环境方面，人总比不过骆驼，如恩格斯在《自然辩证法》里说的："鹰比人看得远得多，但是人的眼睛识别东西远胜于鹰，狗比人具有更锐敏得多的嗅觉，但是它不能辨别在人看来是各种东西的特定标志的气味的百分之一。"[50]但人成为万物灵长，其间原因除了我们熟悉的人有创造性的理性意识外，还有潘知常精辟地指出的人敢于"赌与动物的不同"，"相对于动物而言，人确实是一种不'完善'的、有'缺陷'的和'匮乏'的存在。但是，"人不再仅仅是一种有限的存在，而且更是唯一一种不甘于有限的存在。未完成性、无限可能性、自我超越性、开放性和创造性，则成为人之为人的全新的规定"。[51]造成这一切的，除了生命进化的内因外，还有包括遗传学、免疫学、优生学、胚胎学等生命科学的因素，也有诸如电子、机械、通讯等科技给生命体验带来的全新感觉。

借助当代科技的神奇力量不断挑战人类的生命极限，比如竞技体育田径项目的成绩不断被刷新，在持续发掘生命潜能的同时，还不断强化人类不但能征服自然更能征服自己的自由精神。对此，我们需要思考的是，发自生命体能的自由精神的获得是否要以身体的透支为代价。潘知常在《信仰建构中的审美救赎》书中第五章大胆地提出了"中国的救赎方案"——"回到文化发展的唯一坦途：中庸之道。人类文化的历史从来都是折中的，都是奉行一种节约化的进化方式"。不偏不倚，两用执中，和而不同。

其三，开启生命智慧的美学境界。

没有做不到，只有想不到，当代科技的飞速发展源于基础科学的发展，如德国物理学家罗伯特·迈尔提出的能量守恒与转化定律、德国植物学家施莱登的细胞学说，还有爱因斯坦的理论物理等，这些都不仅是一个理论创建或技术掌握的问题，而且标志着人类生命智慧的程度，结合前面说的，生命智慧体现出来的高度的主体意识和极度的自由精神就是一种极其高明的美学境界。

如何理解高科技所包含的人文性，以及它们蕴含的生命智慧呢？"人类的科技活动通过处理人的生命过程中必然要面对的天人关系、主客关系、身心关系和物我关系，一步步展示人的生命智慧，达成人的生存理想并由身心的满足实现精神的自由舒展。一方面实施着对人类生存的福佑，对人类自然生命的庇护和对人生境界的拓展；另一方面又是在用自身的创造能力磨砺理性的利剑，在创造的对象身上反观自我，在对象化自身中直观自身——人类在这里看到了自身生命创造力的超拔、生命智慧的卓绝、生命底蕴的丰赡、生命天性的自由张扬和个性精神的傲岸与坚挺。"[52]看来，科学技术不仅是开拓物质世界的第一生产力，而且还是开辟精神世界的最大潜力股。

刘小枫指出："现代人的无家可归感，就是由于技术把人从大地分离开，把神性感逐出了人的心房，冷冰冰的金属环境取代了天地人神的四重合一天地。"[53]人类更是亟待通过审美与艺术找到回家的路。这就是，科技革命浪潮日新月异且势不可挡，生命美学理论披坚执锐而勇往直前。诚然，解决人类生命的物质问题，科技革命功不可没，解放人类生命的精神世界，生命美学大有可为。潘知常生命美学高扬人的主体意识和创造精神，让我们有充分的理由期待，生命美学应该而且能够更好地与科技革命携手共进，从而充分彰显生命博爱的人类大情怀。

三、大美——生命大境界

纯真、至善、大美——真善美是人生五彩缤纷中的三原色。

多知、道义、深情——知义情是生命交响乐曲里的三重奏。

王国维在《人间词话》中说"古今之成大事业、大学问者，必经过三种之境界"："昨夜西风凋碧树，独上高楼，望尽天涯路。""衣带渐宽终不悔，为伊消得人憔悴。""众里寻他千百度，蓦然回首，那人却在，灯火阑珊处。"

冯友兰提出人生四大境界："自然境界"——混沌未开；"功利境界"——为己为利；"道德境界"——为人为公——"天地境界"：万物皆备于我，我与宇宙同一。

当平凡的人生历经庄子提倡的"判天地之美，析万物之理"后，进入"天地有大美而不言"的境界时，"万古长空，一朝风月"；"见山又是山，见水又是水"；"及至归来无一事，庐山烟雨浙江潮"。如此伟大而平凡的境界所体现出的生命的高规格、大格局和真性情，就是潘知常生命美学的"拳拳忧心"和"念念不忘"的所在。他在《没有美万万不能：美学导论》的开篇讲到"为什么要学习美学"，从大到小也提出了三个境界：

美学：为人类的。因为"人类绝对不会允许自己如此浑浑噩噩地存在于世，人类也必须捍卫自己的尊严，因此，只要人类存在，只要有爱美之心存在，就必须有美学存在，就必须回答人类为什么非审美不可这个问题"。

美学：为人生的。"美学不但可以使人类更聪明、更明白，也可以使每个人更聪明、更明白。'爱美之心，人皆有之'，但是，如何去爱美，每个人却各自不同。"

美学：为知识的。"它研究的是审美现象的对于人类与个人的意义。在审美活动中，审美现象无疑是纷纭复杂的，也无疑是层出不穷的。对于这些审美现象的阐释，应该是美学研究的一个重要工作。"[54]

在以上三个层面的基础上，潘知常将美学归结为：一种生活方式，并阐释所谓生活方式就是审美心胸，"在这里，'审美心胸'也不是指的美学，而是指的美学精神。在这个意义上，美学就不再是一种专业的学术研究，而成为一种生活方式"。[55]它之所以是一种生活方式，按高尔基的说法是因为："照天性来说，每一个人都是艺术家，因为他随时都要把美带到他的生活中去。"生命美学首先要做的就是让美学成为我们每一个人的生活方式。管中窥豹，见微知著，由此企及大美生命的大境界。

为此，潘知常提出的蕴含大美生命意义的"后美学"就是走向未来的生命美学：

> 它奠基于"万物一体仁爱"的新哲学观(简称"一体仁爱"生命哲学)，可以称之为"情本境界论生命美学"，也可以称之为"情本境界生命论美学"。至于它所关注的重点，则主要体现在后美学时代的审美哲学、后形而上学时代的审美形而上学、后宗教时代的审美救赎诗学三个领域。[56]

它们依次对应的下面的三个问题。

1. 生命之思：把哲学诗化

生命美学是对生命的美学观照，它给我们提供了进入生命的两种方式或途径。一是理性的思辨，这是从古希腊毕达哥拉斯"美是数的和谐"开始形成的哲学思维传统，直至17世纪形成了以法国的笛卡尔、荷兰的斯宾诺莎、德国的莱布尼茨和伍尔夫为代表的欧洲大陆理性主义，他们认为只有依靠理性才能得到可靠的知识，笛卡尔所说的"我思故我在"就是经典的理论。二是感性的体验，这发源于希伯来人仰望星空时的神秘体验，经过中世纪的祈祷仪式和宗教艺术，人们通过感性事物的有限美隐约窥视到上帝那绝对的美，加上文艺复兴的推动，直至17世纪以英国培根、霍布斯、休谟、博克等为代表人物形成了经验主义美学，培根说的"同情是一切道德中最高的美德"，就可见一斑。很显然，真正能让我们进入生命之思的美学，是在体验美学基础上发展起来的生命美学。

鉴于理性主义传统形成的哲学美学，总是纠缠于抽象的"本质""规律""共名"等，进行隔靴搔痒式的推理判断，而置火热的生活、鲜活的生命于不顾，那么这样的"美学终结"也是历史的必然，潘知常顺势提出了后美学时代的美学就是审美哲学，按照卡西尔的说法是"把哲学诗化"将美学与哲学互换位置。潘知常在《从美学到后美学：非美学的思如何可能》一文中指出："在后美学看来，只有审美活动中才隐藏着解决哲学问题的钥匙。因此，美学应该是第一哲学，也亟待从审美活动看生命活动，借助思与诗的对话去反思人类生命活动的终极意义，并且对于'人类生命活动如何可能'这一根本问题给出美学的回答。"因为，包括古典美学在内的传统哲学，遵循的是主体与客体、现象与本质、物质与精神、特殊与一般、此岸与彼岸的"二元对立"的认识论，在将审美对象进行冷冰冰的理性解剖后，审美主体也就而荡然无存。因此，不论是美学的未来还是未来的美学，都必须率先发起"清君侧"活动，清除美学大厦里的"奥吉亚斯牛圈"，还美学以朗朗晴空，这就是把隶属于哲学的美学诗化，让美学荡漾和弥漫着诗意的灵光和温馨，让生命之思变成生命之诗，让思辨美学变成体验美学。

"体验"为何能够成为未来美学的发展方向？这还得反观美学的历史，结合时代的发展和施行审美的救赎予以解说。

首先，反观美学的历史。值得回顾和借鉴的有德国浪漫主义美学，这是18世纪末至19世纪30年代在德国文坛流行的美学潮流。该潮流代表人物有荷尔德林、施莱格尔兄弟、诺瓦利斯、谢林等。他们对艺术与现实之关系的问题的理解，其实是要表达人的生命的创造性意义，艺术能够将外在世界的丑陋、庸俗、混乱予以诗意的美化，如泰戈尔诗言"世界以痛吻我，我却报之以歌"。刘小枫在《诗化哲学》里说道："浪漫哲学的旨趣始终在于：在这白日朗照、黑夜漫漫的世界中，终有一死的人究竟从何而来，又要去往何处，为何去往？有限的生命究竟如何寻得超越，又在哪里寻得灵魂的皈依？"[57]正像中国古代诗哲一样，在仰观俯察的人生体验中，感慨"向之所欣，俯仰之间，已为陈迹，犹不能不以之兴怀。况修短随化，终期于尽。古人云：'死生亦大矣。'岂不痛哉！"或感慨"念天地之悠悠，独怆然而涕下"。就像谢林1982年德文版的《艺术哲学文选》第78页说的那样："灵魂倒是在痛苦中表现爱。"如此刻骨铭心的体验已不只是个人的得失与小我的哀荣，而是代表着人类的生死与大我的沉浮了，是有限的小我通向了无限的大我，如诺瓦利斯说的："我们是一个生成着的我的种子。我们必须设定要把所有的东西都转换成你，使它们成为第二个我，只有这样，我们才能把自己提升到大我那同时既是一又是全的大我上来。"[58]

这些体验美学的思想，表现在文学方面又是怎样的呢？潘知常在《林昭、海子与美学的新千年》里引述了荷尔德林的诗句："生活乃全然之劳累，人可否抬望眼，仰天而问。"就是说当你面临无穷无尽的苦难的时候，如果你能做到抬望眼，仰天而问，那么光明就在你的眼前。诺瓦利斯用《夜的颂歌》，借对恋人的悼念抒发在"追求永恒之夜的奇妙王国"里"感受到天国永恒不变的信仰和我的爱人"，他认为诗歌的真正题材和值得诗人追求的东西是一切神秘的、奇妙的、童话般的东西。

其次，结合时代的发展。如果说，浪漫主义美学的出现是因为现代科技的发展"人成了工具"，而思考生命的"意义"究竟是什么，20世纪后兴起的存在主义美学是由于资本主义意识的衰落，尤其是两次世界大战后人类更是质询生命的"存在"到底在哪里；那么美学的未来将面临国内外怎样的时代趋势呢？在潘知常生命美学的历史、现实、理论的三大板块里，现实有着举足轻重的地位，从1985年至今，可以说他思考的目光一刻也没有离开过这个风起云涌的变革时代。

要准确地认识我们这个时代，不仅仅要关注当下正在发生的事情。潘知常借鉴法国历史学家布罗代尔的"长时段"历史观、美国学者斯塔夫里阿诺斯《全球通史》的"大文明观"，认为考察一个时代及其未来的走向，至少要从此前的500年，甚至1500年说起，那么认识当今的世界和中国，就必然要考察西方的文艺复兴、宗教改革、工业革命，乃至马克思主义学说的出现和20世纪的两次世界大战，更不用说中国的明朝中叶资本主义的萌芽、鸦片战争、新文化运动、新中国的建立、改革开放的伟大实践、当今的"全球一体化"趋势等。在思想文化上的最大事件就是"上帝死了"而导致的虚无主义的肆虐。

尼采，这位以反叛著称的文化"独行侠"在19世纪末发出了旷世惊呼："上帝那儿去了？让我告诉你们吧！是我们把他杀了！是你们和我杀的！咱们大伙儿全是凶手！"[59]尼采对这一现象的痛陈，"直接隐喻着人类悲惨的现实处境：高度的科技文明驱逐了信仰的存在，极度的此岸欢乐放逐了彼岸的意识，过度的世俗利益挑战着神灵的价值，世界变成了荒漠，人生成为碎片，孤苦无告的人类已经彻底失去了永恒的精神乐园。是的，上帝死了，终极信仰的彻底失落，彼岸世界的不复存在，那么此岸世界的人类，依仗着科学精神的所向披靡，还有什么不能为、不敢做的呢？"[60]就像著名诗人北岛在《回答》里的"回答"："告诉你吧，世界，我——不——相——信！"毋庸讳言，世界进入了没有上帝的"群魔乱舞"和漠视律令的时代，虚无主义肆虐的时代如海德格尔所言："世界之夜的贫困时代已够漫长。既已漫长必会达至夜半。夜到夜半也就是最大的时代贫困。"[61]不明白这个问题的严重性，不但会彻底阻断人类通向彼岸的道路，掏空数千年人类文明积累的价值，自由也罢，超越也罢，将从根本意义上成为空中楼阁，而且会导致生命存在意义的阙如，从"为什么活着"退回到"如何活着"。

而在如何活着的问题上，借助现代科技带来的效率提升等其他影响，声色犬马的身体享乐代替了诗情画意的精神享受，心情放松的旅游观光变成了身体在场的拍照录像，亲密无间的促膝长谈演变为形同路人的视频聊天，丰富的想象替代了现场的感受，浅薄的情绪替换了深厚的情感。一言以蔽之，这是一个心灵交流、深度体验和全部生命投入极度匮乏的时代。或许随着未来科技更新的加速、传媒更迭的加快和人们生存压力的增大、闲暇时间的减少，心灵的沉思和情感的沉醉、审美的把玩和诗意的流连——这些深度体验，将会变得更为奢侈。

最后，施行审美的救赎。面对虚无主义的价值泛滥，置身纷乱的现实生活环境，现代人体味到了前所未有的生命困惑，用鲁迅的话说就是"梦醒后无路可走"。沉迷于物质享受吧，最多也是"日吃三餐，夜宿三尺"；流连于风花雪月吧，暂且不说金钱，还是时间有限，精力有限。唯一的选择就是"退后一步"，重新启用那些既不能吃喝，又不能穿戴的"无用"之用的东西，即高举审美的旗帜，借助艺术感受人生的大美，在经济飞速前行的时候，不仅让文化建设回归古典，从传统中吸取养料，而且让精神文明回归内心，让古老的信仰和永恒的爱，重新成为我们生命的最高法则。这就是潘知常竭力提倡和呼唤的"审美救赎"，"因为有了审美与艺术，时间改变了，空间改变了，逻辑改变了，所有的一切都改变了，所有失去的一切也都被赎回了。这，就是审美救赎"。[62]

《信仰建构中的审美救赎》的最后一章"中国的救赎"极为重要。因为它不仅仅是潘知常所开列的"审美救赎药方"，而且可以看作是对蔡元培"以美育代宗教"的百年美学命题的一个回应。源自王阳明"万物一体之仁"的生命哲学观，经过潘知常教授的总结提升，凝聚成"万物一体仁爱"的生命哲学以及情本境界论生命美学。结果，生命美学不但将中国美学重要范畴"仁"融合进了人类普世意义的"爱"，而且将中国传统有缘有故的"仁"升华为当代世界的没有差别、没有等次、没有利害的无缘无故的"爱"。终于，我们明白了潘知常几十年如一日的对爱的一往情深："为爱转身、为信仰转身，还不仅仅是一种爱的奉献，更是人类文明得以大踏步前进的前提。这是因为，转身之后，让我们意外地发现了平等、自由、正义等价值的更加重要，更加值得珍惜。"[63]这，正是生命美学——把哲学诗化，更是人类生命——让诗意栖居，所衷心祝愿和热切期待的未来呢。

2. 生命之诗：把诗哲学化

如果说，生命之思是把哲学诗化，它的关键词是"体验"，那么，生命之诗就是把诗哲学化，它的主题语就是"反思"。不论是生命之思还是生命之诗，也不论是把哲学诗化还是把诗哲学化，连接它们的最佳中介或沟通二者的最好桥梁都是艺术——凝聚着生命喜怒哀乐之情绪、悲欢离合之情感、生老病死之情思的艺术。因为艺术是生命之树盛开的生命之花，此可谓生命之诗，而如果仅仅停留在艺术的选材而不深入到立意、局限于艺术的形式而不进入到意蕴、止步于艺术的技巧而不介入到思想，一句话，如果不把诗哲学化，我们不但不能更好地理解艺术，而且容易误读美学，甚至影响我们对生命的认识。

艺术作为中介，一头连着母亲般厚重的生命，一头通往父亲般神圣的哲学。那么，生命与艺术，生命与哲学究竟呈现出一种什么样的状态，或者说这三者之间应该是一种什么样的结构，这是生命美学在走向未来的路途中绕不过去的必须思考的问题。对此，潘知常有两部专门论述文学艺术的美学著作，在《我爱故我在——生命美学的视界》里，其中有一篇就是《文学的理由：我爱故我在》，针对"人类为什么需要文学"，他给出的理由是："何处是归程，长亭更短亭"，"生命的见证"和"让心灵变得更柔软"。在《头顶的星空：美学与终极关怀》的"开讲"里他说道："好的文学与终极之美，就其价值取向而言，关注的是人类的高贵、尊严、梦想、追求或者失落、彷徨、无助、罪恶、悲剧，人类生命的'可能'与'不可能'，人类的精神生命是爬行还是站立，是使自己成为人还是不使自己成为人？"他还在《信仰建构中的审美救赎》第五章第四节里说道："文学艺术作品，就其实质而言，不是再现，不是表现，而是呈现——原初真理的呈现。"艺术让被遮蔽的真理呈现，即亚里士多德说的"诗比历史更普遍，更真实"，也正如海德格尔说的："作为存在者之澄明和遮蔽，真理乃是通过诗意创造而发生的。凡艺术都是让存在者本身之真理到达而发生；一切艺术本质上都是诗。"[64]如果说历史往往充当混淆和遮蔽真相的角色，那么艺术常常就担当解蔽和辨明真理的使命。

如何让源自生命的诗即艺术，不再仅仅是如清晨歌吟的百灵鸟，而是如夜半起飞的猫头鹰？仅仅盛开艳丽的生命之花是不够的，还必须结出沉重的生命之果，弄明白艺术的真正作用或本质功能，让它切实走近哲学，呈现出哲学中的诗意和诗意里的哲学，从而让生命美学具有诗哲的气质。于此，我们还得先厘清诗与哲学的关系，当然这是一个十分复杂而棘手的问题。

就像人们要求诗要有哲理性一样，哲学也应该飘荡着诗意的芬芳。没有哲理的诗，仅仅是押韵的顺口溜，没有诗意的哲学也只能让人望而生畏，敬而远之。是的，哲学是启迪智慧的"点金术"，它不能与诗画等号，但是假如一种哲学思想或一篇哲学文章，既不能使人精神为之一振，也不能让人心灵为之一颤，那么如此的哲学必定是面色蜡黄，形容憔悴，无法引人注意的。"韵外之致，味外之旨，象外之象，景外之景"，历来是诗家评判一首诗歌艺术水准高下的美学标准。其实，这也应该成为衡量哲学的尺度。我们说马克思主义哲学是人类历史上最科学和最伟大的世界观和方法论，就在于它表达了一个充满希望的理想："每个人的自由发展是一切人自由发展的条件。"提出了一个激动人心的口号："无产阶级在这场革命中失去的只是锁链，他们获得的将是整个世界。"

且不说伟大的马克思和恩格斯，仅就他们之前那一批德国古典哲学家，无一不充满着诗人的气质，席勒、歌德、莱辛等都是诗人兼哲人，至今仍被我们视为抽象玄深的黑格尔《精神现象学》就是用席勒的诗句作结的，康德的"星云假说"本身就是一首壮丽的"宇宙诗篇"。还有古希腊毕达哥拉斯根据数的和谐而推导出的"诸天音乐"，苏格拉底式的幽默，柏拉图的"洞穴理论"等，无不闪烁着哲学的精深和诗意的美妙，《论语》简洁传神的对话，《庄子》汪洋肆意的文风，还有老子"道可道非常道，名可名非常名"，韩非的"画犬马最难，画鬼魅最易"，本身就充满着哲理的精深与诗意的浪漫。哲学的终点往往就是诗歌的起点，当诗歌跃动轻灵的舞步时，哲学将跨入一片崭新的天地。因为哲学表达的是"言中之意"，而诗歌追求的却是"言外之意"。

哲学的境界与诗歌的意境浑然一体。

哲人的智慧与缪斯的灵魂水乳交融。

其实，潘知常的美学思想就是哲学与诗意交融后孕育的宁馨儿，在他的理论视域里，如果说人类生命应该激荡着诗情画意的美妙，那么美学理论就必须富有启人心智、荡人心魄和激人奋进的精神，他的很多著作的书名就充满着诗情画意哲理艺术，如《众妙之门》《诗与思的对话》《我爱故我在》《头顶的星空》。仅就《头顶的星空》一书里的小标题就可见一斑，如《向头顶的星空致敬》，《杜甫：在安史之乱之后写诗是野蛮的》，《〈金瓶梅〉：裸体的中国》，《王国维：生命绝唱》，《为爱转身、为信仰转身：在终极关怀的维度重建美学》等。这可视为潘知常的"生命之诗"与"生命之思"的交流，其中包含的无不是生命的诗与思的对话。而现在的问题是，如何把生命之诗的"诗"——诗学意义上的美学——美学意义上的生命美学哲学化。

生命如何在虚无主义盛行的时代既不迷失前行的方向，又能找到回家的道路？生命美学对这一问题进行了探讨。天然就禀赋着诗意气质与哲学精髓的生命美学，鲜明而不同于以往的美学，放弃了"学以致用"的企求而转为追求"学以致智"，由"美学何谓"的传统思辨转向了"审美何为"的现代立意，"当我们在追问'美学之为美学'之时，首先要追问的应该是，也只能是'人类为什么需要美学'即'美学何为'。只有首先理解了美学与人类之间的意义关系，对于'美学是什么'的追问才是可能的"。[65]看来，美学的诞生和存在既不完全是人类文明的证明，也不全都是人类历史的成就，甚至根本就与人类学、历史学、文化学没有必然的关系；但它一定与人类对日出和日落的第一次遥望有关，它必然与人类对新生与死亡的第一次惊颤有关，它肯定与人类对歌唱和舞蹈的第一次表现有关。当人类有了这些"美"的惊奇和赞叹、"美"的积累和经验、"美"的反思和追问后，伴随着"言之不足，故嗟叹之，嗟叹之不足，故咏歌之，咏歌之不足，不知手之舞之，足之蹈之也"艺术一诞生，美学也就呱呱坠地了。但是，美学也绝对不仅停留于对日出和日落的畅想、对新生和死亡的理解、对歌声和舞蹈的欣赏、对诗歌和绘画的钟情，它一定要洞穿这背后的秘密，即为什么人类即或是衣不蔽体和食不果腹，即或是苦不堪言和生不如死，即或是来日不多和大限将至，依然要借助艺术的"兴观群怨"，让情感极尽地抒发，让想象无限地驰骋，让意志倔强地挺立，让思想顽强地生长，一句话，让不自由的生命变得更自由，让欠思想的艺术变得有思想，让少诗意的美学拥有诗意，从而让生命美学在生命之诗的呈现过程中，获得帕斯卡尔所谓人类"全部的尊严"——"思想",最终实现把诗哲学化的生命美学学理建构。

由此,通过艺术的中介,我们不但完成了哲学的反思、美学的反思,而且发现了艺术所蕴含的生命美学的天赋,即艺术与哲学有着"剪不断,理还乱"的"前世姻缘",正如潘知常说的:"哲学与艺术,都奠基于超越维度与终极关怀,同时也隶属于人类的意义活动,因此也就都禀赋着人类的意义活动的根本内涵。"[66]生命之诗,荡漾着生命的激情,驰骋着生命的想象,更蕴含着生命的意义,源于生命的过去,为了生命的今天,向着生命的未来,把诗哲学化,开始新的航程。

3. 生命之爱:让人生诗意

如果说,生命之思是把哲学诗化,生命之诗就是把诗哲学化,这诗与思的对话就意味着生命之爱的莅临,让平凡的人生充满诗意的辉光。这无比庄严的生命之爱是如何降临到这片饱经沧桑而又充满希望的大地上的呢,它又是如何让人生富有诗意的美妙呢? 我们先听听潘知常的独白吧:

> 这是一个奇迹般的、无以名状的世界,生命举着美丽的花束,轻轻叩响尘封的心扉,蓝色的号角在远方送来隐隐约约的诱惑,灵魂不安地鲜艳起来,胀满了莫名其妙的骚动。
>
> ——《生命美学》第一章"美丽的人生地平线"

> 爱反抗恶的方式,是不像恶那样地存在,是更爱这个世界。
> 美战胜恶的方式,同样是不像恶那样存在,是继续地赞美这个世界。
> 这是一条不归路、一条荆棘路,也是一条光荣路。
>
> ——《没有美万万不能:美学导论》第四讲"美在境界"

> "愿你出走半生,归来仍旧少年。"三十三年之后,尽管我已经从"年轻的一代"变成了"年老的一代",从"二十来岁的今天"到了"六十来岁的今天"。但是,我和我所提倡的生命美学,都"归来仍是少年"。

——《生命美学：归来仍旧少年》

　　这类表述在潘知常生命美学的著述里，比比皆是。这三段话的寓意也无须阐释，但它们所蕴含的思想、情怀，不但是生命之爱，而且是诗意人生与人生诗意，更是信仰人生与人生信仰的最生动而形象、最直白而真诚的表达。

　　回顾历史，是为了更好地走向未来。

　　从1984年到2022年，38年弹指一挥，包括笔者在内这些挚爱美学的学人，能够经受住下海淘金的诱惑、能够克制住从政显赫的吸引、能够远离娱乐轻松的环境而独坐斗室，"以一管之笔，拟太虚之体"，游历在学术的原野上乐而忘返，驰骋在美学的世界中乐此不疲。黑格尔说康德美学揭示了审美"主观的普遍必然性"是"谜一样的东西"，而我们和潘知常一同奋战的奥秘就非常简单了，这就是：爱！那是投射在美学上的生命之爱。其实，这一点也不复杂，一个从事生命美学的研习者、思考者和创造者，真能做到只有"美学"而无"生命"，只有求真、向善而无爱美吗？潘知常肯定做不到，当然，视美学研习为宿命与生命的我们也做不到。

　　2019年，潘知常参加"西湖秋色"学术雅聚期间接受了澎湃新闻记者的采访，在问及"请从您的学术立场出发，为新科技时代的文化建设提供若干条共同价值观"时，他是这样回答的：

　　　　我们应该从基督教的"博爱"、印度教的"慈悲"与中国传统的"仁爱"基础上加以提升。它意味着"以人的方式理解人"，意味着维护自由而且让人自由。一方面，它体现为"你要别人怎样待你，你就要怎样待人"的肯定性的"爱的黄金法则"，另一方面，它体现为"己所不欲，勿施于人"的否定性的"爱的黄金法则"。总之，它们不再是人们熟知的所谓"爱智"与"智之爱"，而是"爱的智慧"与"爱之智"。

　　毋庸置疑，爱之于生命——有意义的生命——的重要性，怎么估计都不会过分。但是，为什么生命须臾不可缺少爱，或爱之于有意义的生命为什么如此重要？

提出这一追问的前提是，如果不把生命置于雅斯贝斯说的"边缘情境"，即"不得不如此"的地步，那么爱对于生命而言就是形同虚设。其实很多人是"身在福中不知福"，就像歌德说过的"没有在长夜痛哭过的人，不足以谈人生"；失去过爱的人，方知爱的可贵。所以，仅有同情而没有悲情、仅有怜悯而没有悲悯、仅有伤痛而没有哀痛的爱，无法抵达爱的最高境界——信仰。

如果没有信仰的注入，那么不论是生命之爱，还是诗意人生——生命之爱构成的诗意人生，这样的"爱"都是有限的男欢女爱、形而下之爱，如此的"诗"也是肤浅的诗情画意、非哲学之诗。如果没有信仰的莅临，我们不能对美学的历史予以信任，更不能对美学的未来充满信心；那么，因爱而信仰和因信仰而爱，就有着不可估量的意义，如潘知常在《信仰建构中的审美救赎》一书最后说的那样："由此，美的尊严、爱的尊严、精神的尊严、信仰的尊严才有可能被完整地赎回，整个世界也才有可能被完整地赎回，而我们也因此而终于有可能第一次清醒地把未来还给自己，从而，得以第一次虔诚地将自己交到信仰的手中、爱的手中。"

为何这样讲呢？因为人类已经进入了马克斯·韦伯所谓的"新轴心时代"，这也可以称之为"后宗教时代"，基督文化的"天神"已经远走高飞，而红尘世界的"物神"却趁机而入，身处劳动异化与技术失控时代的我们还得活下去，而活下去的唯一理由只能是"爱"——用"生命之爱"，来赎回失落已久的自由精神和自由灵魂，不再为蝇头微利而斤斤计较，不再为个人恩怨而耿耿于怀，哪里来的，还是回到哪里去，走得太远，也不能忘了初心。面对变动不居的世界和变化莫测的人生，我们应如苏轼所言："自其变者而观之，则天地曾不能以一瞬；自其不变者而观之，则物与我皆无尽也，而又何羡乎！且夫天地之间，物各有主，苟非吾之所有，虽一毫而莫取。"一旦摆脱了名缰利锁的缠绕和爱恨情仇的执念，诗意人生顿时闪烁着温柔而璀璨的光芒，正是"唯江上之清风，与山间之明月，耳得之而为声，目遇之而成色，取之无禁，用之不竭，是造物者之无尽藏也，而吾与子之所共适"。这在潘知常有关生命美学的最新见解中就是"后宗教时代的审美救赎诗学"，它"谈论的是审美的价值论维度以及审美对于人生的意义，关注的则是诗与人生的对话以及'诗与人生'(诗性人生)的问题"[67]。审美活动的意义是什么？是对于失落了的审美活动的追寻。由此，生命美学陪同人类向着"美美与共，天下大同"的未来世界高歌猛进。

已经成为"第一哲学"的美学或正在走向审美哲学的生命美学，借用马克思《〈黑格尔法哲学批判〉导言》的说法："哲学把无产阶级当做自己的物质武器，同样地，无产阶级也把哲学当做自己的精神武器。"那么，我们想表达的是生命美学把渴望自由的人类当成自己的物质武器，同样地，渴望自由的人类也把生命美学当作自己的精神武器。这个武器为20世纪中华民族的"启蒙""救亡"提供了足够的能量，而今天它更应该为我们补上"信仰"与"爱"给予强大的软实力支持。荷尔德林当年仰望星空写下了：

> 当生命充满艰辛，
> 人或许会仰天倾诉：
> 我就欲如此这般？
> 诚然。只要良善纯真尚与心灵同在，
> 人就会不再尤怨地用神性度测自身。
> 神莫测而不可知？神如苍天彰明昭著？
> 我宁愿相信后者。神本人的尺规。
>
> 劬劳功烈，然而诗意地，
> 人栖居在大地上。

是的，"诗意栖居"，一个有着无穷魅力和无限遐思的理想，与其说是在诗学的浪漫舞步中地向我们款款走来，不如说是在美学的庄严承诺下给我们描绘出朝霞灿烂的明天。恰如30年前，潘知常在《生命美学》一书的结尾说道：

> 唉，"人类究竟走向何处？我们正在迷失中挣扎！我们需要一种我可以相信并为之献身的价值法则。我们不是因为规劝而'相信并保持忠诚'，我们相

信它是因为它是真实的"。（弗洛姆）

这个真实的东西不是物质繁荣，不是占有掠夺，也不是宗教迷狂，而是审美活动，只有审美活动是真实的。

只有一个上帝能够救渡我们，这就是：审美活动。

如果说笛卡尔是"我思故我在"，王国维是"我烦故我在"，李泽厚是"我实践故我在"；那么潘知常提倡的就是"我审美故我在"。的确，在生产实践和伦理活动中，我们必须服从社会法则和道德准则，就这个意义而言，我们是受限而不自由的。但是，一旦进入审美活动的王国，康德瞩目的"人本身就是目的"，正如马克思所说的"懂得怎样处处都把内在的尺度运用到对象上去；因此，人也按照美的规律来建造"。因此，审美活动有着时空的无限性、对象的超越性和存在的自由性。

可见，真实的审美活动就是立足现实而瞩望理想的生命活动，就是生命之爱体现的让人生诗意化。因此，真正的生命美学不仅能解释人生，更能引领人生、塑造人生、成就人生，这就是马克思《关于费尔巴哈的提纲》里说的："哲学家们只是用不同的方式解释世界，而问题在于改变世界。"为此，我们可以自豪地说：生命美学在如何"改变世界"的奋斗中，不但开启了新的航程，而且永远"在路上"。

"雄关漫道真如铁，而今迈步从头越。"

注释：

1.潘知常：《生命美学：从"新时期"到"新时代"》，《学术研究》2018年第4期，第144页。

2.潘知常：《生命美学的原创性格——再回应李泽厚先生的质疑》，《文艺争鸣》2020年第2期，第91页。

3.方东美：《中国人生哲学》，（台湾）黎明文化事业股份有限公司1980年版，第212页。

4.潘知常：《诗与思的对话——审美活动的本体论内涵及其现代阐释》，上海三联书店1997年版，第218、219页。

5.潘知常：《谁劫持了我们的美感：潘知常揭秘四大奇书》，学林出版社2016年版，再版前言第2页。

6.潘知常：《关于中国美学精神的思考》，《美与时代》（下）2014年第11期，第10页。

7.潘知常：《众妙之门——中国美感心态的深层结构》，黄河文艺出版社1989年版，第180页。

8.潘知常：《生命美学》，河南人民出版社1991年版，第241页。

9.刘小枫：《诗化哲学》，华东师范大学出版社2011年版，第132、133页。

10.转引自伍蠡甫等编：《西方文论选》下卷，上海译文出版社1988年版，第326页。

11.马克思：《1844年经济学哲学手稿》，刘丕坤译，人民出版社1979年版，第84页。

12.潘知常：《中西比较美学论稿》，百花洲文艺出版社2000年版，第65页。

13.潘知常：《信仰建构中的审美救赎》，人民出版社2019年版，第246、247页。

14.潘知常：《"无宗教而有信仰"：审美救赎的中国语境》，《社会科学家》2019年第1期，第148页。

15.潘知常：《中西比较美学论稿》，百花洲文艺出版社2000年版，第67页。

16.潘知常：《众妙之门——中国美感心态的深层结构》，黄河文艺出版社1989年版，第204、209、205页。

17.潘知常：《生命美学论稿：在阐释中理解当代生命美学》，郑州大学出版社2002年版，第199页。

18.康德：《判断力批判》上卷，宗白华译，商务印书馆1964年版，第47页。

19.刘士林：《澄明美学——非主流之观察》，郑州大学出版社2002年版，第234页。

20.转引自王向远：《从四个关键词看铃木大拙的禅学与东方学》，《暨南学报》（哲学社会科学版）2020年第11期，第43页。

21.潘知常：《信仰建构中的审美救赎》，人民出版社2019年版，第118页。

22.https://www.thepaper.cn/newsDetail_forward_5349983

23.潘知常：《生命美学论稿：在阐释中理解当代生命美学》，郑州大学出版社2002年版，第244、245页。

24.阎国忠：《基督教与美学》，辽宁人民出版社1989年版，第4页。

25.潘知常：《神圣之维的美学建构——关于"美的神圣性"的思考》，《中州学刊》2015年第4期，第158页。

26.北京大学哲学系美学教研室编：《西方美学家论美和美感》，商务印书馆1980年版，第54、63页。

27.北京大学哲学系外国哲学史教研室编译：《西方哲学原著选读》上卷，商务印书馆1981年版，第240页。

28.阎国忠：《基督教与美学》，辽宁人民出版社1989年版，第77页。

29.潘知常：《信仰建构中的审美救赎》，人民出版社2019年版，第500页。

30.潘知常：《信仰建构中的审美救赎》，人民出版社2019年版，第517页。

31.阎国忠：《基督教与美学》，辽宁人民出版社1989年版，第359页。

32.《马克思恩格斯全集》第40卷，人民出版社1982年版，第821页。

33.《马克思恩格斯全集》第40卷，人民出版社1982年版，第7页。

34. 马克思：《1844年经济学—哲学手稿》，刘丕坤译，人民出版社1979年版，第77、79页。

35.马克思：《1844年经济学—哲学手稿》，刘丕坤译，人民出版社1979年版，第79页。

36.潘知常：《生命美学》，河南人民出版社1991年版，第182—183页。

37.马克思：《1844年经济学—哲学手稿》，刘丕坤译，人民出版社1979年版，第47页。

38.《马克思恩格斯选集》第1卷，人民出版社1972年版，第273页。

39.《马克思恩格斯全集》第42卷，人民出版社1979年版，第123页。

40.潘知常：《信仰建构中的审美救赎》，人民出版社2019年版，第98页。

41.《马克思恩格斯全集》第1卷，人民出版社1956年版，第443页。

42.马克思：《1844年经济学—哲学手稿》，刘丕坤译，人民出版社1979年版，第108—109页。

43.《马克思恩格斯全集》第40卷，人民出版社1982年版，第7页。

44.《马克思恩格斯选集》第3卷，人民出版社1995年版，第777页。

45.马克思：《1844年经济学—哲学手稿》，刘丕坤译，人民出版社1979年版，第50—51页。

46.《马克思恩格斯全集》第31卷，人民出版社1972年版，第588页。

47.马克思：《1844年经济学—哲学手稿》，刘丕坤译，人民出版社1979年版，第72页。

48.马克思：《马克思青年时期爱情诗选》，赖耀先译，漓江出版社2019年版，第169页。

49.潘知常：《诗与思的对话——审美活动的本体论内涵及其现代阐释》，上海三联书店1997年版，第138、139页。

50.《马克思恩格斯选集》第3卷，人民出版社1972年版，第512页。

51. 潘知常：《没有美万万不能：美学导论》，人民出版社2012年版，第88、89页。

52.陆伟：《高科技对人文的积极影响》，《科技信息》2012年第22期，第210页。

53.刘小枫：《诗化哲学》，华东师范大学出版社2011年版，第124页。

54.潘知常：《没有美万万不能：美学导论》，人民出版社2012年版，第30—34页。

55.潘知常：《没有美万万不能：美学导论》，人民出版社2012年版，第37页。

56.潘知常：《从美学到后美学：非美学的思如何可能》，《湖南科技大学学报》(社会科学版）2019年第6期，第115页。

57.刘小枫：《诗化哲学》，华东师范大学出版社2011年版，第9页。

58.转引自刘小枫：《诗化哲学》，华东师范大学出版社2011年版，第53页。

59.尼采：《快乐的知识》，黄明嘉译，中央编译出版社2001年版，第126页。

60.范藻：《信仰的重建，是为了重建的信仰——兼及新世纪中国文化建设的美学选择》，《上海文化》2016年第2期，第14页。

61.转引自刘小枫：《诗化哲学》，华东师范大学出版社2011年版，第276页。

62.潘知常：《信仰建构中的审美救赎》，人民出版社2019年版，第324页。

63.潘知常：《头顶的星空：美学与终极关怀》，广西师范大学出版社2016年版，第550页。

64.海德格尔：《林中路》，孙周兴译，上海译文出版社2004年版，第59页。

65.潘知常：《没有美万万不能：美学导论》，人民出版社2012年版，第13页。

66.潘知常：《信仰建构中的审美救赎》，人民出版社2019年版，第175页。

67.潘知常：《生命美学的原创性格——再回应李泽厚先生的质疑》，《文艺争鸣》2020年第2期，第99页。

结语：带着爱远行

"用爱去获得世界。"陀思妥耶夫斯基如是说。

"爱是人生的原体验。"蒂利希如是说。

"爱是一种能产生爱的力量。"弗罗姆如是说。

"爱不是万能，但没有爱是万万不能的。"潘知常如是说。

由此可见，爱不但是个体生命成长的阳光与空气，而且是人类文明前行的力量与希望，更是生命美学蕴含的核心与精髓。在潘知常生命美学建设的历程中，1984年底写就的犹如宣言书的《美学何处去》就已经提出要建立"既能使人思、使人可信而又能使人爱的美学"，1991年出版的可视为奠基作的《生命美学》也满腔热忱地呼吁"学会爱、参与爱、带着爱上路，是审美活动的最后抉择，也是这个世界的最后抉择！"[1]2019年底推出的堪称代表作的《信仰建构中的审美救赎》更是鞭辟入里地阐述："所谓审美活动，说起来也很简单，无非就是把无限性、信仰等变成对人生、对世界的一种可见可触及的具体的爱。所谓审美活动，无非就是：为爱作证。"[2]

以爱为宗旨的生命美学，并非只是潘知常一个人的孤军奋战，而是百年来美学家们的集体努力，由此，生命美学绵延成了中国美学生生不息的思潮。尽管20世纪中国美学存在着蔡元培和王国维开创的两条道路，然而美学发展的实践证明，王国维的美学堪称生命美学的悲壮开始，继之以鲁迅、方东美、宗白华、张君劢、熊十力、冯友兰、唐君毅、范寿康、张竞生、高尔泰……生命美学终于蔚为大观。

诞生于1985年初春的生命美学，经过潘知常教授的潜心钻研和奋力探索，还有美学同仁的热情鼓励和积极参与，不论是对生命美学历史的回顾，还是对美学生命现实的反思，都共同指向或围绕着中国当代生命美学的理论建构。在这个过程中生命美学立足于"万物一体仁爱"的生命哲学，把生命看作一个由宇宙大生命的"不自觉"地"创演"而形成并展示的"生生之美"，与人类小生命的"自觉"地"创生"而包含并表现的"生命之美"，共同组成的向美而生也为美而在的自组织、自鼓励、自协调的自控系统。因此，生命美学开创的是在"神性的"与"理性的"思路之外的第三思路："生命的"。它走在西方的从"康德以后"到"尼采以后"的现代生命美学的道路之上，也走在中国古代美学与中国现代美学的生命美学的道路之上。

生命美学的逻辑思路为：美学的奥秘在人——人的奥秘在生命——生命的奥秘在"生成为人"——"生成为人"的奥秘在"生成为"审美的人。

生命美学的贡献是：以"爱者优存"区别于实践美学的"适者生存"，以"自然界生成为人"区别于实践美学的"自然的人化"，以"我审美故我在"区别于实践美学的"我实践故我在"，以审美活动是生命活动的必然与必需区别于实践美学的以审美活动作为实践活动的附属品、奢侈品。

具有中国特色、人类情怀的生命美学包含了两个方面：审美活动是生命的享受，这就是因生命而审美、生命活动必然走向审美活动，并试图回答生命活动为什么需要审美活动的"生命缘由"；审美活动还是生命的提升，这就是因审美而生命、审美活动必然走向生命活动，并努力揭示审美活动为什么能够满足生命活动的需要的"美学奥秘"。可以无愧地说：生命美学是新时期以来第一个破土而出并逐渐走向成熟的美学新学派。这是因为生命美学完成了美学的三个具有历史意义的"重建"：美学研究起点的"去实践化"、美学研究范式的"去本质化"、美学研究回归"审美"领域的"去美学化"。

在爱的信仰的鼓励下，在美的意义的指引下，生命美学带着爱启程，伴随着美的探索，38年来筚路蓝缕，栉风沐雨，而今蔚为大观。潘知常不仅为生命美学的茁壮成长提出了核心命题，贡献了原创思想，建构了较为完善的理论体系；而且为中国美学突出重围带来了深刻的启迪，提供了全新的思路，做出了有益的尝试；由此形成了富有"中国特色"和"人类情怀"的生命美学。潘知常建构的生命美学理论，是"基于生命""因为生命"和"为了生命"的美学。"基于生命"，是指从美学的生命与生命的美学的角度看，它以生命作为本体性的、根本性的视界；"因为生命"，是指从美学的存在与生命的存在看，它将生命作为立足点、观察点的起始；"为了生命"，是指从美学的自觉与生命的自觉看，它以生命作为目的地、理想性的境界。

一、实现美学研究的三个转向

"山重水复疑无路，柳暗花明又一村。"和新时期一同成长的生命美学，铁肩担道义，如何承担新的使命？

"雄关漫道真如铁，而今迈步从头越。"和新时代一起走来的美学学人，妙手著文章，如何书写新的篇章？

潘知常及其生命美学，立足人类生命意义的发掘，着眼中国美学的未来走向。关于1950年代和1980年代的两次美学大讨论走向沉寂，个中缘由固然复杂，但两次讨论的核心问题在于美学思考的意义和研究的目的，究竟是"美学何谓"，还是"美学何为"。以李泽厚的实践美学为代表的"美学何谓"的研究，纠缠于美的本质，迷失在美学形而上学的雾霭，沉浸在美学的历史深处；而以潘知常的生命美学为代表的"美学何为"反思，紧扣人类审美活动的中心，以个体的觉醒和信仰的觉醒为两个支撑点，初步完成了由"实践"本体向"生命"本体的转向。

的确，中国当代美学研究的历史呈现出"链环"式的结构。如果说李泽厚是以"主体性"完成了对朱光潜"主观性"的批判，将美学从思辨哲学的"存在论"转向了历史哲学的"实践论"；那么，潘知常就是以"生命性"实现了对李泽厚"主体性"的超越,将美学从历史哲学的"实践论"提升至人生哲学的"意义论"。针对潘知常开创的"生命本体论"美学,著名美学家阎国忠评论道:"'人类生命本体论'与'传统本体论'相比,其终极关怀不再是外在于人的某种本体,而是人类生命活动本身。"[3]因为,"潘知常把他的全部立论奠立在'生命'概念之上。在他看来,与生命活动比较起来,审美活动,乃至实践活动都处在'二级水平'上。"[4]正是因为潘知常将"生命活动"升华为超越审美活动的根本性、终极性和唯一性的"人"的活动,因此,他就实现了对美学尤其是实践美学的超越,完成了中国当代美学历程上的三个转向。

1. 由"知识论"美学到"智慧论"美学

诞生于古希腊的隶属于哲学范畴的美学,循着如何破解"思维与存在"的根本问题而开始了人与世界关系的思考。人如何才能最终真正脱离自然界,为此人开始了德尔菲神庙上的"认识你自己"的永恒思考。美学最先是求得知识的真理性,从毕达哥拉斯的"美是数的和谐",到苏格拉底的"美善相统一"、柏拉图的"无始无终、不生不灭、不增不减"的"永恒美"和亚里士多德的"模仿说"等;一直到德国古典主义美学,不论是鲍姆嘉通的"美是感性认识的完善",还是康德的"美是无目的的合目的性",或是黑格尔的"美是理念的感性显现",都是基于追求人的思辨能力和智慧能力的"我思故我在",将个体生命存在的灵与肉割裂开来而悬置"精神世界",导致整个美学的存在抽象而空洞、美学的历史枯燥而呆板,成了有"学"问无"美"感的美学"木乃伊"。以求知为目的的美学,运用理性主义的思维方式努力使得美学犹如伦理学、历史学和其他社会科学一样,告诉人们"美是什么",在"知识就是力量"的理念下,好像一旦知晓了有关美的知识或对美有相应的理解,那么一切美的对象和表现就了然于心。

就在以本质论美学为代表的求知求真的"知识论"美学如日中天的时候,潘知常在1985年第1期的《美与当代人》上直陈《美学何处去》,并发出生命美学的第一声宣言:"审美,则不是一种形象地认识生活的手段,不是一个从此岸世界跃入彼岸世界的环节,而是人生的最高境界——超知识、超道德的审美本体境界,从而从知识、道德走向审美，也是成为美学的必然归宿。"或许太离经叛道了，似乎也目无尊长了，"生命美学"的呼唤无人应答，也不敢接招。及至1990年第8期《百科知识》发表的《生命活动：美学的现代视界》潘知常予以重申："从这一视界出发，我们才能认识到：审美活动绝不是一种对于美的把握方式，而是一种充分自由的生命活动，一种人类最高的生命存在方式。"1990年第8期《贵州社会科学》又发表了封孝伦的《生命意识对探索美的启示》，1991年第1期《学术月刊》发表了潘知常的《为美学定位》，1991年5月河南人民出版社正式推出了潘知常的《生命美学》，生命美学终于在当代中国的学术界亮相了。是的，仅有知识的人生，哪怕是学富五车都不足以证明人的本质的真实和进化的完善，还必须有生命的智慧，如此生命才是一个完整意义上的生命存在。潘知常在《中国美学精神》的第三篇的第四章里提出了"美学的智慧"，它生动地体现在禅宗美学的"顿悟""境界"和"非对象性"等方面，更为重要的是："禅宗美学为中国美学所带来的全新的美学智慧应该是：真正揭示出审美活动的纯粹属性、自由属性，真正把审美活动与自由之为自由完全等同起来。"这也是易中天在《破门而入——美学的问题与历史》第一讲里反复阐述的美学的"真正意义在于启迪智慧"。

包含着人生智慧的生命美学逐渐得到了学术界的认同。著名美学家阎国忠教授在1994年第1期的《文艺研究》中的《第四届全国美学会议综述》中指出："生命美学的出现对于超越建国之后先后占据主导地位的认识论美学与实践美学的'自身局限'有积极意义。"美学家劳承万教授也在1994年第5期的《社会科学家》发表了名为《当代美学起航的信号》的文章，预言生命美学"是当代中国美学起航的信号"。著名美学家王世德教授在为笔者2002年出版的《叩问意义之门——生命美学论纲》作的序言里，明确说道："我赞同和欣赏新提出的生命美学观这一美学思潮。我认为它的提出是有现实针对性的。它现在能获得很多人的赞同，也不是偶然的。"

"知识论"美学是认知世界的，或者说"知识论"美学已经完成了认知世界的任务，现在更亟需的是"认识自我"，而仅有"纸上得来"的认知是不够的，还必须有"躬行"的生命体验和"爱智慧"的生命感悟。

2. 由"历史性"美学到"未来性"美学

尽管美学诞生于1750年，可谓一门年轻的学问，而人类爱美的历史可以上溯到上万年前，人类思考美的历史也相当悠长，不论是对"美"字的起源——远古华夏民族"羊大为美"的追溯，还是古希腊柏拉图《大希庇阿斯篇》得出"美是难的"浩叹，质询的都是人类为什么会"爱美之心人皆有之"，以及美的作用究竟是什么。当然对这个疑问思考得最早最深刻的无疑是古代中国的先秦美学和古代希腊美学。于是乎，在回到历史起点与逻辑原点的诱惑下，"美的历程"的思考，变成了"美学历史"的回溯，"言必称希腊"和"子曰诗云"，还有在"整理国故"的名义下寻章摘句，在"本质追问"的过程中皓首穷经，在"知识论"的美学里不断地炒历史冷饭。然而对这些"已故"的知识论美学，怎样才能"古为今用"呢？

在人类文明的历史上，每当发生重大转折，人们都习惯回到历史去寻找依据和借鉴，西方的文艺复兴和古典主义就是典型的例证。而中华由于历史未曾中断，加之中国古代史籍浩瀚、史学发达，重视历史的传统已融入民族精神。当然潘知常的美学研究也是先回返历史的，1989年学林出版社出版的《美的冲突》，系统总结了明中叶以降中华民族美学的艰难历程，他在这部著作的最后说道："中国现代美学家稳步踏上了创造现代美学的征程。既不是'西化'，也不是'俄化'，更不是'本位'，而是在'出而参与世界之事业'的基础上的一种伟大的历史创造，已经成为中国现代美学家心目中神圣而庄严的美学目标。"不论是历史创造，还是创造历史，其根本主题和价值取向都是"面向未来"的美学。这一年黄河文艺出版社又推出了他的《众妙之门——中国美感心态的深层结构》，已经触摸到了中国美学的生命之门了，在该书最后他颇有悲壮气质地说道："虽然我们可能不断地失败，虽然我们也许要花数十年、一百年、甚至数百年的时间，但新的精神家园的重建却是不容怀疑的。"潘知常在他的生命美学研究历程上，第一次亮出了指向未来的生命美学的"中国梦"。

但是，潘知常更多的是在关注当下中瞩望"未来"的。他在2009年江西人民出版社出版的《我爱故我在》的前言《美学新千年的朝圣之路》里说道："我们存在的全部理由，无非也就是：为爱作证。'信仰'与'爱'，就是我们真正值得为之生、为之死、为之受难的所在。因此，新世纪新千年的中国，必须走上爱的朝圣之路。新的历史，必须从爱开始。这，就是我们的天路历程。"⁵这也是他为什么认为《水浒》和《三国演义》"劫持了我们的美感"，因为它们没有爱，只有恨，没有信仰，只有利益，没有眼泪，只有鲜血。他发表在2018年第7期《文艺争鸣》上的《审美救赎如何可能》一文；而后，他再一次从价值论的角度指出："从审美拯救人生出发，也就必然会走向'重估一切价值'。这'重估一切价值'，其实也就是在审美与艺术的'美的尺度'下的对一切的重新评估。"的确，他没有用美学来为我们提供关于未来的虚幻承诺，而是注重从历史研究中和理论取向里，寻找通向未来的路。

他发现了中国美学传统里有两个路径，一个是从《诗经》到《水浒》的"忧世"，另一个是从《山海经》到《红楼梦》的"忧生"。的确，对生命耿耿忠心的"信仰维度"，对人生拳拳忧心的"爱的维度"，才是中国美学走向未来的正确方向。不论是"忧生"还是"忧世"，尽管都包含立足当下的现实之爱，但"忧世"常常是回到历史去寻求理论武器和思想支持，而"忧生"则更多的是在瞩望明天，思考未来的人生道路如何走下去。潘知常也和所有的学问家一样，没有割断历史，没有忘记过去，更没有沉迷于历史的"故纸堆"，他返回历史是为了更好地展望未来，让历史告诉未来。

3. 由"科学式"美学到"意义式"美学

"知识论"的美学必然导致"科学式"的美学，"历史性"的美学也会凝固成"学科式"的美学。早在古希腊毕达哥拉斯那里，对美的思考变成了对数量关系的认知，中国春秋时代楚国的伍举也认为"上下、内外、小大、远近皆无害焉，故曰美"。其共同点都是追求可实证性和功效性的"和谐"。及至鲍姆嘉通提出"美是感性认识的完善"的命题，命题的提出也是建基于欧洲大陆的理性主义思想传统，因为他们信奉只有清晰而明确的科学知识才能实现对事物本质的认识，而属于感性认识的美是模糊而不精确的认识，那么美学就要研究感性认识的"丰富、伟大、真实、清晰、可行、生动"，从而达到自身的完善。到了19世纪中叶德国的费希纳倡导用选择、制作和统计的实证性方法研究美学，这种"自下而上"方法，开创了近代实验方法的美学研究。相对于西方的自然科学式研究，中国则更看重社会科学式的研究，肇始于孔子的儒家美学非常推崇由"美善合一"而衍生的生活的"礼乐合一"、政治的"德政相谐"、艺术的"文道一体"、哲学的"天人感应"。

潘知常立足于以人类的自身生命活动为现代视界的美学，指出："从这样一个特定的视界出发去探索美学，显然就严格区别于国内从认识论、伦理学、心理学、社会学的视界出发对美学的种种探索。在后者，更多地关注于审美的单方面的意义或外在有效性，而审美的本体意义、存在意义、生命意义却被疏忽了。"[6]的确，笔者也把美学的思考和研究概括为"叩问意义之门"，此处的意义是指生命的意义。就像易中天分析陈寅恪晚年为何在右腿骨折和双目失明的情况下，依然坚持完成了80多万字的《柳如是别传》，说道："意义，这是我们绕不过去的最后一道弯，迈不过去的最后一道坎。我可以不要名，不要利，不要有用，不要别人承认，但我总不能不要'意义'吧？连'意义'都没有，我做它干什么？"[7]对意义的寻找和思考是人类与生俱来的特殊使命，崇高而神圣的精神使命。

潘知常在1997年由上海三联书店出版的《诗与思的对话》里也曾说过："审美活动的方式正是使自由生命的理想实现成为可能的生命超越方式，是使现实进入理想的生命超越方式，也是使理想进入现实的生命超越方式，它是对于人的自身价值的体验，是生命意义的发生、创造、凝聚，是使生命呈现出来的中介。"[8]笔者也于《叩问意义之门——生命美学论纲》中指出，当我们引入了美学尤其是生命美学后，我们将如何看待人生——"由生活的丑导致人类的悲剧感，我们再把它艺术化为悲壮美，从而体现出人类独有的生命之美。在这一过程中，丑促成、催生并实现了人类生命意义的'凤凰涅槃'，人类犹如集香木自焚的凤凰，没有因为生活中和生命中丑的存在而麻木不仁、文过饰非，甚至自甘堕落、助纣为虐，而是将丑作为生命的对立面，警醒快要沉沦的生命，鞭策濒临危亡的生命，在与丑的较量中背水一战，置之死地而后生，从而升起生命的又一轮辉煌的太阳！"[9]由此可见，"意义式"美学的最大启发"意义"就是回答了现实生活中的生命，为何要存在和如何更好地存在的根本性问题，这也是人类不仅有自然的、物质的，甚至是本能的"生命活动"，还必然在生命活动中和其上有社会的、精神的和超越性的"审美活动"。这显然与"见物不见人""理性大于人性"和知识高于智慧、历史多于未来的"科学式"美学，不能同日而语。

二、丰富美学研究的三个话题

美学应该是什么，生命美学又应该是什么，我们应该如何研究美学和生命美学呢？还是先看看潘知常在论及"美学的重建"时说的一段话吧：

> 满怀着对人类真实的生命存在、生命世界的关注，倾尽血泪维护着灵性的胚胎，隐忍着生命的痛苦，担负起人类的失误，抗击着现实世界的揶揄，呼唤着这个世界应有而又偏偏没有的东西、无名或者失名的东西，顾念着人的现实历史境遇，顾念着人的生存意义，顾念着有限生命的超越，顾念着生命中无比神圣的东西、必须小心恭护的东西、充满爱意和虔敬的东西。它使生命成为一次自我拯救、一个永恒的开始，在衰亡着的历史废墟上孕育出一个活泼泼的生命；它使生命成为最为辉煌的瞬间，在这一瞬间，生命与天地间一切圣者、一切人灵，与庙中之佛、山巅之仙、天上之神一起醒来；它又使生命成为最为神圣的悦乐，这悦乐使世界开口说话，使石头开口说话。[10]

潘知常不仅为当代中国美学增加了"诗意"——诗意的灵动、诗意的激情和诗意的表达，其实这背后所包含的无不是鲜活而生动的生命体验和生命意绪；而且为当代美学的研究带来了全新的话题，那就是"生命"及其最为根本的"爱""神圣""信仰""救赎"等意义。

衡量一个美学家对美学的贡献，不是看他获得过什么大奖，也不是看他拿了多少课题，更不是看他在美学组织里担任过什么样的职务，而是看他是否为美学贡献了什么新颖、深刻而有启发性的思想和观点。近代以来中外美学家有这些见解：克罗齐的"直觉"命题，普列汉诺夫的"潜在功利性"的命题，车尔尼雪夫斯基的"生活"命题，别林斯基的"典型"命题，泰纳的"时代、种族、地域"三要素制约美的命题，厨川白村的"苦闷的象征"命题，王国维的"境界"命题，蔡元培的"以美育代宗教"命题，等等。在当代中国首推李泽厚的"积淀说""情本体""实用理性""乐感文化""巫史传统"等，这些重要命题有力地支撑起了他的"美是客观—社会的统一"的"实践美学"理论。那么，潘知常呢？作为实践美学的超越者，他为生命美学提供哪些有价值——有开创性价值——的美学命题呢？著名美学家阎国忠教授在他的《走出古典——中国当代美学论争述评》一书中指出："潘知常的生命美学坚实地奠定在生命本体论的基础上，全部立论都是围绕审美是一种最高的生命活动这一命题展开的，因此保持理论自身的一贯性与严整性。比较实践美学，它更有资格被称之为一个逻辑体系。"[11]这是一个由哪些概念组成的什么样的"逻辑体系"呢？

1. 无缘无故的生命之"爱"

美的最高境界是什么？当然是爱——无缘无故的爱。

李泽厚在提出情感、想象、理解和感知的审美四要素的基础上，在《美学四讲》中认为审美感受的层次依次是由"悦耳悦目"到"悦心悦意"，最后是"悦志悦神"。这个"悦志悦神"是审美主体超越"悦耳悦目"的生理感受和"悦心悦意"的感动心理而进至的精神境界的感悟，是对宇宙合规律性与合目的性的把握，进而超越道德进入自由状态而获得的崇高感。但是，李泽厚的根本失误在于将美的存在和感受限定在思辨的象牙塔，而没有将美与人的生命过程结合起来，而老子的"上善若水"、庄子的"澄怀观道"、陶潜的"心远地自偏"、李白的"举杯邀明月"和苏轼的"也无风雨也无晴"等，则充满着生命的气韵生动和诗意盎然。当代哲学大儒冯友兰则把审美感受归结为"人生四境界"——由最初的自然境界而功利境界，进而道德境界，最后抵达天地境界。人生的境界就是生命的境界，它的最高处既是"诗意的栖居"，也是"神灵的畅游"。

潘知常把美紧紧地锁定在感性鲜活的生命之中，因此在他们基础上的"接着讲"，就顺理成章地推出了美的最高境界是生命之爱，并且是无缘无故的爱。2009

年江西人民出版社将他近年来发表的文章或讲座的录音，搜集整理成册，出版了《我爱故我在——生命美学的视界》，其中有"爱"字出现在标题的文章就有这些：《为爱作证——从信仰的维度看美学的终极关怀》《文学的理由：我爱故我在》《为信仰而绝望，为爱而痛苦：美学新千年的追问》《爱的审判——帕斯捷尔纳克与他的〈日瓦戈医生〉》《"我的爱永远没有改变"——从莎士比亚的〈哈姆雷特〉看冯小刚的〈夜宴〉》。爱之所以是美的最高境界，是因为人类生命是在"向死而生"的悲剧阴影笼罩下艰难而隐忍地"匍匐前行"，是因为人生各种差距而产生太多的"深仇大恨"，如何完成这个化干戈为玉帛的"华丽转身"呢？那就必须在现实生活中对像《三国演义》的"阴险"、《水浒》的"凶狠"和鲁迅的"绝望"这种无爱的社会予以彻底的拒绝，甚至是对命运悲剧而带来"命中注定"的苦难，"即使是我们知道了我们所面对的是无缘无故的苦难，那也还很不够，因为，我们还必须呼唤一个东西的出现，这就是：无缘无故的爱"[12]。这恰如陀思妥耶夫斯基说的："至于在我们的地球上，我们确实只能带着痛苦的心情去爱，只能在苦难中去爱！我们不能用别的方式去爱，也不知道还有其他方式的爱。为了爱，我甘愿忍受苦难。目前，我希望，我渴望流着眼泪只亲吻我离开的那个地球，我不愿，也不肯在另一个地球上死而复生！"[13]这就是潘知常经常说的"爱，不是万能，没有爱，却是万万不能的"。

潘知常的生命美学把生活中司空见惯的"爱"，由通常意义的男女情爱、父母慈爱、兄弟友爱、伦理仁爱、社会关爱和人类博爱等，上升到了具有生命本体意义的维系个体生命延续和发展、关乎人类生命存在和进化的"大爱"和"挚爱"。它既是每一个生命中与生俱来的不得不如此的必要条件，又是生命与生命之间的没有差别和等级，也没有来头和缘由的应该如此的充分条件。这种本体论层面的爱，就是人类生命中的神性之体现，犹如上帝的圣爱一样，是无差别的普度众生之爱，从而使生命美学有如神助。潘知常借助"爱"这个永远不老的话题，不但丰富了爱之于人类的本体论意义，而且增加了爱之于美学研究，特别是生命美学思考的形而上价值。

2. 崇高神圣的"信仰"之维

美学研究引入"信仰"之维,不仅是学术建构的需要,美学自身理论逻辑推演的结果,而且是美学介入生命的体验和思考而产生的必然结果。

实践派的美学研究,从美的理论推演看,"悲剧"是美学的"最高的层面",从美的实践意义看,"美育"是美学的"最后一公里"。那么,如何才能战胜悲剧,或战胜悲剧的意义是什么,李泽厚从人性与人文冲突的历史本体论出发,指出:"社会的前进,生产的提高,财富的增加,是以大多数人付出沉重牺牲为代价。例如,在原始社会和阶级社会中,战争经常是推动历史进步的重要因素,但哀伤、感叹和反对战争带来的痛苦、牺牲,也从来便是人民的正义呼声。《诗经·采薇》等篇很早就表示了这种矛盾。宣王北伐远征,'载饥载渴,曰归不得;我心伤悲,莫知我哀',但'靡室靡家,猃狁之故',为保卫国家、抵抗外侮而战争是正义的。后世如杜甫《新婚别》等也突出地表现了这一矛盾。双方都有理由,所以说是不可解决的悲剧性的历史二律背反。"现实矛盾的不可解决只能走向精神崇高的悲剧体验,于是,李泽厚给出的答案是"人随着历史,仍将在悲剧中踉跄前行,别无选择"。[14]在美育的问题上,当论及"美育代宗教"时,李泽厚认为"宗教的终极关怀,皈依于那种超历史、超时空的神,而'美育代宗教'的神性,仍然归属在'人与宇宙协同共在'的天地国亲师的历史中"。[15]他既相信神性的存在,又认可人性的功能,表现出在美育终极意义上的"首鼠两端"。学者刘彦顺指出李泽厚引入了"时间""教化"和"新感性"三个关键词,其美育思想的"学术气度"和古典美学的"活力焕发"都令人感佩,这些贡献尤其是"对'时间'概念的引入与发挥,只是在教化以及新感性的命题上所显露出的在内在的、内涵上的矛盾,又使得他的审美教育思想在诸多方面带有诸多的无奈"。[16]

悲剧和美育的美学意义是如何让人成为圣人和完人,为此古今中外的美学家纷纷开出了道德的"药方",孔子的"尽善尽美",康德的"道德象征",李泽厚的"自由意志""内在的自然人化"和"情本体论"。潘知常没有囿于现实的道德人伦设置和社会教育要求,而是在"爱"的基础上,大胆地引入了"信仰"的维度。先后发表、出版了《让一部分人在中国先信仰起来》《以信仰代宗教》《美育问题的美学困局》等文章，还出版了《头顶的星空：关于美学与终极关怀》等。在这些著述里他深化着他的美学思考：由现实的层面向理想的境域升华，由此岸的有限向彼岸的无限飞跃。他在第一进向的人与自然、第二进向的人与社会这样两个现实维度的基础上，提出了人与意义的第三进向的超越维度，这就是信仰的维度。他在《王国维　独上高楼》说道：

> 因为只有在信仰之中，人类才会不仅坚信存在最为根本的意义关联、最终目的与终极关怀，而且坚信可以将最为根本的意义关联、最终目的与终极关怀付诸实现。

显然，由上所述，信仰之为信仰，就正是一种"无形""无限"的东西。它是对于人类借以安身立命的终极价值的孜孜以求。这样的信仰既不是虚无缥缈的"上帝"赐予的，也不是神通广大的"佛祖"分发的，它是与生俱来的，深藏于每一个追求有意义的生命之中。

在美育的问题上，潘知常直陈蔡元培的"以美育代宗教"导致了"中国美学的百年迷途"，进而他指出："作为人类从终极关怀的角度对于'精神'的关怀，作为人类特有的文化存在方式，作为人类的终极价值表达形式，信仰是人类特有的自由选择与精神权利，它体现着对现实的超越和对未来的终极关怀。通过它，人类脱胎而为'万物之灵'，并最终从自然的'物性'中超越而出，以'灵性''精神性'屹立于天地。"通过此论证得出的必然结论就是"对于美育的认识也必须从信仰的高度来加以把握"。[17]

一旦建立了"爱与美"的信仰的维度，不论是超越生存的悲剧，还是建构生活的美育，都会将司空见惯的"爱"升华为"无缘无故的爱"，将触手可及的"美"提炼为"有情有义的美"，从而让平凡的生命获得崇高的意义，使有限的人生变成无限的可能。

3. 审美哲学的美学谱系

20世纪80年代"美学热"随着90年代市场经济的全面兴起,我们的美学开始了胜利"大逃亡",纷纷另立门户转而成为艺术哲学、生活美学、生态美学、身体美学和文化研究,唯有生命美学牢牢地坚守美学的基本理论和对基础理论的思考,提出了由哲学到美学进而形成审美哲学的构想,并从哲学的角度为美学勾勒了大致的轮廓。

李泽厚和杨春时都曾提及美学是"第一哲学"。李泽厚在《实用理性与乐感文化》里,结合中国文化的实用理性、乐感文化和康德哲学的物自体说法,将他的"度本体"和"情本体"揉合进美学,提出了美学是"第一哲学"的命题。杨春时在《作为第一哲学的美学——存在、现象与审美》一书的"结语",从"美学是本源的存在论""美学是充实的现象学"和"美学是现象学与存在论的同一"三个要点,阐述了"美学是第一哲学"。他们在当代中国美学的建设历史上,虽然有"以启山林"的功绩,但是缺乏比较系统而翔实的论述。

置身林林总总的美的现象中,为何美有千奇百怪的类型和迥然有别的差异,研究者由寻找美的共同性进而思考美的本质性,于是美学的问题就变成了一个哲学的问题。而美学属于哲学范畴的"感性学",就说明"美"一定是鲜活生动的现象,一定与人的生命本身有着最本质和最必然的关系。恩格斯在总结哲学史的基础上明确指出:"全部哲学,特别是近代哲学的重大的基本问题,即是思维和存在的关系问题。"其实最能直接感受这二者关系的就是个体的生命,如果说美是客观存在的,那么"知道"美的存在一定是感受先于思维的,推而广之,其实人类的"求真""向善""爱美"的一切活动,莫不是感受先于思维的。就这个意义而言,离开了感性学价值的"爱美",那么"求真"和"向善"的实践论将被悬空。而李泽厚在《论实用理性与乐感文化》中还一再强调"以美启真"和"以美储善",美成了实现真和善目的之工具,其之所以会有这样的认识,是因为实践美学的"历史本体论"哲学观,在根本意义上消解了美学的存在价值。

那么作为第一哲学的美学,究竟是什么呢?首先,它是后美学时代的审美哲学。潘知常早在1991年河南人民出版社出版的《生命美学》一书开篇就明确提出:

我们所从事的研究工作，应该隶属于"审美哲学"。其次，它是后形而上学时代的审美形而上学。潘知常在1997年第1期的《文艺研究》上发表了《对审美活动的本体论内涵的考察——关于美学的当代问题》，指出："审美活动与人类的本体存在具有一种同构关系，审美活动与人类本体之间更存在着一种非如此不可的关系、一种内在的同一性。审美活动是一种真正合乎人性的存在方式，又是一种人类通过它得以对人类本体存在深刻理解的方式，而不是一种认识物的方式。审美活动还是人类生命活动的中心、焦点、理想形态。"[18]最后，它是后宗教时代的审美救赎诗学。潘知常从20世纪90年代中期开始，针对娱乐至上的享乐主义和传媒文化，致力于用美来改造社会，拯救大众的心灵，在2017年第9期的《文艺争鸣》刊发了《审美救赎：作为终极关怀的审美与艺术——纪念蔡元培提出"以美育代宗教"美学命题一百周年》的文章，指出："用我们的爱心去包裹苦难，在化解苦难中来体验做人的尊严和幸福。……审美活动即是这样见证着自由的尊严、人性的尊严、见证着人性尚在，这实在是一个重要的见证。它实际就是信仰维度的终极关怀的见证！"[19]他还在2019年出版的《信仰建构中的审美救赎》中写道："因为有了审美与艺术，时间改变了，空间改变了，历史改变了，逻辑改变了，所有的一切都改变了，所有失去的一切也都被赎回了。这，就是审美救赎。"[20]由此充分说明：美学不但是一门关于人类审美活动意义的人文科学，而且更是反思人类生命活动意义的第一哲学。

如果说人的存在问题是哲学的根本问题，那么人的存在意义就是美学的第一问题。诚然，如潘知常在2021年2月"全国第一届高校美学教师高级研修班"上强调的：美学学科并不重要，重要的是借助美的思考来完成人的塑造和探询人的解放。马克思指出："人是全部人类活动和全部人类关系的本质、基础。""创造这一切、拥有这一切并为这一切而斗争的，不是'历史'，而正是人，现实的、活生生的人。'历史'并不是把人当做达到自己目的的工具来利用的某种特殊的人格。历史不过是追求着自己目的的人的活动而已。"[21]由是将人的存在及意义置入历史的长河和时代的舞台，而不仅仅是帝王将相的历史和才子佳人的舞台，让每一个普通而真实的生命都得到了应有的尊重和表现。因此，"第一美学命题"与"第一美学问题"的出现都不是偶然的，其所指向的就是生命美学的哲学思考。

在2021年10月出版的《走向生命美学》一书的第十章"生命美学作为未来哲学"里，指出"未来哲学"是"自由的哲学""爱的哲学"，其实还应增加"信仰的哲学"，并慨然宣称这是"生命美学的下半场"。

在美学的哲学思考中或在哲学的美学体验里，前者表现于康德，在"康德以后"，走出知识论泥淖的美学举起了"人是自己的目的"的美学大纛；后者体现于尼采，在"尼采以后"，超越伦理主体论的美学开创了"人是生命的强者"的美学高地。潘知常在这届研修班上指出：康德美学的矛盾在自然人与自由人之间；在唯智论美学的独断论与感性论美学的怀疑论之间；在"美是形式的自律"与"美是道德的象征"，"愉悦感先于对对象的判断"与"判断先于愉悦感"的分辨。到尼采为止，出现过神学的、理性的、生命的三种美学追问方式——以"神性"为视界的美学终结了，以"理性"为视界的美学也终结了，以"人性"为视界的美学开始了。这就要求我们从"生命"本身出发，而不是从"理性"或者"神性"出发，去追问审美活动，让第一美学或作为哲学的第一美学，立足于生命本身，建基于审美活动，企及自由境界。

三、期待生命美学的三个深化

如果说美学是一门古老而富有朝气的学问的话，那么生命美学就是一种开放而成长的理论。

如果说生命是一次艰难而充满希望的旅程的话，那么生命美学就是一场对话与建构的活动。

毋庸置疑，和中国20世纪以来的任何一个美学学派相比，生命美学学派的研究内容有相当高的完整性，它涉及一个成型学派所必需的基本原理研究、历史阐释研究、实践运用研究的"三要素"；它的参与学者也相当具有广泛性，从大学教授到中小学老师、从专门学者到在校学生、从理论专家到艺术行家，大家齐聚生命美学的旗帜下，或进行学理思考，或开展艺术批评，或切入文化研究，或指导基础教育，可见生命美学有着十分旺盛的生命活力。生命美学还紧紧扣住了中国改革开放的进程，围绕社会变革的阵痛和文化转型的冲突而产生的生命困惑，及时地予以理论的干预、学术的启发和思想的引导。

截至2016年3月，和同被学术界称为"后实践美学"的其他几个学派相比较，"真正属于生命美学研究著作的，有58本；论文达2200篇，其中有少量的研究艺术的'生命意识'的论文；在报纸上发表的文章也有180篇。"[22]

既然如此，生命美学是否就已经很成型很完善了呢？当然不能这样说，作为一个能够代表并引领中国当代美学的学派，生命美学还不能绕过以下几个问题，更应该在以下几个方面有所建树。

1. 美的本质问题的思考

美的本质通常表述为"美是什么"，这个从柏拉图开始思考的问题，两千多年过去了，无数美学家献上了他们的聪明才智，但都犹如盲人摸象，"美（依然）是难的"。于是现代西方分析主义美学开始了对美的本质是否存在的反思，威廉·奈德（William Knight）在1903年所著《美的哲学》开篇就宣称："美的本质问题经常被作为一个理论上无法解答的问题被放弃了。"朱狄在《当代西方美学》中也说道："美的本质问题经过了2000多年的讨论，问题不但没有解决，而且从现象上看，这一问题的解决反而显得愈来愈困难了。"近年来，更有研究者十分激愤地提出："美，本来就是这样一个子虚乌有的字样，为了探讨它的本质，竟耗尽了历代学者的心血！"[23]潘知常在2015年第1期《贵州大学学报》（社会科学版）上发表了《生命美学：从"本质"到"意义"》，指出实践美学的核心是"本质"，生命美学的取向却是"意义"，由此，生命美学走向超越维度与终极关怀，并在此基础上重构了美学。尽管如此，但这能成为我们，尤其是生命美学放弃思考美的本质的理由吗？并不能，因为这是包括生命美学在内的所有美学学派绕不去的"山峰"。著名美学家王朝闻在我国当代第一部美学原理著作《美学概论》中指出："由于与哲学基本问题的密切联系，美的本质问题成为美学领域的基本理论问题。""美的本质问题的解决，是解决美学中其他问题的基础和前提。"[24]

　　笔者认为：在"美是什么"的问题里，本体论质询的是"物"的世界，存在论质疑的是"生"的人类，比较而言，自由论的"提问方式"质证的是在"物"的世界里的"生"的人类；此处的"人"变成了非"类"的个体的人，此时的人，不仅有"生"而且有"命"——命运与命数、性命与宿命。至此，我们猛然发现，既往的生命美学似乎只看重了"生"的事实，而忽略了"命"的存在。只有二者共同完整呈现"生命"，生命"自由"的追问才具有了"彼岸"之理想的终极性和"此岸"之现实的合法性。如此的话，我们才能真正聆听到生命悲剧境况的浩叹，深切感受到生命边缘意识的觉醒，进而实现生命在诗性智慧照耀下的"华丽转身"。接下来，我们才有资格和可能在身体力行的体验里和身心俱在的体会中，最后进入"恬然澄明"的体悟，这是"目击道存"的启迪，更是"返身而存"的境界。如马克思在《1844年经济学—哲学手稿》里说的人"通过自己同对象的关系而占有对象"，这不正是以身心合一的"爱"为典型表现的生命之真实而现实、充实而充分、感性而知性、情思而哲思的美好形式和美妙境界吗？我们可以尝试着给出在生命美学视域下"美是什么"的答案了：美是生命澄明的形式。

　　潘知常在《生命美学》一书第四章第三节就给了回答："美是自由的境界。"他和历史上所有美学家不一样的地方是，他不是把这个"千古疑难"放在象牙塔里做静止的和孤立的考察，即不是仅仅从本体论的视域提出"美是什么"，而是从审美活动的过程中来理解，因为"审美活动不仅是一种操作意义上的把握世界的方式，而且首先是一种本体意义上的生命存在的最高方式"。从终极关怀出发固执而坚定去寻找生命的意义，这个过程中一切固有的"小我"、有限的"小我"和"小我"的一切，都因为"美"的光照而敞亮。他在2020年第5期《中国书画家》的《生命美学：从"本质"到"意义"》一文的最后揭示："结果，审美活动因此而成为人之为人的自由的体验，美，则因此而成为人之为人的自由的境界。"[25]潘知常言犹未尽的是，如何从审美活动的视域思考美的本质是什么，翔实而详尽、充分而充实地予以阐述，还有待生命美学的继续研究和发展。

2. 生命美学与生态美学、身体美学及其生活美学的关系

生命美学将美学从曾经的理性思辨王国和道德审判法庭，还原到了感性鲜活而崇尚自由和向往美好的世界，尽管实践派美学也高扬人类的主体地位、肯定人性的现实意义和承认人道的历史作用，但是，它是通过漫长的"自然的人化"而实现的文化理念和社会意识，正如李泽厚著名的论断——"'积淀'的意思，就是指把社会的、理性的、历史的东西累积沉淀为一种个体的、感性的、直观的东西，它是通过自然的人化的过程来实现的"。[26]这种"理性的变成感性的""社会的变成个体的"和"历史的变成心理的"诉说依然是宏大的文化意义和深邃的伦理价值，就在这种"发乎情止乎礼义"的"以理节情"崇高目标中，感性的个体的生命荡然无存。就这个意义而言，生命美学、身体美学、生态美学和生活美学都应该是有着共同目标的"一个战壕的战友"。

潘知常本着追求真理、繁荣学术、促进美学建设的初衷，对这些新兴起的美学流派予以热情的关注和认真的思考，并进行了现实的责问和理论的批判。

生态美学在国内直至2000年后才有徐恒醇、曾永成、鲁枢元、曾繁仁等对之开始进行比较系统的研究。潘知常已在1997年出版的《诗与思的对话》里，针对美学未来学家奈斯比特在《大趋势》里提出的"高技术与高情感"如何平衡的问题，他在这段话的注解里，特别强调"人类生态学将起关键作用"。潘知常还引述了让-马克·费里《现代化与协调一致》（原载《神灵》，法国，1985年第5期）说道："'美学原理'可能有一天会在现代化中发挥头等重要的历史作用；我们周围的环境可能有一天会由于'美学革命'而发生天翻地覆的变化……生态学以及与之有关的一切，预示着一种受美学理论支配的现代化新浪潮的出现。"相较于国内生态美学侧重的是自然生态，潘知常更加关注的是人类生命生态。

随着生态美学不断被热炒，潘知常在2015年第6期的《郑州大学学报》上发表了《生态问题的美学困局——关于生命美学的思考》。文章认为：虽然生态问题在各学科都引发了思考，可是其他学科关于生态的思考都是着眼于问题的解决，而生态美学首先关心的却不是"生态"问题，而是美学学科的重构，而要走出美学的困局，就必须从生态美学回归环境美学；只有倾尽全力建构环境美学（景观美学），

才是我们面对生态危机之际的美学的真正使命。

美国学者理查德·舒斯特曼的《实用主义美学——生活之美，艺术之思》一书由彭锋翻译并于2002年商务印书馆出版，把身体美学的概念介绍到了中国，随即有张晶、王晓华、彭富春等学者的跟进研究，而潘知常和林玮合著的由海燕出版社1993年推出的《人之初——审美教育的最佳时期》里，根据皮亚杰的认知发展心理学原理，阐释了幼儿成长过程中身体的"动作思维"，他们根据生活经验分析这是"一个直接动作的世界，它以自身动作为主要内容"。"从审美发展的角度看，动作思维是审美活动的缩影。"[27]这些见解就包含了身体美学的萌芽和雏形。到了1997年，潘知常又根据谷鲁斯等的"内模仿"理论在《诗与思的对话》一书第七章《审美活动的生成方式》里，阐述了动作思维的身体是"审美活动的形态结构的历史生成的基础"，人的动作思维虽然和动物一样有着时间的先在性，但随着生命的成长逐渐由身体向心理演化。

后来潘知常在2021年第1期的《郑州大学学报》上发表了《身体问题的美学困局》。文章认为：身体美学是狭义的，而不是广义的。身体美学是部门美学，也是生命美学的一个维度。是生命在审美，而不是身体在审美。以身体作为审美本体，以身体美学作为一种美学基本理论，以身体本体去取代实践本体、生命本体的做法并不可取。

尽管潘知常将生态美学和身体美学纳入了研究的视野，并认识到了它们与生命美学的交叉重合部分，但遗憾的是，生命美学未能更好地发挥团结的作用和引领的作用，特别是没有很好地发挥它的基础理论的作用，它的宏观视野的站位高度，既纵揽美学的全局，又紧扣生命的实际，既仰望星空，又脚踏实地，而不能固执地沉迷于"自由"的王国、完全地陶醉在"诗意"的境界、快速地奔驰在"超越"的路途上而忘记或忽略了"身体"的感性亲在、"生活"的本真实在和"生态"的现实存在。

紧紧围绕"生命意义"的实践和思索的生命美学是不能没有身体美学、生活美学和生态美学的补充的，缺失了身体美学、生活美学和生态美学的生命美学是在学理结构上不完善的美学，在社会实践中不充分的美学，更是在生命意义里不美好的美学。那么，如何处理生命美学与它们的关系或生命美学怎样"取其精华"为我所用，就成为生命美学必须解决的"邻里关系"问题。

笔者认为，应该做到以下几点，以完善生命美学。

其一，引入身体美学立场，真正回到生命的感性状态。诚然，"我是身体，身体乃审美的主体，此即主体论身体美学的第一原理。作为有血有肉的实在者，身体总已经生存于世界中。将身体如其所是地领受为审美的主体，将使美学回到生活世界——审美活动真正的起源、来处、场所"[28]。王晓华教授的"美学：研究身体与世界审美关系的学问"这一论断意味深长而发人深省。可见，没有"身体"在场的包括生命美学在内的所有美学，都会因为不食人间烟火而虚无缥缈；但也要防止过分夸大"身体"而闲置或忽略了"心灵""精神""思想"等形而上的东西。可见，有现实价值和未来意义的生命美学一定是"身心一体"的美学。

其二，注入生活美学内容，切实丰富生命的体验形态。相比其他美学而言，生活美学还很难自立门户而取得进入学术殿堂的门票，尽管这个概念1980年代就在爱情、时装、烹饪、花卉等领域广泛运用，随着后来"日常生活审美化"的讨论，加上消费主义的兴起和休闲文化的倡导，常常有各种关于"生活美学"或"生活与美学"的著作出版，但真正有学术价值的只有刘悦笛于2005年由安徽教育出版社推出的《生活美学》，它从现代性的启蒙和后现代的美学特质上立意，得出的结论是重构当代人的"现代审美精神"。的确，走向未来的生命美学不能无视变革时代生活的多样性和多元化，尤其要关注身心分离和灵肉冲突的生活，让不论是历史的、还是现实的，不论是理性的、还是感性的，不论是美妙的、还是丑陋的生命，都能在历经生活的历练和磨炼后找到自己的位置。

其三，增加生态美学思维，努力保证生命的健康成长。这里不评说生态美学的得失，仅就一般意义而言，它是自然科学的生态观与人文科学的美学观的一次富有意味的对话。它对包括生命美学在内的美学的启发是：美学除了思考哲学层面的世界与生命的意义外，还应该思考现实境遇中人的生命与自然、社会和自我的关系，从而与之和谐相处，让生命健康而快乐地成长，建立起一个天人和谐、天地合拍和人人和睦的"美美与共"的生态秩序。

张载《正蒙·诚明篇》说："性者，万物之一源。非有我之得私也。唯大人能尽其道。是故立必俱立，知必周知，爱必兼爱，成不独成。"著名哲学家张世英对此分析后说道："东方巨人数千年来所怀抱的万物一体、民胞物与之猛志宏愿，尽在此文。"[29]其中所包含的生命美学思想，完全囊括了身体美学、生活美学、生态美学这些流派的思想意蕴，也可以说，在生命美学的统领下，它是身体美学、生活美学、生态美学与生命美学一道合奏出的伟大的生命—天地交响乐。

3. 生命美学与伦理哲学和伦理美学的边界

生命美学强调每一个普通生命对有限的超越和自由的企及，尤其是苦难中的生命如何在由丑向美、由假到真和由恶变善的"浴火重生"中实现生命的意义，不论是《周易·系辞》的"天地之大德曰生"，还是柏拉图的"至善方能至美"，或是陀思妥耶夫斯基的"美将拯救世界"，都印证了孔子的"尽善尽美"、康德的"美是道德的象征"和高尔基的"美学是未来的伦理学"的见解。至此，一个问题自然而然地诞生了：美与善、美学与伦理学、生命美学与伦理美学究竟是一种什么样的关系？所有的人文社会科学都追求生命美好意义和崇高境界的目标，生命美学与伦理哲学和伦理美学的相同处在于都以现实中的生命存在及其意义为关注的对象，有生命内在的规律性与生命外在的目的性的一致，它们都既满足个体的意志也符合社会的要求，既满足人性的渴求也体现神性的向往，既是当下的现实需求也是未来的理想目标，正是孔子所追求的"质胜文则野，文胜质则史；文质彬彬，然后君子"的人格境界。

生命美学与伦理哲学和伦理美学尽管有种种的相同，但是它们的不同，即区别它们的边界在哪里呢？伦理哲学注重"善"之上的"真"，即这个"善"必须是本真的，更符合真理的认知规律和本质规定。而伦理美学与生命美学极易混同，它们都追寻"真"与"善"的结合，并体现于具体的形式，而生命美学不同于伦理美学的，首先是生命美学对生命个体存在的重视，而伦理美学刚好相反，它寻求的是道德的共性标准；其次是生命美学对生命感性体验的重视，看重的是生命的体验过程，而不是道德作用的结果导向；最后是生命美学对生命形式的呈现的重视，而伦理美学更关注人生的内容。

既然如此，那么伦理哲学和伦理美学能够为生命美学提供哪些养分呢？根据台湾学者曾仰如的《伦理哲学》的见解，所谓伦理哲学，主要针对的是人伦之间的适当与合理的关系，指出人的行为的正确方向，即如何认识和处理"义"与"利"，个体追求的"完善""幸福"和"自由"的标准与社会要求的"规范""牺牲"和"约束"之间的平衡与协调。伦理哲学在生命的自由境界的追求上和生命超越意义的寻找中，提醒生命美学，自我主体绝不能是没有限制的自由和没有前提的超越，而当美学之"义"的崇高性与伦理之"利"的正当性发生冲突时，如按照传统，肯定是支持后者。而如果按照美国学者约瑟夫·弗莱彻的境遇伦理学提出的"新道德论"学说的话，那只是"是原则，不是准则"，"道德神学的传统规则向来要遵守律法，但要尽可能地合乎爱与理性。而境遇伦理学要求我们把律法置于从属地位，在紧急情况下惟有爱与理性具备考虑价值！"。[30]按照这个思路来理解的话，那就是前者先于后者，因为前者是代表爱与理性，因为这个"爱是永恒的善"和"公正的爱"，当人类真的面临这一尴尬境地时，行动的主体没有抽象的不变的伦理观念，只有具体的当下的生命境遇。我们对此的认识，已经从伦理哲学进到了伦理美学的范畴了，如果说伦理哲学纠缠于"理"的正义性，那么伦理美学则纠结于"情"的合理性，它表现为源于宗教的"信仰"而产生的现实的"爱"。它对生命美学的启示就是20世纪最伟大的波兰导演基斯洛夫斯基的电影《红·白·蓝》所表达的寓意："人性的苦恼都来源于人身的在体性欠缺与对美好的欲望之间的差距，自由主义伦理承认这种人性的苦恼是恒在的。个体生命的在体性欠缺与生命理想的欲望之间的不平衡，任何政治制度皆无力解决。"[31]化解这种人性的苦恼，生命美学提倡的是"爱"，而当我们引入伦理哲学和伦理美学思想后，则除了要考虑"爱"的神圣性和圣洁性外，还要考虑"爱"的现实性和可能性、"爱"的合法性和合理性问题。

综上所述，潘知常的美学理论不是柏拉图、康德和黑格尔式的"坐而论道"的理性美学，而是如王国维、鲁迅和宗白华式的"身体力行"和充满"烟火气息"的生命美学，它犹如生命本身一样既充满着困惑与不足，也贮满着力量和生机。它一直和我们一道行进在走向希望和梦想的道路上，不但用它的血肉之躯去体验生命的丰富，而且用它的智慧之心去思索生命的意义——"意义，来自有限的人生与无限的联系，也来自人生的追求与目的的联系。没有'意义'，生命自然也就没有了价值，更没有了重量。有了'意义'，才能够让人得以看到苦难背后的坚持，仇恨之外的挚爱，也让人得以看到绝望之上的希望。因此，正是'意义'，才让人跨越了有限，默认了无限，融入了无限，结果，也就得以真实地触摸到了生命的尊严、生命的美丽、生命的神圣"。[32]因此，"从某种意义上说，'美学'不是一门学问（甚至不应是一门学科），而是身临现代型社会困境时的一种生存论态度"[33]。这就是人为什么要活着和活着的意义所在，刘小枫的话真是深得生命美学之精髓！

我们曾经以宗教的要义祈望人的解放，也以科学的名义追求人的解放，今天更应该以美学的意义引导人的解放。因为当今人类已经进入了以体验代替圣旨、以智慧超越知识、以生命覆盖实践、以爱心置换仇恨的和平与发展的"人类命运共同体"的"新轴心时代"。在中华民族一百多年经历了科学启蒙和民主启蒙后的今天更需要的是美学启蒙。为此，潘知常信心百倍地说道："新'轴心时代'、新'轴心文明'乃至美学时代，都给了我们的古老中华美学以一个凤凰涅槃的大好时机，在这里，美学的未来主题——'万物一体仁爱'的'自然界生成为人'——也是中华美学昔日孜孜以求的主题，因此，我们不但可以从美学走向新'轴心时代'、新'轴心文明'乃至美学时代，而且还可以从中华美学走向新'轴心时代'、新'轴心文明'乃至美学时代。"[34]

潘知常为代表的生命美学倡导的"爱与美交融的"美学主导价值、引导价值和核心价值，所建构的世界体现为以"爱的宗旨"和"美的名义"实现的从自然到社会、从生活到自我的四个"美学重建"，最终是让人成之为人。正如潘知常在2022年6月21日应江苏凤凰出版传媒集团的邀请，在"凤凰大讲堂"作的"走进美学时代"的主题演讲说的那样：

"美学"，教会我们了一种看面对世界的方式——美学地面对世界。

因为美，让我们学会看待人生：多了一份"从容"——有眼光；

因为美，让我们学会对待人生：多了一份"包容"——有头脑；

因为美，让我们学会善待人生：多了一份"宽容"——有境界。

生命美学启示我们：美不能改变人生的长度，但可以改变人生的宽度和厚度；美不能改变人生的起点，但可以改变人生的方向和终点。

让美学从关注文学艺术的"小美学"到关注人类文明、关注人的解放的"大美学"。

从1984年到2022年，弹指一挥，逝者如斯，更是"俱道适往，着手成春"；然而"青山遮不住，毕竟东流去。"我们有理由深信：潘知常领军的中国当代生命美学将会一如既往地"铁肩担道义，妙手著文章。"

> 朋友，坚定地相信未来吧，
>
> 相信不屈不挠的努力，
>
> 相信战胜死亡的年轻，
>
> 相信未来，热爱生命。

——食指《相信未来》

注释：

1.潘知常：《生命美学》，河南人民出版社1991年版，第298页。

2.潘知常：《信仰建构中的审美救赎》，人民出版社2019年版，第515页。

3.阎国忠：《美学建构中的尝试与问题》，安徽教育出版社2001年版，第325页。

4.阎国忠：《美学建构中的尝试与问题》，安徽教育出版社2001年版，第441页。

5.潘知常：《我爱故我在》，江西人民出版社2009年版，第6页。

6.潘知常：《生命美学论稿：在阐释中理解当代生命美学》，郑州大学出版社2002年版，第35页。

7.易中天：《书生意气》，云南人民出版社2001年版，第234页。

8.潘知常：《诗与思的对话——审美活动的本体论内涵及其现代阐释》，上海三联书店1997年版，第308页。

9.范藻：《叩问意义之门——生命美学论纲》，四川文艺出版社2002年版，第330页。

10.潘知常：《生命美学论稿：在阐释中理解当代生命美学》，郑州大学出版社2002年版，第105页。

11.闫国忠：《走出古典——当代中国美学论争述评》，安徽教育出版社1996年版，第498页。

12.潘知常：《我爱故我在——生命美学的视界》，江西人民出版社2009年版，第656页。

13.陀思妥耶夫斯基：《陀思妥耶夫斯基中短篇小说选》，人民文学出版社1982年版，第656页。

14.李泽厚：《历史本体论 己卯五说》，生活·读书·新知三联书店2006年版，第217—218、236页。

15.李泽厚：《人类学历史本体论》，青岛出版社2016年版，第597页。

16.刘彦顺：《论李泽厚美育思想的三个关键词》，《文艺理论研究》2008年第1期，第41页。

17.潘知常：《"以美育代宗教"的四个误区》，《郑州大学学报》2017年第5期，第17—18、19页。

18.潘知常：《对审美活动的本体论内涵的考察——关于美学的当代问题》，《文艺研究》1997年第1期，第34页。

19.潘知常：《审美救赎：作为终极关怀的审美与艺术——纪念蔡元培提出"以美育代宗教"美学命题一百周年》，《文艺争鸣》2017年第9期，第91页。

20.潘知常：《信仰建构中的审美救赎》，人民出版社2019年版，第324页。

21.《马克思恩格斯全集》第2卷，人民出版社1957年版，第118—119页。

22.潘知常、范藻：《"我们是爱美的人"——关于生命美学的对话》，《四川文理学院学报》2016年第3期，第80—81页。

23.赵惠霞：《美本质问题研究批判》，《西安石油学院学报》（社会科学版）2001年第2期，第83页。

24.王朝闻主编：《美学概论》，人民出版社1981年版，第12页。

25.潘知常：《生命美学：从"本质"到"意义"》，《中国书画家》2020年第5期，第116页。

26.李泽厚：《李泽厚哲学美学文选》，湖南人民出版社1985年版，第386—387页。

27.潘知常、林玮：《人之初——审美教育的最佳时期》，海燕出版社1993年版，第77、82页。

28.王晓华：《身体美学导论》，中国社会科学出版社2016年版，第57—58页。

29.张世英：《觉醒的历程：中华精神现象学大纲》，中华书局2013年版，第88页。

30.约瑟夫·弗莱彻：《境遇伦理学——新道德论》，程立显译，中国社会科学出版社1989年版，第21页。

31.刘小枫：《沉重的肉身——现代性伦理的叙事纬语》，上海人民出版社1999年版，第244页。

32.潘知常：《头顶的星空：美学与终极关怀》，广西师范大学出版社2016年版，第536页。

33.刘小枫主编：《人类困境中的审美精神——哲人、诗人论美文选》，魏育青、罗悌伦、吴裕康等译，东方出版中心1994年版，前言第1页。

34.潘知常、余萌萌：《当代中国生命美学的历史贡献——与潘知常教授对话》，《四川文理学报》2022年第3期，第15页。

跋：何谓真正的美学家

  到了终于可以写"跋"的时刻了，其实本书从一开始就是在"跋"，在美学的道路上跋山涉水，与其说是要"用爱求证"潘知常的生命美学，不如说是要"用心找寻"何谓真正的美学家。

  记得，1933年，一位名叫詹姆斯·希尔顿的作家出版了一部名叫《消失的地平线》的小说。里面描写了一处极其美丽而祥和的人间世外桃源"香格里拉"。从此以后无数探险家、诗人、文学家、艺术家和追寻美好梦幻的人们，不断地在寻找，但是都无法找到书中描绘的那个"香格里拉"。于是"香格里拉"就成了一个人间天堂的美好理想的象征，能否找到它已经不重要了，而重要的是让我们平凡的人生多了一份希冀、平常的生活多了一种憧憬，更是让寻常的生命多了一份理想的情怀和梦想的情思。

  寻找梦幻中的香格里拉，在笔者这里变成了寻找现实中的生命美学。也正是带着这个使命和充满着这样的情怀，笔者在前年，也就是从2020年的春天出发，踏上了这部专著的构思和写作的愉悦而艰辛之旅，今天，在2022年初这个瑞雪纷飞的清晨，又开始接着思考什么才是真正的美学家。这个问题也非突发奇想，此刻越来越明显感悟到寻找真正的美学家应该成为这部著作十分重要的一个组成部分和重大的主题蕴含，甚至就是撰写它的真实动机和真正目的。因为，既然本书是对生命美学的研究——潘知常的生命美学的研究，那么潘知常就是作为生命美学的主体和研究对象的客体"合二为一"的存在范本，就不能逃逸出关注的目光，而成为思考和研究的对象，并通过对这个独特个案的剖析，尽力找到什么才是真正的美学家这个为美学研究所忽略的问题。

是啊，何谓真正的美学家呢？我们先梳理潘知常的论述。

1998年出版的《美学的边缘——在阐释中理解当代审美观念》第612页："在我看来，真正的美学研究，不应仅是描述性、介绍性的，而必须进而对研究对象所提出的问题本身加以阐释与理解。这样，就必须采取'设身处地'的方式，首先是'让……作为问题出现'，其次是'在阐释中加以理解'，最后是'平等地与之对话'。"这里强调的"设身处地"，将自己融入研究对象之中，感同身受，实地体验，而不是隔岸观火和隔靴搔痒。

2002年出版的《生命美学论稿》第230页："真正的美学家却必然是一些为思想而痛、为思想而病、为思想而死亡者（王国维就强调自己是为哲学而生，而不是以哲学为生）。"王国维用带血的头颅沉重地撞击着学问之门、时代之门，乃至沉痛的命运之门，如其遗言所谓"五十之年，只欠一死，经此世变，义无再辱"，生命的美学叹息终于演化成了美学的生命长歌。

2005年出版的《王国维 独上高楼》第160页："任何人的思考如果远离了个人的生命体验，都不过只是苍白的闹剧。真正的思想者不会再为这些无谓的问题而耗尽生命，而只会与那些根本的问题相依为命。"还是以王国维为例，告诫世人必须在"个人的生命体验"中去思考和理解人生何谓和美学何为的"根本的问题"，从而让美学研究者与自己的生命无缝对接进而发现奥秘。

2012年出版的《没有美万万不能：美学导论》第44页："真正的美学家，必然拥有丰富的精神资源、经典文本，真正的美学也必然通过与伟大的心灵交流以获得勇气与力量，否则，就会枯竭夭折，无缘也无从称其伟大。"总结人类文明的成果和吸取中外文化的精华，站在巨人的肩头眺望未来的地平线，这也是《易经》之谓"取法乎上"的治学理念。

由此可见，一个理想意义上真正的美学家的"标配"是：平等的设身处地，真诚的灵魂投入，丰富的精神资源、多样的人生体验，更有知行合一、言传身教，以生命的方式来研究关乎生命存在和意义的美学。如果用这个尺度衡量，国内相当多的美学家还是有距离的，他们依仗头衔高高在上地从事美学职业，他们深藏自我事不关己地进行美学研究，他们鲜有情怀味同嚼蜡地撰写美学著述，他们引经据典食洋不化地贩卖美学知识，坐而论道地思考美，而不能身体力行地创造美。而潘知常的出现和存在，为学术界的"唯论文、唯职称、唯学历、唯奖项"而马首是瞻和论英雄、定成败的积弊，打开一扇充满生命气息的窗口。

由此可见，做一个真正的美学家，而不仅仅是美学教授或美学博导，仅有"标配"是不够的；更要超越"标配"，要敢于把奖励、项目、头衔、学会职务等毫无顾忌地毅然抛在脑后，如此彰显的不仅是一种学术情感更是一腔学问的情怀——让美学和生命的存在一道生死与共，体现的不仅是一种思维方式更是一股思想的力量——对美学和生命的思考一样息息相关，这既是美学的情怀也是美学的思想，既是美学的天命也是美学的生命。富有如此浓烈情怀和深邃思想的美学家，就是杰出的诗人，就是伟大的思想家。在中国有孔孟和老庄、慧能和苏轼、李贽和曹雪芹、王国维和宗白华等，在西方有苏格拉底和柏拉图、康德和费尔巴哈、叔本华和尼采、弗洛伊德和海德格尔等。他们生命的情怀与美学的思想，交相辉映，相得益彰，并在人类思想的苍穹中闪耀着永恒的光芒。

这再一次告诉我们，生命美学的研究者就不应该仅仅将美学当成是一门思辨和推论的学问，而应将之视作一个体验和感悟的对象，还是一次欣赏和创造的过程，更是一种生命的存在和超越的使命。也许今天看来这已经不是新鲜或费解的事情了，但是在实践美学如日中天的时候，潘知常的生命美学能够勇敢而坚决地将美学思考的起点定位在鲜活而生动的生命之上，难能可贵。美学与生命油水分离而产生的困惑，必然引出重大的思考，进而产生伟大的意义，黑格尔说"运伟大之思者，必行伟大之迷途"。就像牛顿如果面对落在地上的苹果，视为司空见惯，就不会有伟大的"万有引力定律"的问世。也是荀子说的："天下有中，敢直其身；先王有道，敢行其意；上不循于乱世之君，下不俗于乱世之民；仁之所在无贫穷，仁之所亡无富贵；天下知之，则欲与天下同苦乐之；天下不知之，则傀然独立天地之间而不畏：是上勇也。"其实，在美学研究中也应该如此，也应该做到"上勇"。

令人欣慰的是，王国维做到了，宗白华做到了，潘知常也做到了。

潘知常的生命美学之所以有别于李泽厚的实践美学，是因为他一开始就将生命活动纳入了现代美学的视界，是在"康德之后""尼采之后"和"王国维之后"的"接着讲"，紧扣生命活动的中心和立足生命活动的基础谈论审美活动，而不是泛泛而谈诸如历史本体、实用理性、自然人化、文化心理之类"吃饭的哲学""吃饭的美学"，从而使当代中国美学在生命活动的憧憬与渴望、感怀与忧郁、愉悦与兴奋中散发出生命的温热与灵动。如果像李泽厚说的"哲学就是看世界的角度"，那么是否可以说"美学就是爱世界的方式"。诚然，世界是变化的，而我们往往是"不识庐山真面目，只缘身在此山中"；当然，世界更是可爱的，而我们常常是"桃花一簇开无主，可爱深红爱浅红"。当我们把哲学的角度和美学的情怀联系起来时，陡然发现学者撰写的不是一篇篇抽象而枯燥的学术文章，而是在弹奏一曲曲形象而生动的生命乐章。

"路漫漫其修远兮，吾将上下而求索。"当一个人，特别是学者一旦选择了学问之路，能否坚持不懈地走下去，其中有一个常常被我们忽略的重要因素，那就是源自感性体验基础上的研究视角的选择。潘知常也是经历了从"散点透视"到"焦点透视"的转变，在他确立从生命的视角来研究美学之前，不但有过美学和文艺学的方法论的视角、陆王心学的视角、思维机制的视角、文化心态的视角等，而且更有生活经历的视角、生存体验的视角和生命感悟的视角；而一旦他找到了"通向生命之门"的"生命"视角后，他的思考目光倏然一亮，他的研究视野豁然开朗。

年轻的潘知常在郑州大学找到这扇门后，很快登堂入室，一发而不可收，坚定而愉悦地走上了生命美学的思考之路。

而包括笔者在内的很多学者，也因为潘知常，不仅使得自身的学术研究获得了生机，而且也推动了自身的研究视角的聚焦、研究目标的锁定和研究兴趣的培养，并真切而实在地感受到了美学研究的生命愉悦。例如山东大学的程相占教授和北京师范大学的刘成纪教授，还有上海交通大学城市科学研究院的刘士林教授，尽管后来他们的研究重点或方向已经不再是生命美学，但作为从本科就开始亲炙潘知常教诲的弟子，潘知常无疑给予了他们学术生涯以深刻影响。而笔者虽然无缘受业于潘知常，但亦师亦友的他给予我的指点、鼓励和帮助，也生动地体现了生命共鸣于美的"主体间性"，因为"我们是爱美的人"。清楚地记得，笔者从1992年秋天潘知常先生邮寄给我的那本《生命美学》中顿悟到，原来学术是如此富有生机，思维是如此闪动灵光，美学是如此充满魅力，从此将研究的领域深深地扎根在生命美学的园地里，将研究的视角牢牢地锁定在了美学生命的对象上。在2018年第4期《美与时代》上发表的《在生命美学的烛照下》，我曾这样自诉道：

> 在我经历的职业种类中，教师是我最喜爱的职业；在我从事的专业门类中，美学是我最钟爱的专业；在我热爱的美学学科里，生命美学更是我最歆羡和投入的方向。从一定意义上讲，我不仅将生命美学作为学术生命和人生志趣的寄托，还运用生命美学的原理考察分析文学作品、艺术创作、文化现象和教育问题等。当我在研究中真切地发现，一旦运用生命美学的思维利剑指向文学艺术和人文社科领域时，很多困惑和迷糊犹如拨开乌云见太阳，顿时敞亮，曾经的困惑迎刃而解。

感恩生命美学给当代中国美学学人，尤其是笔者启迪的生命智慧和开启的美学人生，哪怕是如泰戈尔在《飞鸟集》里说的："世界以痛吻我，我却报之以歌。"

著名作家茨威格在《人类群星闪耀时》中曾经说过："一个人生命中最大的幸运，莫过于在他的人生中途，即在他年富力强的时候发现了自己的使命。"

潘知常是幸运的。我们也是幸运的——因为，笔者也分享到了这份幸运。

记得，20世纪80年代的"美学热"浪不减，偏居四川东部一小县城的我，见有"美学"二字的书即买；时风一转，到了90年代，县城的新华书店几乎不卖美学书了，书店一姓张的老店员，不忍我一再失望，便顺手递给我一张"新书介绍"的内部小报，突然"生命美学"四个字映入眼帘，得知作者潘知常是郑州大学的老师，当即一封信寄了过去。然石沉大海，久无音讯，购书一事，几近遗忘。可就在1992

年10月22日的下午，我突然收到了潘知常亲自邮寄的《生命美学》，如获至宝。他还附书一则解释：他到了南京大学，许久才辗转收到我的信。这更是令我深受感动。没有想到"美学"与"生命"如此神奇，生命美学蕴含着真诚，洋溢着诗意，充满着诱惑。

从此，我的学术生涯就伴随着美学思考一路前行。

今天，才有这本研究潘知常教授生命美学的专著。

除了要感谢父母给了我生命外，还要感谢我妻子操劳家庭，感谢很多关注、支持和鼓励我的朋友，特别是责任编辑周振明老师付出了超出"责任"的辛劳，是你们让我体会到了生命的美学价值。

唯有潘知常教授让我"放心不下"，知我也罢，罪我也罢，我都甘之如饴，因为"我们是爱美的人"！

2021年1月8日初稿
2022年6月30日改毕